高等院校土木工程专业系列教材

混凝土结构基本构件设计原理

主　编：王铁成
副主编：田稳苓
主　审：康谷贻

中国建材工业出版社

图书在版编目（CIP）数据

混凝土结构基本构件设计原理/王铁成主编. —北京：
中国建材工业出版社，2001.12
ISBN 7-80159-196-8

Ⅰ.混…　Ⅱ.王…　Ⅲ.混凝土结构—结构构件—
设计—高等学校—教材　Ⅳ.TU370.4

中国版本图书馆 CIP 数据核字（2001）第 076770 号

内 容 简 介

本教材按教育部大学本科新专业目录规定的土木工程专业培养要求，结合新《混凝土结构设计规范》（GB50010—2001）编写，主要讲述混凝土结构基本构件的原理和计算方法，内容有：绪论、钢筋与混凝土材料的物理力学性能、钢筋混凝土结构设计的基本原则、受弯构件正截面承载力、受弯构件斜截面承载力、轴心受力构件的正截面承载力、偏心受力构件的承载力、受扭构件的扭曲截面承载力、钢筋混凝土构件的变形和裂缝、预应力混凝土构件、深受弯构件，共分十一章。

本教材可作为大学本科土木工程专业的专业基础课教材和参考书，也可供从事混凝土结构设计，施工的技术人员和研究者参考。

混凝土结构基本构件设计原理

主编　王铁成

*

中国建材工业出版社出版　（北京市西城区车公庄大街 6 号）
新华书店北京发行所发行　各地新华书店经售
北京鑫正大印刷有限公司印刷

*

开本：787 毫米×1092 毫米　1/16　印张：16.75　字数：404 千字
2002 年 1 月第一版　2004 年 8 月第三次印刷
印数：6001～9000 册　定价：25.00 元
ISBN 7-80159-196-8/TU・094

土木工程专业系列教材编辑委员会

主　　任：窦远明

副 主 任：姜忻良　许炳权

委　　员：（按姓氏笔划排列）

　　　　　王立久　王铁成　许柄权　刘春原　史三元

　　　　　戎　贤　朱赛鸿　吴建有　陆培毅　杨春风

　　　　　苏幼坡　赵方冉　姜忻良　阎西康　窦远明

　　　　　潘延龄　魏连雨

秘　　书：刘春原　阎西康

顾　　问：陈　环　顾晓鲁　黄世昌　陈章洪　崔冠英

前　言

随着国家经济建设的发展和 21 世纪国家建设对专业人才的需求，我国近期对高等教育专业设置进行了较大幅度的调整，其中新设置的土木工程专业取代了过去的建筑工程、交通土建工程等四个相近专业。根据国家教育部门的安排，全国各高校从 1999 年起按新专业目录进行新生录取工作。建设部专业指导委员会也于 1999 年初下达了新土木工程专业的课程设置指导意见。比较而言，土木工程专业较过去各专业覆盖面要广泛得多，涵盖了原来近 8 个专业的内容，因此新专业的教学计划、课程内容调整以及新教材的编写就成为当前一项较为紧迫的任务。为适应这一形势的要求，河北工业大学、天津大学、天津城市建设学院等院校经过充分协商和研究，本着"探索、科学、先进"的原则和符合"大土木"的专业要求，联合编写了一套系列教材，由中国建材工业出版社出版并向全国发行。

本书是根据全国土木工程学科专业指导委员会制定的教学大纲编写的宽口径的专业基础平台课教材。教材结合新《混凝土结构设计规范》（GB 50010—2001），以混凝土结构的基本理论和基本构件设计为主要内容，是进一步学习混凝土结构设计专业课的基础。

本教材内容包括基本概念、设计原则、钢筋混凝土结构构件和预应力混凝土构件。教材编写吸收了同类教材的长处，各章节的编排顺序符合教学特点，突出重点，在讲清楚物理力学概念和计算原理的基础上，介绍实用计算方法，并结合相关的规范和工程实践，反映国内外先进的科学技术。

本教材作为宽口径的专业基础课，为拓宽知识面，在教材中对双向受剪钢筋混凝土框架结构的柱，深受弯构件以及混凝土结构的耐久性等内容作了适当介绍，这样，扩大了知识覆盖面，反映了结构工程技术新发展，使课程内容在整体上更相对完整。这些内容作为教材的新特点，根据教学需要可适当选用。

本教材由有丰富教学经验的人员参加编写，体现了长期积累的教学经验。参加本教材编写的有：韩圣章、李砚波（第一章、第二章、第八章、第九章），周明杰（第三章、第七章），田稳苓（第四章、第十章），王铁成（第五章、第六章、第七章的部分），赵艳静（第十一章）。

本书可作为土木工程专业的教材，也可供设计和施工技术人员掌握新《混凝土结构设计规范》，进行混凝土构件设计的参考。

鉴于编者的知识有限，教材中有不妥或疏漏之处，请读者批评指正。

编　者
2001 年 12 月

目 录

第一章 绪论 1
　第一节 钢筋混凝土的一般概念 1
　第二节 钢筋混凝土结构的发展简况及应用现状 2
　第三节 钢筋混凝土设计原理的内容和学习方法 4
第二章 钢筋与混凝土材料的物理力学性能 6
　第一节 钢筋 6
　第二节 混凝土 13
　第三节 钢筋与混凝土的粘结作用 30
第三章 钢筋混凝土结构设计的基本原则 37
　第一节 结构的功能要求 37
　第二节 极限状态和极限状态方程 37
　第三节 近似概率极限状态设计法 40
　第四节 概率极限状态设计法的实用表达式 42
　第五节 材料强度的标准值和设计值 45
　第六节 荷载的标准值和设计值 46
　第七节 随机变量的基本统计特征 47
第四章 受弯构件正截面承载力计算 50
　第一节 试验研究分析 51
　第二节 单筋矩形截面受弯构件正截面承载力计算的基本理论 56
　第三节 单筋矩形截面受弯构件正截面承载力的计算 60
　第四节 双筋矩形截面受弯构件正截面承载力的计算 65
　第五节 单筋T形截面受弯构件正截面承载力计算 71
　第六节 梁、板的一般构造要求 78
第五章 受弯构件斜截面承载力 81
　第一节 概述 81
　第二节 无腹筋梁的受剪性能 81
　第三节 有腹筋梁的受剪性能 87
　第四节 有腹筋连续梁的抗剪性能和斜截面承载力计算 90
　第五节 斜截面受剪承载力设计 92
　第六节 构造要求 98
第六章 轴心受力构件的正截面承载力 104
　第一节 轴心受压构件的正截面承载力 104
　第二节 轴心受拉构件正截面受拉承载力 113

第七章 偏心受力构件的承载力计算 … 115
   第一节 偏心受力构件的一般构造要求 … 115
   第二节 偏心受压构件正截面的受力特点和破坏特征 … 116
   第三节 长细比对偏心受压构件承载力的影响 … 118
   第四节 矩形截面偏心受压构件正截面承载力计算的基本原则 … 121
   第五节 矩形截面不对称配筋偏心受压构件的计算方法 … 124
   第六节 矩形截面对称配筋偏心受压构件的计算方法 … 134
   第七节 工字型截面偏心受压构件正截面承载力计算 … 138
   第八节 矩形截面双向偏心受压构件正截面承载力计算 … 144
   第九节 偏心受拉构件正截面承载力计算 … 145
   第十节 偏心受力构件斜截面承载力计算 … 146
   第十一节 双向受剪承载力计算 … 148

第八章 受扭构件的扭曲截面承载力 … 152
   第一节 纯扭构件的扭曲截面承载力计算 … 152
   第二节 压弯剪扭构件的扭曲截面承载力计算 … 165

第九章 钢筋混凝土构件的变形和裂缝 … 174
   第一节 钢筋混凝土结构的耐久性 … 174
   第二节 裂缝宽度、挠度要求 … 176
   第三节 裂缝宽度计算 … 179
   第四节 受弯构件的刚度和挠度计算 … 190
   第五节 钢筋混凝土构件的截面延性 … 199

第十章 预应力混凝土构件的计算 … 203
   第一节 概述 … 203
   第二节 预加应力的方法 … 205
   第三节 预应力混凝土的材料和锚具 … 206
   第四节 张拉控制应力 … 208
   第五节 预应力损失及其组合 … 209
   第六节 预应力混凝土轴心受拉构件的计算 … 216
   第七节 预应力混凝土受弯构件的计算 … 229
   第八节 预应力混凝土构件的构造规定 … 234

第十一章 深受弯构件 … 237
   第一节 深受弯构件的受力性能 … 237
   第二节 深梁的内力计算 … 242
   第三节 深受弯构件的承载力计算 … 242
   第四节 深梁的正常使用极限状态验算 … 246
   第五节 深受弯构件的构造要求 … 247

附录 … 253

第一章 绪　　论

第一节　钢筋混凝土的一般概念

混凝土结构包括素混凝土结构、钢筋混凝土结构、预应力混凝土结构和各种其他形式的各种加筋混凝土结构。素混凝土结构常用于一些非承重结构和道路表层；钢筋混凝土结构是由两种物理-力学性能不同的材料——钢筋和混凝土组合而成，其充分利用了两者的材料性能，共同发挥作用的一种建筑结构；预应力混凝土结构是配置了预应力钢筋的钢筋混凝土结构，是对普通混凝土结构应用的扩展。

混凝土抗压强度较高，而抗拉强度则较低；钢筋的抗拉、抗压强度均很高，但细长钢筋容易被压屈，且钢筋在一般的环境中易于锈蚀，耐火性差，维护困难，若放置在混凝土中，则不易锈蚀，耐火性能也会提高。因此将两者结合，可充分发挥两者各自的优势性能，如用混凝土较高的抗压强度承担压力，用抗拉强度高的钢筋承受拉力。钢筋和混凝土这两种性质不同的材料之所以能有效地结合在一起共同工作，主要是由于混凝土和钢筋之间有着良好的粘结力，使两者能可靠地结合成一个整体，在荷载作用下能共同变形，实现其结构功能。其次，钢筋和混凝土具有相近的温度线膨胀系数（钢筋的温度线膨胀系数为 1.2×10^{-5}，混凝土的温度线膨胀系数为 $1.0 \times 10^{-5} \sim 1.5 \times 10^{-5}$），当温度变化时，不致产生较大的温度应力而破坏两者之间的粘结。

钢筋混凝土结构除了能合理地利用钢筋和混凝土两种材料的特性外，还有下述一些优点：

(1) 新拌和的混凝土是可塑的，因此，可根据需要，浇制成各种形状和尺寸的结构。

(2) 现浇钢筋混凝土结构的整体性较好，具有较好的抵抗地震和振动的性能。

(3) 钢筋混凝土结构的刚度较大，变形较小，可用于对变形要求较严格的建筑物中。

(4) 钢筋混凝土结构具有很好的耐久性。不需要经常性的保养和维修，维修费用少。

(5) 与钢结构相比，钢筋混凝土结构具有较好的耐火性。

(6) 在钢筋混凝土结构所用的原材料中，砂、石所占的比重较大，易于就地取材。

(7) 工业废料比较多的地区，可将工业废料制成人造骨料，用于钢筋混凝土结构中，既解决了工业废料处理问题，有利于环境保护，又可减轻结构的自重。

钢筋混凝土结构也存在一些缺点，诸如：

(1) 构件的截面尺寸一般较大，因而自重较大，这对于大跨度结构、高层建筑结构以及抗震都是不利的；

(2) 施工比较复杂，建造耗工较多，施工受环境、气候条件的限制，影响较大。

(3) 抗裂性能较差，在正常使用时往往是带裂缝工作的；
(4) 现浇钢筋混凝土采用木模板时，需耗用大量木材；
(5) 隔热、隔声性能较差；

这些缺点在一定条件下限制了钢筋混凝土结构的应用范围。但是，随着钢筋混凝土结构的不断发展，这些缺点已经或正在逐步得到克服。例如，采用轻质高强混凝土以减轻结构自重；采用预应力混凝土以提高结构的抗裂性，同时减轻自重；采用预制装配结构或工业化的现浇施工方法以节约模板和加快施工速度。

第二节 钢筋混凝土结构的发展简况及应用现状

钢筋混凝土是在 19 世纪中叶开始制成并得到应用。混凝土结构虽然与砌体结构、钢结构、木结构相比，历史不长，但发展迅猛，现在已经广泛应用于土木工程领域。其发展大致分为以下几个阶段：

(1) 从 19 世纪 50 年代到 20 世纪 20 年代，是钢筋混凝土结构发展的初期阶段。在这个阶段，开始用钢筋混凝土制做各种板、梁、柱和拱等简单的构件，此时的混凝土和钢筋的强度都较低，钢筋混凝土的计算理论尚未建立，内力计算和构件截面设计都是按弹性理论进行的，采用容许应力的方法。

(2) 20 世纪 20 年代以后，开始出现装配式钢筋混凝土结构、预应力混凝土结构和混凝土壳体空间结构。其主要成就在于预应力混凝土的发明和应用，混凝土和钢筋的强度也得到了提高，钢筋混凝土被用来建造大跨度空间结构。同时，构件承载力开始按破坏阶段计算，计算理论开始考虑材料的塑性性能。

(3) 第二次世界大战以后，钢筋混凝土结构有了更大的发展。高强混凝土和高强钢筋的出现和广泛应用；装配式混凝土结构、泵送商品混凝土等都使钢筋混凝土结构的应用范围不断扩大。出现了一批大型的结构工程，如超高层建筑，高耸建筑，大跨度桥梁等。设计理论已发展到采用极限状态设计理论。

随着生产水平的提高，试验工作及计算理论研究的进步，材料及施工技术的改进，新型结构的开发研究，钢筋混凝土已成为各类现代化工程中应用最广泛的建筑材料之一。目前，我国常用的混凝土强度已达到 $20\sim50\text{N/mm}^2$，国外常用的强度等级在 60N/mm^2 以上，我国《混凝土规范》也将混凝土强度等级提高到了 80N/mm^2 的水平。钢材应用主要向高强、防腐、防锈发展。目前，常用的热轧钢筋的屈服强度已达到 420N/mm^2，有的可达 $600\sim900\text{N/mm}^2$，热处理钢筋的抗拉强度一般为 $1250\sim1450\ \text{N/mm}^2$，用于预应力混凝土结构中的钢丝的强度已达 1800N/mm^2。近 20 年来，钢筋混凝土和预应力混凝土在大跨度结构和高层建筑结构中的应用有了令人瞩目的发展。如德国采用预应力轻质混凝土建造了跨度为 90m 的飞机库屋面梁，日本滨名大桥的预应力混凝土箱形成截面桥梁的跨度达 239m。另外，加拿大已建成的高度为 549m 的多伦多电视塔。预应力混凝土是 20 世纪工程结构的重大发明之一，现在已有先张法、后张法、无粘结预应力等技术。预应力混凝土除了用以改善一般的建筑结构外，还应用于高层建筑、桥隧建筑、海洋结构、压力容器、飞机跑道及公路建设等方面。

随着社会主义建设事业的蓬勃发展和国民经济水平的不断提高，钢筋混凝土结构在我国工程建设中得到了迅速的发展和广泛的应用。随着建筑工业化的发展，工业厂房中已广泛采用定型构配件和标准设计，很多形式的构件都已编制了全国通用标准图集及地区性标准图集。国内有些城市在全国通用构配件的基础上，选定、简化和统一构配件，采用配套的生产和施工机械，使厂房的设计、生产和施工成为大工业的生产过程，初步建立了适合本地区特点的单层及多层工业厂房建筑体系。另外，为适应当前工业生产机械化、自动化程度的不断提高，工艺设备的逐步更新及生产规模的日益扩大。工业厂房的结构体系除通常采用的板、架（梁）、柱结构体系以及梁柱合一的门式刚架结构体系外，还出现了板架（梁）合一或板墙合一的板型结构和薄壁空间结构体系。如V形折板结构体系；双T形板结构体系；马鞍形壳板屋盖结构体系等。在工业厂房中和一般民用建筑中，已普遍采用定型化、标准化的装配式构件。不少地区还大力推广大模板剪力墙承重结构外加挂板或外砌墙体结构体系，以及对框架轻板体系进行了研究，由于其自重大大减轻，既节约了材料，又提高了其抗震性能。此外，近年来研究的由钢管混凝土制成的柱，具有尺寸省、强度高、延性大、抗震性能好、自重轻等优点，已有一些地区的厂房、地下结构及高层建筑中采用，并在总结施工经验及科研成果的基础上，于1990年制定了《钢管混凝土结构与施工规程》(CECS 28—29)。在厂房的维护结构中已逐步使用大型工业墙板。

为了节约用地，在工业建筑中多层工业厂房所占比例有逐渐增多的趋势。在多层工业厂房中除现浇框架体系以外，装配整体式多层框架结构体系也已被普遍采用，并发展了整体预应力装配式板柱体系，由于其构件类型少、装配化程度高、整体性好、平面布置灵活，所以是一种有发展前途的结构体系。大跨度的公用建筑和工业建筑也有一定的发展，一般常采用钢筋混凝土桁架，拱门式刚架和壳体结构等。预应力混凝土结构的应用也日益广泛。我国钢筋混凝土高层建筑也有较快的发展。

我国在混凝土结构方面的科学研究和设计规范的制定工作也取得了较大的发展。70年代以后，我国开始规模、有组织、有计划地开展科学研究工作。并编制了《预应力混凝土结构设计与施工》和《钢筋混凝土结构设计规范》(TJ 10—74)以及有关的专门规范、规程和设计手册。近30年来，我国在钢筋混凝土基本理论与计算方法、可靠度与荷载分析、单层与多层厂房结构、高层建筑结构、大板与升板结构、大跨度结构、结构抗震、工业化建筑体系、电子技术在钢筋混凝土结构中的应用和测试技术等方面取得了很多成果，为修订和制定有关规范和规程提供了大量的数据和科学依据。并针对TJ 10—74规范修订中的遗留问题，按照国际先进标准，开展了大量专题研究，比较深入地掌握了各类简单和复合受力状态下的强度和变形规律。为了提高我国建筑结构设计规范的先进性和统一性，我国编制了《建筑结构设计统一标准》(GBJ 68—84)，该标准采用了国际上正在发展和推行的、以概率理论为基础的极限状态设计方法，统一了我国建筑结构设计的基本原则，规定了适用于各种材料结构的可靠度分析方法和设计表达式，并对材料与构件质量控制和验收提出了相应的要求。其特点是以结构功能的失效概率作为结构可靠度的度量，由定值的极限状态概念转变为非定值的极限状态概念，对提高结构设计的合理性具有深刻的意义。按照《建筑结构设计统一标准》规定的基本原则，我国编制了《混凝土结构设计规范》(GBJ 10—89)，把我国的混凝土结构设计提高到一个新的水平。该规范于1990年颁布施行，并于1993年、1996年公布了两个该规范的局部修订条文。根据建设部97建标字108号文件，由中国建筑科学研究院会同有关单位对《混凝土结构设计规范》GBJ 10—89规范进行了修订，并经过多次调整、改进，结合国家标准《建筑结构可靠度设计统一标准》GB/T 50068，制定颁布了新的《混凝土结构设计规范》(GB 50010—2001)。新规范的颁布实施，必将促进我国混凝土结构设计的进一步发展。

第三节 钢筋混凝土设计原理的内容和学习方法

本课程主要讲述混凝土结构构件的基本原理和基本设计理论，它将为与混凝土结构学科相关的工作和学习研究提供坚实的基础。混凝土结构基本构件包括受弯构件（正截面破坏和斜截面破坏）、轴心受力构件（受拉和受压）、偏心受力构件（受拉和受压）、受扭构件、预应力混凝土构件以及深受弯构件等，其主要内容涵盖了材性、设计规定、各类构件受力时的力学性能、计算方法和配筋构造，以及构件使用阶段的变形、裂缝验算及结构耐久性设计等。

本课程是一门综合性很强的应用科学，需要结合数学、力学、材料及施工实践等知识，系统地学习领会其基本知识、设计理论构成，同时需要注意对实验的观察与总结。

(1) 钢筋混凝土基本原理，是学习钢筋混凝土结构理论的基础知识。首先，它与弹性力学、材料力学有很多不同的地方，要通过认识二者的不同之处来掌握。材料力学研究的对象是单一、匀质、连续、弹性（或理想弹塑性）材料的构件，而钢筋混凝土原理则是以由钢筋和混凝土两种非匀质、非连续、非弹性的材料组成的构件为研究对象。其次，与弹性力学、材料力学一样，钢筋混凝土计算原理也可以通过几何、物理和平衡关系来建立基本方程，但在每一种关系的具体内容上要考虑钢筋混凝土的性能特点。由于钢筋混凝土构件是两种材料组成的复合材料构件，两种材料在数量和强度上的配比是决定其构件力学性能的关键。如果钢筋和混凝土在面积上的比例和材料强度搭配超过了一定的界限，则会引起构件受力性能的改变，这是钢筋混凝土构件区别于单一材料构件的基本而又具有实际意义的问题。另外，由于混凝土材料物理力学性能的复杂性，尚没有非常完善的强度理论，因此，其强度和变形规律，在很大程度上依赖于实验分析。因此在学习时，要重视构件的实验研究，了解试验中构件受力性能的规律性，掌握受力分析中所采用的基本假定和实验依据，在学习和运用计算公式时特别注意其适用范围和限制条件，同时在实用中注意结合具体情况，灵活运用。

(2) 学习本课程，要注意培养对多种因素进行综合分析的能力。本课程要解决的不仅是材料的强度和变形的计算问题，主要还是结构和构件的设计，如结构方案、构件选型、材料选择和配筋构造等。结构设计是一个综合性的问题，需要考虑多方面的因素。设计时，同一构件在给定荷载作用下，可以有不同的截面形式、尺寸、配筋方式和数量等。因此，实际中往往需要通过试算、调整，同时进行适用性、材料、造价、施工的可行性等各项指标的综合分析比较，才能作出合理的选择。

(3) 在学习本课程时，对规范的运用和理解是一个非常重要。规范反映的是多年来混凝土结构方面的科学技术水平、理论计算方法和工程实践经验，以及对国际上有关标准的先进成果吸收。在学习中要力求熟悉它，在设计中灵活运用它，在实践中进一步验证它。只有对规范条文的概念和实质有正确的理解，才能确切地应用其内容，充分发挥设计者的主动性、创造性。

本课程有着较强的实践性，一方面要通过课堂学习、习题、作业来掌握结构设计所必需的理论知识，通过课程设计和毕业设计等实践性教学环节学会运用这些知识来正确地进行结构设计，并解决工程中的技术问题；另一方面要通过现场参观来了解实际工程的结构布置、配筋构造、预应力的施工工艺等，以积累感性知识，增加工程经验。

第二章 钢筋与混凝土材料的物理力学性能

混凝土结构是由钢筋、混凝土两种力学性能不同的材料组成的。为了掌握混凝土结构的力学性能、计算原理和设计方法，必须了解钢筋和混凝土各自的力学性能和二者共同工作的机理。

第一节 钢　　筋

一、钢筋的化学成分、种类和等级

建筑用的钢筋，要求具有较高的强度，良好的塑性，以便于加工和焊接。掌握钢筋的化学成分、生产工艺和加工条件，弄清钢筋的种类和强度等级，才能选到具有上述性能的钢筋。

钢筋的化学成分主要是铁，在炼制过程中，不可避免地包含了一些其它的化学元素，如少量的碳、硅、锰、硫、磷等。有时为了改善钢筋的性能，需要加入其它一些化学元素，如少量的合金元素硅、锰、钛、钒、铬等。因此在钢筋混凝土中采用的钢材，按照钢筋的化学成分不同，可以分为碳素钢和普通低合金钢。碳素钢根据钢中含碳量的多少，又可以划分为低碳钢（含碳量<0.25%）、中碳钢（含碳量0.25%～0.6%）和高碳钢（含碳量0.6%～1.4%）。含碳量越高，强度越高，但塑性和可焊性越低，反之则强度越低，塑性和可焊性好。在建筑工程中，主要使用低碳钢和中碳钢。在普通碳素钢的基础上，加入少量的合金元素，可以有效地提高钢材的强度和改善钢材的其它性能，这就是所谓的普通低合金钢，如在钢中加入少量锰、硅元素可提高钢的强度，并能保持一定的塑性。在钢中加入少量的钛、钒可显著提高钢的强度，并可提高其塑性和韧性，改善焊接性能。目前，我国普通低合金钢按其加入元素的种类划分为以下体系：锰系（20锰硅、25锰硅）；硅钒系（40硅2锰钒、45硅锰钒）；硅钛系（45硅2锰钛）；硅锰系（40硅2锰、48硅2锰）；硅铬系（45硅2铬）。在钢的冶炼过程中，会出现清除不掉的有害元素：磷和硫。它们的含量过多会使钢的塑性变差，易于脆断，并影响焊接质量。所以，合格的钢筋产品必须按相关标准限制这两种元素的含量，通常热轧带肋钢筋的磷和硫含量均不大于0.045%。

《规范》规定钢筋混凝土结构（包括预应力钢筋混凝土结构）中用的钢筋有以下几种：

(1) **热轧钢筋**：是低碳钢、普通低合金钢在高温状态下轧制而成，包括光圆钢筋和带肋钢筋。等级分为 HPB 235 级Φ，HRB 335 级Φ，HRB 400 级Φ。

(2) **余热处理钢筋**：热轧后立即穿水，进行表面控制冷却，然后利用芯部余热自身完成回火处理所得的成品钢筋。钢筋混凝土中常用 RRB 400 级。

(3) **热处理钢筋**：是将热轧钢筋在通过加热、淬火和回火等调质工艺处理的钢筋。热处理后钢筋强度能得到较大幅度的提高，而塑性降低并不多。常用的有三种，分别是

40Si2Mn，48Si2Mn，45Si2Cr。

（4）冷轧带肋钢筋：采用强度较低、塑性较好的普通低碳钢或低合金钢热轧圆盘条作为母材，经冷轧减径后其表面形成二面或三面有月牙肋的钢筋，根据其力学指标的高低，分为 LL550，LL650，LL800 三种。

《规范》规定预应力钢筋混凝土结构中用的钢丝按外形有下列几类：

（1）光面钢丝（消除应力钢丝）：是用高碳镇定钢轧制成圆盘后经过多道冷拔并进行应力消除矫直回火处理而成。

（2）刻痕钢丝：在光面钢丝的表面上进行机械刻痕处理，以增加与混凝土的粘结能力。

（3）螺旋肋钢丝：是用普通低碳钢或低合金钢热轧的圆盘条作为母材，经冷轧减径在其表面形成二面或三面有月牙肋的钢丝。

（4）钢绞线：是由多根高强钢丝捻制在一起并经低温回火处理清除内应力后而制成。可分为 2 股、3 股、7 股 3 种。

另外，为节约钢材，可以采用冷加工的办法提高热轧钢筋的强度，常用的冷加工方法有冷拉或冷拔。冷拉钢筋的冷拉应力值必须超过钢筋的屈服强度，例如将钢筋拉到超过屈服强度的一定应力水平（如图 2-1 所示 K 点），然后卸荷为零，应力-应变关系曲线沿直线下降，但最终无法回归零点，这时钢筋存在残余变形。如果立即重新张拉时，应力-应变曲线中的曲折点应力比初始的曲折点应力有所提高。如果卸载后停留一段时间再张拉时，则应力-应变曲线将沿新的曲线变化，其屈服点有一定程度的提高（如图 2-1 所示 K' 点），这就是所谓的时效硬化。时效硬化和温度有很大关系，如 HPB 235 钢时效硬化在常温时需要 20 天，若温度为 100℃时，仅需要 2

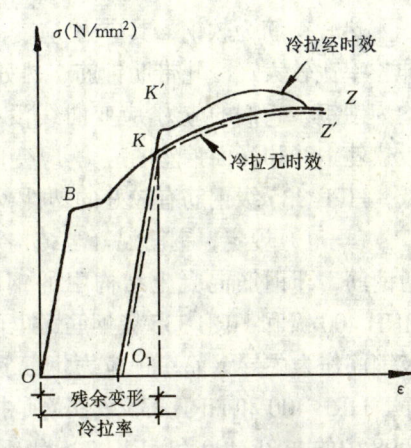

图 2-1 钢筋冷拉应力-应变曲线

个小时即可完成；但是如果继续加温有可能产生相反的效果，如加温至 450℃时强度反而有所降低，塑性性能有所增加。加温至 700℃时，钢材会恢复到冷拉前的力学性能，即失去了冷拉的意义。为了避免冷拉钢筋在焊接时由于高温软化，应将需要冷拉的钢筋先行焊接再进行冷拉。钢筋经过时效硬化后，能提高其抗拉屈服强度，但其塑性却有所降低，为了保证钢筋冷拉后既提高强度又保证其一定的塑性水平，冷拉时对适宜的冷拉卸荷点的选择是很重要的，该点的应力水平称为冷拉控制应力，对应的应变为冷拉率。冷拉时要控制好应力和应变。

冷拔是将钢筋用强力拔过比它本身直径还小的硬质合金拔丝模，钢筋同时受到纵向拉力和横向压力的作用，截面变小而长度拔长，经过几次冷拔，钢丝的抗拉和抗压强度强度都比原来有很大提高，但塑性降低很多。冷拔后的钢丝没有明显的屈服点和流幅，如图 2-2 所示。

由于近年来，我国强度高、性能好的钢筋（钢丝、钢绞线）已可充分供应，因此冷拔低碳钢丝和冷拉钢筋由于其性能缺陷未列入《规范》，另外冷轧带肋钢筋和冷轧扭钢筋因也有专门规程而未列入《规范》，但在工程中还是允许使用这些钢筋，使用时应注意符合专门规程的规定。

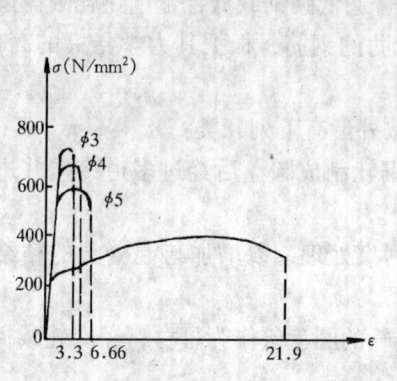

图2-2 钢筋冷拔应力-应变曲线

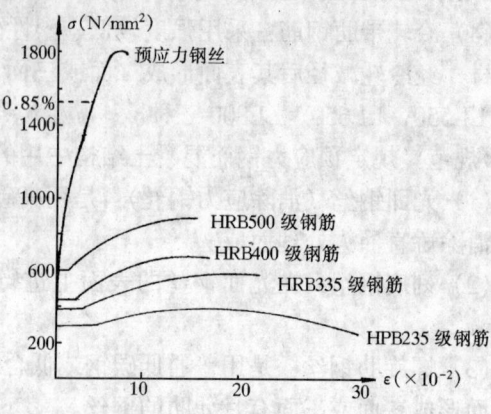

图2-3 各级钢筋的应力-应变曲线

热轧钢筋为软钢，其应力-应变曲线有明显的屈服点和流幅，断裂时有"颈缩"现象，伸长率比较大；冷轧带肋钢筋、热处理钢筋、光面钢丝、刻痕钢丝、螺旋形钢丝及钢绞线均为硬钢，它们的应力-应变曲线没有明显的屈服点，伸长率小，质地硬脆。图2-3为各级热轧钢筋和光面钢丝的应力-应变曲线。可以看出：随着钢材强度的提高其塑性性能降低，HPB 235级钢筋有较好的塑性，但强度较低，碳素钢丝虽强度很高，但塑性较差。

《规范》规定，钢筋混凝土结构及预应力混凝土结构的钢筋，应按下列规定选用：普通钢筋，即钢筋混凝土结构中的钢筋和预应力混凝土结构中的非预应力钢筋，宜采用HRB 400级和HRB 335级钢筋，也可采HPB 235级钢筋和RRB 400级钢筋，以HRB 400级钢筋作为主导钢筋；预应力钢筋宜采用预应力钢绞线、高强钢丝，也可采用热处理钢筋。HRB 400和HRB 335级钢筋是指国家标准《钢筋混凝土用热轧带肋钢筋》GB 1499—1998中的HRB 400和HRB 335级钢筋；HPB 235级钢筋是指《钢筋混凝土用热轧光面钢筋》GB 13013中的Q235级钢筋；RRB 400级钢筋是指国家标准《钢筋混凝土用余热处理钢筋》GB 13014中的KL 400级钢筋；预应力钢丝系指国家标准《预应力混凝土用钢丝》GB/T 5223中的三面刻痕钢丝、螺旋肋钢丝以及光面并经消除应力的高强度圆形钢丝。预应力钢绞线和钢丝分为Ⅰ级松弛和Ⅱ级松弛两类。当采用《规范》未列出但符合强度和伸长率要求的冷加工钢筋时，应按专门规程设计。

二、钢筋的力学性能

钢筋混凝土用钢筋分为有屈服点的钢筋和无屈服点钢筋，即钢筋的应力-应变曲线，有的有明显的流幅（见图2-4），如热轧低碳钢和普通的热轧合金钢制成的钢筋；有的则没有明显的流幅（见图2-5），如光面钢丝等。

从图2-4的典型应力-应变曲线来看，应力值在 A 点以前，应力和应变按线性比例关系增长，A 点对应的应力称为比例极限。过了 A 点以后，应变比应力增长地快，到达 B' 点以后，钢筋开始出现塑流，B' 称为屈服上限，它与加载速度、断面形式、试件表面光洁度等不确定因素有关，故 B' 是不稳定的。待从 B' 降至 B 点（屈服下限）时，这时应力水平基本不变而应变急剧增加，图形接近水平线，直到 C 点。B 点到 C 点的水平部分称为屈服台阶，其大小称为流幅。有明显流幅的热轧钢筋屈服强度是以屈服下限为依据的。

过 C 点以后,应力又继续增长,说明钢筋的抗拉能力又开始发挥,随着曲线上升到达最高点 D,相应的应力称为钢筋的极限强度,CD 段称为钢筋的强化阶段。过了 D 点以后,应变迅速增加,应力随之下降,在测试试件上体现为试件薄弱处的截面突然显著减小,发生局部径缩现象,变形迅速增加达到 E 点试件被拉断。图 2-5 中没有明显流幅的钢筋应力-应变关系曲线则没有前者的屈服台阶,而是直接到达强度极限,乃至破坏,具有脆性破坏的特点。

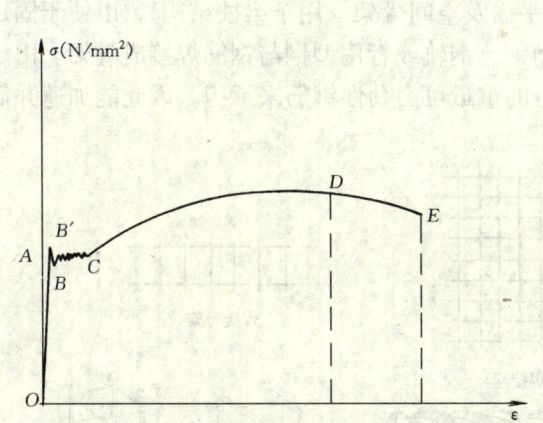 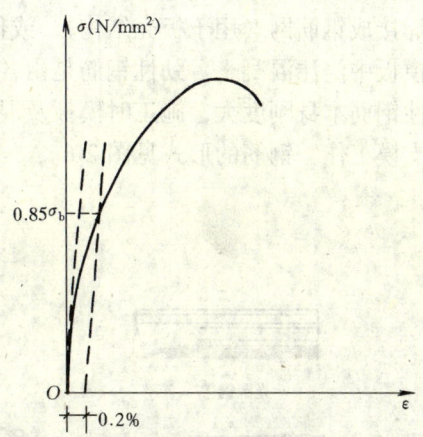

图 2-4 有明显流幅的钢筋应力-应变曲线　　图 2-5 没有明显流幅的钢筋应力-应变曲线

钢筋的强度标准值应具有不小于 95% 的保证率。对构件计算配筋时,对于热轧钢筋的强度标准值是根据屈服强度确定,用 f_{yk} 表示。因为构件中的钢筋应力达到屈服点后,将产生很大的塑性变形,使钢筋混凝土构件出现很大变形和不可闭合的裂缝,以至不能使用。对预应力钢绞线、钢丝和热处理钢筋等没有明显屈服点的钢筋强度标准值是根据国家标准极限抗拉强度 σ_b 确定的,采用钢筋应力为 $0.85\sigma_b$ 的点作为条件屈服点。普通钢筋的强度标准值和设计值按附表 6 和附表 7 采用;预应力钢筋的强度标准值和设计值按附表 8 和附表 9 采用。

钢筋除要有足够的强度外,还应有一定的塑性变形能力,钢筋的塑性通常用伸长率和冷弯性能两个指标来衡量。钢筋拉断后的伸长值与原长的比率称为伸长率,伸长率越大塑性越好;冷弯是将直径为 d 的钢筋绕直径为 D 的弯芯弯曲到规定的角度而无裂纹及起层现象,则表示合格。弯芯的直径 D 越小,弯转角越大,说明钢筋的塑性越好。

为了使钢筋在拉断前保持足够的伸长,能给出构件即将破坏的预兆,并且使钢筋在加工成型时不发生断裂,亦即保证钢筋具有一定的塑性,国家标准规定了各种钢筋所必须达到的伸长率的最小值(用 δ_5 表示标距 $l=5d$ 时的伸长率)以及相应的冷弯试验要求(弯芯直径及弯转角),见表 2-1。

表 2-1　各种钢筋伸长率及冷弯试验要求

钢筋种类		HPB235 级	HRB335 级		HRB400 级		HRB500 级	
		6~25	6~25	28~50	6~25	28~50	6~25	28~50
伸长率	δ_5(%)	25	16		14		12	
冷弯要求	冷弯角度	180°	180°		180°		180°	
	钢辊直径	1d	3d	4d	4d	5d	6d	7d

三、钢筋的形式

钢筋混凝土结构所采用的钢筋可分为柔性钢筋和劲性钢筋。柔性钢筋（即普通钢筋）常用的外形有光圆和带肋（表面通常带有两条纵肋和沿长度方向均匀分布的横肋）两种，各种直径的圆钢和变形钢筋横截面面积及理论质量，详见附表20。带肋钢筋分为等高肋和月牙肋（横肋的纵截面呈月牙性且与纵肋不相交）两种，呈人字纹，月牙形，或螺旋纹，称为变形钢筋。钢丝外形通常为光圆，也有在表面刻痕的。柔性钢筋经过铁丝绑扎或焊接成钢筋网（用于板壳结构），或作成平面及空间骨架（用于梁柱结构），以便于固定在模板中浇注混凝土。劲性钢筋是由各种型钢、钢轨或者用型钢与钢筋焊接成骨架。由于劲性钢筋本身刚度大，施工时模板及混凝土的重量可由劲性钢筋来承担，因此能加速并简化支模工作。钢筋的形式见图2-6。

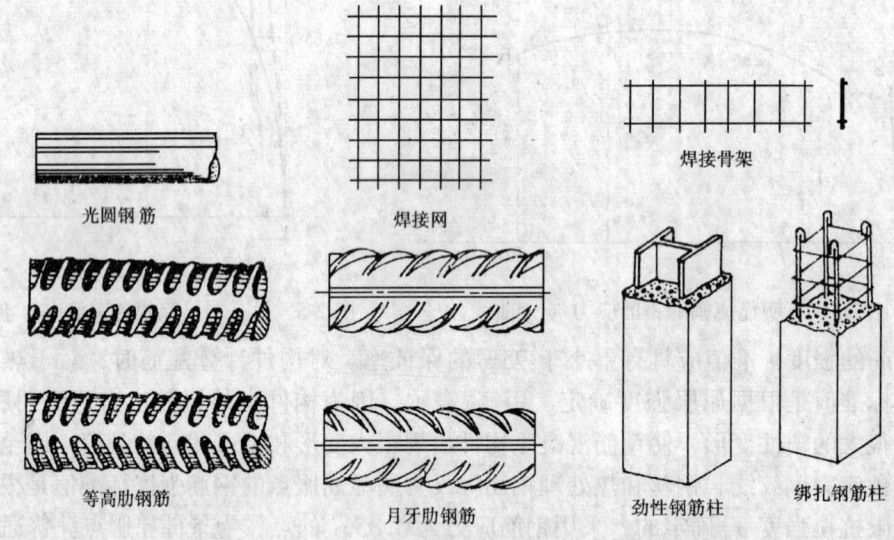

图 2-6　各种形式的钢筋

考虑到各种类型钢筋的使用条件和便于从外观上加以区别，我国冶金部规定，HPB235级钢筋、外形轧成光面，俗称光圆钢筋。HRB335级、HRB400级钢筋轧成人字纹或月牙形以及螺旋纹。人字纹、螺旋纹和月牙形钢筋，统称为变形钢筋。

四、钢筋的应力-应变曲线的数学模型

在钢筋混凝土结构的设计和理论分析中，为简化起见，常需要将钢筋的应力-应变曲线理想化，对不同性能的钢筋建立不同的应力-应变曲线数学模型。常用的有以下几种：

1. 双直线（完全弹塑性模型）

将钢筋的应力-应变曲线简化为两根直线，该模型不计屈服强度的上限和由于应变硬化阶段增加的应力，如图2-7（a）所示。图中 OB 段为完全弹性阶段，B 点为用于设计的屈服下限，相应的应力及应变为 f_y 和 ε_y，弹性模量为 E_s，即为 OB 段的斜率；BC 为完全塑性阶段，C 点为应力强化的起点，对应的应变为 $\varepsilon_{y,h}$。过 C 点后，认为钢筋变形过大不能正常使用。此模型适用于流幅较长的低强度钢筋。其数学表达式为：

$$\text{当} \quad \varepsilon_s \leqslant \varepsilon_y \text{ 时, } \sigma_s = E_s \varepsilon_s, \ (E_s = f_y / \varepsilon_y) \tag{2-1}$$

$$\text{当} \quad \varepsilon_y \leqslant \varepsilon_s \leqslant \varepsilon_{s,h} \text{ 时, } \sigma_s = f_y \tag{2-2}$$

其中，E_s——为钢筋弹性模量，见附表10。

2. 三折线（完全弹塑性加硬化模型）

对于屈服后立即发生应变硬化（应力强化）的钢材，上述双直线的应力-应变模型对钢材弹性阶段以后的钢筋应力估计太低，要正确地估计高出屈服台阶应变以后的应力，可以采用三折线模型，将钢筋的应力应变关系分为弹性阶段、塑性阶段和硬化阶段。如图2-7（b）所示。在最后阶段钢筋受拉应力达到极限值$f_{s,u}$，相应的应变为$\varepsilon_{s,u}$，这时认为钢筋破坏，此模型应用于流幅较短的软钢，其数学表达式如下：

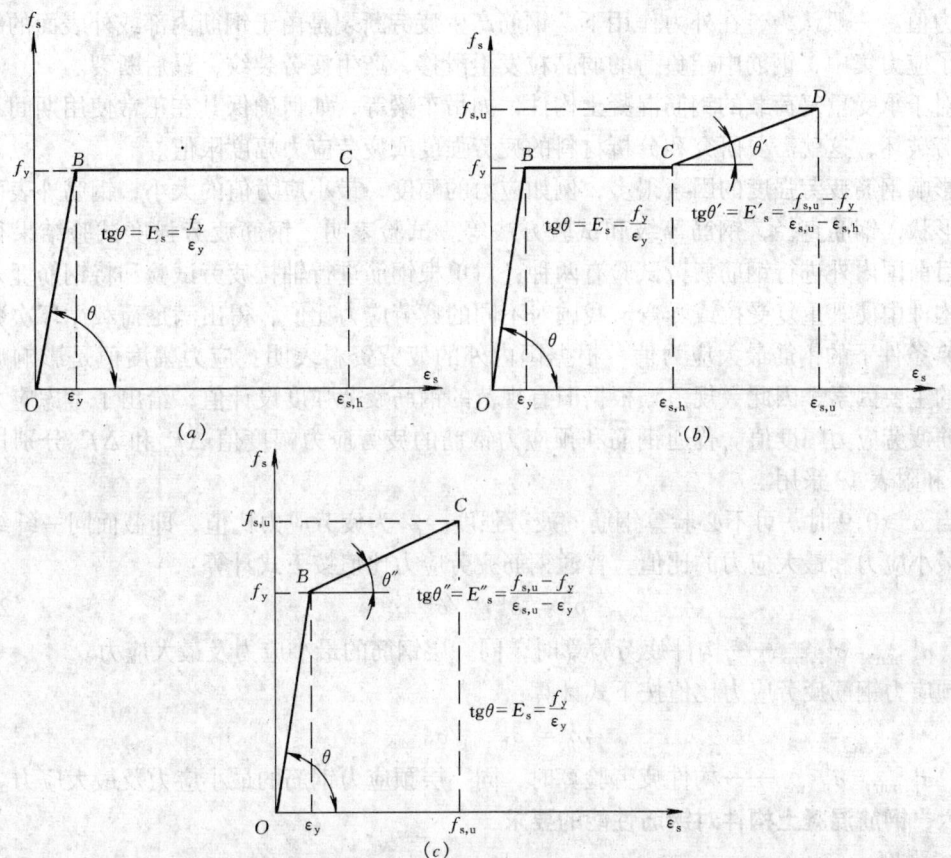

图 2-7 钢筋应力-应变曲线的数学模型
(a) 双直线；(b) 三折线；(c) 双斜线

当 $\varepsilon_s \leqslant \varepsilon_y$ 时，$\sigma_s = E_s \varepsilon_s$，$(E_s = f_y/\varepsilon_y)$ (2-3)

当 $\varepsilon_y \leqslant \varepsilon_s \leqslant \varepsilon_{s,h}$ 时，$\sigma_s = f_y$ (2-4)

当 $\varepsilon_{s,h} \leqslant \varepsilon_s \leqslant \varepsilon_{s,u}$ 时，$f_s = f_y + (\varepsilon_s - \varepsilon_{s,h}) \mathrm{tg}\theta'$ (2-5)

可取 $\mathrm{tg}\theta' = E'_s = 0.01 E_s$。

3. 双斜线（弹塑性模型）

对于没有明显流幅的高强钢筋或钢丝的应力-应变曲线的模型可采用双斜线，表示钢筋的弹性阶段和硬化阶段，如图2-7（c）所示。图中B点为条件屈服点，C点应力达到极限值$f_{s,u}$，相应的应变为$\varepsilon_{s,u}$。其数学模型如下：

当 $\varepsilon_s \leqslant \varepsilon_y$ 时，$\sigma_s = E_s \varepsilon_s$ $\quad (E_s = f_y/\varepsilon_y)$ (2-6)

当 $\varepsilon_{s,h} \leqslant \varepsilon_s \leqslant \varepsilon_{s,u}$ 时，$f_s = f_y + (\varepsilon_s - \varepsilon_{s,h}) \text{tg}\theta''$ (2-7)

式中取 $\text{tg}\theta'' = E_s'' = (f_{s,u} - f_y)/(\varepsilon_{s,u} - \varepsilon_y)$ (2-8)

五、钢筋的疲劳强度

钢筋的疲劳破坏是指钢筋在承受重复、周期性动荷载作用下，经过一定次数后，从塑性破坏变成突然脆性断裂的破坏现象。钢筋的疲劳强度低于钢筋在静荷载下的极限强度。所谓疲劳强度是指在某一规定应力幅度内，经受一定次数循环荷载后，发生疲劳破坏的最大应力值。一般认为，在外力作用下，钢筋产生疲劳断裂是由于钢筋内部或外表面的缺陷引起了应力集中，钢筋中超负荷的弱晶粒发生滑移，产生疲劳裂纹，最后断裂。

对于承受重复荷载的钢筋混凝土构件，如吊车梁等，如何确保其在正常使用期间不发生疲劳破坏，这就需要研究和分析材料的疲劳强度或疲劳应力幅度限值。

影响钢筋疲劳强度的因素很多，例如应力的幅度，最小应力值的大小，钢筋外表面的几何形状，钢筋直径，钢筋等级和试验方法等。试验表明，钢筋疲劳强度试验结果很分散。目前国内外进行钢筋疲劳试验有两种：对单根钢筋进行轴拉疲劳试验和将钢筋埋入混凝土构件中使其重复受拉或受弯。我国对不同的疲劳应力比值，得出满足荷载循环次数为 2×10^6 条件下的钢筋最大应力值。根据国内外的疲劳资料表明：应力幅度值是影响疲劳强度的主要因素，因此《规范》根据旧有规范的钢筋疲劳强度设计值，给出了考虑应力比的钢筋疲劳应力幅度值。普通钢筋和预应力钢筋的疲劳应力幅度值 Δf_y^f 和 Δf_{py}^f 分别按附表 12 和附表 13 采用。

当 $\rho^f \geqslant 0.9$ 时，可不必验算钢筋的疲劳强度。ρ^f 为疲劳应力比值，即截面同一纤维上钢筋最小应力和最大应力的比值。普通钢筋疲劳应力比值按下式计算：

$$\rho_s^f = \sigma_{s,\min}^f / \sigma_{s,\max}^f \tag{2-9}$$

式中 $\sigma_{s,\min}^f$，$\sigma_{s,\max}^f$——构件疲劳验算时，同一层钢筋的最小应力及最大应力。

预应力钢筋疲劳应力比值按下式计算：

$$\rho_p^f = \sigma_{p,\min}^f / \sigma_{p,\max}^f \tag{2-10}$$

式中 $\sigma_{p,\min}^f$，$\sigma_{p,\max}^f$——构件疲劳验算时，同一层预应力钢筋的最小应力及最大应力。

六、钢筋混凝土构件对钢筋性能的要求

1. 强度

所谓强度是指钢筋的屈服强度及极限强度。如前面所述，钢筋的屈服强度是设计计算时的主要依据（如无明显流幅的钢筋由它的条件屈服点强度确定）。采用高强度钢筋可以节约钢材，取得较好的经济效果。提高钢筋的强度除改变钢材的化学成分生产新的钢材品种外，另一种方法就是对钢筋进行冷加工以提高它的屈服强度，但应考虑钢筋有适宜的强屈比（极限强度与屈服强度的比值），以保证结构在达到设计强度后有一定的强度储备。

2. 塑性

要求钢材在断裂前应有足够的变形（伸长率）以保证构件和结构的延性，在钢筋混凝土结构中，给人们以将要破坏的报警信号，从而采取措施进行补救。另外，还要保证钢筋冷弯的要求，通过检验钢材承受弯曲变形能力的试验以间接反映钢筋的塑性性能。

3. 可焊性

在一定的工艺条件下，要求钢筋焊接后不产生裂纹及过大的变形，保证焊接后的接头

性能良好。尽量减小焊接处的残余应力和应力集中。避免高强钢筋的力学性能降低。

4. 与混凝土的粘结力（或称握裹力）

为了保证钢筋与混凝土共同工作的有效性，两者之间必须有足够的粘结力，钢筋表面的形状对粘结力有重要的影响。同时要保证钢筋的锚固措施和锚固长度和混凝土保护层厚度。

在寒冷地区，为了防止钢筋发生脆性破坏，对钢筋的低温性能也应有一定的要求；另外针对不同的存在条件对钢筋还应有具体的要求。

第二节 混 凝 土

一、混凝土的组成结构

普通混凝土是由水泥、砂子和集料三种基本材料用水拌和经过养护凝固硬化后形成的人工石材，是一种由具有不同性质的多组分组成的多相复合材料。混凝土被视为了一个广泛综合的结构概念，其组成包括从混凝土组分的原子、分子微观结构到混凝土宏观的不同层次的材料结构。目前，最通用的混凝土组成观点是将混凝土分为三个递进的结构层次：微观结构，即水泥石结构；亚微观结构，即混凝土中的水泥砂浆结构；宏观结构，即砂浆和粗骨料两组分体系。

上述结构层次都有各自的组成成分以及形成条件有关的特性。微观结构由水泥凝胶、晶体骨架、未水化完的水泥颗粒和凝胶孔组成，其力学性能主要取决于水泥的化学成分（包括搀和料）、粉磨细度、水灰比（外加剂的使用的影响）、硬化条件和环境状况；亚微观结构层次是将微观结构层次看作基相、砂子为分散相的二组分体系，砂子和微观结构水泥石形成薄弱的结合面，其力学性能首先受到基相和分散相本身特性的影响，后者表现为以砂浆的配合比、砂的颗粒级配与矿物组成、砂粒形状、砂粒表面特性及砂中的含杂质情况控制水泥砂浆结构的质量；混凝土的宏观结构，是把水泥砂浆结构看作基相，粗集料分布在砂浆中看作分散相，砂浆和粗集料形成薄弱的结合面。对于亚微观结构和宏观结构，影响其性能的除基相和分散相（细、粗集料）自身的特性外，集料的组成分布及其与基相之间的结合程度有非常重要的意义。

由于浇注时混凝土的泌水作用引起沉缩，以及养护硬化过程中水泥浆水化造成的化学收缩和干缩（物理收缩）受到集料的限制，因此，在不同结构层次结合面处会引起结合破坏，形成许多随机分布的微裂缝，即在未受荷条件下的界面裂缝。另外，在结硬的混凝土内部还有很多孔隙，这是由于硬化混凝土中游离水的作用形成的毛细孔，混凝土拌和物中夹带的空气没有完全排除形成的气孔，以及水泥石形成凝胶固相时随机产生的凝胶孔的存在。随着混凝土硬化条件和周围环境的改变，毛细孔和凝胶孔可以被水或空气充填。

综上所述，混凝土各组分结合形成的复杂的不同结构层次构成了混凝土的骨架，主要用来承受外力，并使混凝土具有弹性变形的特征；水泥石中的凝胶、混凝土中的空隙和结合面初始微裂缝等，在外力作用下，由于其可压缩空间的存在，使混凝土具有较大的塑性变形。混凝土结构中的孔隙、界面微裂缝等先天的缺陷往往是使混凝土完整性改变，受力破坏的根源，微裂缝在受荷时的发展对混凝土的力学性能起着非常重要的影响。由于水泥凝胶块的硬化过程将经历若干年才能完成，所以混凝土的强度、变形也要经历较长时间的稳定期。

二、混凝土强度指标

在实际工程中，单向受力的构件和结构是极少的，一般处于复合应力状态，因此复合受力作用下混凝土的强度是设计者非常关心和重视的问题。但要研究复合受力作用下混凝土的强度试验需要复杂的设备，理论分析也比较困难，目前仍处于不断发展之中。单向受力状态下混凝土的强度指标，仍然是进行钢筋混凝土结构构件强度分析、建立强度理论公式的重要依据。

混凝土强度值（抗压强度和抗拉强度）的大小与采用的水泥品种、标号和水灰比的大小有很大关系，其它如集料（砂、石）的性质、混凝土的级配、添加剂或掺和料的使用、制作方法（人工或机械的）、硬化时的环境条件及混凝土龄期等都有或多或少的影响。在试验时还因为所选择试件的大小和形状、试验方法或加载时间长短的不同，所测得的强度值也不同。因此各种单向受力时的混凝土强度指标必须以统一规定的标准试验方法为依据。

1. 混凝土的抗压强度

混凝土的抗压强度是混凝土力学性能中最基本的指标。抗压强度标准值是混凝土强度分级的标准，也是施工过程中控制混凝土的质量的主要依据。混凝土抗压强度之所以如此重要是因为钢筋混凝土结构中最主要的就是利用其抗压强度。此外，混凝土的其它力学性能，如抗拉强度、弹性模量等也都与混凝土抗压强度具有内在联系，当建立了它们之间的关系式之后，就可以通过抗压强度推断出混凝土的其它力学性能。目前，国际上为确定混凝土抗压强度所采用的混凝土试件有圆柱体和立方体两种，我国采用立方体。

（1）立方体抗压强度

混凝土立方体试件的强度比较稳定，因而我国以该值作为混凝土强度的基本指标。《规范》规定，按照标准方法制作养护（在20℃±3℃的温度和相对湿度90%以上条件的空气中养护）的边长为150mm的立方体试件在28天龄期后，用标准试验方法测得的具有95%保证率的抗压强度，叫做立方体抗压强度标准值，用符号 $f_{cu,k}$ 表示。根据混凝土立方体抗强度标准值的数值，《混凝土结构设计规范》（GB 50010—2001）（以下简称《规范》）规定，混凝土强度等级分为14级：C15，C20，C25，C30，C35，C40，C45，C50，C55，C60，C65，C70，C75，C80。其中符号C表示混凝土，后面的数字表示立方体抗压强度标准值，单位 N/mm²。

钢筋混凝土结构的混凝土强度等级不宜低于C15；当采用HRB 335级钢筋时，混凝土强度等级不宜低于C20；当采用HRB 400和RRB 400级钢筋以及对承受重复荷载的构件，混凝土强度等级不得低于C20。预应力混凝土结构的混凝土强度等级不宜低于C30；当采用钢绞线、钢丝、热处理钢筋作预应力钢筋时，混凝土强度等级不宜低于C40。当采用山砂混凝土及高炉渣混凝土时，尚应符合专门标准的规定。

测定混凝土强度时，试块放在压力机上、下垫板之间加压，试块纵向受压缩短，而其横向将扩展。由于压力机垫板与试块上、下表面之间的摩擦力影响，垫板好象起了"箍"的作用一样，将试块上下端箍住，阻碍了试块上下端的变形，提高了试件的抗压极限强度。接近试块中间部分箍的约束影响减小，混凝土比较容易发生横向变形。随着荷载的增加，当压力使试件应力水平达到极限值时，试块由于受到竖向和水平摩擦力的复合作用，首先沿斜向破裂，中间部分的混凝土最先达到极限应变而鼓出塌落，形成对顶的两个角锥体，其破坏形态如图2-8（a）所示。如果在试件和压力机之间加一些润滑剂，这时试件与压力机垫板间的摩擦力减小，其横向变形几乎不受约束。试件沿着几乎与力的作用方向平行地产生几条裂缝而破坏，如图2-8（b）所示，这样所测得的混凝土抗压强度较低。《规范》规定的标准试验方法不加润滑剂，这比较符合实际使用情况。

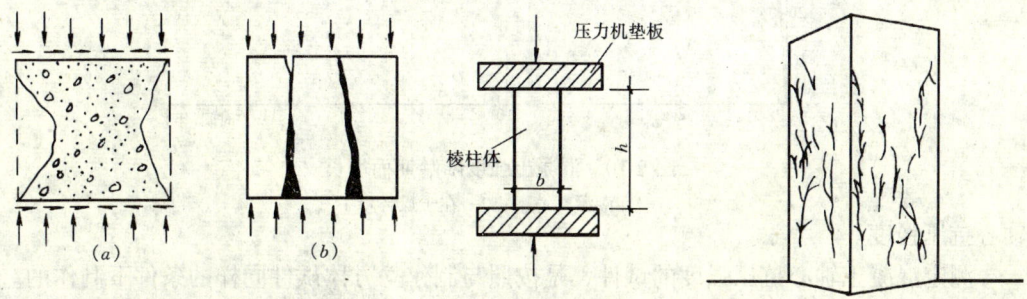

图2-8 混凝土立方体的破坏情形
（a）不涂润滑剂；（b）涂润滑剂
图2-9 混凝土棱柱体抗压试验

试块的尺寸不同，试验时试块上下表面的摩擦力产生"箍"的作用亦将不同。因此，当试件上下表面不涂润滑剂加压测试，得到的抗压强度值与试件尺寸有很大关系，立方体越小，抗压强度值越高。对此有两种解释，其一为材料自身的原因，例如材料内部缺陷（裂纹）的分布，试件表层与内部硬化程度的差异等；小试件内部缺陷出现的概率小，内部与表层硬化的差异小，因此小试件的强度更高一些；其二为试验方法的原因，例如试件承受摩擦力对小试件的影响大，即"箍"的作用强，因此可使小试件测到的强度高。上述两种具有共存的可能性。根据大量试验结果的统计规律，对于边长为非标准的立方体试块，其立方体抗压强度应乘以换算系数来得到标准立方体强度。我国过去曾经长期采用过以200mm边长的立方体测试混凝土的立方强度，由于用料多、重量大，试验时又需大吨位的试验机。为节约材料，减少工作量，一些单位往往采用边长为100mm的立方试块。用这两种尺寸的试块测得的强度与用150mm的强度有一定的差异（尺寸效应），这是要进行换算的原因。根据试验资料分析，当采用边长为200mm和100mm的立方试块时，其换算关系分别取1.05和0.95。

试验时加载速度对立方体强度也有影响，加载速度越快，测得的强度越高。通常规定加载速度为：混凝土强度等级低于C30时，取每秒钟$0.3N/mm^2 \sim 0.5N/mm^2$；当混凝土强度等级等于或高于C30时，取每秒钟$0.5N/mm^2 \sim 0.8N/mm^2$。

混凝土的抗压强度还与混凝土的龄期有关，试验时，随着混凝土的龄期逐渐增长，抗压强度增长速度开始较快，后来逐渐趋缓，这种强度增长的过程往往延续若干年，在潮湿环境中延续时间会更长。如图2-10所示。

（2）轴心抗压强度（或棱柱体强度）

混凝土的抗压强度还与试件的形状有关，考虑到实际情况以棱柱体为主，因此棱柱体（高度大于边长）的试件比立方体试件能更好地反映混凝土构件的实际抗压能力，用棱柱体测得的抗压强度简称为轴心抗压强度（又称棱柱体抗压强度）。在工程中，钢筋混凝土轴心受压构件，如柱、屋架受压弦杆等，它的长度比其横截面尺寸大得多，其构件中的混凝土强度，与混凝土棱柱体轴心抗压强度接近。所以，在构件设计时，混凝土强度多采用

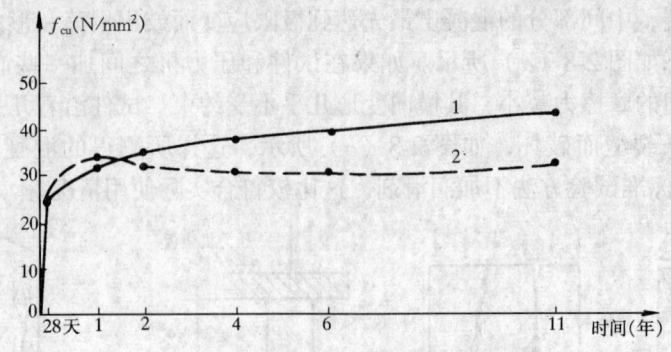

图 2-10　混凝土强度随龄期而增长
1—在潮湿环境下；2—在干燥环境下

轴心抗压强度。

测定混凝土轴心抗压强度的试件，是按照与制作立方体试件同样的条件下制作的。试验时上下表面不涂润滑剂，来测得混凝土抗压强度，其值比立方体强度小，并且随试件高宽比（即 h/b）增大，其强度减小。出现这种现象是因为试件的高度越大，试验机垫板对试件的摩擦力约束延伸到试件中部对横向变形产生的约束就越小，所测得的强度也越小。但是当高宽比 h/b 达到一定数值后，这种趋势就几乎消失了。在确定棱柱体试件尺寸时，考虑到棱柱体试件的强度首先考虑到试验机压板与试件承压面间摩擦力的影响，就要求试件具有足够的高度，使试件的中间区段形成纯压状态。同时试件又不能太高，以免在破坏前产生较大的附加偏心而降低抗压极限强度。根据试验资料，一般认为试件的高宽比 $h/b=2\sim 3$ 时，可以基本上消除上述两种因素的影响。棱柱体的抗压强度试验及试件破坏情况如图 2-9 所示。

根据我国近年来所作棱柱体与立方体抗压强度对比试验结果得出了轴心抗压强度和立方体强度之间的关系大致成线性关系，棱柱体强度对立方体强度之比值 α_1 对普通混凝土为 0.76，对高强度混凝土则大于 0.76，因此，规范对 C50 及其以下取 $\alpha_1=0.76$，对 C80 取 $\alpha_1=0.82$，中间按线性规律插值。混凝土强度越高脆性特征越明显，因此，对 C40 以上的混凝土试件强度乘以一定的折减系数 α_2，对 C40 取 $\alpha_2=1.0$，对 C80 取 $\alpha_2=0.87$，中间按线性规律插值。《规范》对轴心抗压强度标准值（附表 1）与设计值（附表 2）分别按下式进行计算：

$$f_{ck} = 0.88\alpha_1\alpha_2 f_{cu,k} \tag{2-11}$$

$$f_c = f_{ck}/\gamma_c = f_{ck}/1.4 \tag{2-12}$$

式中　0.88——结构中混凝土强度与试件混凝土强度的比值。

（3）混凝土的受压破坏机理的试验研究

混凝土的抗压强度远低于其宏观结构层次中基相和分散相（砂浆和粗骨料）任一成分的强度，其原因必须从混凝土受压破坏的机理来分析。如前所述，混凝土内部看作多层次复合结构，受荷前由于收缩、温度变化等原因就已经存在了初始微裂缝，在外力作用下，混凝土的破坏过程是裂缝不断发生、扩展和失稳的过程。这些微裂缝的存在、传播和发展可以用超声波、X 光、高倍显微镜等现代量测技术和仪器进行直接或间接的观测。

研究结果表明，混凝土从受荷到破坏的全过程可分为三个阶段：第一阶段为在 30%～40% 极限抗压强度以内，此时只在试件内集料和浆体结合面的某些孤立点上产生拉应力集中,当拉应力超过结合面粘结强度时,这些点开裂,从而缓解了应力集中并恢复平静。微裂缝的出现会产生不可恢复的变形,但其数值极小,因此纵、横向应力-应变(σ-ε_1、σ-ε_2)曲线接近直线变化,横向变形系数$\mu=\varepsilon_2/\varepsilon_1$维持常量,平均体积应变$\varepsilon=(\varepsilon_1+\varepsilon_2+\varepsilon_3)/3$为压缩,声响强度和脉冲速度都没有明显改变。随着应力的增加,微裂缝不断产生、扩展,截面裂缝向砂浆中延伸,从而进入了第二阶段,此时裂缝缓慢稳定地发展着,如果停止加载,裂缝扩展也停止,所以称之为裂缝稳定扩展阶段。由于不可恢复的变形明显增加,应力-应变曲线变弯,横向变形系数增大,相应的体积应变(压缩)增长速度逐渐降低,声响强度不断增加,脉冲速度逐渐减小,当体积应变速率降至零(平均体积应变开始由压缩转为膨胀)时,其应力水平约为70%~90%的极限强度,通常称为临界应力。此后进入裂缝不稳定扩展阶段,即第三阶段,这时裂缝数量、宽度急剧增加,有的砂浆裂缝与粘结裂缝已连在一起,成为连续裂缝,应力再增加,混凝土内裂缝大量传播发展,集料与水泥石之间的粘结作用基本丧失,大体连成与受荷作用方向宏观平行的通缝,使混凝土断裂成若干分离的小柱而导致整体的最后破坏,应力达到极限抗压强度。这一阶段应力-应变曲线更加弯向水平轴,体积应变不断膨胀,声响明显加大以至可以听见开裂的声音,脉冲速度减小。这三个阶段用X光观测的裂缝发展如图2-11,纵、横应变、平均体积应变、横向变形系数与应力的关系如图2-12。

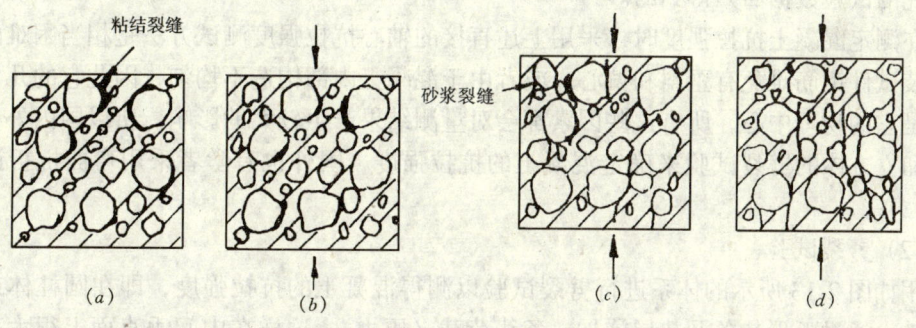

图2-11 X光观测裂缝发展形态示意图
(a)荷载前;(b)破坏荷载的65%;(c)破坏荷载的85%(临界荷载时);(d)破坏荷载

混凝土宏观破坏是裂缝累积的过程,从内部结构局部损伤到遭受连续性破坏导致整个体系解体而丧失承载力的过程,而非其组成成分中的基相和分散相自身强度的耗尽。

2. 混凝土的抗拉强度

混凝土的抗拉强度是混凝土的基本强度指标之一。通常混凝土的抗拉强度很低,只有抗压强度的1/18~

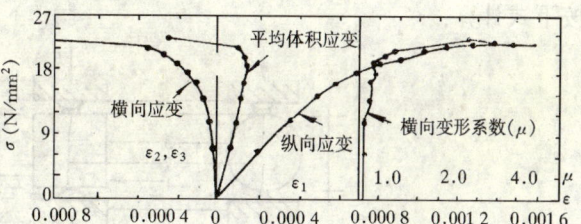

图2-12 纵、横向应变、平均体积应变、横向变形系数与应力的关系图

1/8,并且不与抗压强度成比例增大。钢筋混凝土的抗裂性、抗剪、抗扭承载力等均与混凝土的抗拉强度有关。在多轴应力状态下的混凝土强度理论中,混凝土的抗拉强度是一个非常主要的参数。影响混凝土抗拉的因素很多,要实现均匀拉伸非常困难,因此对抗拉强度

的试验方法及标准需要加强研究。目前，抗拉强度的试验方法主要有以下几种：

(1) 直接的轴心拉伸试验

直接的轴心抗拉强度测试可采用标准试件进行。试件是用一定尺寸（100mm×100mm×500mm）的钢模浇注而成的。两端预埋直径为16mm的螺纹钢筋，钢筋轴线应与试件轴线重合，伸出试件两端的长度为150mm。试验时，试验机夹具夹紧两端钢筋，使试件均匀受拉。当试件破坏时，试件中间横截面上的平均拉应力视为混凝土轴心抗拉强度。通过对我国近年来进行的一些抗拉强度试验结果分析，混凝土轴心抗拉强度平均值与其立方体抗压强度平均值之间呈曲线关系。由一系列抗拉强度试验结果及我国近年来对高强混凝土研究的试验数据，进行分析回归，与轴心抗压强度一样，对C40以上混凝土的强度也应考虑折减系数 α_2。因此，《规范》给出了轴心抗拉强度标准值与设计值（见附表1和附表2）的确定公式：

$$f_{tk} = 0.88 \times 0.395 f_{cu,k}^{0.55}(1 - 1.645\delta)^{0.45}\alpha_2 \tag{2-13}$$

$$f_t = f_{tk}/\gamma_c = f_{tk}/1.4 \tag{2-14}$$

式中，δ 为变异系数，当 $f_{cu,k} \leq 60\text{N/mm}^2$，$\delta$ 按旧规范要求确定对轴心受拉时为0.1，当 $f_{cu,k} > 60\text{N/mm}^2$ 时，取 $\delta=0.1$；0.45 和 0.55 是由抗拉强度试验结果及我国对高强混凝土研究的试验数据回归得到的。

在测定混凝土抗拉强度时，采用上述直接的轴心抗拉强度测试方法是相当困难的，因为安装试件钢筋难免有歪斜和偏心，或者由于混凝土内部构造不均匀，因此它的几何轴心并不是它的物理中心，所有这些因素都会对量测结果产生较大的影响。所以国内外常以圆柱体和立方体的劈裂试验来确定混凝土的抗拉强度。国外也有学者采用弯曲抗折试验确定。

(2) 劈裂试验

用如图2-13所示的体系进行劈裂试验以测得混凝土的抗拉强度，即在圆柱体或立方体试件上通过弧形垫条及垫层施加一条线荷载（压力），这样在中间垂直面上很大范围内（除加力点附近很小的范围），便产生了均匀的水平向拉应力，当拉应力达到混凝土的抗拉强度时，试件沿中间垂直截面劈裂拉断，根据弹性理论进行分析，劈裂强度设为 $f_{t,s}$，可按下式计算：

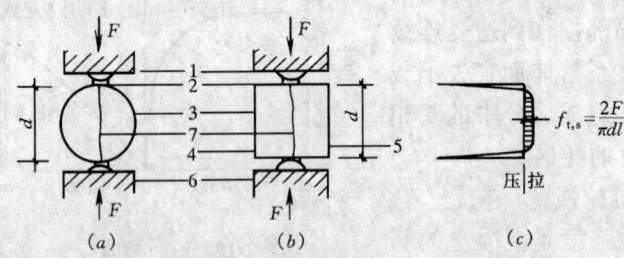

图 2-13 用劈裂试验测试混凝土抗拉强度

(a) 用圆柱体进行劈裂试验；(b) 用立方体进行劈裂试验；(c) 劈裂面中水平应力分布

1—压力机上压板；2—弧形垫条及垫层各一条；3—试件；4—浇模顶面；
5—浇模底面；6—压力机下压板；7—试件破裂线

$$f_{t,s} = \frac{2F}{\pi dl} \tag{2-15}$$

式中　F——破坏荷载；

　　　　d——圆柱体直径或立方体边长；

　　　　l——圆柱体长度或立方体边长。

试验表明：劈裂抗拉强度略大于直接受拉强度，劈裂试件尺寸对试验结果有一定的影响，标准是件尺寸为 150mm×150mm×150mm，如果采用 100mm×100mm×100mm 非标准试件取得劈裂抗拉强度值，应乘以尺寸换算系数 0.85。

3. 混凝土在复合受力状态下的强度

在荷载作用下，钢筋混凝土构件中任意一点的应力大都处于复杂应力状态，由于混凝土材料的特点，在复合受力状态下的强度，至今尚未建立起完善的强度理论，目前对其强度的研究还大多是以实验结果为依据，推荐一些近似的方法进行计算。但是研究复合受力状态下混凝土的强度问题，对于认识混凝土强度极限状态具有重要意义。

(1) 双轴应力状态

双轴应力状态，即在两个方向的平面上作用着法向应力 σ_1 和 σ_2，第三个方向平面上应力为零。双向应力状态下的混凝土强度试验曲线如图 2-14 所示。在第一象限，为双向受拉区，σ_1 和 σ_2 相互影响不大，即不同应力比值 σ_1/σ_2 下的双向受拉强度均接近于单向受拉强度；在第三象限为双向受压区，大体上一方向的强度随着另一方向压力的增加而增加，混凝土双向受压强度比单向受压强度最多可以提高 27%；第二、四象限为拉-压应力状态，此时混凝土的强度均低于单向受拉或受压时的强度，即双向异号使强度降低。

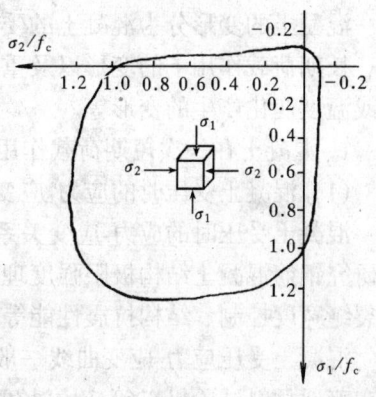

图 2-14　混凝土在双向应力状态下的强度曲线

在一个单元体内，除了作用剪应力 τ 外，同时在一个面上作用着法向应力 σ，其法向应力和剪应力组合的强度曲线如图 2-15 所示。由此可以看出：抗剪强度随着压应力的增大而增大，但当压应力约大于 $0.6f_c'$ 时（f_c' 为无侧向约束试件的轴心抗压强度），抗剪强度反而随压应力的增加而降低。换言之，剪应力的存在，使混凝土的抗压强度要低于单向抗压强度，所以当结构中出现剪应力时（如梁受弯矩和剪力共同作用、柱受轴向压力的作用，同时又受到水平荷载产生的剪力时），梁柱中受压区混凝土的强度将要受到影响。另外，可以看出抗剪强度随拉应力的增大而减小，换言之，剪应力的存在同时降低了混凝土的抗拉强度。

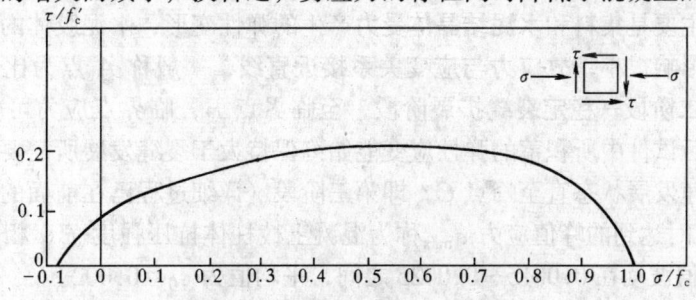

图 2-15　混凝土的双轴破坏曲线

(2) 三轴应力状态

混凝土在三向受压（σ_1、σ_2、σ_3）的情况下，最大压应力（σ_1）轴的极限强度f'_{cc}随着侧向压力的约束增大而获得较大程度的提高，其破坏规律随另外二侧向压应力与它的比值大小而异。常规情况下的三轴受压是二侧向等压（$\sigma_2 = \sigma_3 = f_L > 0$），国外早在30年代就已用周围加液压的圆柱体进行了试验，当周边液压值不大时，最大压应力轴的极限强度f'_{cc}随侧向应力的增大而提高，其经验计算公式为：

$$f'_{cc} = f'_c + (4.5 \sim 7.0) f_L \tag{2-16}$$

式中　　f'_{cc}——有侧向压力约束试件的轴心抗压强度；

f_L——侧向约束压应力。

4.5～7.0——为侧向约束使轴心抗压强度的提高系数，侧向压应力较低时会得到较高的强度提高系数。

三、混凝土在荷载作用下的变形性能

混凝土的变形分为混凝土的受荷变形和混凝土体积变形。前者包括一次短期加载的变形、长期荷载作用下的变形以及重复荷载作用下的变形；后者则是由于混凝土收缩产生变形或温度变化产生的变形等。

1. 混凝土在一次短期荷载作用下的变形性能

(1) 混凝土受压时的应力-应变关系

混凝土受压时的应力-应变关系反映了受荷各个阶段内部的变化及其破坏的机理，它是研究钢筋混凝土结构极限强度理论（截面应力分析、内力重分配、刚度和挠度、抗裂性和裂缝宽度控制、结构抗震性能等）的重要依据。

混凝土受压应力-应变曲线一般采用圆柱体或棱柱体试件来测定，我国采用后者。试件在普通材料试验机以等应力速度加载时，超过最大应力f_c后，因为试验机刚度不够，在加载过程中积蓄了大量的弹性应变能，当试件达到最大承载力后，试验机因荷载下降而突然释放弹性应变能，使机头回弹产生加速度，动能增加，迫使试件应变速度迅速增大直至被击碎。试件呈突发性破坏特征，只能测出加荷阶段应力应变反应的上升段，而不能得到真实的卸荷阶段应力应变反应的下降段。采用有伺服装置能控制下降段应变的特殊试验机等应变加、卸载，或在试件旁附加各种弹性元件协同受压，用以吸收试验机内所积蓄的应变能，防止试验机头回弹引起试件突然破坏，那就可以测量出具有真实下降段的应力-应变全曲线。图2-16是实测的典型混凝土棱柱体受压应力-应变曲线。试验表明：完整的应力-应变曲线包括上升段和下降段两部分：

1) 上升段（OC）从加荷至A点（应力约为$0.3f_c \sim 0.4f_c$）由于试件中应力较小，混凝土的变形主要是集料和水泥结晶体受力产生的弹性变形，水泥胶体的粘性流动以及初始微裂变化的影响很小，故应力与应变关系接近直线，一般称A点为比例极限点。超过A点，进入第二阶段—稳定裂缝扩展阶段，至临界点B，临界点应力可作为长期抗压强度的依据。此后试件中所积蓄的弹性应变能始终保持大于裂缝发展所需要的能量，形成裂缝不稳定的快速发展状态直至峰点C，即第三阶段（详细过程已在前面的受压破坏机理中介绍过了），这时达到的峰值应力σ_{max}称为混凝土棱柱体抗压强度f_c，相应的应变称为峰值应变ε_0，其值波动在0.0015～0.0025之间，平均值为$\varepsilon_0 = 0.002$。

2) 下降段（CE）是混凝土达到峰值应力后裂缝继续扩展、传播，从而引起应力-应

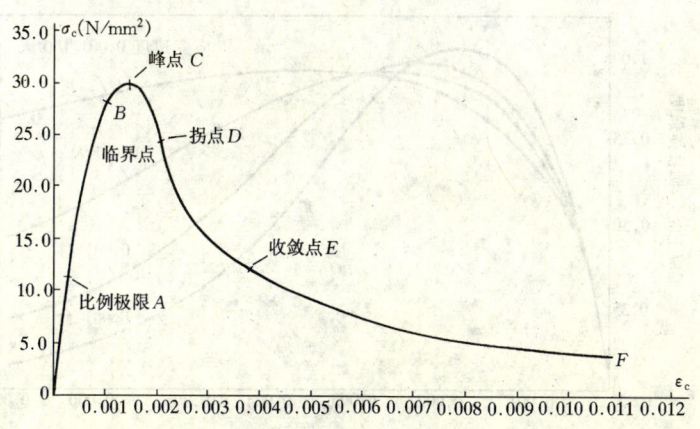

图 2-16 典型的混凝土棱柱体受压应力-应变曲线

变关系变化的反映。在峰值应力以后，裂缝迅速发展，内部结构的整体受到越来越严重的破坏，赖以传递荷载的传力路线不断减少，试件的平均应力强度下降，所以应力-应变向下弯曲，直到曲线的凹向发生改变（即曲率为零的一点 D），我们称该点为"拐点"。超过"拐点"，结构受力性能开始发生本质的变化，集料间的咬合力及摩擦力开始与残余承压面共同承受荷载。随着变形的增加，应力-应变曲线逐渐凸向水平轴方向发展，此段曲线中曲率最大的一点 E 称为"收敛点"。从收敛点开始以后的曲线称为收敛段，此时贯通的主裂缝已经很宽，结构内聚力已几乎耗尽，收敛段（EF）对于无侧向约束的混凝土已失去结构意义。

通过以上讨论可以清楚地看出，混凝土应力-应变曲线的形状和特征是其内部结构发生变化的外在表征。对于混凝土，不仅要利用它的强度，还要利用它的后期变形能力。这里的后期变形能力是指混凝土达到极限强度后，应力下降相同幅度时变形的大小，变形大的，表明承受变形的能力高，也就是延性好。不同强度混凝土的应力-应变曲线有着相似的形状，但也有着实质性的区别。图2-17为一组不同强度混凝土的应力-应变曲线。试验结果表明，随着混凝土强度的提高，上升段和峰值应变的变化不显著，而下降段的形状有较大的差异，混凝土强度越高，下降段的坡度越陡，即应力下降相同幅度时，变形越小，因此延性越差。

另外，混凝土受压应力-应变曲线的形状还与加载速度有着密切的关系，图 2-18 给出了同一强度混凝土试件在不同应变速度下的应力-应变曲线，可以看出，随着应变速度的降低，峰值应力也逐渐减小，但是达到最大应力值是的应变却增加了，下降段也比较

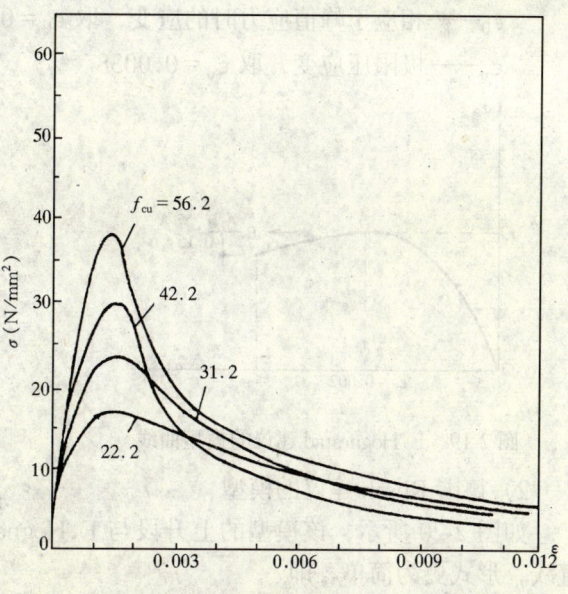

图 2-17 不同强度混凝土的应力-应变曲线

21

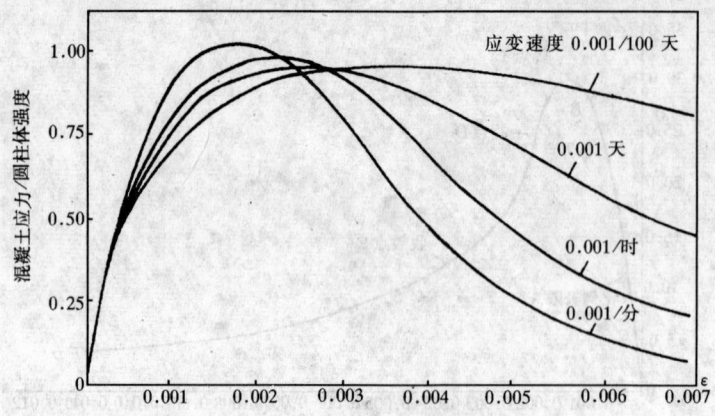

图 2-18 不同应变速度的混凝土受压应力-应变曲线

平缓。

(2) 混凝土受压应力-应变关系的数学模型

描述混凝土受压的应力-应变曲线的数学模型形式很多,下面是国内外最广泛采用的两种模式和我国《规范》采用的表达形式:

1) 美国 E.Hognestad 建议的模型

该模型的上升段为二次抛物线,下降段为斜直线,如图 2-19 所示。其数学模型为:

当 $\varepsilon \leqslant \varepsilon_0$ 时(上升段):

$$\sigma = f_c [2(\varepsilon/\varepsilon_0) - (\varepsilon/\varepsilon_0)^2] \tag{2-17}$$

当 $\varepsilon_0 \leqslant \varepsilon \leqslant \varepsilon_u$ 时(下降段):

$$\sigma = f_c \left(1 - 0.15 \frac{\varepsilon - \varepsilon_0}{\varepsilon_u - \varepsilon_0}\right) \tag{2-18}$$

式中　f_c——峰值应力(棱柱体极限抗压强度);
　　　ε_0——相应于峰值应力时的应变,取 $\varepsilon_0 = 0.002$;
　　　ε_u——极限压应变,取 $\varepsilon_u = 0.0038$。

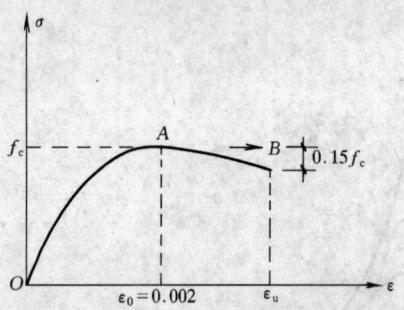

图 2-19　E.Hognestad 建议的模型曲线

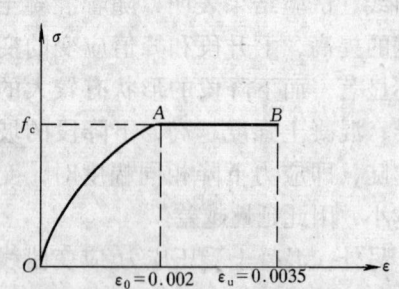

图 2-20　Rüsch 建议的模型曲线

2) 德国 Rüsch 建议的模型

如图 2-20 所示,该模型的上升段与 E.Hognestad 建议的模型相同,下降段采用水平直线,形式更为简单。即

当 $\varepsilon \leqslant \varepsilon_0$ 时(上升段):

$$\sigma = f_c[2(\varepsilon/\varepsilon_0) - (\varepsilon/\varepsilon_0)^2] \tag{2-19}$$

当 $\varepsilon_0 \leqslant \varepsilon \leqslant \varepsilon_u$ 时（下降段）：

$$\sigma = f_c \tag{2-20}$$

3)《规范》给出的应力-应变关系

随着混凝土强度的提高，混凝土受压时应力-应变曲线将逐渐变化，其上升段的近似线性将保持到较高的应力水平，且对应于峰值应力的应变稍有提高，下降段变陡，极限应变有所减小。为综合反映低、中强度混凝土和高强度混凝土的特性，我国采用了如下的表达形式：

当 $\varepsilon \leqslant \varepsilon_0$ 时（上升段）：

$$\sigma_c = f_c[1 - (1 - \varepsilon_c/\varepsilon_0)^n] \tag{2-21}$$

当 $\varepsilon_0 \leqslant \varepsilon \leqslant \varepsilon_u$ 时（下降段）：

$$\sigma_c = f_c \tag{2-22}$$

式中 σ_c——对应于混凝土压应变为 ε_c 时的混凝土压应力；

ε_0——对应于混凝土压应力刚达到 f_c 时的混凝土压应变，用式 $\varepsilon_0 = 0.002 + 0.5(f_{cu,k} - 50) \times 10^{-5}$ 计算，当计算的 ε_0 值大于 0.002 时，取为 0.002。

ε_{cu}——正截面处于非均匀受压时的混凝土极限压应变，用式 $\varepsilon_{cu} = 0.0033 - (f_{cu,k} - 50) \times 10^{-5}$ 计算，当计算的 ε_{cu} 值大于 0.0033 时，取为 0.0033；混凝土处于轴心受压时的混凝土极限压应变应取为 0.002；

n——系数，用式 $n = 2 - (f_{cu,k} - 50)/60$ 计算，当计算的值大于 2.0 时，取为 2.0。

(3) 混凝土处于三向受压状态时的变形特点

如果混凝土试件处于约束状态，不但可以提高它的抗压强度，还可以大大提高其延性。图 2-21 所示是表示混凝土圆柱体在三向受压作用下的轴向应力-应变曲线，圆柱体的周围有液体压力的约束，每条曲线都使液压保持为常值，轴向压力逐渐增加直至破坏，并测量其轴向应变。从该图中可以清楚看出，随着侧向压力的增加，试件的强度和延性都有显著提高。

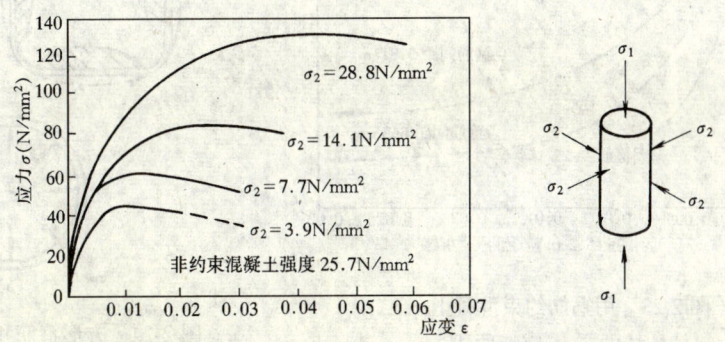

图 2-21 混凝土圆柱体三向受压试验时轴向应力-应变曲线

在工程中可以通过设置密排螺旋筋、箍筋或采用钢管混凝土来侧向约束混凝土，这是一种被动的约束方式。在混凝土轴向压力很小时，钢材约束几乎不受力，此时混凝土基本

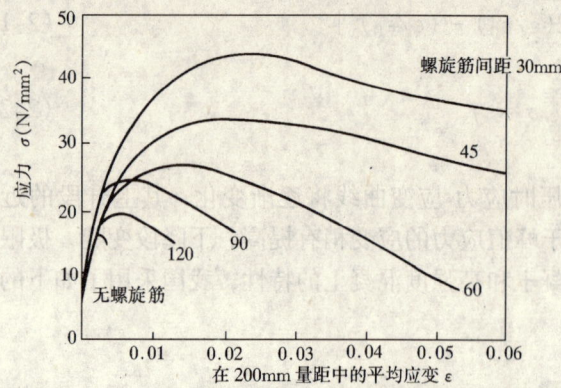

图 2-22 用不同间距螺旋筋约束混凝土圆柱体的应力-应变曲线

上不受约束,当轴向压力使混凝土应力达到临界应力时,由于混凝土内部裂缝发展引起体积膨胀变形而挤压螺旋筋、箍筋或钢管,这就使得螺旋筋、箍筋或钢管反过来约束混凝土,形成与用液压约束混凝土相似的条件,从而改善了混凝土的应力-应变性能。

根据试验资料,用螺旋筋约束混凝土圆柱体得到的应力-应变曲线和用箍筋约束的混凝土棱柱体得到的应力-应变曲线分别如图 2-22 和图 2-23 所示。图中可以看出,无论是螺旋筋圆柱体还是密排箍筋棱柱体试件,在达到无约束混凝土试件临界应力以前,其应力-应变曲线基本上是一致的,这说明螺旋筋和箍筋尚未能发挥作用,而超过临界应力后,由于侧向变形迅速增大,螺旋筋或箍筋的约束作用得到发挥,混凝土如同在三向应力下工作,因此能有效地提高混凝土强度,对延性的提高更加明显,螺旋筋或箍筋越密提高越多。同时由图中还可以比较出,螺旋筋与箍筋的不同之处是,密排箍筋对提高延性较好,但对提高抗压强度的效果不大,这是因为方形箍筋仅能使箍筋的角上和核心的混凝土受到约束,如图 2-24 所示。总的来看,方形箍筋约束混凝土的效果就不如螺旋筋好。

综上所述,低强混凝土比高强混凝土有较好的延性,三向复合受压状态下的混凝土比单向受压混凝土不但提高了强度并且有效地提高了延性。实际工程中,用密排螺旋筋或密排箍筋约束混凝土及直接采用钢管混凝土是提高延性的有效办法,从而改善混凝土的抗震性能。

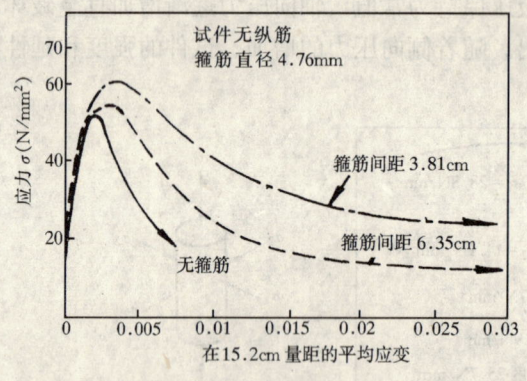

图 2-23 用箍筋约束混凝土棱柱体的应力-应变曲线

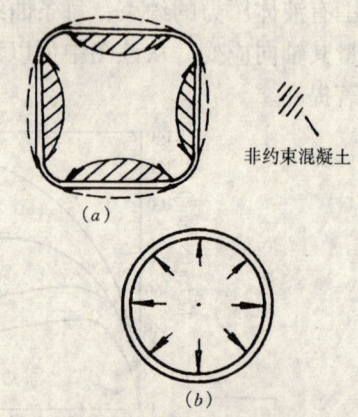

图 2-24 方形箍筋和螺旋筋的约束
(a)方形箍筋;(b)螺旋筋

(4)混凝土的变形模量

在计算钢筋混凝土结构的内力、构件的变形和抗裂性以及预应力混凝土构件截面的预压应力时,要用到反映混凝土应力-应变量比关系的材料模量。与弹性理论中不变的材料常数不同的是，一般情况下，混凝土的应力和应变关系呈曲线变化，因此，混凝土材料模量不是常数。在不同的应力阶段联系应力与应变关系的材料模量是一个变数，称之为变形模量。鉴于此，提出了怎样定义变形模量，以及如何取值的问题。

图 2-25 混凝土应力-应变的典型曲线图中 ε_c 是混凝土应力 σ_c 时的总应变，有

$$\varepsilon_c = \varepsilon_{ela} + \varepsilon_{pla} \tag{2-23}$$

式中　ε_{ela}——混凝土的弹性应变部分；
　　　ε_{pla}——混凝土的塑性应变部分。

混凝土的变形模量有如下三种表示方法：

1) 混凝土的原点弹性模量

通过一次加载的混凝土棱柱体受压关系曲线原点的切线斜率，称为原点弹性模量，以符号 E_c 表示。由图 2-25 可以看出：

$$E_c = \mathrm{tg}\alpha_0 \tag{2-24a}$$

或

$$E_c = \sigma_c / \varepsilon_{ela} \tag{2-24b}$$

式中　E_c——原点弹性模量，简称弹性模量；
　　　α_0——混凝土曲线在原点处的切线与横坐标轴的夹角。

2) 混凝土的变形模量 E_c'

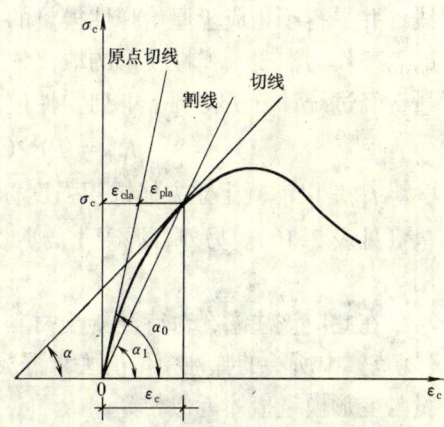

图 2-25　混凝土变形模量的表示方法

在图 2-25 中，当应力较大，超过比例极限时，弹性模量 E_c 已不能反映这时的应力和应变之间的关系。为此，我们给出变形模量的概念。由式（2-25a）给出的原点 O 与曲线上任一点连线的斜率，称为混凝土的变形模量 E_c'，它的表达式为：

$$E_c' = \mathrm{tg}\alpha_1 \tag{2-25a}$$

或

$$E_c' = \sigma_c / \varepsilon_c \tag{2-25b}$$

由于总变形 ε_c 中包含弹性和塑性变形两部分，由此所确定的模量又可称为弹塑性模量。

3) 混凝土的切线模量 E_c''

在混凝土应力-应变曲线上某一应力 σ_c 点处作一切线，其应力增量与应变增量之比值称为相应于应力为 σ_c 时的切线模量 E_c''。即

$$E_c'' = \mathrm{tg}\alpha \tag{2-26a}$$

或

$$E_c'' = \frac{\mathrm{d}\sigma_c}{\mathrm{d}\varepsilon_c} \tag{2-26b}$$

式中　α——为某点应力 σ_c 处的切线与横坐标的夹角。

由于混凝土塑性变形的发展，混凝土的切线模量是一个变值，它随着混凝土的应力增大而减小。混凝土的割线模量也是一个变量，随着应力大小而有区别。它与原点切线模量的关系如下：

$$E_c \varepsilon_{ela} = E_c' \varepsilon_c \tag{2-27}$$

$$E_c' = E_c \varepsilon_{ela} / \varepsilon_c = \nu E_c \tag{2-28}$$

式中　ν——混凝土受压时弹性系数。

当应力较小时,处于弹性阶段,可以认为 $\nu=1$;当应力增大,处于弹塑性阶段时,ν 小于 1,随着应力的不断增加,ν 值逐渐减小。

现在来讨论混凝土弹性模量的确定方法。准确的弹性模量值不易从一次加载曲线上求得。我国《规范》规定的数值是在重复加载的曲线上求到的:试验采用标准棱柱体试件,选用应力 $\sigma=0.5 f_c$ 反复加载 5~10 次。由于混凝土为弹塑性材料,每次卸载至零时,变形不能完全恢复,尚存有塑性变形,随着荷载重次数的增加每次卸载的塑性变形将逐渐减小。试验表明,在重复加载次数达 5~10 次后,塑性变形已基本稳定。关系基本上接近直线,并平行于相应于原始弹性模量的切线。因此,我们可以取重复加载 5~10 次后的直线的斜率作为混凝土弹性模量的取值依据。按照此方法,对不同强度的混凝土测得的弹性模量,经过统计分析得到了下列弹性模量 E_c 的经验计算公式:

$$E_c = 10^5/(2.2+34.7/f_{cu,k})(\text{N/mm}^2) \tag{2-29}$$

f_{cu} 是以混凝土立方体抗压强度标准值代入,求得不同强度等级混凝土对应的弹性模量(见表 2.10)。另外,混凝土的剪切模量 G_c 可以附表 3 中混凝土弹性模量的 0.4 倍采用。

在此应该注意,对待混凝土材料不能像对弹性材料那样,用已知的混凝土应变乘以《规范》中所给的弹性模量值去求混凝土的应力。只有当混凝土应力很低时,它的弹性模量与变形模量值才近似相等。

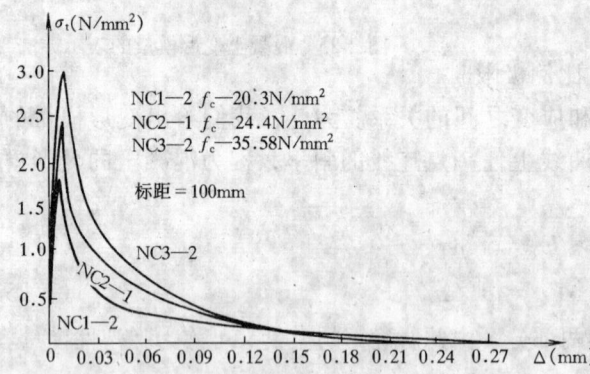

图 2-26 不同强度的普通混凝土拉伸应力-变形曲线

(5)混凝土受拉时的应力和变形关系

混凝土受拉时的应力-变形曲线的测试比受压时要难得多,目前的试验资料较少。图 2-26 是采用 Instron1343 型电液伺服试验机,用控制应变速度的方法,测出的混凝土轴心受拉应力变形曲线,它也具有上升段和下降段,且曲线形状与受压时相似。试验表明:在试件加载的初期,变形与应力呈线性增长,至峰值应力的 40%~50% 达比例极限,继续加载至峰值应力的 76%~83% 时,曲线出现明显拐点(即裂缝不稳定扩展的起点),其应力为临界应力,直至峰值应力时对应的应变只有 75×10^{-6}~115×10^{-6}。曲线下降段的坡度也随混凝土强度的提高而更陡,当表面平均裂缝宽度达 0.17mm~0.35mm 时,应力才接近零值。受拉弹性模量 E_t 与受压时的弹性模量 E_c 基本相同,峰值应力时的变形(割线)模量 E'_t 为弹性模量 E_c 的 76%~86%。考虑到混凝土峰值应力时的受拉极限应变与混凝土强度、配比、养护条件有着密切的关系,变化范围较大,在构件计算中相应于抗拉强度 f_t 时的变形模量(割线模量)可取为 $E'_t=0.5E_c$,即峰值应力 f_t 时的弹性系数 $\nu=0.5$。

2. 混凝土在长期荷载作用下的变形性能——徐变

在混凝土试件上加荷,试件就会产生压缩应变,如果试验时维持压力(例如加荷应力小于 $0.5 f_c$)不变时,经过若干时间后,发现混凝土的应变还在继续增加。混凝土在荷载长期作用下（即压力不变的情况下），它的应变随时间继续增长的现象称为混凝土徐变。混凝土的徐变对结构构件将产生十分不利的影响，如增大混凝土结构的变形，在预应力混凝土构件中引起预应力损失等。

混凝土的徐变特性主要与时间参数有关。根据我国铁道部科学研究院所做的试验结果，图2-27给出了混凝土的典型徐变曲线。从图中可以看出，某一组棱柱体试件，当加荷应力达到$0.5f_c$时，其加荷瞬间产生的应变为瞬时应变ε_{ela}。若荷载保持不变，随着加荷作用时间的增加，应变也将继续增长，这就是混凝土的徐变ε_{cr}。徐变开始增长较快，以后逐渐减慢，经过较长时间后就逐渐趋于稳定。徐变应变值约为瞬时应变的1~4倍。图2-27还表示两年后卸载，试件瞬时要恢复的一部分应变称为瞬时恢复应变ε'_{ela}。其值比加荷时的瞬时变形略小。当长期荷载完全卸除后，经过仔细测量，发现混凝土并不处于静止状态，而是经历着徐变的恢复过程，卸荷后徐变恢复变形称为弹性后效ε''_{ela}。弹性后效的绝对值仅为徐变变形的1/12左右，恢复的时间约为20天。在试件中还有绝大部分应变是不可恢复的，遗留在混凝土中成为残余应变ε'_{cr}。

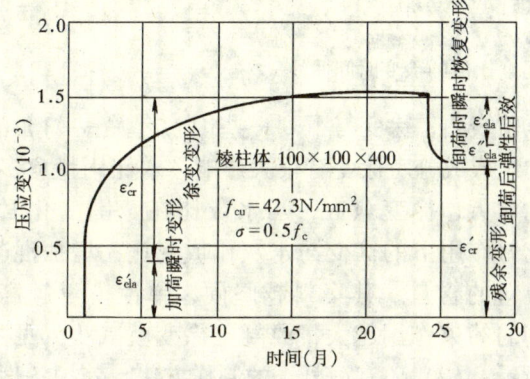
图2-27 混凝土徐变·（加荷卸荷应变与时间关系曲线）

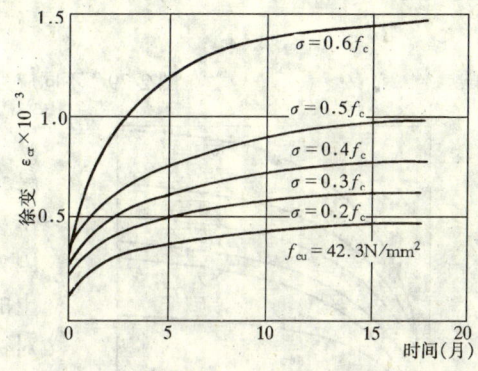
图2-28 应力与徐变的关系

混凝土徐变产生的原因，目前解释各异，尚未得出统一的结论。通常我们可以这样理解：原因之一是混凝土硬结以后，如前面所述的微观结构组成，集料之间的水泥浆，一部分变为结晶体，另一部分是充填在晶体间带有凝胶孔的凝胶体，具有粘性流动的性质。当向水泥石施加外荷载时，在加荷的瞬时，结晶体与凝胶体共同承受外荷载。其后，随着时间的推移，凝胶体由于其粘性流动而逐渐卸荷，此时晶体承受了更多的外力，并产生弹性变形，从而使水泥石变形（混凝土徐变）增加，即水泥凝胶体与水泥结晶体重新分布应力所造成的结果；另一方面的原因是混凝土内部微裂缝在荷载长期作用下不断发展和增加，从而导致应变的增加。当应力不大时，徐变的发展以第一种原因为主；当应力较大时，以第二种原因为主。

许多试验表明，混凝土的徐变与混凝土的应力大小有着密切的关系，应力越大徐变也越大，混凝土压应力的增加，混凝土徐变发展状况不同，见图2-28。当应力较小时（例如$\sigma_c<0.5f_c$），徐变变形与应力可近似看作成正比关系，曲线接近等间距分布，这种情况称为线性徐变，在线性徐变情况下加荷初期徐变增长较快，六个月时，一般已完成徐变的大部分，后期徐变增长逐渐减小，一年以后逐渐趋于稳定，一般认为三年左右徐变基本终止。徐变-时间曲线逐渐收敛，渐近线与横坐标平行。但当混凝土应力较大（如$\sigma_c>$

$0.5f_c$)时,徐变变形增量与应力增量不成正比,徐变比应力增长更快,成为非线性徐变。在非线性徐变范围内,当加荷应力过高时,徐变变形急剧增加不再收敛,呈现非稳定徐变的现象,见图2-29。因此在高应力的作用下可能造成混凝土的破坏,所以取混凝土应力约等于$0.75f_c \sim 0.8f_c$为混凝土的长期极限强度。构件混凝土在使用期间长期处于不变的高应力状态是不安全的,需要特别注意。

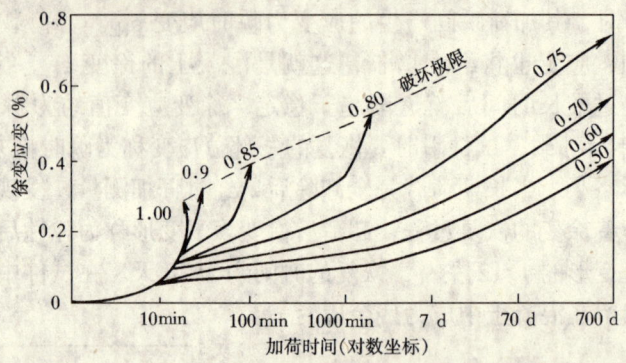

图2-29 不同应力/强度比值的徐变时间曲线

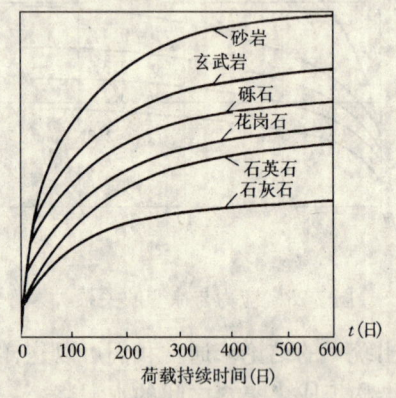

图2-30 集料对徐变的影响

试验表明,徐变与下列一些因素有关:(1)混凝土的组成成分对徐变有很大影响,水泥用量愈多,水灰比愈大,徐变愈大,当水灰比在范围变化时,因为应力作用下的徐变与水灰比成正比;增加混凝土的集料的含量,其集料越坚硬、弹性模量越高、对徐变的约束作用越大,混凝土徐变就减小,见图2-30所示。(2)还有混凝土的制作方法、养护条件,特别是养护时的温湿度对徐变有重要影响。养护条件好,养护时温度高、湿度大,水泥水化作用充分,徐变越小。(3)加荷时混凝土的龄期越小,徐变越大,受荷后所处环境的温度越高、湿度越低,则徐变越大,构件加载前混凝土强度愈高,徐变就愈小。(4)构件截面的形状、尺寸也会对徐变产生很大的影响,大尺寸混凝土构件内部失水受到限制,徐变减小。另外,(5)钢筋的存在以及应力的性质(拉、压应力等对徐变也有影响)。

3. 混凝土的收缩和膨胀变形

混凝土在空气中结硬过程中体积减小的现象称为收缩。而混凝土在水中结硬而发生的体积增大称为膨胀。二者统称为混凝土的体积变形。收缩是混凝土在不受外力作用时因体积变化而产生的变形,其值要比膨胀值大地多。通常认为混凝土收缩是由凝胶体本身的体积收缩(凝结)和混凝土因失水产生的体积收缩(干缩)造成的。收缩在早期发展较快,以后逐渐减慢,整个收缩过程可持续两年以上。通常情况下,其值在$2 \times 10^{-4} \sim 5 \times 10^{-4}$范围内变化,普通混凝土的收缩值一般取为$3 \times 10^{-4}$。当混凝土不能自由收缩时,会在混凝土内引起拉应力而产生裂缝。我国铁道科学研究院对混凝土的自由收缩进行了试验,试验结果见图 2-31。由图中可以看出，混凝土的收缩随时间而增长。还可以看出，采用蒸汽养护时，混凝土的收缩量要小于常温下的数值。这是因为混凝土在蒸汽养护过程中，高温高湿的条件大大促进了水泥石的水化作用，加速了其凝结与硬化的时间，混凝土在高温条件下，一部分游离水为水泥水化作用快速吸收，而使脱离试件表面蒸发的游离水减少，因而使起收缩应变相应减小。

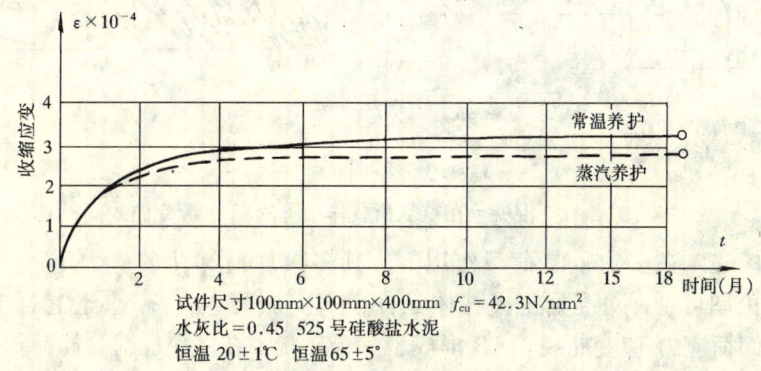

图 2-31 混凝土的收缩

一般认为，产生收缩的主要原因是由于混凝土硬化过程中化学反应产生的凝结引缩和混凝土内的自由水蒸发产生的收缩。混凝土的引缩对钢筋混凝土和预应力混凝土结构构件会产生十分有害的影响。例如，混凝土构件受到约束时，混凝土的收缩就要使构件中产生收缩应力，收缩应力过大，就会使构件产生裂缝，以致影响结构的正常使用；在预应力混凝土构件中混凝土的收缩将引起钢筋预应力的损失等等。因此，应当设法减小混凝土的收缩，避免对结构产生有害的影响。试验表明，混凝土的收缩与下列因素有关：

（1）水泥用量：水泥愈多和水灰比愈大，收缩也愈大，减水剂的使用可以减小收缩；

（2）水泥标号和品种：高标号水泥制成的混凝土构件收缩大；不同品种的水泥制成的混凝土收缩水平不同，如矿渣水泥具有干缩性大的缺点。

（3）集料的物理性能：集料的弹性模量大，收缩小；

（4）养护和环境条件：在结硬过程中，养护和环境条件好（温、湿度大），收缩小；

（5）混凝土制作质量：混凝土振捣越密实，收缩越小；

（6）构件的体积与表面积比：比值大时，收缩小。

四、混凝土的疲劳强度

实际混凝土结构中，在使用期间内会出现荷载反复加卸载或正反双向反复加载的情况，这时混凝土在多次重复荷载作用下的破坏极限强度值要低于混凝土的静力极限强度，对此要做专门的研究和规定。

混凝土棱柱体在重复荷载作用下，混凝土的变形和强度都有重要变化。我们首先研究混凝土在一次加荷卸荷时的应力-应变曲线，如图 2-32（a）所示。当混凝土棱柱体试件一次短期加荷，其应力达到 A 点时，试件加荷的应力-应变曲线为 OA，此时卸荷至零，试件卸荷的应力-应变曲线为 AB，如果过一段时间再测量试件的变形，发现还能恢复一部分而达到 B' 点，则恢复变形 BB' 为弹性后效。而 $B'O$ 称为残余变形，保留在试件中不再恢复。在一次加荷卸荷过程中，混凝土的应力-应变曲线与横坐标形成了一个环状。

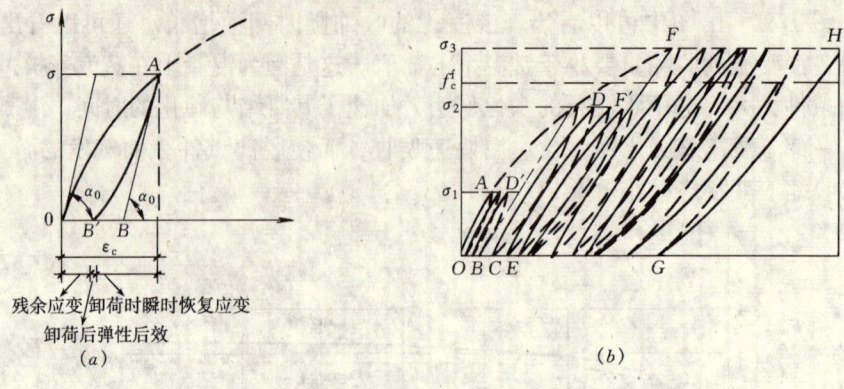

图 2-32 混凝土在重复荷载作用下的应力-应变曲线

混凝土棱柱体在多次重复荷载作用下，其多次加荷卸荷的应力-应变曲线如图 2-32(b) 所示。由图可见，对混凝土棱柱体试件，一次加荷应力 σ_1 小于混凝土疲劳强度 f_c^f 时，其加荷卸荷应力-应变曲线 OAB 形成了一个环状。在多次加荷、卸荷作用下，应力应变环越来越闭合，经过多次重复，这个曲线就闭合成一条直线（图中 CD' 线）。实验表明，这条直线与一次加荷曲线在 O 点的切线基本平行。如果再选择一个较高的加荷应力 σ_2，但 σ_2 仍小于混凝土疲劳强度 f_c^f 时，其加荷、卸荷的规律同前，闭合直线为图中的 EF'。最后选择一个高于混凝土疲劳强度 f_c^f 的加荷应力 σ_3，开始的混凝土应力-应变曲线凸向应力轴，在重复荷载过程中逐渐变成直线，再经过多次重复加荷卸荷后，它的应力-应变曲线由凸向应力轴而逐渐凸向应变轴，以至加荷卸荷不能形成封闭环（图中的 GH 线），这就标志着混凝土内部微裂缝的发展加剧，趋近破坏。随着荷载重复次数的增加，应力-应变曲线倾角不断减小，至荷载重复到某一定次数时，混凝土试件会因严重开裂或变形过大而破坏。这种因荷载重复作用引起的破坏称为混凝土的疲劳破坏现象。

上述应力-应变曲线发展的不同过程和变化，其关键是施加荷载时应力的大小，其应力的界限称为混凝土疲劳极限强度 f_c^f。根据国内外大量试验资料统计分析，混凝土在多次重复荷载作用下的破坏极限强度值比较分散，并随循环次数 n 和混凝土强度而变化，大致在 $0.5f_c$ 左右。因此混凝土的疲劳强度可以定义为承受一规定重复作用次数的应力值。

在确定混凝土轴心抗压、轴心抗拉的疲劳强度设计值（f_c^f，f_t^f）时，《规范》规定按照表 2.8 给出的混凝土强度设计值乘以相应的疲劳强度修正系数 γ_p 确定。修正系数 γ_p 根据不同疲劳应力比值 ρ_c^f 应附表 4 采用。混凝土疲劳变形模量 E_c^f 应按附表 5 采用。

混凝土疲劳应力比值应按下式计算：

$$\rho_c^f = \sigma_{c,\min}^f / \sigma_{c,\max}^f \tag{2-30}$$

式中 $\sigma_{c,\min}^f$，$\sigma_{c,\max}^f$ 分别是疲劳验算时，截面同一纤维上的混凝土最小应力及最大应力。

第三节　钢筋与混凝土的粘结作用

钢筋和混凝土这两种材料结合在一起，在荷载、温度、收缩等外界因素作用下，能够共同工作，一方面是因为二者之间的线膨胀系数相近，另一方面是因为混凝土硬化后，钢筋与混凝土之间产生了良好的粘结能力来抵抗粘结应力。粘结应力通常是指钢筋与混凝土接触面上的剪应力，如果沿钢筋长度上没有钢筋应力的变化，也就不存在粘结应力。粘结是钢筋与混凝土共同工作的前提，通过粘结，在钢筋与混凝土之间可进行应力传递并协调变形。

　　试验表明，粘结能力可以通过以下四种途径得到：(1) 钢筋与混凝土接触面上的化学吸附作用力，也称胶结力。这种力一般很小，当接触面发生相对滑移时，该力即行消失。仅在受力阶段的局部无滑移区域起作用。(2) 混凝土收缩，将钢筋紧紧固住而产生摩擦力。钢筋和混凝土之间的挤压力越大，接触面的粗糙程度越大，摩擦系数越大，则摩擦力就越大。如图 2-33 所示的试验表明，光圆钢筋压入混凝土的试验所得的粘结强度比拉拔试验所得的粘结强度大，主要是因为钢筋受压时缩短，直径增大，挤压混凝土增加了摩擦力所致。(3) 钢筋表面凹凸不平产生与混凝土之间的机械咬合作用力，又称咬合力。变形钢筋具有肋会产生咬合力。这种机械咬合作用往往很大，是变形钢筋粘结能力的主要来源。(4) 钢筋端部加弯钩、弯折或在锚固区焊接短钢筋，焊角钢来提供附加锚固能力，如图 2-34 所示。这种锚固可以提供很大的锚固能力，但布置不当，会产生较大的滑移、裂缝甚至局部混凝土破坏的现象。

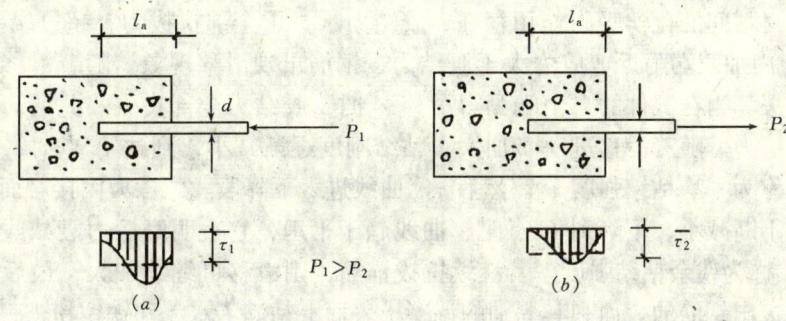

图 2-33　钢筋和混凝土粘结试验图示
(a) 压入试验；(b) 拉拔试验

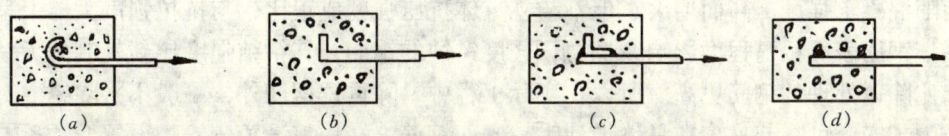

图 2-34　提高钢筋锚固能力的措施
(a) 加弯钩；(b) 弯折；(c) 焊角钢；(d) 焊短钢筋

不同的钢筋的粘结能力组成有所区别，下面就光圆钢筋和变形钢筋分别加以说明。

一、光面钢筋的粘结性能

直段光面钢筋的粘结能力主要来源于胶结力和摩擦力。图 2-35 为中心拉拔试验所得的其粘结应力-滑移关系曲线（τ-s）。图中，s_l 和 s_f 分别为加载端和自由端的滑移值（即钢筋和周围混凝土的相对位移值），用横坐标 s 表示。τ 为试件的平均粘结应力，可由下式求得：

$$\tau = P/\pi d l_a \tag{2-31}$$

式中 P——试件加载端在试验过程中所承受的拔力值；
   d——试验锚筋的直径；
   l_a——拉拔试验锚筋的锚固长度。

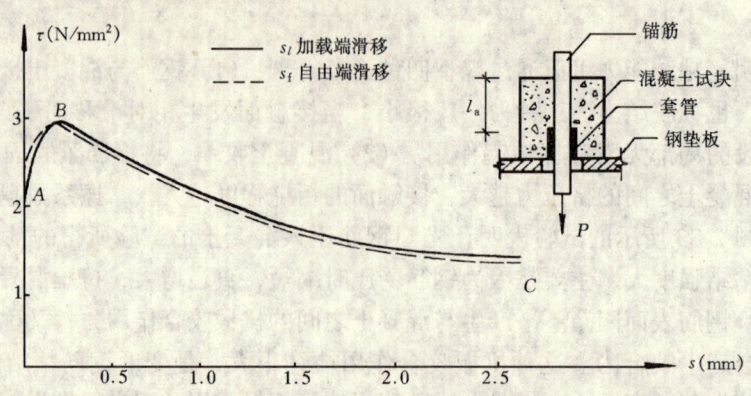

图 2-35　光面钢筋 $\tau\text{-}s$ 曲线图

由图 2-35 中可以发现，在加载初期，即 A 点前为无滑移段，此时钢筋和周围混凝土的水泥胶结材料间的化学吸附作用存在，胶结力承担了全部拉拔力，超过 A 点以后，在锚固长度 l_a 内加载端附近剪应力大于胶结力，钢筋出现滑移现象。随着滑移的增加，胶结力逐步丧失。当在试件的自由端测得滑移 s_f 时，胶结力全部丧失。此后，起主要锚固作用的是摩擦力。随着滑移进一步加大，粘结刚度逐渐减小，到达 B 点时，达到粘结应力的峰值，称为平均粘结强度 τ_u。然后 $\tau\text{-}s$ 曲线进入下降段。摩擦力因接触面逐渐磨平而受到削弱，不断减小，下降到 C 点时，曲线趋于平坦，它表明摩擦力衰减收敛，此时的粘结强度 τ_r 称为残余粘结强度。若继续拉拔锚筋，则滑移可继续加大，最后可把锚筋拔出而破坏。拔出钢筋的表面和其周围的混凝土表面上粘满了水泥和铁锈粉末，同时有明显的纵向摩擦痕迹。

试验表明，影响光面钢筋粘结力的主要原因是混凝土强度和钢筋表面状态，平均粘结强度随混凝土强度提高而增大，但不与立方体抗压强度成正比，与抗拉强度大体上呈正比关系。钢筋表面粗糙程度影响摩擦力，轻度锈蚀的钢筋，其粘结强度比新轧制的无锈钢筋高，比除锈处理的钢筋更高。所以在实际工程中，除重锈钢筋外，一般不必除锈。

为了安全可靠起见，在具体设计时，光面钢筋末端均需设置弯钩。设置弯钩后，能较大地提高粘结锚固性能，是一种有效的附加安全措施。可通过贴电阻片测出直锚段和弯钩分别承担的拉拔力。直锚段承载力达到峰值时，弯钩的承载潜力还很大，此时滑移不大。随着滑移的增加，直锚段承载力下降，而弯钩承载力反而迅速增长。虽然在设计时，取相应于直锚段承载力峰值点的粘结强度作为极限指标来控制滑移变形值，此时的实际粘结强度已较多地大于无弯钩的粘结强度。另外后期滑移较大时也不会使锚筋拔出，保证了粘结的后期水平。

二、变形钢筋的粘结性能

变形钢筋的粘结能力主要来源于摩擦力和机械咬合力。变形钢筋表面凸出的肋与混凝土之间在受力后产生机械咬合，如图 2-36 所示。

肋的斜向挤压力产生楔的作用，其径向分力使外围混凝土环向受拉。其水平分力为滑

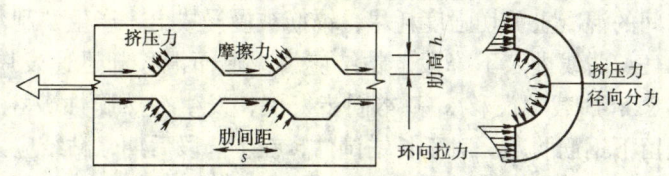

图 2-36 混凝土中变形钢筋受力示意图

动阻力,和摩擦力一起构成了变形钢筋的粘结能力。图 2-37 是变形钢筋的拉拔试验所得平均粘结应力 τ 和滑移 s 的关系曲线示意图。加载初期,和光面钢筋一样,胶结力起主要作用,无滑移。当 τ-s 曲线达到 A 点时,变形钢筋和混凝土接触面在加载端附近胶结力开始丧失,产生滑移现象,在 A' 点胶结力破坏殆尽。粘结力全部转由摩擦力和机械咬合力承担,τ-s 曲线进入上升段。随着拉拔力的增加,滑移缓慢发展。当肋间挤压力引起的钢筋周围混凝土中的环向拉应力或斜向拉应力达到抗拉强度,开始产生径向裂缝或斜向锥形裂缝时,图 2-38 的滑移发展逐渐加快而曲线呈非线性状态。

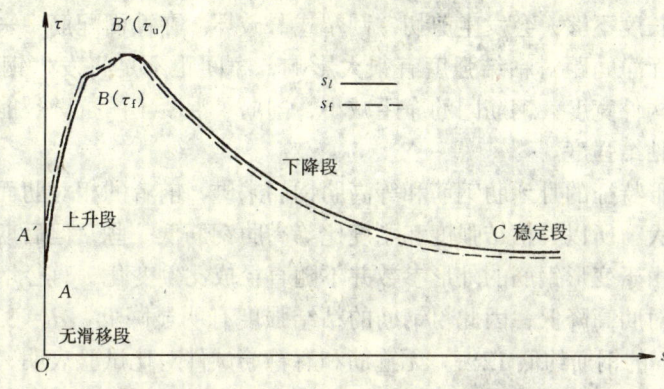

图 2-37 变形钢筋 τ-s 曲线示意图

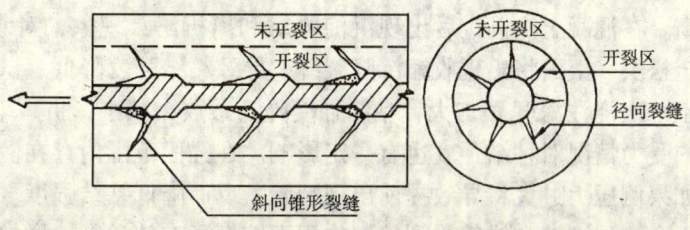

图 2-38 变形钢筋周围混凝土开裂示意图

在加载端附近径向裂缝到达试件表面时,开始出现纵向劈裂裂缝,相对滑移显著增大。τ-s 曲线有明显的转折。如图 2-37 中的 B 点。对于短锚长试件,劈裂裂缝很快由自由端发展,到达平均粘结强度 τ_u 值(B' 点)。短锚长试件破坏时锚长上各处的粘结应力相差不大,高应力区相对较大,平均应力较高。对于锚长度较大的拉拔试件,斜向拉压力使肋间混凝土挤碎,加载端裂缝的出现仅表明粘结遭到局部破坏。粘结应力图形的峰值内移,达到点 B' 时,一般滑移量较大,平均粘结强度比短锚长试件低。

如果锚筋周围布置箍筋或螺旋筋以阻止混凝土径向裂缝的发展,或锚筋周围混凝土保护层很厚,使径向裂缝很难发展到试件表面时,则有可能使锚筋达到屈服也不发生粘结破坏，或者由于肋间的混凝土剪切强度耗尽，锚筋被慢慢拔出，产生"刮犁式"的破坏。

过了 τ_u 后，τ-s 曲线进入下降段，粘结应力减退而滑移却迅速发展，对于短锚长试件，自由端滑移 s_f 和加载端滑移 s_l 基本同步发展，发生突然脆性破坏，并伴有爆裂声，混凝土劈裂面上留下钢筋肋印。对于长锚试件，在下降段后期，粘结应力减退趋势有所停滞，曲线渐趋于平缓进入稳定段，此时粘结应力 τ_r 称为残余粘结应力。破坏时，滑移很大，有延性。

根据试验研究可知，影响变形钢筋粘结力的主要因素是混凝土强度、锚固长度、保护层相对厚度、钢筋间距、锚筋外形特征、箍筋情况或横向钢筋设置、混凝土浇注情况及锚固钢筋的侧向受力情况等。

与光面钢筋相似，变形钢筋的平均粘结强度 τ_u 与混凝土抗拉强度 f_t 基本上成正比关系；长锚试件平均粘结强度低于短锚试件，但拉拔力总值大，当 l_a/d 很大时，锚筋屈服而不会发生粘结破坏。相对保护层厚度 c/d 越大，τ_u/f_t 也越大，但当 c/d 很大时，（对月牙肋型钢筋大于 4.5，对于等高肋型钢筋大于 4），τ_u/f_t 趋于不变，也说明粘结应力不再提高；若锚固长度不够，会发生剪切"刮犁式"破坏。在截面配筋中采用多排多根钢筋时，钢筋间的截面净间距对粘结强度有很大影响，净间距不足将发生钢筋底部的劈裂裂缝，可贯穿整个构件宽度。钢筋间的净距减小，削弱了混凝土的抗劈裂能力，使抗拉强度降低，从而降低粘结强度。

对于不同外形特征的月牙肋钢筋和等高肋钢筋来讲，前者的相对肋面积较小，但相对肋间距和肋高较大，所以其粘结强度和刚度比等高肋钢筋低一些，但后期粘结强度衰减较慢，延性较好。由于变形钢筋的外形参数并不随直径成比例变化，直径增大时相对肋面积增加不多，使相对肋高降低，因此粗钢筋的粘结强度有明显降低，$d = 32mm$ 的钢筋粘结强度比 $d = 16mm$ 的钢筋约低 12%。无箍筋和有箍筋试件对比试验表明，配箍筋后粘结强度有所增加，其增加值 $\Delta\tau_u$ 与保护层内配箍率 ρ_{sv} 基本上成正比。试验表明，配箍对保护后期粘结强度，改善锚筋延性有明显的作用。横向钢筋的的存在限制了内裂缝的发展，也使粘结强度提高。在混凝土浇捣过后出现沉淀收缩和离析泌水现象，对水平放置的钢筋，其下面会形成疏松层，上面将出现收缩沉降裂缝，导致粘结强度降低。试验表明，随着水平钢筋下混凝土一次浇注深度 h 加大，粘结强度降低系数 λ 减小，折减率最大可达 30%。锚筋在构件内的受力情况对粘结强度也有一定影响。在锚固范围内存在侧压力，一般能提高粘结强度，如果侧压力过大将导致提前出现裂缝，反而降低粘结强度。在锚固范围内有剪力时，常由于存在斜裂缝和锚筋受到暗销作用而缩短了有效长度，增加了局部粘结破坏的区段，使平均粘结强度降低。对于受到反复荷载的锚筋，它和周围混凝土之间会产生两组交叉内斜裂缝，反复开合，促使肋间混凝土很快被压碎，粘结逐渐失效。同时正反两个方向反复滑动，使锚筋表面和混凝土集料间的摩擦咬合作用降低，一般在前 3 次反复循环降低明显。

钢筋和混凝土之间粘结锚固能力的优劣直接影响着结构构件的安全可靠，在设计时必须予以足够的重视，考虑上述影响粘结强度的因素，扬长避短，采取合理措施，保证钢筋和混凝土不发生粘结破坏或剪切"刮犁式"破坏现象。

三、钢筋的粘结锚固要求

《规范》对混凝土的保护层厚度和钢筋的锚固给出了专门的规定。

1. 钢筋的保护层厚度

纵向受力钢筋及预应力钢筋、钢丝、钢绞线的混凝土保护层厚度（从钢筋外边缘到混凝土外边缘的距离）不应小于钢筋的公称直径，且应符合附表的规定。对应相应的构件，尚应符合下列规定：

(1) 基础的保护层厚度不应小于40mm；当无垫层时不应小于70mm；

(2) 处于一类环境且由工厂生产的预制构件，当混凝土强度等级不低于C20时，其保护层厚度可以按表中规定减少5mm，但预制构件中的预应力钢筋的保护层厚度不应小于15mm；处于二类环境且由工厂生产的预制构件，当有质量保证措施时，保护层厚度可按表中一类环境数值取用；表中环境类别的划分表9-1的有关规定；

(3) 预制钢筋混凝土受弯构件钢筋端头的保护层厚度不应小于10mm；预制肋形板主肋钢筋的保护层厚度应按梁的数值采用；

(4) 处于同一类环境中的板、墙、壳中分布钢筋的保护层厚度不应小于10mm；梁、柱中箍筋和构造钢筋的保护层厚度不应小于15mm；

(5) 当梁、柱纵向钢筋的混凝土保护层厚度大于40mm时，应对混凝土保护层采取有效的防裂构造措施；

(6) 有防火要求的建筑物以及四、五类环境中的建筑物，混凝土保护层厚度应符合现行有关防火标准的要求。

2. 钢筋的锚固长度

计算中充分利用钢筋的强度时，混凝土结构中纵向受拉钢筋的锚固长度应按下式计算：

$$l_a = \alpha f_y d / f_t \tag{2-32}$$

式中 l_a——受拉钢筋的锚固长度；

f_y——锚固钢筋的抗拉强度设计值；

f_t——锚固区混凝土的抗拉强度设计值，当混凝土强度等级大于C40时按C40考虑；

d——锚固钢筋的直径；

α——锚固钢筋的外形系数，按表2-2取用。

表2-2 锚固钢筋的外形系数 α

钢筋类型	光面钢筋	带肋钢筋	刻痕钢丝	螺旋肋钢丝	三股钢绞线	七股钢绞线
外形系数 α	0.16	0.14	0.19	0.13	0.16	0.17

注：(1) 光面钢筋系指HPB235级热轧钢筋，末端应做180°弯钩，但做受压钢筋时可不做弯钩；带肋钢筋系指HRB335级、HRB400级热轧钢筋和RRB400级余热处理钢筋。

(2) 当采用骤然放松预应力钢筋的施工工艺时，先张法预应力钢筋的锚固长度应从距构件末端$0.25l_{tr}$处开始计算。L_{tr}应按预应力钢筋的预应力传递长度计算公式确定。

另外，钢筋的锚固长度还应符合下列要求：

(1) 当锚固符合下列条件时，锚固长度应按下列规定进行修正，但纵向受拉钢筋的锚固长度在考虑上述一系列修正后，不应小于按式（2-32）计算的锚固长度的0.7且不应小于250mm：

1）当 HRB335、HRB400 和 RRB400 级钢筋的直径大于 25mm 时，按式（2-32）计算钢筋的锚固长度时应乘以修正系数 1.1；

2）环氧树脂涂层的 HRB335、HRB400 和 RRB400 级钢筋的锚固长度应乘以修正系数 1.25；

3）当锚固钢筋在混凝土施工过程中易受扰动（如滑模施工）时，钢筋的锚固长度应乘以修正系数 1.1；

4）当 HRB335、HRB400 和 RRB400 级钢筋锚固区混凝土保护层厚度大于钢筋直径的 3 倍时，锚固长度可乘以修正系数 0.8；

5）除构造需要的锚固长度外，当受力钢筋的实际配筋面积大于其设计计算面积值时，锚固长度可乘以配筋余量修正系数。其值为设计计算面积与实际配筋面积的比值。抗震设计的结构及直接承受动力荷载的结构，不得考虑上述修正。

(2) 当 HRB335、HRB400 和 RRB400 级受拉钢筋末端采用机械锚固措施时，包括锚固端头在内的锚固长度应取按式（2-32）计算锚固长度的 0.7 倍，机械锚固形式如图 2-39 所示。采用机械锚固措施时，在锚固长度范围内的箍筋不应少于三个；直径不应少于锚固钢筋直径的 1/4 倍；间距不应大于锚固钢筋直径的 5 倍；当锚固钢筋的混凝土保护层厚度不小于钢筋公称直径或等效直径的 5 倍时，可不考虑上述箍筋的配置要求。

(3) 当计算中充分利用钢筋的受压强度时，受压钢筋的锚固长度不应小于（1）中规定的锚固长度的 0.7 倍，机械锚固措施不得用于受压钢筋的锚固。

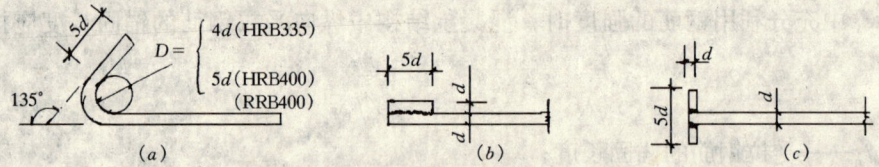

图 2-39 钢筋机械锚固的形式
(a) 末端带 135°弯钩；(b) 末端双面贴焊短钢筋；(c) 末端与钢板穿孔塞焊

(4) 对于承受重复荷载的预制构件，应将非预应力受拉钢筋末端焊接在钢板或角钢上，钢板或角钢应可靠的锚固在混凝土中，其尺寸应按计算确定，其厚度不宜小于 10mm。

第三章　钢筋混凝土结构设计的基本原则

自从混凝土结构开始应用以来，随着工程实践经验的积累，以及大量科学研究工作的开展，其设计方法不断得到改进和发展。按其发展先后，混凝土结构的设计方法经历了以下几个发展阶段：容许应力设计法、破损阶段设计法、多系数极限状态设计法和概率极限状态设计法。

概率极限状态设计法是以可靠度理论为基础的，国际上又按照处理可靠度的水平把其分为三个水准：半概率法、近似概率法、全概率法。全概率极限状态设计法是完全基于概率理论的结构整体优化设计方法，目前还只是处于研究探索阶段。我国建筑结构（包括混凝土结构）的设计方法以近似概率法为基础，所以本章主要介绍近似概率极限状态设计法。

第一节　结构的功能要求

建筑结构设计的目的是满足其全部的功能要求，同时具有足够的可靠性。从结构的观点来考虑，建筑结构应满足的功能要求可归纳为以下三项：

（1）安全性，即结构应该能够承受正常施工、正常使用过程中可能出现的各种荷载和变形；并且在偶然事件（如地震、强风、撞击等）发生时和发生后，仍能保持整体稳定性，不发生倒塌。

（2）适用性，即结构在正常使用期间具有良好的工作性能，如：不发生过大的变形和振幅，裂缝不达到引起使用者不安的宽度等。

（3）耐久性，即结构在正常使用和正常维护条件下具有足够的耐久性，如：不发生由于保护层碳化或裂缝宽度开展过大而导致的钢筋锈蚀，不发生混凝土严重风化、腐蚀、脱落等。

以上三项功能要求称为结构的可靠性，即结构在规定的时间（设计使用年限）内、规定的条件（正常设计、正常施工、正常使用和正常维修）下完成预定功能的能力。这里所说的设计使用年限只是结构设计时的参考时间坐标，并不等同于结构的使用寿命。超过了设计使用年限，建筑物并非一定损坏而不能使用，只是完成预定功能的能力减弱了。

结构的可靠性与经济性经常是相互矛盾的。增大结构设计的余量可以提高结构的可靠性，但却使其经济效益降低。好的设计应该在完成预定功能的同时，还能尽量使其成本和维修费用低，施工速度快，投资回收快，经济效益高。科学的设计方法是在可靠性和经济性之间达到最佳的平衡，也就是以比较经济合理的设计方法确保结构具有适当的可靠性。

第二节　极限状态和极限状态方程

一、结构的极限状态

结构能够满足功能要求而良好的工作，就处于可靠状态；反之，结构不能满足功能要求，就处于失效状态。可靠与失效之间的界限称为极限状态，即整个结构或结构的一部分超过某一特定状态就不能满足设计规定的某一功能要求（如达到极限承载能力，失稳或变形、裂缝宽度超过规定的限值等），则此特定状态称为该功能的极限状态。结构的极限状态分为承载能力极限状态和正常使用极限状态两类，它们均有明确的标志和限值，现分别叙述如下：

1. 承载能力极限状态

结构或构件达到最大承载力、疲劳破坏或不适于继续承载的变形称为承载能力极限状态。当结构或构件出现下列状态之一时，就认为超过了承载能力极限状态：

(1) 整个结构或结构的一部分作为刚体失去平衡，如：阳台、雨篷的整体倾覆，挡土墙在土压力作用下的整体滑移等；

(2) 结构构件或其连接因超过材料强度而破坏（包括疲劳破坏），或因过度的塑性变形而不适于继续承载，如：轴心受压柱由于混凝土达到抗压强度而受压破坏，阳台处悬挑板内的钢筋因锚固长度不足而被拔出等；

(3) 结构转变为机动体系，如：连续梁在出现一定数量的塑性铰后形成机动体系而破坏等；

(4) 结构或构件丧失稳定性，如：细长柱被压屈而失稳破坏等。

(5) 地基丧失承载能力而破坏。

结构或构件一旦达到承载能力极限状态，将造成人身伤亡和重大经济损失，后果十分严重。因此，所有结构构件都必须进行承载能力极限状态的计算，并保证具有较高的可靠度。

2. 正常使用极限状态

结构或构件达到正常使用或耐久性的某项限值规定，称为正常使用极限状态。当结构或构件出现下列状态之一时，就认为超过了正常使用极限状态：

(1) 结构的变形达到正常使用和外观要求所规定的限值；

(2) 结构产生影响正常使用或耐久性能的局部损坏，如：不允许出现裂缝的贮液池因池壁出现裂缝而丧失使用功能或允许出现裂缝的构件，其裂缝宽度达到了保证结构耐久性要求的允许限值等；

(3) 结构发生影响正常使用的振动；

(4) 影响结构正常使用的其它特定状态。

在进行结构设计时，应根据结构在施工和使用中的环境条件和影响，区分下列三种设计状况：

(1) 持久状况。在结构使用过程中一定出现，其持续期很长的状况。持续期一般与设计使用年限为同一数量级；

(2) 短暂状况。在结构施工和使用过程中出现概率较大，而与设计使用年限相比，持续期很短的状况，如施工和维修等；

(3) 偶然状况。在结构使用过程中出现概率很小，且持续期很短的状况，如火灾、爆炸、撞击等。

对于三种不同的设计状况，应分别进行下列极限状态设计：

(1) 三种设计状况，均应进行承载能力极限状态设计；

(2) 对持久状况，尚应进行正常使用极限状态设计；
(3) 对短暂状况，可根据需要进行正常使用极限状态设计。

二、结构上的作用和结构承载力

作用是指使结构产生内力、变形或应力、应变的所有原因。作用分为直接作用和间接作用。直接作用（也称为荷载）是指施加在结构上的集中和分布荷载；间接作用是指引起结构外加变形和约束变形的其他作用，如地震、基础沉降、混凝土收缩、温度变化、焊接变形等。

结构上的作用按其随时间的变异性可分成三类：

(1) 永久作用。作用在结构上其值不随时间变化，或其变化与平均值相比可以忽略不计者，如结构自重、土压力、预应力等。

(2) 可变作用：作用在结构上其值随时间变化，且其变化与平均值相比不可忽略者，如楼面活荷载，吊车荷载，风荷载，雪荷载等。

(3) 偶然作用：在设计基准期内不一定出现，而一旦出现，其量值很大且持续时间较短，如地震、爆炸、撞击等。

当作用的类型为直接作用时，也分别称为永久荷载（恒荷载）、可变荷载（活荷载）和偶然荷载。

作用效应是指荷载、地震、温度、不均匀沉降等因素作用于结构构件上，在结构内所产生的内力和变形（如轴力、弯矩、剪力、扭矩、挠度、转角和裂缝等），用 S 表示。当作用为荷载时，其效应也称为荷载效应。由于结构上的作用是不确定的随机变量，所以作用效应也是随机变量。

结构抗力是指整个结构或结构构件承受内力和变形的能力（如构件的承载力、刚度等），用 R 表示。结构抗力是材料性能、几何参数以及计算模式的函数，由于材料的变异性、构件几何特征和计算模式的不定性，结构抗力也是随机变量。

三、极限状态方程

结构构件的工作状态可以用作用效应 S 和结构抗力 R 的关系式来描述，这种表达式称为结构的功能函数，用 Z 表示，$Z = g(x_1, x_2, \cdots, x_n)$。式中 x_i（$i = 1, 2, \cdots, n$）为基本变量，表示结构上的各种效应和影响结构抗力的各种因素。令 $Z = R - S$，显然：$Z = R - S > 0$，表示结构可靠；$Z = R - S < 0$，表示结构失效；$Z = R - S = 0$，表示结构处于极限状态。

当结构处于极限状态时的表达式 $Z = R - S = 0$（或 $R = S$）称为结构的极限状态方程。

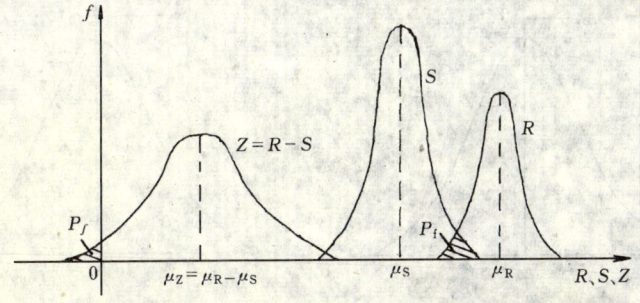

图 3-1 结构抗力、作用效应及功能函数关系图

由于结构抗力 R 和作用效应 S 都是随机变量，所以结构的功能函数 Z 也是一个随机变量，即保证结构可靠的条件 $Z=R-S>0$（即 $R>S$）就是一个非确定性的问题。为了便于说明问题，我们假定随机变量 R 和 S 均符合正态分布，将荷载效应 S 和结构抗力 R 以及功能函数 Z 之间的统计关系表示为列于同一坐标的三条概率分布曲线，则结构抗力、作用效应和功能函数之间的关系可由图 3-1 表示。

第三节 近似概率极限状态设计法

一、结构的可靠度和可靠指标

结构可靠度是结构可靠性的定量指标，其定义为：结构在规定的时间内，在规定的条件下完成预定功能的概率。结构能完成预定功能的概率称为可靠概率，一般用 P_s 表示，$P_s = P(Z>0)$；结构不能完成预定功能的概率称为失效概率，一般用 P_f 表示，$P_f = P(Z<0)$。可靠概率与失效概率之和为 1，即 $P_s + P_f = 1$。

在极限状态方程为线性方程的简单情况下，我们以结构抗力 R、作用效应 S 与功能函数 Z 的关系来说明失效概率。由图 3-1 可知，假定 R 和 S 是相对独立的（对于静力荷载作用情况，R 和 S 可以认为是相互独立的），荷载效应有可能超过结构抗力，即 $R<S$（或 $Z<0$）。这种情况出现的概率虽然很小，但仍然是存在的。图 3-1 中阴影部分的面积就等于结构的失效概率，面积愈小则失效概率愈低。

由于 R 和 S 是服从正态分布的两个随机变量，其平均值和标准差分别为 μ_R、μ_S 和 σ_R、σ_S。所以功能函数也服从正态分布，其平均值和标准差分别为

$$\mu_Z = \mu_R - \mu_S \tag{3-1}$$

$$\sigma_Z = \sqrt{\sigma_R^2 + \sigma_S^2} \tag{3-2}$$

结构的失效概率 P_f 与功能函数 Z 的均值 μ_Z 至原点的距离有关，令 $\mu_Z = \beta\sigma_Z$，则 β 与 P_f 之间存在着相应的关系，见图 3-2（a）。β 小则 P_f 大，β 大则 P_f 小。因此 β 和 P_f 一样，可作为衡量结构可靠性的一个指标，故称 β 为结构的可靠指标。即

$$\beta = \frac{\mu_Z}{\sigma_Z} = \frac{\mu_R - \mu_S}{\sqrt{\sigma_R^2 + \sigma_S^2}} \tag{3-3}$$

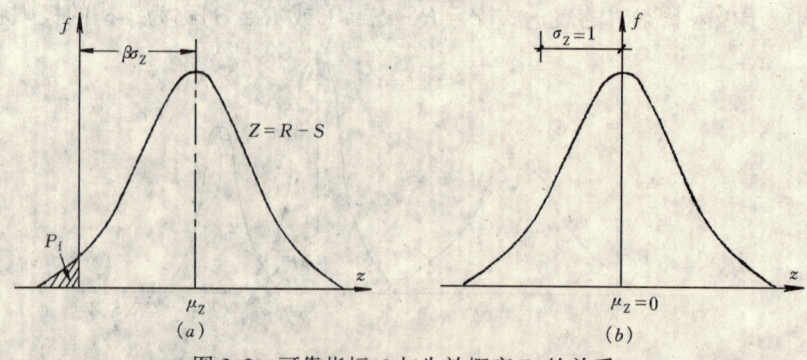

图 3-2 可靠指标 β 与失效概率 P_f 的关系

由于 Z 为正态分布,所以

$$P_f = P(Z<0) = \int_{-\infty}^{0} \frac{1}{\sqrt{2\pi}\sigma_Z} \exp\left[-\frac{(z-\mu_Z)^2}{2\sigma_Z^2}\right]dz \tag{3-4}$$

将 Z 标准化(见图 3-2(b)),即 $\mu_Z=0$,$\sigma_Z=1$,令 $x=\dfrac{z-\mu_Z}{\sigma_Z}$,$dz=\sigma_Z dx$,则

$$P_f = P\left[\frac{z-\mu_Z}{\sigma_Z} < -\frac{\mu_Z}{\sigma_Z}\right] = \int_{-\infty}^{-\frac{\mu_Z}{\sigma_Z}} \frac{1}{\sqrt{2\pi}} \exp\left[-\frac{x^2}{2}\right]dx$$

$$= \Phi\left(-\frac{\mu_Z}{\sigma_Z}\right) = \Phi[-\beta] = 1 - \Phi[\beta] \tag{3-5}$$

由以上的分析可知:可靠指标 β 与失效概率 P_f 之间有一一对应的关系,见表 3-1。

用 P_f 来度量结构可靠性物理意义明确,已为国际上所公认,但是计算 P_f 在数学上比较复杂,因此很多国际标准以及我国的《建筑结构可靠度设计统一标准》都采用可靠指标 β 来代替失效概率 P_f 度量结构的可靠性。

表 3-1　β-P_f 对应关系表

β	P_f	β	P_f	β	P_f
1.0	1.6×10^{-1}	2.7	3.5×10^{-3}	3.7	1.1×10^{-4}
1.5	6.7×10^{-2}	3.0	1.4×10^{-3}	4.0	3.2×10^{-4}
2.0	2.3×10^{-2}	3.2	6.9×10^{-4}	4.2	1.3×10^{-5}
2.5	6.2×10^{-3}	3.5	2.3×10^{-4}	4.5	3.4×10^{-6}

由式(3-3)可知,β 值与基本变量的平均值和标准差有关,而且实际上 β 值的计算还与基本变量的概率分布类型有关。

例 3-1　一钢筋混凝土轴心受拉构件,假定其荷载效应和结构抗力均服从正态分布。荷载效应的平均值为 20kN,标准差为 3.5kN;结构抗力的平均值为 40kN,标准差为 5kN。试求其可靠指标。

解: 由已知条件,$\mu_S=20$kN,$\sigma_S=3.5$kN;$\mu_R=40$kN,$\sigma_R=5$kN。

$$\beta = \frac{\mu_R - \mu_S}{\sqrt{\sigma_R^2 + \sigma_S^2}} = \frac{40-20}{\sqrt{5^2 + 3.5^2}} = 3.27$$

以上计算是在假定荷载效应和结构抗力均服从正态分布的前提下得出的,而对于非正态分布的随机变量且极限状态方程为非线性时,结构可靠指标的基本概念是相同的,但在具体计算方法上要复杂的多。

二、可靠指标与安全等级

根据统计资料得到的有关荷载效应 S 和结构抗力 R 的概率分布类型及统计参数(平均值、标准差)可求得各种结构构件的可靠指标。为了使结构设计安全可靠且经济合理,应对不同情况下的可靠指标作出规定,这样才能保证结构在按承载能力极限状态设计时,其完成预定功能的概率不低于某一允许的水平。

根据建筑结构的重要性不同,即一旦结构发生破坏对生命财产的危害程度以及对社会的影响不同,《统一标准》将建筑结构划分为三个安全等级,见下表:

表 3-2 建筑结构的安全等级

安全等级	破坏后果	建筑物类型
一级	很严重	重要的工业与民用建筑
二级	严重	一般的工业与民用建筑
三级	不严重	次要的建筑物

按承载能力极限状态设计时，不同安全等级对应的可靠指标不应小于表 3-3 的规定：

表 3-3 不同安全等级对应的目标可靠指标

破坏类型	一 级	二 级	三 级
延性破坏	3.7	3.2	2.7
脆性破坏	4.2	3.7	3.2

混凝土结构构件的轴心受拉与受弯破坏属于延性破坏，轴心受压与受剪破坏属于脆性破坏。当承受偶然作用时，结构构件的可靠指标应符合专门规范的规定。

第四节 概率极限状态设计法的实用表达式

概率极限状态设计法比过去我们所采用的其它设计法更为先进，但是计算也更为复杂，且某些作为设计依据的统计数据也不齐全。而且对于大量的一般结构，直接采用可靠指标进行设计并无必要。因此，《统一标准》给出了一种方便设计时采用的实用表达式，以作用效应和结构抗力分项系数的方式来表达，而其中的分项系数是根据目标可靠指标并考虑工程经验而确定的，所以计算所得的结果能够满足可靠度的要求。

一、分项系数的概率定义

现以正态分布的随机变量为例说明分项系数的确定方法。

设荷载效应 S 和结构抗力 R 均服从正态分布，其均值、标准差、变异系数分别为 μ_S、σ_S、δ_S 和 μ_R、σ_R、δ_R。功能函数 Z 也服从正态分布，其均值、标准差和变异系数为 μ_Z、σ_Z、δ_Z。

由可靠指标的计算公式 $\beta = \dfrac{\mu_Z}{\sigma_Z} = \dfrac{\mu_R - \mu_S}{\sqrt{\sigma_R^2 + \sigma_S^2}}$，可得

$$\mu_R - \mu_S = \beta\sqrt{\sigma_R^2 + \sigma_S^2}$$

设 $\sigma_Z = \sqrt{\sigma_R^2 + \sigma_S^2}$，则上式可改写成

$$\mu_R - \mu_S = \beta\frac{\sqrt{\sigma_R^2 + \sigma_S^2}}{\sigma_Z}$$

$$\mu_R - \beta\frac{\sigma_R^2}{\sigma_Z} = \mu_S + \beta\frac{\sigma_S^2}{\sigma_Z}$$

将 $\sigma_R = \mu_R \delta_R$，$\sigma_S = \mu_S \delta_S$ 代入上式，得

$$\mu_R\left(1 - \beta\frac{\delta_R \sigma_R}{\sigma_Z}\right) = \mu_S\left(1 + \beta\frac{\delta_S \sigma_S}{\sigma_Z}\right) \tag{3-6}$$

设抗力的标准值 R_k 为
$$R_k = \mu_R(1 - \alpha_R \delta_R) \tag{3-7}$$
同样，设荷载效应的标准值 S_k 为
$$S_k = \mu_S(1 + \alpha_S \delta_S) \tag{3-8}$$
此处的结构抗力标准值和荷载效应标准值，均为随机变量对应于某一超越概率的特征值。

由式（3-7）及（3-8），$\mu_R = \dfrac{R_k}{1-\alpha_R\delta_R}$，$\mu_S = \dfrac{R_k}{1+\alpha_S\delta_S}$，代入式（3-6）得

$$\frac{R_k}{1-\alpha_R\delta_R}\left(1 - \beta\frac{\delta_R\sigma_R}{\sigma_Z}\right) = \frac{S_k}{1+\alpha_S\delta_S}\left(1 + \beta\frac{\delta_S\sigma_S}{\sigma_Z}\right)$$

即
$$\frac{R_k}{\gamma_R} = \gamma_S S_k$$

式中 γ_R——结构抗力分项系数；

γ_S——荷载效应分项系数。

$$\gamma_R = \frac{1-\alpha_R\delta_R}{1-\beta\dfrac{\delta_R\sigma_R}{\sigma_Z}}, \quad \gamma_S = \frac{1+\beta\dfrac{\delta_S\sigma_S}{\sigma_Z}}{1+\alpha_S\delta_S} \tag{3-9}$$

荷载效应 S 是由永久荷载 S_G 和可变荷载效应 S_Q 两部分组成，即
$$S = S_G + S_Q = C_G G_K + C_Q Q_K$$
$$\mu_S = C_G \mu_G + C_Q \mu_Q$$
$$\sigma_S^2 = (C_G \sigma_G)^2 + (C_Q \sigma_Q)^2$$

式中 C_G、C_Q——永久荷载和可变荷载的荷载效应系数；

μ_S、μ_G、μ_Q——荷载效应、永久荷载效应和可变荷载效应的平均值；

σ_S、σ_G、σ_Q——荷载效应、永久荷载和可变荷载的标准差；

G_K、Q_K——永久荷载和可变荷载的标准值。

将 μ_S 及 σ_S 及标准值定义 $\mu_G = \dfrac{G_K}{1+\alpha_G\delta_G}$，$\mu_Q = \dfrac{Q_K}{1+\alpha_Q\delta_Q}$ 代入式（3-6）右边

$$\mu_S + \beta\frac{\sigma_S^2}{\sigma_Z} = C_G\mu_G + C_Q\mu_Q + \beta\frac{C_G^2\sigma_G^2 + C_Q^2\sigma_Q^2}{\sigma_Z}$$
$$= C_G\mu_G\left(1 + \beta\frac{C_G\delta_G\sigma_G}{\sigma_Z}\right) + C_Q\mu_Q\left(1 + \beta\frac{C_Q\delta_Q\sigma_Q}{\sigma_Z}\right)$$
$$= C_G\frac{G_K}{1+\alpha_G\delta_G}\left(1 + \beta\frac{C_G\delta_G\sigma_G}{\sigma_Z}\right) + C_Q\frac{Q_K}{1+\alpha_Q\delta_Q}\left(1 + \beta\frac{C_Q\delta_Q\sigma_Q}{\sigma_Z}\right)$$
$$= \gamma_G C_G G_K + \gamma_Q C_Q Q_K$$

式中 γ_G——永久荷载分项系数；

γ_Q——可变荷载分项系数。

$$\gamma_G = \frac{1+\beta\dfrac{C_G\delta_G\sigma_G}{\sigma_Z}}{1+\alpha_G\delta_G}, \quad \gamma_Q = \frac{1+\beta\dfrac{C_Q\delta_Q\sigma_Q}{\sigma_Z}}{1+\alpha_Q\delta_Q} \tag{3-10}$$

这时的实用表达式为

$$\frac{R_K}{\gamma_R} = \gamma_G C_G G_K + \gamma_Q C_Q Q_K \qquad (3\text{-}11)$$

除了上述的荷载分项系数和抗力分项系数外,有时考虑到建筑物破坏后果(危及人的生命、造成经济损失、产生的社会影响等)的严重性,根据建筑物的安全等级或设计工作寿命可以采用第三个分项系数 γ_0,称为结构重要性系数,应用时将作用效应再乘以系数 γ_0。规范规定的结构重要性系数的取值方法为:对安全等级为一级或设计使用年限为 100 年及以上的结构构件,不应小于 1.1;对安全等级为二级或设计使用年限为 50 年的结构构件,不应小于 1.0;对安全等级为三级或设计使用年限为 5 年及以下的结构构件,不应小于 0.9;在抗震设计中,不考虑结构构件的重要性系数。

二、概率极限状态设计法的实用表达式

1. 荷载效应组合

建筑结构设计应根据使用过程中在结构上可能出现的荷载,按承载能力极限状态和正常使用极限状态分别进行荷载效应组合,并取各自的最不利的效应组合进行设计。

(1) 进行承载能力极限状态设计时,应考虑作用效应的基本组合,必要时尚应考虑作用效应的偶然组合。作用效应的基本组合为:

由可变荷载效应控制的组合

$$S = \gamma_G S_{Gk} + \gamma_{Q1} S_{Q1k} + \sum_{i=2}^{n} \gamma_{Qi} \psi_{ci} S_{Qik} \qquad (3\text{-}12)$$

由永久荷载效应控制的组合

$$S = \gamma_G S_{Gk} + \sum_{i=1}^{n} \gamma_{Qi} \psi_{ci} S_{Qik} \qquad (3\text{-}13)$$

式中 γ_G——永久荷载的分项系数。当其效应对结构不利时:对由可变荷载效应控制的组合,取 1.2;对由永久荷载效应控制的组合,取 1.35。当其效应对结构有利时:一般情况下取 1.0;对结构的倾覆、滑移或漂浮验算,取 0.9;

 γ_{Q1}、γ_{Qi}——第一个和其它第 i 个可变荷载分项系数。一般情况下取 1.4;对标准值大于 $4kN/m^2$ 的工业房屋楼面结构的活荷载,取 1.3;

 S_{Gk}——按永久荷载标准值 G_k 计算的荷载效应值;

 S_{Q1k}、S_{Qik}——按第一个可变荷载(在各个可变荷载效应中起控制作用者)标准值 Q_{1k} 和其它第 i 个可变荷载标准值 Q_{ik} 计算的荷载效应值;

 ψ_{ci}——可变荷载 Q_i 的组合值系数;

 n——参与组合的可变荷载数。

设计时应从以上两种基本组合值中取最不利值。但对于一般常遇的排架结构和框架结构,为计算方便,可变荷载的影响大小可不予区分,直接应用由永久荷载效应控制的组合,并采用相同的可变荷载组合值系数,即

$$S = \gamma_G S_{Gk} + \psi \sum_{i=1}^{n} \gamma_{Qi} S_{Qik} \qquad (3\text{-}14)$$

对于偶然状况,建筑结构可采用下列原则之一进行设计:①按作用效应的偶然组合进行设计或采取防护措施,使主要承重结构不致因出现设计规定的偶然事件而丧失承载能

力；②允许主要承重结构因出现设计规定的偶然事件而局部破坏，但其剩余部分具有在一段时间内不发生连续倒塌的适当可靠度。

(2) 进行正常使用极限状态设计时，应根据不同设计目的，分别选用下列作用效应的组合：

荷载的标准组合

$$S = S_{Gk} + S_{Q1k} + \sum_{i=2}^{n} \psi_{ci} S_{Qik} \tag{3-15}$$

荷载的频遇组合

$$S = S_{Gk} + \psi_{f1} S_{Q1k} + \sum_{i=2}^{n} \psi_{fi} S_{Qik} \tag{3-16}$$

荷载的准永久组合

$$S = S_{Gk} + \sum_{i=1}^{n} \psi_{qi} S_{Qik} \tag{3-17}$$

式中　ψ_{fi}——可变荷载 Q_i 的频遇值系数；

ψ_{qi}——可变荷载 Q_i 的准永久值系数。

以上三种荷载组合中，标准组合主要用于当一个极限状态被超越时将产生严重的永久性损害的情况；频遇组合主要用于当一个极限状态被超越时将产生局部损害、较大变形或短暂振动等情况；准永久组合主要用于当长期效应是决定性因素时的一些情况。

2. 承载能力极限状态设计表达式

对于承载能力极限状态，应采用下列设计表达式进行设计

$$\gamma_0 S \leqslant R \tag{3-18}$$

式中　γ_0——结构重要性系数；

S——荷载效应组合的设计值；

R——结构构件抗力的设计值。

3. 正常使用极限状态设计表达式

$$S \leqslant C \tag{3-19}$$

式中　C——结构或构件正常使用要求的规定限值，例如变形、裂缝、振幅、加速度、应力等限值。

第五节　材料强度的标准值和设计值

一、材料强度的标准值

混凝土材料强度标准值取具有不小于 95% 的保证率的特征值，可由下式确定：

$$f_k = \mu_f - 1.645\sigma_f = \mu_f (1 - 1.645\delta_f) \tag{3-20}$$

式中　μ_f——材料强度的平均值；

σ_f——材料强度的标准差；

δ_f——材料强度的变异系数。

钢筋的强度标准值也应具有不小于95%的保证率。为了避免质量过低的钢筋出厂，对于热轧钢筋，我国冶金部门规定了屈服强度废品限值。根据全国主要钢厂的统计，各种级别热轧钢筋的屈服强度值均大体接近于相应的部颁屈服强度废品限值（$\mu_f - 2\sigma_f$），即它的保证率为97.75%。

二、材料强度的设计值

材料强度的设计值等于其标准值除以分项系数，即 $f = f_k/\gamma_m$。

混凝土的材料分项系数是通过对钢筋混凝土轴向受压构件作可靠度分析求得的。轴心受压构件的承载力由钢筋和混凝土二者共同承受，钢筋所能承受的抗力占总抗力的比值随着配筋率的加大而增多，由于钢材的设计强度已经确定，所以它所能承受的设计抗力为已知。轴心受压构件是由于混凝土被压碎引起的脆性破坏，目标可靠指标采用 $\beta = 3.7$。通过对轴心受压构件实验结果的分析得出其统计参数，再按上述同样的方法即可求得混凝土的材料分项系数为 $\gamma_c = 1.4$。

钢筋的材料分项系数是通过对钢筋混凝土轴心受拉构件进行可靠度分析求得的。轴心受拉构件由钢筋承受全部拉力，其承载能力与混凝土无关。对轴心受拉构件的实验结果进行分析，得出它的统计参数，而钢筋的屈服属于延性破坏，其目标可靠指标采用 $\beta = 3.2$，按上节所述求分项系数 γ_R 的原则即可求得钢筋的材料分项系数。热轧钢筋的材料分项系数为 $\gamma_s = 1.1 \sim 1.2$。

第六节 荷载的标准值和设计值

一、荷载的代表值

在结构设计中，应根据各种极限状态的设计要求采用不同的荷载取值。当进行疲劳、变形、抗裂及裂缝宽度验算时，应采用相应的荷载代表值：永久荷载应采用标准值作为代表值；可变荷载应采用标准值、组合值、频遇值或准永久值作为代表值。

1. 荷载的标准值

永久荷载的标准值是根据结构的设计尺寸和材料或结构构件的单位重量计算而得。对于结构或非承重构件的自重，由于离散性不大，所以取平均值为荷载的标准值；对于重量变异性较大的材料或结构构件，考虑到承重结构的可靠性，在设计中应根据该荷载对结构是否不利而按单位重量的上限值或下限值确定。

可变荷载的标准值应根据设计基准期内最大荷载概率分布的某一分位值确定，即

$$Q_K = \mu_Q - \alpha_Q \sigma_Q \tag{3-20}$$

由于目前对在设计基准期内最大荷载的概率分布能作出估计的荷载还是一小部分，所以其取值主要还是根据历史经验确定。

2. 荷载的组合值

荷载的组合值是当结构承受两种或两种以上可变荷载时，承载能力极限状态按基本组合设计和正常使用极限状态按标准组合设计采用的可变荷载代表值。荷载组合值根据两种或两种以上可变荷载在设计使用期内的相遇情况及其组合的最大作用效应的概率分布，并考虑不同作用效应组合时结构构件可靠指标具有一致性的原则确定；也可根据使组合后产生的作用效应值的超越概率与考虑单一作用时基本相同的原则确定。其取值可表示为

$\psi_c Q_K$,其中 ψ_c 为可变荷载的组合值系数。

3. 荷载的频遇值

荷载的频遇值是正常使用极限状态按频遇组合设计时采用的一种可变荷载代表值。它是在统计基础上确定的,在设计基准期内被超越的总时间仅为设计基准期的一小部分,或其超越频率限于某一给定值。荷载频遇值的取值可表示为 $\psi_f Q_K$,其中 ψ_f 为可变荷载的频遇值系数。

4. 荷载的准永久值

荷载的准永久值是正常使用极限状态按准永久组合和频遇组合设计时采用的可变荷载代表值。它是在统计基础上确定的,在设计基准期内被超越的总时间为设计基准期的一半。荷载准永久值的取值可表示为 $\psi_q Q_K$,其中 ψ_q 为可变荷载的准永久值系数。

二、荷载的设计值

当进行结构构件的承载力计算(包括压屈失稳)和倾覆、滑移及漂浮验算时,应采用荷载的设计值,即荷载标准值乘以荷载分项系数。

荷载分项系数应根据荷载不同的变异性质及各种荷载的具体组合情况分别取值,以便不同设计情况下的结构可靠度趋于一致。但为了设计方便,《统一标准》将荷载分为永久荷载和可变荷载两类,分别给出永久荷载分项系数 γ_G 和可变荷载分项系数 γ_Q。因此永久荷载和可变荷载的设计值分别为 G 和 Q,$G = \gamma_G G_k$,$Q = \gamma_Q Q_k$(G_K 和 Q_K 分别为永久荷载和可变荷载的标准值)。

第七节 随机变量的基本统计特征

一、随机变量

具有多种可能结果,而究竟发生哪一种结果又不能肯定的事件,称为随机事件。表示随机事件各种可能结果的变量称为随机变量。

设随机变量 X,则其统计特征可由平均值 μ、标准差 σ 和变异系数 δ 三个指标来表明:

$$\mu = \frac{\sum_{i=1}^{n} x_i}{n}, \sigma\sqrt{\frac{\Sigma(\mu - x_i)^2}{n-1}}, \delta = \frac{\sigma}{\mu}$$

式中 x_i——随机变量 X 的第 i 个样本值;

n——变量个数。

二、正态分布

若 X 服从正态分布,即 $X \sim N(\mu, \sigma)$。则其概率密度曲线的特点如图 3-3 所示:此单峰曲线有一个最高点,以此点的横坐标为中心,对称的向两边单调下降,在最高点两侧各一倍标准差处曲线上有一个拐点,然后各以横坐标为渐进线趋向于正负无穷大。其概率密度函数为

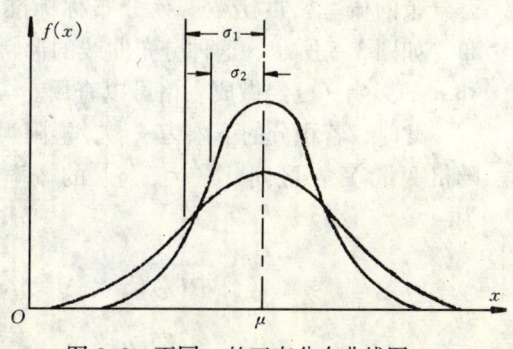

图 3-3 不同 σ 的正态分布曲线图

$$f(x) = \frac{1}{\sqrt{2\pi}\sigma} \exp\left[-\frac{(x-\mu)^2}{2\sigma^2}\right]$$

式中 μ——正态分布的均值，即曲线峰值处的横坐标；

σ——正态分布的标准差，即曲线拐点到峰值点之间的水平距离。σ 值越大则数据越分散，曲线就越扁平；σ 值越小则数据越集中，曲线越高窄。

如果我们知道事件位于任意区间 (a, b) 内，则它的出现概率 $p(a<X<b)$ 就可用 $X_1=a$ 和 $X_2=b$ 的直线和正态分布概率密度曲线 $f(x)$ 所包围的面积来确定，如图 3-4 所示。也可用积分来表示为：

$$P(a<x<b) = \int_a^b f(x)dx = F(b) - F(a)$$

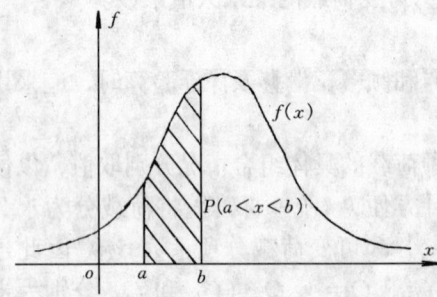

图 3-4 事件概率 $p(a<X<b)$ 示意图

事件位于 $(-\infty, +\infty)$ 内的概率为 1，即概率密度曲线与横坐标轴所围成的面积为 1，用积分可表示为：

$$P(-\infty < X < +\infty) = \int_{-\infty}^{+\infty} f(x)dx = 1$$

若积分的下限为 $-\infty$，上限为 x，则随机变量 X 在区间 $[-\infty, x]$ 的概率可表示为：

$$P(-\infty < X < x) = \int_{-\infty}^{x} f(x)dx = F(x)$$

如果事件落在 $(-\infty, \mu)$ 区间的概率为 50%，就说明事件 $>\mu$ 的保证率为 50%；同理，如果事件 $<\mu-1.645\sigma$ 出现的概率为 5%，则事件 $>\mu-1.645\sigma$ 的保证率为 95%。由正态分布曲线的对称性可知，事件 $<\mu+1.645\sigma$ 出现的概率为 95%，即事件 $<\mu+1.645\sigma$ 的保证率为 95%（或事件 $>\mu+1.645\sigma$ 的概率为 5%）。

三、标准正态分布

为了计算方便，将 x 轴的坐标进行换算，取 $y=\frac{\mu-x}{\sigma}$ 代入正态分布概率密度函数，则

$$f(y) = \frac{1}{\sqrt{2\pi}} \exp\left(-\frac{y^2}{2}\right)$$

它相当于平均值 $\mu=0$，标准差 $\sigma=1$ 时正态分布的概率密度函数。该分布称标准正态分布，如图 3-5 所示。这种分布曲线的形状不受 μ 和 σ 的影响，已经做成表格可以查用。

此时，若积分的下限为 $-\infty$，上限为 y，则随机变量 Y 在区间 $[-\infty, y]$ 的概率可表示为：

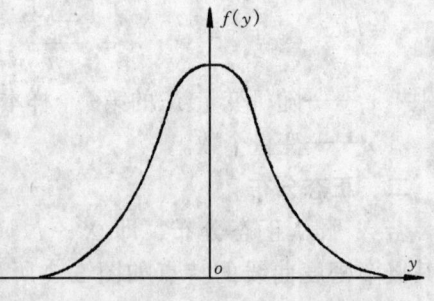

图 3-5 标准正态分布曲线

$$P(-\infty < Y < y) = \int_{-\infty}^{y} f(y)dy = \Phi(y)$$

实际上，荷载和抗力的变异性是很复杂的，并不一定服从正态分布曲线。如楼面活荷

载,风荷载,雪荷载等均服从极值Ⅰ型分布。而结构抗力服从对数正态分布。为了便于说明方法的思路和概念,我们仅以正态分布为例来进行论证。

四、随机变量的特征值

我们通常要求出现的事件结果不大于或不小于某一数值,这个数值就成为特征值。如果把允许超过特征值的概率(超越概率)确定为某一数值,那么特征值就可以用数理统计方法计算出来,具体公式为

$$f_k = \mu + \alpha\sigma = \mu(1 + \alpha\delta)$$

式中 f_k——特征值;

α——与特征值取值的保证率相应的系数。

五、随机变量函数的基本运算法则

结构抗力是材料强度、几何尺寸的函数,而一般情况下材料强度、几何尺寸都是随机变量,所以结构抗力是以这些随机变量为基本变量的函数。如各项随机变量的统计特性已知,则函数的统计特性亦可以推算出来,它们的基本运算规则如下。

设 X_1,X_2,X_3 为相互独立的随机变量,并已知其统计参数,那么:

若 $Z = X_1 + X_2 + X_3$,则

$$\mu_Z = \mu_{X_1} + \mu_{X_2} + \mu_{X_3} \quad \sigma_Z = \sqrt{\sigma_{X_1}^2 + \sigma_{X_2}^2 + \sigma_{X_3}^2}$$

若 $Z = X_1 \cdot X_2 \cdot X_3$,则

$$\mu_Z = \mu_{X_1} \cdot \mu_{X_2} \cdot \mu_{X_3} \quad \delta_Z = \sqrt{\delta_{X_1}^2 + \delta_{X_2}^2 + \delta_{X_3}^2}$$

若 $Z = \dfrac{X_1 X_2}{X_3 X_4}$,则

$$\mu_Z = \frac{\mu_{X_1} \mu_{X_2}}{\mu_{X_3} \mu_{X_4}} \quad \delta_Z = \sqrt{\delta_{X_1}^2 + \delta_{X_2}^2 + \delta_{X_3}^2 + \delta_{X_4}^2}$$

作为一般情况,若 $Z = g(X_1, X_2, \cdots\cdots, X_n)$,则

$$\mu_Z = g(\mu_{X_1}, \mu_{X_2}, \cdots\cdots, \mu_{X_n})$$

$$\sigma_Z = \left[\left(\frac{\partial g}{\partial X_1}\right)_\mu^2 \cdot \sigma_{X_1}^2 + \left(\frac{\partial g}{\partial X_2}\right)_\mu^2 \cdot \sigma_{X_2}^2 + \cdots + \left(\frac{\partial g}{\partial X_n}\right)_\mu^2 \cdot \sigma_{X_n}^2\right]^{\frac{1}{2}}$$

第四章 受弯构件正截面的承载力计算

垂直于结构构件轴线作用的荷载，将使构件产生弯矩、剪力及弯曲变形。主要承受弯矩和剪力的构件称为受弯构件，受弯构件是工业与民用建筑中广泛采用的承重构件。例如，楼盖或屋盖的梁板，楼梯中的梁和板，门窗过梁，工业厂房中的吊车梁、连续梁等。梁和板即是典型的受弯构件。

梁和板的区别，主要在于截面高宽比 $\left(\dfrac{h}{b}\right)$ 的不同，梁的截面形式，常见的有矩形、T形、I型、倒 L 型截面等；板的截面形式，常见的有矩形、空心形和槽形截面等（图 4-1）。仅在截面受拉区配置受力钢筋的构件称为单筋受弯构件；在截面受拉区和受压区同时配置受力钢筋的受弯构件称为双筋受弯构件（图 4-1）。

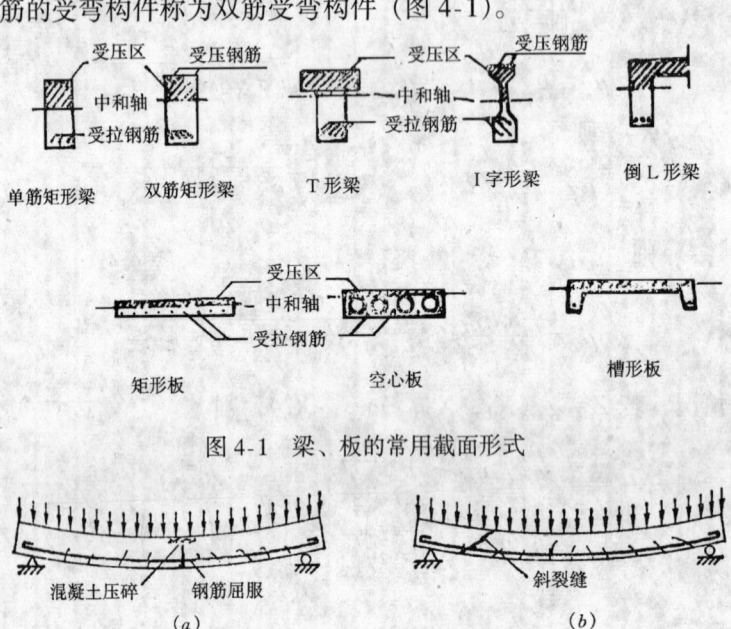

图 4-1 梁、板的常用截面形式

图 4-2 简支梁的破坏
(a) 正截面破坏；(b) 斜截面破坏

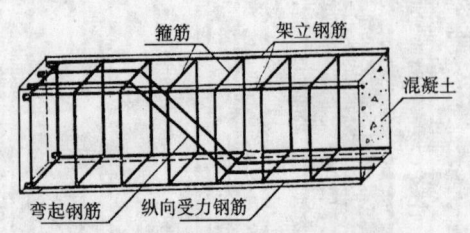

图 4-3 典型钢筋混凝土梁的配筋

实验和理论分析表明，受弯构件在弯矩和剪力作用下，可能发生的破坏形式有两种：一种是由弯矩引起的破坏，破坏截面与梁的纵轴垂直，称正截面破坏；另一种是由弯矩和剪力共同作用而引起的破坏，破坏截面是倾斜的，称为斜截面破坏（图 4-2）。

为保证梁正截面具有足够的承载力，除了

适当选用材料和梁截面尺寸外，必须在梁的受拉区配置足够数量的纵向受力钢筋，以承受因弯矩作用而产生的拉力；为防止梁的斜截面破坏，除必须有足够的截面尺寸外，一般可在梁中设置一定数量的箍筋和弯起钢筋，以承受主要由于剪力作用而产生的拉力；此外，还须采取一些构造措施。梁的常用配筋形式如图4-3所示。在板中可不配置箍筋和弯起钢筋，只需通过受弯构件正截面的承载力计算，解决拉区纵筋数量及有关构造要求问题。

第一节 试验研究分析

钢筋混凝土受弯构件由钢筋和混凝土两种材料组成，且混凝土本身又是非弹性、非均质材料，其抗拉强度很小，极易开裂。因此，混凝土受弯构件和材料力学中所讨论的弹性、均质、各向同性材料梁的受力性能有很大不同。为了充分认识钢筋混凝土受弯构件的受力性能，正确进行受力分析和承载力计算，先讨论钢筋混凝土梁的试验结果。

一、适筋梁正截面的工作阶段

图4-4为一中等配筋量的矩形截面钢筋混凝土试验梁，截面尺寸 $b \times h = 150 \times 350 \text{mm}^2$，截面的有效高度 $h_0 = 315 \text{mm}$（h_0 为受拉钢筋合力作用点到混凝土受压边缘的距离），钢筋截面面积 A_s，截面配筋率 $\rho_s = 0.976\%$（钢筋截面面积 A_s 与混凝土有效面积 bh_0 的比值称为配筋率即 $\rho_s = A_s/bh_0$），ρ_s 是反映配筋量的一个参数。为研究正截面受力和变形的变化规律，通常采用两点对称加载，且忽略梁自重，则试验梁中部 $L/3$ 区段为纯弯段。在纯弯段内，沿梁高布置长标距应变计，测混凝土的平均应变；在钢筋上粘贴应变片测钢筋的纵向应变；同时在跨中及支座处安装位移计以量测梁的跨中挠度。试验中观测应变、挠度、裂缝的出现和开展，记录特征荷载，直至梁发生正截面破坏。梁的受力及构造如图4-4所示。

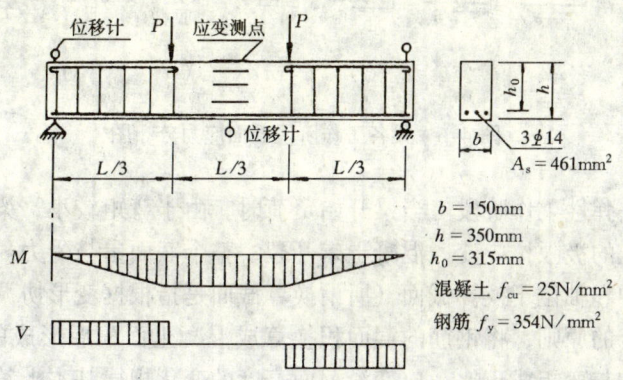

图4-4 试验梁的受力及构造图

图4-5（a）为从加载开始直至破坏，梁的实测挠度 f、钢筋应力 σ_s（通过实测应变值和钢筋的应力应变关系推得的钢筋应力）和相对中和轴高度 x_n/h_0（x_n 为中和轴高度）随弯矩 M（为便于分析，以其与极限弯矩的比值为纵坐标）的变化曲线。图4-5（b）为实测的各级荷载下梁的正截面应变分布图。图4-6为根据混凝土的应力应变关系和实测的混凝土的应变推断的正截面各阶段应力分布图。

可以看出，当逐渐加载时，梁的纯弯段从加载到破坏共经历三个工作阶段图4-5(a)：

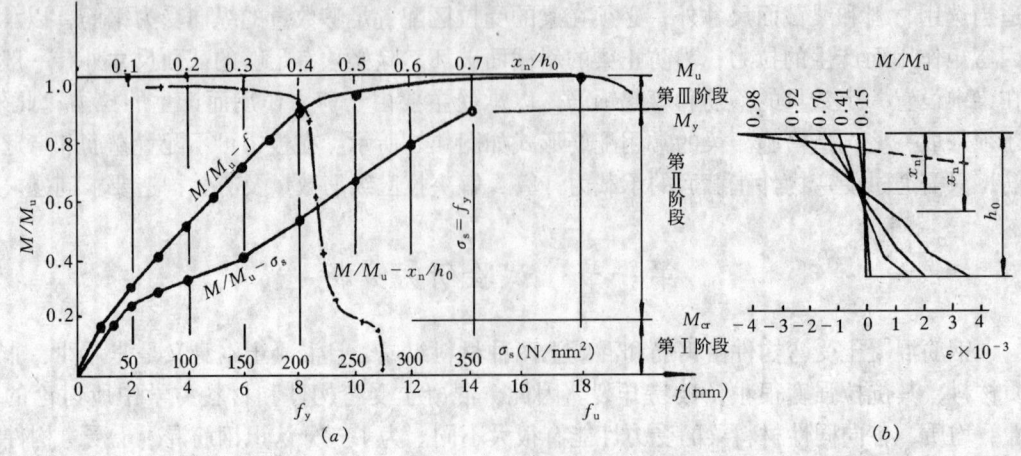

图 4-5
(a) 试验梁的 $\frac{M}{M_u} \sim f$, $\frac{M}{M_u} \sim \sigma_s$, $\frac{M}{M_u} \sim \frac{x_n}{h_0}$ 曲线　(b) 截面应变分布

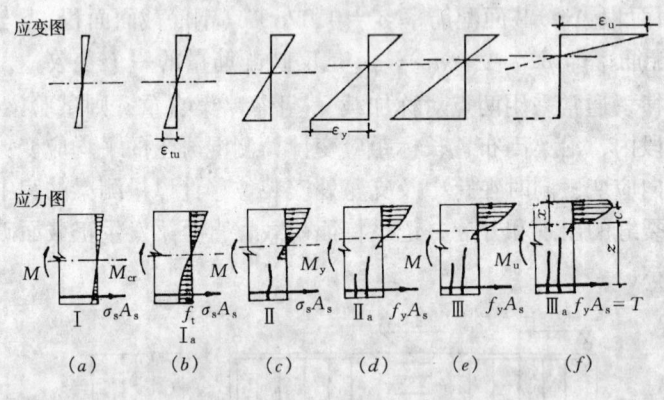

图 4-6　梁各工作阶段截面应力分布图

第Ⅰ阶段——弹性工作阶段　当梁开始负荷时，由于弯矩较小，梁受拉区边缘的纵向应变尚小于混凝土的极限拉应变，混凝土未开裂，整个截面参与受力。梁的工作情况和匀质弹性体相似：中和轴位于换算截面（所谓换算截面是指根据变形协调条件，按拉力大小相等、作用点重合的原则，将钢筋的截面积换算成混凝土面积后形成的截面）的形心处；挠度及钢筋应变均与弯矩成正比；应变沿截面高度的变化规律基本上符合平截面假定；拉压区混凝土应力分布接近于直线如图 4-5(b)。这个阶段称为第Ⅰ阶段，其特点是梁处于弹性工作阶段，相应的截面应变、应力分布图如图 4-6(a) 所示。但随着荷载的增加，由于混凝土抗拉能力差，故受拉区混凝土首先表现出塑性特征，应变较应力增加为快，拉应力成曲线分布，并逐渐趋于均匀，当受拉边缘的应变达到混凝土的极限拉应变时，梁处于将裂未裂的极限状态，标志着Ⅰ阶段的终结，称为Ⅰ$_a$阶段，把Ⅰ$_a$阶段作为构件抗裂度计算的依据，相应的截面应变、应力分布图如图 4-6(b) 所示，此时，截面的弯矩为开裂弯矩 M_{cr}，拉区混凝土应力达到混凝土的实际抗拉强度，受拉钢筋与相临纤维混凝土

应变相同，即 $\varepsilon_s = \varepsilon_t$，又因 $\varepsilon_t = f_t/E_c' = f_t/0.5E_c = 2f_t/E_c$，钢筋应力 $\sigma_s = E_s\varepsilon_s = E_s\varepsilon_t = 2E_sf_t/E_c \approx 2\alpha_E f_t$（其中 $\alpha_E = E_s/E_c$）；而在受压区，因混凝土抗压强度较高，受压区边缘纤维的应变还远小于受弯时的极限压应变，故受压区混凝土应力图形接近三角形。

第Ⅱ阶段——带裂缝工作阶段 梁达到开裂状态后的瞬间，拉区混凝土出现第一条垂直于梁轴线的裂缝，梁即进入带裂缝工作阶段。随着荷载的不断增加，裂缝条数逐渐增多，间距逐渐减小，且裂缝间距和数量也逐渐趋于稳定，但裂缝将沿梁高逐渐向上延伸，中和轴也随之不断上移；挠度比开裂前有较快的增加，$\frac{M}{M_u} \sim f$ 曲线出现第一个转折点（图 4-5（a））；在开裂截面，中和轴以下裂缝尚未延伸到的部位，混凝土可承担一小部分拉力，而开裂的混凝土退出工作，把绝大多数的拉力转交给受拉钢筋，使钢筋应力突然增加很多（突变）。继续加载时，$\frac{M}{M_u} \sim \sigma_s$ 曲线的斜率发生改变，σ_s 较开裂以前增长为快；这时受压区混凝土也表现出一定的塑性特征，压应力图形呈平缓的曲线（图 4-6（c））。虽然开裂截面混凝土已被部分拉开，但试验表明，在纯弯区段内的两个正截面之间的平均应变符合平截面假定。当继续加载，使梁达到Ⅱ阶段极限Ⅱ$_a$时，受拉钢筋应变达到钢筋屈服时的应变值，拉应力达到屈服强度，相应的弯矩为 M_y（图 4-6（d））。

拉区混凝土的开裂标志着梁的受力进入带裂缝工作阶段，一般钢筋混凝土梁，在使用状态下即处于这个阶段，故把Ⅱ阶段作为受弯构件变形、裂缝宽度计算的依据。可见，钢筋混凝土受弯构件在正常使用情况下是带裂缝工作的。

第Ⅲ阶段——破坏阶段 在第Ⅱ阶段末（即Ⅱ$_a$阶段）钢筋应力已经达到屈服强度，$\sigma_s = f_y$。随着荷载的进一步增加，钢筋应力将保持不变，而应变增长加速；裂缝随之扩展并向上延伸，中和轴继续上移；挠度急剧增大，$\frac{M}{M_u} \sim f$ 曲线的斜率变得非常平缓；虽然这时钢筋的总拉力不再增大，但由于受压区高度不断减小，压区混凝土压应力迅速增大，受压区混凝土塑性特征表现得更为充分，应力图形呈更为丰满的曲线，中和轴不断上移，内力臂随之增大，截面承载力则因此而提高。受拉区混凝土更多地脱离工作（图 4-6（e））。当受压区边缘混凝土达到极限压应变时，压区混凝土被压碎，这个阶段称为Ⅲ$_a$阶段。Ⅲ$_a$瞬间是正截面破坏的极限状态，因此把它作为构件正截面承载力计算的依据，如图 4-6（f）所示。

综上所述，拉区混凝土开裂及钢筋屈服是使梁正截面工作产生质变的两个转折点，从而将梁正截面工作划分为三个阶段。随着外荷载的不断增加，截面上拉、压区混凝土应力图形由直线逐渐变为曲线并趋于均匀；而钢筋应力经第Ⅰ阶段的缓慢增加、第Ⅰ$_a$阶段的突变、第Ⅱ$_a$阶段的屈服和第Ⅲ阶段恒定流幅后，受压区混凝土被压碎，梁宣告破坏；在加载全过程中，平均应变沿截面高度基本上按直线分布，故在建立正截面承载力计算公式时，可采用平截面假定；此外，中和轴随荷载的增加不断上升；在加载过程中，梁的挠度与荷载不成正比关系。第Ⅰ阶段，由于拉区混凝土参加工作，梁的挠度增加较慢；第Ⅱ阶段，由于拉区混凝土开裂而退出工作，挠度增加较快；第Ⅲ阶段，由于钢筋出现流幅，裂缝迅速开展，挠度急剧增大，最后梁宣告破坏。为清楚起见，将梁正截面的工作阶段及其特征列于表 4-1 中。

表 4-1 梁正截面的工作阶段及其特征

受力阶段	弯矩 (M)	裂缝	中和轴位置	挠度弯矩曲线	截面平均应变	钢筋应力 (σ_s)	拉区混凝土应力 (σ_{ct})	压区混凝土应力 (σ_c)	备注
I 弹性阶段	很小	未开裂	换算截面形心处	呈直线变化	按直线分布	与钢筋应变成正比	由直线分布,逐渐变为曲线分布并趋于均匀分布	三角形分布	拉区混凝土表现出塑性特性
I_a 混凝土即将开裂,抗裂计算依据	$M=M_{cr}$	将裂未裂	换算截面形心处	曲线出现第一个转折点	按直线分布	与钢筋应变成正比	随 M 增大,由曲线分布并趋于均匀,拉区为曲线分布,拉区边缘混凝土拉应力 $\sigma_{ct}=f_t$	三角形分布	拉区混凝土将开裂
II 带裂缝工作阶段,正常使用极限状态设计依据	$M>M_{cr}$	开裂开展,并延伸,增多	上移	由直线变为曲线	按直线分布	出现突变点,增长速度加快	开裂截面处,开裂混凝土退出工作,中和轴下部未裂部分参与抗拉工作	平缓曲线	拉区混凝土开裂,压区混凝土表现出塑性特征
II_a 受拉钢筋屈服	$M=M_y$	开展较宽	继续上移	曲线出现第二个转折点	按直线分布	钢筋应力维持不变 $\sigma_s=f_y$	开裂截面处,绝大部分混凝土开裂退出工作	较丰满的曲线	受拉钢筋屈服
III 破坏阶段,变形发展阶段	$M>M_y$	继续开展	继续上移	挠度急剧增大,曲线极平缓	按直线分布	钢筋应力不变 $\sigma_s=f_y$	开裂截面处,裂缝继续扩展,开裂混凝土不断退出工作	曲线更加丰满	钢筋应力不变,中和轴上移,内力臂增大,承载力提高
III_a 压区混凝土破坏,正截面承载力计算依据	$M=M_u$	裂缝较宽	达到极限位置	变形较大	按直线分布	钢筋应力 $\sigma_s=f_y$	裂缝开展到极限,拉区混凝土几乎全部退出工作	压区边缘混凝土压应变达到极限压应变	压区混凝土被压碎,梁宣告破坏

二、破坏形态及特征配筋率

上述梁的破坏特征——受拉钢筋首先到达屈服，然后混凝土受压破坏，只适用于配筋率 ρ 在一定范围以内的情况。对于给定截面尺寸和材料强度的钢筋混凝土梁，增大或减小受拉钢筋面积 A_s 即改变配筋率 ρ，将会改变梁的破坏特征和性质。

1. 适筋破坏

当梁的配筋率适当时，称为"适筋梁"。由上可知，适筋梁从加荷直至破坏，最危险截面中的应力变化有明显的三个阶段，破坏时拉区纵筋先屈服然后经历一个过程之后，压区混凝土才被压碎，梁宣告破坏（图 4-7（c））。在这一过程中，弯矩由 M_y 提高到 M_u，弯矩增量 $\Delta M = M_u - M_y$ 值虽小，但相应的变形增量 $\Delta f = f_u - f_y$ 却较大（图 4-8），即梁有较大的塑性变形，同时裂缝开展较宽，破坏前有明显预兆。这种起因于拉区钢筋屈服，截面产生较大塑性变形的破坏形态，称为"延性破坏"，是我们所希望的。

2. 超筋破坏

配筋率过高的梁称为"超筋梁"。试验表明，纵筋配置过多，超过某一限值时，由于钢筋的抗拉能力过强，当钢筋尚未屈服、裂缝开展不宽、延伸不高、挠度不明显时，而压区混凝土的压应变却首先达到其极限压应变值被压碎，导致构件破坏（图 4-7（a））。超筋梁从加载至破坏，破坏截面的应力、应变只经历了第Ⅰ、和Ⅱ阶段，没有经历第Ⅲ阶段的变形发展过程（图 4-

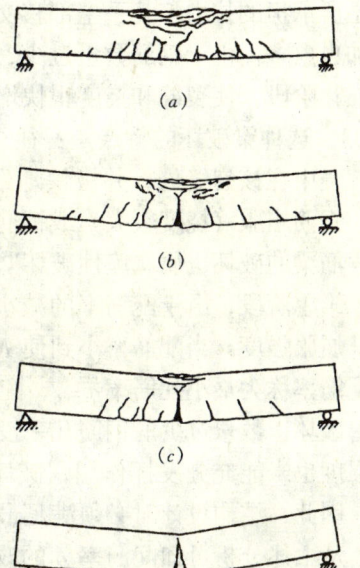

图 4-7 梁的破坏形态
（a）超筋梁；（b）平衡配筋梁；
（c）适筋梁；（d）少筋梁

8），其破坏属于没有明显预兆的突然破坏——脆性破坏，又因钢筋应力未达到屈服强度，钢筋强度不能被充分利用，所以超筋梁是不经济的。因此，在实际工程中不允许采用超筋梁。结构设计时必须限制钢筋的最大用量。

3. 平衡配筋梁的界限破坏及界限配筋率（最大配筋率）

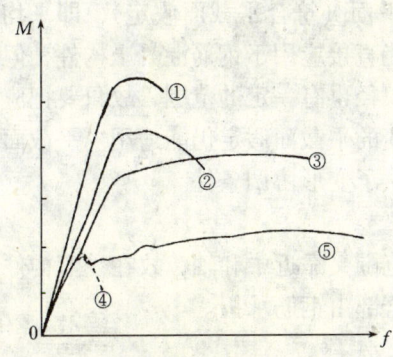

图 4-8 各种梁的 $M \sim f$ 曲线
①超筋梁 ②平衡配筋梁 ③适筋梁
④少筋梁 ⑤最小配筋率的梁

超筋梁破坏和适筋梁破坏特征有本质的不同，适筋梁的破坏起因于拉区钢筋的屈服，而超筋梁的破坏始于压区混凝土的被压碎，拉区钢筋并未屈服（图 4-7（a））。梁从适筋破坏到超筋破坏的改变，是配筋率增大的结果。适筋梁的第Ⅲ阶段将随配筋率的增加而缩短，这是因为配筋率越大，钢筋应力增长越慢，而压区混凝土应力增长较快，使得钢筋屈服时的弯矩 M_y 越接近极限弯矩 M_u，即 $\Delta M = M_u - M_y$ 减小，这意味着钢筋达到屈服不久混凝土就被压坏了。当配筋率增大到使 $\Delta M = M_u - M_y = 0$ 时，即 $M_y = M_u$，拉区钢筋的屈服与压区混凝土受压破坏将同时发生，这种梁称为平衡配筋梁，相应的配筋率称为平衡配筋率，它是适筋和超筋破坏的界限情况，因此，又称界限配筋率（最大配筋率）。

4. 少筋破坏及最小配筋率

配筋率过低的梁称为"少筋梁"。这种梁受荷后，受拉区一旦出现裂缝，则原受拉混凝土所承担的拉力将几乎全部移交给钢筋承担，钢筋应力将突然猛增；配筋率愈低，应力增加也愈多。由于钢筋数量过少，突然增加的应力将使钢筋应力即刻达到并超过流限而进入强化阶段，使裂缝和挠度很快增加到使用极限值，甚至钢筋被拉断而使梁折断（图4-7 (d)）。这种梁破坏的特点是：往往只出现一条主裂缝，裂缝一旦出现，钢筋的变形几乎全部集中在该裂缝处，并极快地经历了屈服阶段后而被拉断，所以破坏时，梁的裂缝很宽，钢筋屈服（挠度较大）或钢筋被拉断，而压区混凝土并未被压碎，破坏来得突然。所以少筋梁的破坏也属"脆性破坏"。从加载至破坏的全过程可见，少筋梁的破坏截面只经历了第Ⅰ阶段，由于配筋率的减小，使 $M_u - M_{cr}$ 减小，混凝土开裂时钢筋的应力越接近于其屈服强度。当配筋率小到使 $M_u = M_{cr}$ 时，裂缝一出现，钢筋也同时达到屈服。这时的配筋率称为最小配筋率 ρ_{min}，配筋率低于 ρ_{min} 的梁称为少筋梁。少筋梁一旦开裂，即标志着破坏，数量过少的钢筋几乎没起作用，其承载能力与素混凝土梁差不多，且压区混凝土强度也未能充分发挥作用，破坏又没有明显预兆。所以，少筋梁是既不安全又不经济的。因此，结构设计时必须满足最小配筋率的要求。

从上述分析可知配筋率 ρ 的改变不仅会使 M_u 的大小发生变化，而且影响梁的受力阶段的发展，在极端情况下（配筋率过大或过小），使梁的破坏特征和性质发生质的变化。

第二节 单筋矩形截面受弯构件正截面承载力计算的基本理论

一、基本假定

钢筋混凝土受弯构件的承载力计算，是以适筋梁第Ⅲ$_a$阶段为依据，并以下述四条基本假定为基础进行的。

1. 平截面假定

假定构件发生弯曲变形以后，截面平均应变仍保持平面（符合平截面假定），即平均应变沿截面高度为直线分布。严格地讲，平截面假定不能直接应用于钢筋混凝土构件，但考虑到混凝土构件应变的量测都是具有一定标距，骨料粒径也有一定的范围，故只要把应变理解为一个区段上的平均应变值，则不难看出平均应变的平截面假定仍能适用。平截面假定的引用，为钢筋混凝土构件正截面承载力的计算提供了变形协调条件。

2. 忽略混凝土的抗拉强度

由于混凝土的抗拉强度远小于其抗压强度，其作用范围又靠近中和轴，故在受弯构件正截面计算中可忽略拉区混凝土承担弯矩的能力，拉力全部由钢筋承担。

3. 受压区混凝土的应力～应变曲线

众所周知，由于试件规格和试验条件的不同，所测得的混凝土受压应力-应变全曲线的形状也有所不同，且全曲线的数学模型过于复杂。因此，我国《混凝土结构设计规范》在分析了国外规范所用的混凝土应力—应变曲线模型及试验资料的基础上，将混凝土应力

—应变关系曲线简化成如图 4-9 所示的曲线。其表达式可以写成：

当 $\varepsilon_c \leqslant \varepsilon_0$ 时

$$\sigma_c = f_c \left[1 - \left(1 - \frac{\varepsilon_c}{\varepsilon_0}\right)^n \right] \quad (4-1)$$

当 $\varepsilon_0 < \varepsilon_c \leqslant \varepsilon_{cu}$ 时

$$\sigma_c = f_c \quad (4-2)$$

$$n = 2 - \frac{1}{60}(f_{cu,k} - 50) \quad (4-3)$$

$$\varepsilon_0 = 0.002 + 0.5 \ (f_{cu,k} - 50) \times 10^{-5} \quad (4-4)$$

$$\varepsilon_{cu} = 0.0033 - (f_{cu,k} - 50) \times 10^{-5} \quad (4-5)$$

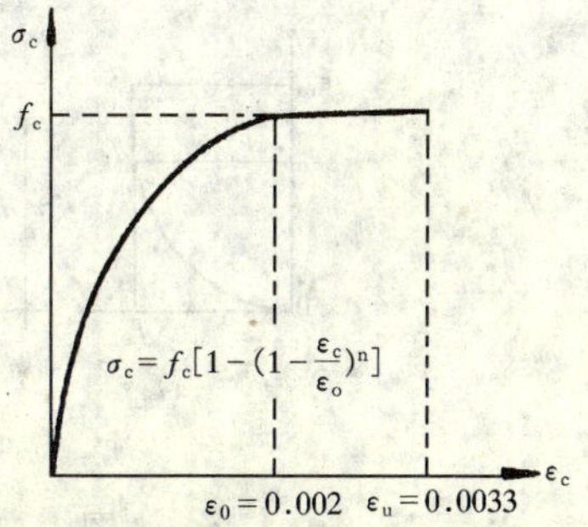

图 4-9 混凝土的应力—应变曲线模型

式中 σ_c——对应于混凝土压应变为 ε_c 时的混凝土压应力；

ε_0——对应于混凝土压应力刚达到 f_c 时的混凝土压应变，当按公式（4-4）计算的 ε_0 的值小于 0.002 时，取为 0.002；

ε_{cu}——正截面处于非均匀受压时的混凝土极限压应变，当按公式（4-5）计算的 ε_{cu} 的值大于 0.0033 时，取为 0.0033；

$f_{cu,k}$——混凝土立方体抗压强度标准值；

n——系数，当按公式（4-3）计算的 n 值大于 2.0 时，取为 2.0。

4. 钢筋的应力—应变曲线

与混凝土应力—应变曲线一样，为了计算上的方便，必须对实际的钢筋应力—应变曲线进行简化，以建立适用于正截面承载力计算的钢筋应力应变关系模型。我国《混凝土结构设计规范》钢筋应力取钢筋应变与其弹性模量的积，但不大于其强度设计值。受拉钢筋的极限拉应变取 0.01，即采用如图 4-10 所示的应力~应变曲线，其数学表达式为：

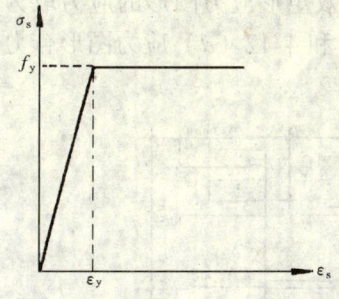

图 4-10 钢筋的应力~应变曲线

当 $0 < \varepsilon_s < \varepsilon_y$ 时 $\sigma_s = E_s \varepsilon_s$ (4-6)

当 $\varepsilon_s \geqslant \varepsilon_y$ 时 $\sigma_s = f_y$ (4-7)

二、受压区混凝土的等效矩形应力图形

由试验结果可知，压区混凝土应力分布是不断变化的。随着荷载的增加，由弹性阶段（第Ⅰ阶段）的三角形分布，逐渐发展为平缓的曲线，最后发展为较丰满的曲线应力图形。在平截面假定（图 4-11（c））下，由混凝土应力~应变关系（图 4-11（a）），可得出受弯构件极限状态（$\varepsilon_c = \varepsilon_{cu}$）时的压区混凝土应力图形（图 4-11（d））。压区混凝土合力 C 及其作用点至上边缘的距离 y_c 采用积分求得。

当混凝土强度等级不大于 C50 时，取曲线（图 4-9）中的系数 $n = 2$，则有：

$$C = f_c \xi_n b h_0 \left(1 - \frac{1}{3} \frac{\varepsilon_0}{\varepsilon_{cu}}\right) \quad (4-8)$$

$$y_c = \xi_n h_0 \left[1 - \frac{\frac{1}{2} - \frac{1}{12}\left(\frac{\varepsilon_0}{\varepsilon_{cu}}\right)^2}{1 - \frac{1}{3}\frac{\varepsilon_0}{\varepsilon_{cu}}}\right] \quad (4-9)$$

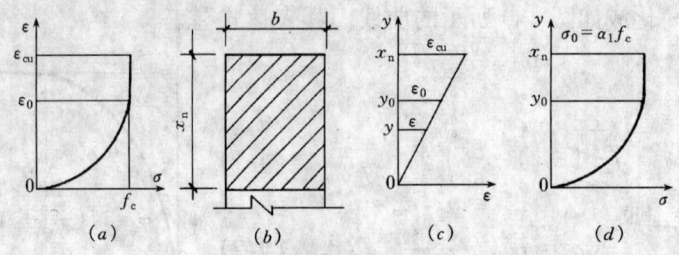

图 4-11 受压区混凝土应力和应变分布
(a) 混凝土应力—应变关系; (b) 截面受压区;
(c) 应变分布; (d) 压区应力图

根据钢筋混凝土适筋梁,正截面破坏极限状态(第Ⅲ$_a$瞬间)时的截面应力、应变分布情况及图 4-11 (d),可得到破坏极限状态下,截面的实际应变图形(图 4-12 (b))和应力图形(图 4-12 (c))。在计算极限弯矩设计值 M_u 时,仅需知道极限状态时压区混凝土合力 C 及其作用点位置 y_c,而并不关心其压区混凝土的应力分布的变化过程。为简化计算,目前各国规范均采用静力等效的原则(即保持原来受压区合力的大小和作用点位置不变),将实际应力图形(图 4-12 (c))转化为矩形应力图形(图 4-12 (d)),设等效矩形应力图形受压区高度为 x,等于曲线应力图形受压区高度 x_n(按截面应变保持平截面的假定所确定的中和轴高度)乘以系数 β_1,即 $x = \beta_1 x_n$;等效矩形应力图形的应力取为混凝土抗压强度设计值 f_c 乘以 α_1。β_1、α_1 可由图 4-12 (c) 和 4-12 (d) 应力图形合力 C 及作用点位置 y_c 相等的条件确定。根据此两条件,

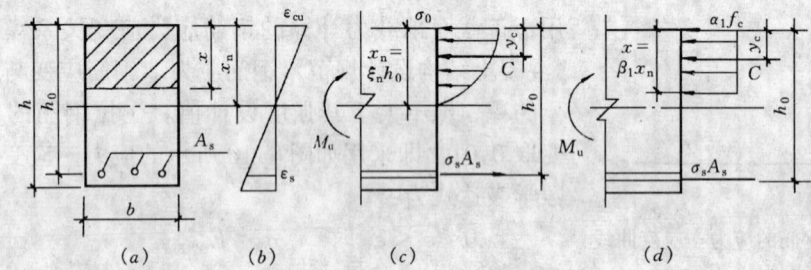

图 4-12 受压区混凝土压应力图形
(a) 截面; (b) 应变图形; (c) 实际应力图形; (d) 等效矩形应力图形

令:
$$y_c = 0.5\beta_1 x_n = 0.5\beta_1 \xi_n h_0 \tag{4-10}$$
$$C = \alpha_1 f_c xb = \alpha_1 f_c \beta_1 \xi_n b h_0 \tag{4-11}$$

可得到:
$$\beta_1 = \left(1 - \frac{2}{3}\frac{\varepsilon_0}{\varepsilon_{cu}} + \frac{1}{6}\left(\frac{\varepsilon_0}{\varepsilon_{cu}}\right)^2\right) \bigg/ \left(1 - \frac{\varepsilon_0}{3\varepsilon_{cu}}\right) \tag{4-12}$$

$$\alpha_1 = \left(1 - \frac{\varepsilon_0}{3\varepsilon_{cu}}\right) \bigg/ \beta_1 \tag{4-13}$$

式中 ξ、ξ_n——等效矩形应力图形、曲线应力图形的相对受压区高度,$\xi = x/h_0$、$\xi_n = x_n/h_0$。

对于强度不大于 C50 的混凝土,以 $\varepsilon_0 = 0.002$、$\varepsilon_{cu} = 0.0033$ 带入上述两式,得 $\beta_1 =$

0.824，$\alpha_1 = 0.968$；当 $f_{cu,k} = 80\text{N/mm}^2$ 时，$n = 1.5$，同理可求得 β_1 和 α_1 值。《混凝土结构设计规范》规定：当 $f_{cu,k} \leq 50\text{N/mm}^2$ 时，β_1 取为 0.8，α_1 取为 1.0；当 $f_{cu,k} = 80\text{N/mm}^2$ 时，β_1 取为 0.74，α_1 取为 0.94，其间按直线内插法取用。

三、梁的相对界限受压高度

图 4-13 为适筋梁、平衡配筋梁和超筋梁截面发生破坏时的应变分布图。图中直线 ac 为适筋梁截面发生破坏时的应变分布图，此时，压区边缘混凝土达到了极限压应变 ε_{cu}，受拉钢筋应变已经超过了屈服应变 ε_y。其破坏始于受拉钢筋的屈服，经一段流幅后，压区边缘混凝土达到了极限压应变 ε_{cu}，混凝土被压碎，构件宣告破坏。"平衡状态"或"界限破坏状态"相应的截面应变分布为图 4-13 中的 ab 直线，此时，压区混凝土在受拉钢筋屈服的同时，也达到极限压应变而被压碎。即钢筋的应变达到屈服应变值，压区混凝土应变达到极限压应变值。图 4-13 中 ad 直线为超筋梁破坏

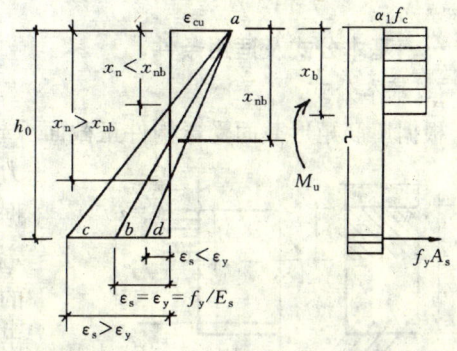

图 4-13 平衡配筋梁截面应变分布

时的截面应变分布线，即破坏时，钢筋应力并未达到屈服，而破坏始于压区混凝土的被压碎。相应于界限破坏的受压区高度即为保证适筋梁破坏的"上限值"，称"界限受压高度"。下面我们来推导梁的相对界限受压高度的计算公式。

根据界限破坏时截面应变分布图（图 4-13 中的 ab 直线），由三角形比例关系，可得：

$$\frac{x_{nb}}{h_0} = \frac{\varepsilon_{cu}}{\varepsilon_{cu} + \varepsilon_s} \tag{4-14}$$

又因 $x_b = \beta_1 x_{nb}$，于是有：

$$\xi_b = \frac{x_b}{h_0} = \frac{\beta_1 \varepsilon_{cu}}{\varepsilon_{cu} + \varepsilon_s} = \frac{\beta_1}{1 + \dfrac{\varepsilon_s}{\varepsilon_{cu}}} \tag{4-15}$$

将 $\varepsilon_s = \dfrac{f_y}{E_s}$ 代入上式，则得相对界限受压区高度

$$\xi_b = \frac{x_b}{h_0} = \frac{\beta_1}{1 + \dfrac{f_y}{E_s \varepsilon_{cu}}} \tag{4-16}$$

式中　x_b——界限受压区高度；
　　　h_0——截面有效高度；
　　　f_y——钢筋抗拉强度设计值；
　　　E_s——钢筋的弹性模量；
　　　ε_{cu}——混凝土极限压应变值。

由相对受压区高度 $\xi_b = x_b/h_0$ 的大小，可以在平均应变沿截面高度的分布图上判别受弯构件正截面破坏类型。由图 4-13 可见：

$\xi < \xi_b$ 时，$\varepsilon_s > \varepsilon_y$，$\varepsilon_c = \varepsilon_{cu}$，为适筋梁；

$\xi = \xi_b$ 时，$\varepsilon_s = \varepsilon_y$，$\varepsilon_c = \varepsilon_{cu}$，为平衡配筋梁；

$\xi > \xi_b$ 时，$\varepsilon_s < \varepsilon_y$，$\varepsilon_c = \varepsilon_{cu}$，为超筋梁。

第三节 单筋矩形截面受弯构件正截面承载力的计算

一、基本公式及适用条件

1. 基本公式

根据单筋矩形截面受弯构件正截面承载力计算理论，可得到如图 4-14 的梁正截面应力分布图。由图 4-14 所示的应力分布图形，根据截面上静力平衡条件，可建立单筋矩形截面受弯承载力即极限弯矩 M_u 的计算公式，考虑构件的安全储备，弯矩和材料强度均采用设计值，得出下列基本公式：

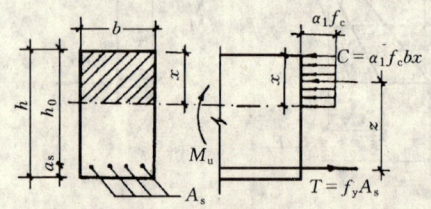

图 4-14 单筋矩形截面梁正截面
承载力计算图式

$$\Sigma X = 0 \quad \alpha_1 f_c b x = f_y A_s \quad (4\text{-}17)$$

$$\Sigma M = 0 \quad M_u = \alpha_1 f_c b x \left(h_0 - \frac{x}{2} \right) \quad (4\text{-}18)$$

而实际设计钢筋混凝土受弯构件时，要求满足下式

$$M \leqslant M_u = f_y A_s \left(h_0 - \frac{x}{2} \right) \quad (4\text{-}19)$$

式中 M——弯矩设计值；

M_u——极限弯矩设计值；

f_c——混凝土抗压强度设计值；

f_y——钢筋的抗拉强度设计值；

A_s——受拉钢筋的截面面积。

b——截面宽度；

h——截面高度；

x——截面受压区的高度；

a_s——受拉钢筋的中心至混凝土受拉区边缘的距离；

h_0——截面的有效高度，即受拉钢筋的中心至混凝土受压区边缘的距离，$h_0 = h - a_s$。

2. 适用条件

上述基本公式是以适筋梁破坏时，第 III_a 阶段（$\varepsilon_c = \varepsilon_{cu}$）的截面应力、应变为依据而建立的，故只适用于正常配筋量的适筋受弯构件。因此，应用基本公式计算时，必须满足下列适用条件：

(1) $\qquad\qquad\qquad\qquad \xi \leqslant \xi_b \qquad\qquad\qquad\qquad (4\text{-}20a)$

或 $\qquad\qquad\qquad\qquad x \leqslant x_b = \xi_b h_0 \qquad\qquad\qquad (4\text{-}20b)$

将 $x = x_b$ 代入 (4-17) 式得 $\alpha_1 f_c b x_b = f_y A_s$

$$\frac{A_s}{bh_0} = \frac{\alpha_1 f_c x_b}{f_y h_0}$$

可求得相应于 $x = x_b$ 的界限配筋率：

$$\rho_b = \xi_b \cdot \frac{\alpha_1 f_c}{f_y}$$

《混凝土结构设计规范》将界限配筋率 ρ_b 定义为最大配筋率，当给定钢筋种类和混凝土强度等级时，可求出相应的 ξ_b 和 ρ_b 值，如果 $\rho > \rho_b$ 或 $\xi > \xi_b$，则该梁为超筋梁。因此，基本公式应满足：

$$\rho \leqslant \rho_{\max} = \xi_b \frac{\alpha_1 f_c}{f_y} \tag{4-20c}$$

或

$$M \leqslant M_{u,\max} = \alpha_1 f_c h_0^2 \xi_b (1 - 0.5\xi_b) \tag{4-20d}$$

式（4-20d）是将 ξ_b 值代入（4-18），经整理后得到的，$M_{u,\max}$ 是单筋矩形截面的最大极限弯矩设计值。式（4-20a）～（4-20d）的意义相同，都是为了防止配筋过多而发生超筋破坏。因此，只要满足其中一个式子，其余的则自然满足。

(2)

$$\rho \geqslant \rho_{\min} \tag{4-21a}$$

或

$$A_s \geqslant \rho_{\min} bh \tag{4-21b}$$

式（4-21a）和（4-21b）的意义相同，是为了防止纵筋配置过少而发生少筋破坏。如4-1节所述，当配筋率小于最小配筋率时，为少筋梁。试验结果表明：少筋梁的极限荷载 P_U 小于开裂荷载 P_{cr}。少筋梁混凝土开裂后钢筋应力不仅到达屈服，而且将迅速经过流幅进入强化阶段，在极端情况下，钢筋甚至可能被拉断。而最小配筋率是指 $M_u = M_{cr}$ 时的配筋率。即最小配筋率是根据钢筋混凝土梁的极限弯矩 M_u 等于截面相同的素混凝土梁的极限弯矩 M_{cr}（配筋率很低的梁在未开裂前拉力主要由受拉区的混凝土承担，钢筋所受的拉力很小。即配筋率很低的梁的开裂弯矩 $M_{cr} \approx M_c$）的条件确定的。这样，在最小配筋率情况下，即可保证受拉区混凝土出现裂缝后，裂缝截面的钢筋应力也刚好达到屈服强度。而后钢筋应变继续增加，受拉区混凝土裂缝进一步伸展，受压区高度随之缩小，最后压区边缘混凝土达到极限压应变被压碎，梁发生塑性破坏。梁的最小配筋率 $\rho_{\min}$ 计算公式的推导过程如下。

根据4-1的试验研究分析，梁的抗裂计算是以第 I_a 阶段为依据的，因此，矩形截面素混凝土梁的破坏弯矩 M_c（$= M_{cr}$），可根据如图4-15（b）所示的应力图形，利用力的平衡条件求得。

$$\Sigma M = 0, \quad M_c = T \cdot z = \frac{1}{2} bh f_t \cdot \left(\frac{1}{4} h + \frac{2}{3} \cdot \frac{h}{2}\right) = 0.292 bh^2 f_t \tag{4-22}$$

配有最小配筋率 $\rho_{\min}$ 的钢筋混凝土梁正截面受弯承载力按式（4-19）计算：

$$M_u = f_y A_s \left(h_0 - \frac{x}{2}\right) \tag{4-23}$$

因为配筋率很小，由式（4-17）可知，受压区高度 x 很小，因此，我们可以假定 $h_0 - \frac{x}{2} \approx 0.9 h_0$，并取 $h_0 = 0.95h$，于是，上式可以写成：

$$M_u = A_s f_y \left(h_0 - \frac{x}{2}\right) = 0.9 \times 0.95 A_s f_y h = 0.855 \frac{A_s}{bh} f_y bh^2 \tag{4-24}$$

或
$$M_u = 0.855\rho_{min}f_y bh^2 \tag{4-25}$$

根据确定最小配筋率的条件：$M_c = M_u$，令式（4-22）与式（4-25）相等，得：

$$\rho_{min} = 0.342\frac{f_t}{f_y} = 34.2\frac{f_t}{f_y}（\%） \tag{4-26}$$

可见，最小配筋率与混凝土强度等级和钢筋抗拉强度设计值有关，考虑到收缩、温度应力的重要影响，以及过去的设计经验，《混凝土结构设计规范》规定：钢筋混凝土梁一侧受拉钢筋的配筋百分率不应小于 $45f_t/f_y$，同时不应小于 0.2，即取 $\rho_{min} = 0.45f_t/f_y$，当计算的 $\rho_{min} < 0.2\%$ 时，取 $\rho_{min} = 0.2\%$。

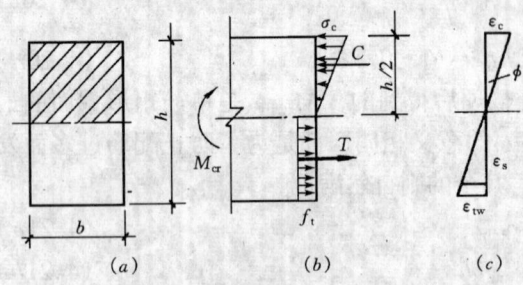

图 4-15 矩形截面素混凝土梁正截面承载力计算图式
（a）截面；（b）应力分布；（c）应变分布

二、基本公式的应用

在工程结构设计计算中，受弯构件的正截面承载力计算，主要是计算纵向受力钢筋的数量和复核构件的承载能力。所以，基本公式的应用有两种情况：承载力复核和截面设计。

1. 承载力复核问题（截面承载力验算）

已知：截面尺寸 $b \times h$、纵向受力钢筋截面面积 A_s、材料强度设计值 f_y、f_c。

求：受弯构件的极限弯矩设计值 M_u。

这一问题的解（截面所能承受的极限弯矩设计值）是唯一确定的，设计者只是对截面的承载能力进行复核。

例题 4-1 已知梁的截面尺寸 $b \times h = 250mm \times 500mm$，混凝土强度等级为 C30，钢筋为 HRB 335 级钢筋，配置了 3Φ18 钢筋，弯矩设计值 $M = 85kN\text{-}m$，验算此截面是否安全。

解：根据已知条件有：$b = 250mm$，$h = 500mm$，$\alpha_1 = 1.0$，$f_c = 14.3N/mm^2$，$\varepsilon_{cu} = 0.0033$，$A_s = 763mm^2$，$f_y = 300N/mm^2$，$E_s = 2.0 \times 10^5 N/mm^2$，$\beta_1 = 0.8$，截面有效高度 $h_0 = h - a_s = 500 - (25 + 9) = 466mm$。

$$\xi_b = \frac{x_b}{h_0} = \frac{\beta_1}{1 + \dfrac{f_y}{E_s \varepsilon_{cu}}} = 0.55$$

由式（4-17）得：

$$x = \frac{f_y A_s}{\alpha_1 f_c b} = \frac{300 \times 763}{1.0 \times 14.3 \times 250} = 64.03mm < \xi_b h_0 = 256.3mm$$

满足最大配筋率适用条件。

按式（4-19）计算截面的极限弯矩设计值 M_u：

$$M_u = 300 \times 763 \times (466 - 0.5 \times 64.03) = 99.34 KN\text{-}m > M = 85 kN\text{-}m$$

所以此截面安全。

例题 4-2 某工程一钢筋混凝土矩形截面板 $h = 80mm$，混凝土强度等级为 C25（$f_c = $

$11.9N/mm^2$),钢筋用 HPB235 热轧钢筋($f_y=210N/mm^2$),在板宽 $b=1000mm$ 内配置 $6\phi10$ 钢筋,保护层 $C=15mm$。试求此截面所能承受的极限弯矩设计值。

解: $h_0 = h - (C + 0.5d) = 80 - (15 + 0.5 \times 10) = 60mm$

$6\phi10$,$A_s = 471mm^2$

应用式(4-17)计算,得

$$x = \frac{210 \times 471}{1.0 \times 11.9 \times 1000} = 8.3mm$$

由式(4-18)计算,得

$M_u = \alpha_1 f_c bx (h_0 - 0.5x)$
$= 1.0 \times 11.9 \times 1000 \times 8.3 (60 - 0.5 \times 8.3)$
$= 5516305 N-mm$
$= 5.5 KN-m$

例题 4-3 已知某工程梁的截面尺寸为 $b \times h = 300 \times 600 mm^2$,混凝土强度等级为 C30 ($f_c = 14.3 N/mm^2$,$f_t = 1.43 N/mm^2$,$\alpha_1 = 1.0$,$\beta_1 = 0.8$,$\varepsilon_{cu} = 0.0033$),钢筋 HRB400 ($f_y = 360 N/mm^2$,$E_s = 2.0 \times 10^5 N/mm^2$),配置 $4\phi25 + 2\phi20$,如例题 4-3 附图所示。试求该梁所能承受的极限弯矩设计值 M_u。

解: $4\phi25 + 2\phi20$ 钢筋截面面积 $A_s = 1964 + 628 = 2592 mm^2$

钢筋合力点到梁底距离为

$$a_s = \frac{1964 \times (30 + 0.5 \times 25) + 628 \times (30 + 25 + 25 + 0.5 \times 20)}{1964 + 628} = 54mm$$

应用式(4-17)计算,得

$$x = \frac{f_y A_s}{\alpha_1 f_c b} = \frac{360 \times 2592}{1.0 \times 14.3 \times 300} = 218mm$$

$$\xi_b = \frac{\beta_1}{1 + \frac{f_y}{E_s \varepsilon_{cu}}} = \frac{0.8}{1 + \frac{360}{2.0 \times 10^5 \times 0.0033}} = 0.52$$

$x = 218 < x_b = \xi_b h_0 = 0.52 \times (600 - 54) = 284mm$,满足要求。

由式(4-18)计算,得

$M_u = \alpha_1 f_c bx (h_0 - 0.5x)$
$= 1.0 \times 14.3 \times 300 \times 218 (546 - 0.5 \times 218)$
$= 408691140 N-mm$
$= 408.7 KN-m$

2. 截面设计问题(截面选择)

已知:弯矩设计值。

设计:截面尺寸、钢号、混凝土强度等级和纵向受力钢筋的数量。

此类问题,可根据设计者的意图,选择材料强度和截面尺寸,设计结果并不唯一确定。

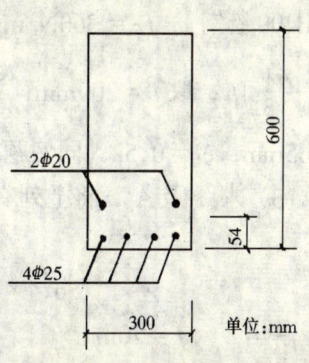

例题 4-3 附图 截面配筋图

在构件计算时,首先遇到的问题就是材料的选用和截面尺寸的确定。设计时,应根据结构的使用要求、重要程度、受力特点和施工条件,参考实践经验和规范条文,结合生产实际,在调查研究的基础上选用材料。在选择混凝土强度等级时,应考虑到混凝土等级对受弯构件的承载能力影响不大。因此,受弯构件的混凝土等级不宜过高,一般现浇构件用C20、C30;预制构件为了减轻自重可选用C20、C25及C30。钢筋常用的为HRB400级、HRB335级、HPB235级及RRB400级钢筋。

受弯构件的截面高度一般可按高跨比条件,以及构造和施工的要求等来确定。截面宽度则可根据高宽比的构造要求确定。当计算中出现配筋率偏大或偏小等不合理情况时,可对初选的截面尺寸作适当调整后重新计算。

当M给定时,截面尺寸的大小,将直接影响到配筋率的多少(截面尺寸大一些,所需的钢筋面积就少一些),而受弯构件的配筋率又是构件设计是否经济合理的直接影响因素。因此,正确选用截面尺寸和配筋率,具有重要的意义。正常的截面设计,应保证截面的配筋率在ρ_{max}和ρ_{min}之间即可,但在满足这两个条件的情况下,仍有多种不同的截面尺寸可供选择。根据混凝土和钢筋的价格、施工费用等因素,可得到构件价格较为便宜的配筋率,称为经济配筋率。按照我国的设计经验,板的经济配筋率一般为0.4%~0.8%,单筋矩形截面梁的经济配筋率一般为0.6%~1.5%,T形截面梁的经济配筋率一般为0.9%~1.8%。必须指出,经济配筋率是一个比较复杂的综合问题,它涉及到结构型式、材料单价、施工条件等,因各地区具体条件不同,材料及施工费用的单价不同,经济配筋率的范围也不尽相同,不能把它绝对化。当配筋率在经济配筋率范围内变动时,对构件造价的影响并不很敏感,设计时应根据具体情况灵活掌握。

例题 4-4 受均布荷载作用的矩形截面简支梁如例题4-4附图所示,跨长$l=6.0$m,荷载标准值:永久荷载(包括梁自重)$g=5.5$KN/m;可变荷载$p=9$KN/m,相应的分项系数分别为1.2和1.4。试按正截面受弯承载力设计此梁的截面并计算配筋。

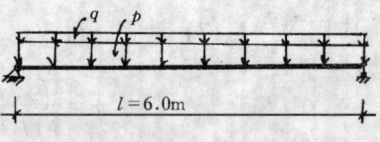

例题 4-4 附图

解:(1)求跨中截面的最大弯矩设计值

$$M = \frac{1}{8}(1.2g + 1.4p)l^2 = \frac{1}{8}(1.2 \times 5.5 + 1.4 \times 9) \times 6.0^2 = 86.4 \text{KN-m}$$

(2)选用C30级混凝土,$\alpha_1=1.0$,$f_c=14.3\text{N/mm}^2$,$f_t=1.43\text{N/mm}^2$;钢筋为HRB400级钢筋$f_y=360\text{N/mm}^2$;设$h=\frac{l}{12}=\frac{6000}{12}=500$mm,取$h=500$mm;按$b=\left(\frac{1}{2}\sim\frac{1}{3}\right)h$,取$b=200$mm;初步估计为单排配筋,截面有效高度$h_0=h-a_s=500-35=465$mm;$\xi_b=0.52$(同例题4-3)。

(3)求x及A_s,将上列有关数据代入式(4-17)和(4-18)

$$1.0 \times 14.3 \times 200x = 360 \times A_s$$

$$86.4 \times 10^6 = 1.0 \times 14.3 \times 200x(465 - x/2)$$

解出 $x=70$mm $A_s=556\text{mm}^2$

(4)选用3Φ16钢筋,$A_s=603\text{mm}^2$,

钢筋净间距 $= \dfrac{200-3\times 16-2\times 25}{2} = 51\text{mm}$，且 $>d=16\text{mm}$ 可以。

(5) 验算适用条件：

$$\rho_{\min} = 45f_t/f_y/100 = 45\times 1.43/360/100 = 0.179\% < 0.2\%，取 \rho_{\min}=0.2\%$$

$$A_s = 603 > \rho_{\min}bh = 0.2\times 200\times 500/100 = 200\text{mm}^2$$

满足适用条件。

例题 4-5 某工程矩形截面梁的宽度 $b=300\text{mm}$，高度 $h=600\text{mm}$，由荷载产生的弯矩设计值 $M=307.170\text{KN}\cdot\text{m}$，混凝土强度等级为 C25（$f_c=11.9\text{N}/\text{mm}^2$，$f_t=1.27\text{N}/\text{mm}^2$，$\alpha_1=1.0$，$\beta_1=0.8$，$\varepsilon_{cu}=0.0033$），钢筋 HRB335（$f_y=300\text{N}/\text{mm}^2$，$E_s=2.0\times 10^5\text{N}/\text{mm}^2$）。求所需的受拉钢筋截面面积 A_s。

解：1. 求受拉钢筋截面面积 A_s

（1）用式（4-17）、式（4-18）计算

假设 $a_s=40\text{mm}$，则 $h_0=h-a_s=600-40=560\text{mm}$，把各已知值代入式（4-17）、式（4-18），得

$$1.0\times 11.9\times 300x = 300A_s$$
$$307170000 = 1.0\times 11.9\times 300x(560-0.5x)$$

解联立方程，得

$$x=184\text{mm}，A_s=2190\text{mm}^2$$

选用 5φ25，$A_s=2454\text{mm}^2$。

2. 验算适用条件

由式（4-16）得

$$\xi_b = \dfrac{\beta_1}{1+\dfrac{f_y}{E_s\varepsilon_{cu}}} = \dfrac{0.8}{1+\dfrac{300}{2.0\times 10^5\times 0.0033}} = 0.55$$

(1) $x=184\text{mm} < x_b = 0.55\times 560 = 308\text{mm}$

(2) $\rho_{\min} = 45f_t/100f_y = 45\times 1.27/300 = 0.191\% < 0.2\%$，

取 $\rho_{\min}=0.2\%$

$A_s = 2454 > \rho_{\min}bh = 0.2\times 300\times 600/100 = 360\text{mm}^2$

满足适用条件。

例题 4-5 附图 截面配筋图

3. 配筋示图

纵向受拉钢筋配置 5φ25，$A_s=2454\text{mm}^2$，如例题 4-5 附图所示。

第四节 双筋矩形截面受弯构件正截面承载力的计算

不仅在截面受拉区配置纵向受力钢筋承受拉力，而且由于压区混凝土抗压强度不足，在受压区也配置受力钢筋以承受压力的矩形截面受弯构件，称为双筋矩形截面受弯构件。实践表明，在受弯构件内用钢筋来帮助混凝土承受截面的部分压力，一般情况下是不经济的，因此，通常不宜采用双筋截面。但在下列特殊情况下，为满足使用要求，可采用双筋截面。

(1) 当梁需要承受很大的设计弯矩,采用单筋截面不能满足最大配筋率限制条件的要求,而加大截面尺寸或提高混凝土强度等级又受到限制时,可设计成双筋截面梁,在受压区配置受压钢筋以协同混凝土受压,提高梁的承载能力。

(2) 当构件在不同的荷载组合下产生变号弯矩时(如在风荷载或地震荷载作用下的梁),为了承受正负弯矩分别作用时截面出现的拉力,需在梁截面顶部与底部均配置钢筋时,可设计成双筋截面梁。

(3) 受压钢筋的存在可以提高截面的延性,并可减少长期荷载作用下的变形,为此也可采用双筋梁。

一、基本计算公式

1. 计算应力图形

双筋截面梁一般不会发生少筋破坏,只要满足适筋梁的条件 $\xi \leqslant \xi_b$,双筋截面梁与单筋截面梁的破坏特征基本相同,即破坏始于受拉钢筋的屈服,而后压区混凝土应变达到极限压应变被压碎而宣告破坏。当 $\xi > \xi_b$ 时,将发生受拉钢筋未屈服,而压区混凝土被压碎的超筋破坏情况。因此,与单筋矩形截面一样,对双筋矩形截面适筋梁按承载能力极限状态进行正截面计算时,仍应以截面破坏时第Ⅲ$_a$阶段的应力状态作为设计的依据。其计算应力图形如图 4-16 所示。

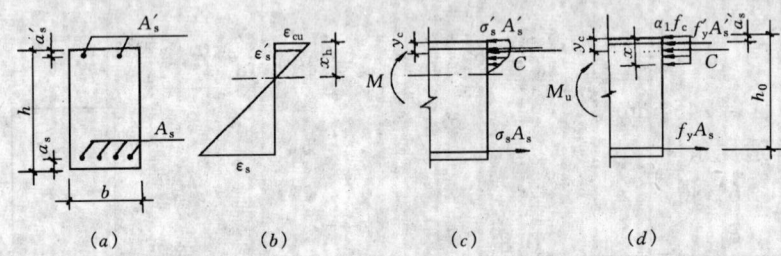

图 4-16 双筋矩形截面梁应力应变分布图
(a) 截面 (b) 应变 (c) 实际应力分布 (d) 计算应力图

双筋矩形截面梁破坏时,受拉钢筋的拉应力达到屈服强度,压区混凝土的压应变也达到极限压应变,当梁内配置一定数量的封闭箍筋,能防止受压钢筋过早地压曲时,受压钢筋就能与压区混凝土共同变形,随着荷载的增加,受压钢筋的应力也随之增加,只要受压区高度满足一定条件,受压钢筋就能和压区混凝土同时达到各自的极限应变值,这时混凝土被压碎,受压钢筋屈服。为避免发生受压钢筋的压屈失稳,充分利用材料强度(使受压钢筋屈服),应满足下列构造要求:

(1) 采用封闭箍筋,且使间距不大于 15d 和 400mm,箍筋直径不小于 d/4(d 为受压钢筋直径);

(2) 当受压钢筋多于 3 根 ($b \geqslant 400$mm,多于 4 根) 时,应设置附加箍筋;

(3) 当受压钢筋多于 5 根时,箍筋间距不应大于 10d。

当受压钢筋的压应变达到屈服应变时,其抗压强度能得到充分利用。如图 4-16b 所示,由平截面假定,可得:

$$\varepsilon'_s = \varepsilon_{cu}\left(\frac{\beta_1 a'_s}{\xi h_0} - 1\right) \tag{4-27}$$

$$\sigma'_s = E_s \varepsilon_{cu} \left(\frac{\beta_1 a'_s}{\xi h_0} - 1 \right) \qquad (4\text{-}28)$$

一般热轧钢筋可取 $E_s = 2 \times 10^5$ MPa；当 $a'_s = 0.5\xi h_0$，混凝土强度等级不大于C50时，由式（4-28）得 $\sigma'_s = -396$ MPa（压），则 HPB235、HRB335、HRB400 及 RRB400 级热轧钢筋均已受压屈服，而其它种类的钢筋可能尚未受压屈服，故规定 $|\sigma'_s| = f_y$，但不得超过 400MPa。由此也可推断受压钢筋屈服应满足的条件为：$x \geqslant 2a'_s$ 或内力臂 $z \leqslant h_0 - a'_s$。

2. 基本公式

根据双筋矩形截面梁，达到承载能力极限状态时的截面应力图（图4-16），由力的平衡条件可以得到极限弯矩设计值基本计算公式：

$$\Sigma X = 0 \quad \alpha_1 f_c bx + f'_y A'_s = f_y A_s \qquad (4\text{-}29)$$

$$\Sigma M = 0 \quad M_u = \alpha_1 f_c bx \left(h_0 - \frac{x}{2} \right) + f'_y A'_s (h_0 - a') \qquad (4\text{-}30)$$

由上式可知，可以把双筋截面承受的极限弯矩设计值分为两部分来计算（如图4-17所示），即

$$M_u = M_1 + M' \qquad (4\text{-}31)$$

式中 $M_1 = \alpha_1 f_c bx \left(h_0 - \frac{x}{2} \right)$ 为受压区混凝土和部分受拉钢筋 A_{s1} 所承受的，相当于单筋矩形截面配筋量为 A_{s1} 时承受的极限弯矩设计值；受压钢筋与其余部分受拉钢筋 A_{s2} 所承受的极限弯矩设计值为：

$$M' = f'_y A'_s (h_0 - a') \qquad (4\text{-}32)$$

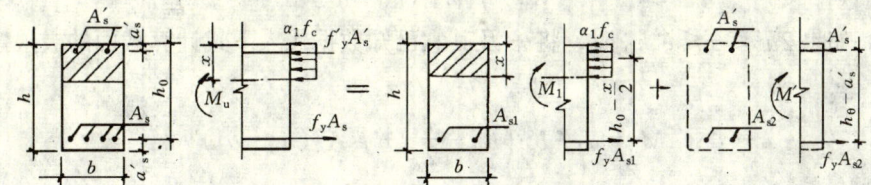

图 4-17 双筋矩形截面受弯构件计算

3. 适用条件

应用上列基本公式计算双筋截面时，应满足下列适用条件：

(1) $\qquad x \leqslant \xi_b h_0 \qquad (4\text{-}33a)$

或 $\qquad \rho_1 = A_{s1}/bh_0 \leqslant \xi_b \dfrac{\alpha_1 f_c}{f_y} \qquad (4\text{-}33b)$

此项适用条件的意义与单筋矩形截面相同，即限制 A_{s1}，以保证混凝土不至于首先被压碎而产生脆性破坏。ρ_1 为单筋矩形截面配有钢筋 A_{s1} 时的配筋率。

(2) $\qquad x \geqslant 2a' \qquad (4\text{-}34a)$

或内力臂 $\qquad z \leqslant h_0 - a' \qquad (4\text{-}34b)$

试验表明，当受压钢筋配置较多，或者弯矩较小时，致使 M_1 很小。压区混凝土所承受的压力也很小，此时，受压区高度变的很小，使受压钢筋离中和轴太近，构件破坏时，受压钢筋的应力尚不能达到屈服强度。因此，为了充分利用受压钢筋的强度，《钢筋混凝

土结构设计规范》规定：在计算中考虑受压钢筋并取 $\sigma'_s = f'_y$ 时，必须满足（4-34）的条件，限制最小受压区高度，以保证受压钢筋的屈服。当不满足式（4-34）的条件时，可近似取 $z = h_0 - a'_s$ 计算。

一般情况下，双筋截面承担的弯矩较大，能满足最小配筋率的适用条件，可不必进行验算。

二、截面计算步骤

与单筋矩形截面受弯构件的截面计算问题一样，双筋矩形截面受弯构件的截面计算，通常会遇到承载力复核和截面设计两类问题。

1．承载力复核问题（截面承载力验算）

已知：截面尺寸 $b \times h$、纵向受拉和受压钢筋截面面积 A_s 和 A'_s、材料强度设计值 f_y、f'_y 和 f_c。

求：设计截面所能承受的极限弯矩设计值 M_u。

解这类问题时，可按如下步骤进行：

（1）初步假定 A_s 和 A'_s 均达到其强度设计值，将已知数据代入下式求出受压区高度 x：

$$x = \frac{f_y A_s - f'_y A'_s}{\alpha_1 f_c b} \tag{4-35}$$

（2）如果 $x > \xi_b h_0$，则应取 $x = \xi_b h_0$，该截面所能承受的极限弯矩设计值为：

$$M_u = \alpha_1 f_c b \xi_b (1 - 0.5\xi_b) h_0^2 + f'_y A'_s (h_0 - a') \tag{4-36}$$

（3）如果 $x < 2a'$，取 $x = 2a'$，按下式计算截面的极限弯矩设计值：

$$M_u = f_y A_s (h_0 - a') \tag{4-37}$$

（4）如果 $2a'_s \leqslant x \leqslant \xi_b h_0$ 时，将 x 及其它已知数据代入下式计算截面的极限弯矩设计值：

$$M_u = \alpha_1 f_c b x \left(h_0 - \frac{x}{2}\right) + f_y A'_s (h_0 - a') \tag{4-38}$$

2．截面设计

在双筋截面的配筋计算中，可能遇到下列两类问题：

（1）已知：弯矩设计值 M、截面尺寸 $b \times h$、材料强度设计值 f_c、f_y、f'_y

求：受拉钢筋和受压钢筋的截面积 A_s 和 A'_s

解这类问题时，可按如下步骤进行：

1）判断是否需要配置受压钢筋

按单筋矩形截面计算单筋截面所能承受的最大极限弯矩设计值 M_1

$$M_1 = \alpha_1 f_c b \xi_b (1 - 0.5\xi_b) h_0^2 \tag{4-39}$$

如果 $M \leqslant M_1$，可按单筋截面计算，不需配置受压钢筋；如果 $M > M_1$，理论上需要配置受压钢筋。

2）根据截面总配筋截面面积 $(A_s + A'_s)$ 为最小的原则计算 A_s 和 A'_s。

设 $f_y = f'_y$ 由（4-29）、（4-30）基本计算公式得：

$$A_s + A'_s = \frac{\alpha_1 f_c}{f_y} b h_0 \xi + 2 \frac{M - \xi \alpha_1 f_c b h_0^2 (1 - 0.5\xi)}{f_y (h_0 - a')}$$

上式对 ξ 求导，令 $\dfrac{d(A_s+A_s')}{d\xi}=0$，可得：$\xi=0.5\left(1+\dfrac{a'}{h_0}\right)$

对于常用材料和常用 a_s'/h_0 比值情况下，$0.5(1+a'/h_0)\geqslant\xi_b$，且在计算时，当 $\xi>\xi_b$ 时，取 $\xi=\xi_b$，因此，实用上为简化计算，可直接取 $\xi=\xi_b$。即取

$$M_1=\alpha_1 f_c b\xi_b(1-0.5\xi_b)h_0^2 \qquad (4\text{-}40)$$

相应的受拉钢筋截面面积：

$$A_{s1}=\xi_b\dfrac{\alpha_1 f_c}{f_y}bh_0 \qquad (4\text{-}41)$$

受压钢筋负担的极限弯矩设计值 $M'=M-M_1$，则由式（4-32）得：

$$A_s'=\dfrac{M'}{f_y'(h_0-a')}=\dfrac{M-M_1}{f_y'(h_0-a')} \qquad (4\text{-}42)$$

总的受拉钢筋面积

$$A_s=A_{s1}+\dfrac{f_y'}{f_y}A_s' \qquad (4\text{-}43)$$

（2）已知：弯矩设计值 M、截面尺寸 $b\times h$、材料强度设计值 f_c、f_y、f_y'、受压钢筋截面面积 A_s'。

求：受拉钢筋面积 A_s。

解这类问题时，可按如下步骤进行：

1）求 A_s' 所负担的极限弯矩设计值

对于这种情况，为了使总用钢量为最小，首先应充分利用给定的受压钢筋 A_s'，令 $A_s'=A_{s2}$，由 A_s' 和 A_s 所负担的极限弯矩设计值为：

$$M'=f_y'A_s'(h_0-a') \qquad (4\text{-}44)$$

2）求单筋矩形截面所负担的极限弯矩设计值：

$$M_1=M-M' \qquad (4\text{-}45)$$

3）验算受压钢筋截面面积是 A_s' 是否满足要求

首先计算单筋矩形截面的最大极限弯矩设计值 M_{1max}

$$M_{1max}=\alpha_1 f_c b\xi_b(1-0.5\xi_b)h_0^2 \qquad (4\text{-}46)$$

如果 $M_1>M_{1max}$，说明给定的 A_s' 尚不足，需按 A_s' 为未知的第一类问题计算 A_s 和 A_s'；如果 $M_1\leqslant M_{1max}$，可按弯矩设计值为 M_1 的单筋矩形截面计算 A_{s1}。

4）全部受拉钢筋截面面积：$A_s=A_{s1}=f_y'A_s'/f_y$ $\qquad (4\text{-}47)$

例题 4-6 已知某工程一钢筋混凝土梁的截面尺寸为 $200\times400\text{mm}^2$，混凝土强度等级为 C25（$f_c=11.9\text{N/mm}^2$，$\alpha_1=1.0$，$\beta_1=0.8$，$\varepsilon_{cu}=0.0033$），受拉钢筋（HRB 335）3ϕ25（$A_s=1473\text{mm}^2$，$f_y=300\text{N/mm}^2$，$E_s=2.0\times10^5\text{N/mm}^2$，$\xi_b=0.55$），受压钢筋（HPB 235）2$\phi$16（$A_s'=402\text{mm}^2$，$f_y'=210\text{N/mm}^2$），要求承受的弯矩设计值为 130KN-m。试验算此梁截面是否安全。

解：

1. 假定 A_s 和 A_s' 均达到其强度设计值，按式（4-35）求受压区高度 x：

$x=(f_yA_s-f_y'A_s')/\alpha_1 f_c b=(300\times1473-210\times402)/(1.0\times11.9\times200)=150\text{mm}$

$x_b=\xi_b h_0=0.55\times(400-38)=199\text{mm}$；$2a'=70\text{mm}$；$2a'\leqslant x\leqslant \xi_b h_0$

2. 按式（4-38）计算极限弯矩设计值：

$$M_u = \alpha_1 f_c bx (h_0 - 0.5x) + f'_y A'_s (h_0 - a')$$
$$= 1.0 \times 11.9 \times 200 \times 150 \times (362 - 0.5 \times 150) + 210 \times 402 \times (362 - 35)$$
$$= 130064340 \text{N-mm} = 130.1 > 130 \text{kN} \cdot \text{m}$$

满足要求，安全。

例题 4-7 已知某工程框架梁截面尺寸 $b = 300$mm，$h = 500$mm，承受的弯矩设计值为 $M = 430$kN-m，混凝土强度等级选用 C30（$f_c = 14.3$N/mm^2，$f_t = 1.43$N/mm^2，$\alpha_1 = 1.0$，$\beta_1 = 0.8$，$\varepsilon_{cu} = 0.0033$），钢筋为 HRB 400（$f_y = 360$N/mm^2，$E_s = 2.0 \times 10^5$N/mm^2，$\xi_b = 0.52$）。求此梁截面配筋。

解：

1. 验算是否需要配置受压钢筋

因弯矩设计值较大，预计钢筋需排成两排，故取 $h_0 = h - a = 500 - 60 = 440$mm。取 $x = x_b = \xi_b h_0$，按式(4-39)计算单筋矩形截面所能承受的最大极限弯矩设计值 M_{1max}。

$$M_{1max} = \alpha_1 f_c b \xi_b (1 - 0.5 \xi_b) h_0^2 = 1.0 \times 14.3 \times 300 \times 0.52 (1 - 0.5 \times 0.52) \times 440^2$$
$$= 319593331 \text{N-mm} = 319.6 \text{KN-m} < 430 \text{kN} \cdot \text{m}$$

故需采用双筋截面。

2. 为使钢筋总用量最少，令 $x = x_b = \xi_b h_0$，由式（4-40）、（4-41）得：

$$M_1 = M_{1max} = \alpha_1 f_c b \xi_b (1 - 0.5 \xi_b) h_0^2 = 319.6 \text{kN-m}$$

$$A_{s1} = \frac{\alpha_1 f_c b \xi_b h_0}{f_y} = \frac{1.0 \times 14.3 \times 300 \times 0.52 \times 440}{360} = 2727 \text{mm}^2$$

3. 由受压钢筋及相应的受拉钢筋所承担的极限弯矩设计值为

$$M' = M - M_1 = 430 - 319.6 = 110.4 \text{kN} \cdot \text{m}$$

因此，由式（4-42）求得所需受压钢筋的截面面积为

$$A'_s = \frac{M'}{f'_y (h_0 - a')} = \frac{110.4 \times 10^6}{360 \times (440 - 35)} = 757 \text{mm}^2$$

与其对应的那部分受拉钢筋面积为

$$A_{s2} = A'_s = 757 \text{mm}^2$$

4. 受拉钢筋总截面面积为

$$A_s = A_{s1} + A_{s2} = 3484 \text{mm}^2$$

5. 实际选用钢筋截面面积为

受拉钢筋 8 $\underline{\Phi}$ 25，$A_s = 3927$mm^2

受压钢筋 4 $\underline{\Phi}$ 16，$A'_s = 804$mm^2

6. 配筋示意图如例题 4-7 附图所示。

例题 4-8 已知某工程框架梁的截面尺寸为 $b = 300$mm，$h = 500$mm，承受的弯矩设计值为 $M = 430$kN-m，混凝土强度等级选用 C30（$f_c = 14.3$ N/mm^2，$f_t = 1.43$ N/mm^2，$\alpha_1 = 1.0$，$\beta_1 = 0.8$，$\varepsilon_{cu} = 0.0033$），钢筋为 HRB 400（$f_y = 360$N/mm^2，$E_s = 2.0 \times 10^5$N/mm^2，$\xi_b = 0.52$）。又知梁的受压区已配置 3$\phi$22 HRB 400（$A'_s = 1140$mm^2）的受压钢筋。试求此梁的受拉钢筋截面面积。

解:

1. 按式（4-44）求 A'_s 所负担的极限弯矩设计值

设计成双层钢筋，$a=60mm$，$a'=35mm$，则 $h_0 = h - a = 500 - 60 = 440mm$

$$M' = f'_y A'_s (h_0 - a')$$
$$= 360 \times 1140 \times (440 - 35) = 166212000 N \cdot mm$$
$$= 166.2 KN \cdot m$$

2. 按式（4-45）求单筋矩形截面所负担的极限弯矩设计值：

$$M_1 = M - M' = 430 - 166.2 = 263.8 KN \cdot m$$

例题 4-7 附图 截面配筋图

3. 验算受压钢筋截面面积 A'_s 是否满足要求

首先按式（4-46）计算：

$$M_{1max} = \alpha_1 f_c b \xi_b (1 - 0.5\xi_b) h_0^2 = 1.0 \times 14.3 \times 300 \times 0.52 \times (1 - 0.5 \times 0.52) \times 440^2$$
$$= 319593331 N \cdot mm = 319.6 KN \cdot m$$

$M_1 < M_{1max}$，可按弯矩设计值为 M_1 的单筋矩形截面计算 A_{s1}

4. 用式（4-17）、式（4-18）计算 A_{s1}

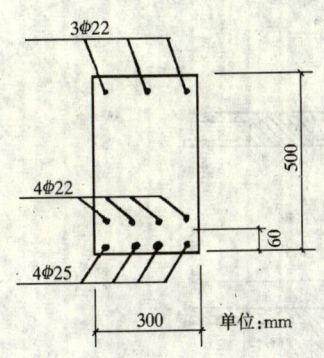

例题 4-8 附图 截面配筋图

把各已知值代入式（4-17）、式（4-18），得

$$1.0 \times 14.3 \times 300 x = 360 A_{s1}$$
$$263800000 = 1.0 \times 14.3 \times 300 x (440 - 0.5x)$$

解上式，得：$x = 174mm$，$A_{s1} = 2074mm^2$

5. 由式（4-47）计算受拉钢筋总截面面积：

$$A_s = A_{s1} + f'_y A'_s / f_y = 2074 + 1140 = 3214 mm^2$$

6. 实际选用钢筋截面面积

受拉钢筋 $4 \Phi 25 + 4 \Phi 22$，$A_s = 1964 + 1520 = 3484 mm^2$；

受压钢筋 $3 \Phi 22$，$A'_s = 1140 mm^2$

7. 配筋示图配筋示意图如例题 4-8 附图所示

8. 验算受压区高度

$$2a' = 2 \times 35 = 70 < x = 200 < x_b = \xi_b h_0 = 0.52 \times (600 - 60) = 281mm$$

满足适用条件

第五节 单筋T形截面受弯构件正截面承载力计算

一、概述

矩形截面受弯构件虽具有构造简单、施工方便等优点，但当正截面达到承载能力极限状态时，拉区混凝土已开裂并退出工作，因此，计算时为节省混凝土、减轻构件自重，在不影响其承载能力的情况下，可将拉区混凝土挖去一部分，并将受拉钢筋集中放置，即形成如图 4-18 所示的T形截面。

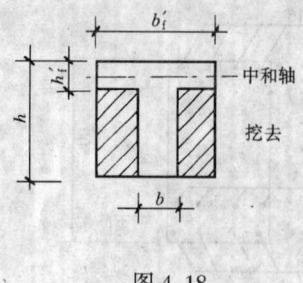

图 4-18

在实际工程中，T形截面受弯构件应用很广泛。常用的T形截面受弯构件，可以为独立的梁或板，例如：吊车梁（图4-19（a））、屋面薄腹梁（图4-19（c））、肋形板（图4-19（b））、空心板（图4-19（d））等。也常见于现浇楼盖中，当梁板整浇在一起时，便形成了T形截面或半T形截面（边梁）（图4-19（e））。T形截面伸出部分称为翼缘，中间部分称为肋或腹板。

应当注意的是，当T形截面的翼缘板处于构件截面的受拉区（图4-20）时，因为在正截面达到极限承载状态时，拉区混凝土已经开裂并退出工作，而受压面积与矩形截面受弯构件相同，所以，应仍按与腹板宽度相同的矩形截面进行计算。此外，工形截面位于受拉区的翼缘不参与受力，也按T形截面计算。空心板截面可折合成工形截面，故也应按T形截面计算。

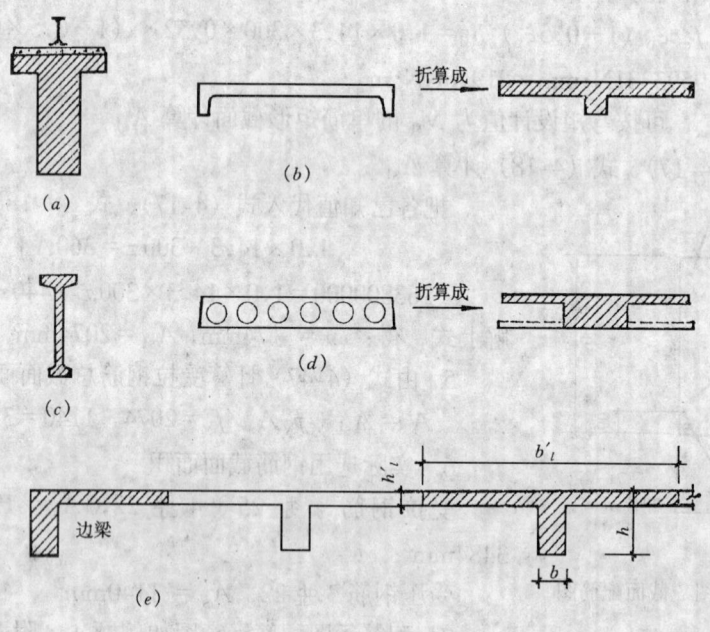

图 4-19
（a）吊车梁；（b）肋形板；（c）薄腹梁；（d）空心板

从截面力的平衡角度分析，翼缘宽度增大，可使受压区高度减小，内力臂增大，因而使所需的受拉钢筋面积减少。但试验及理论分析表明，与肋部共同工作的翼缘宽度是有限的。翼缘上的压应力随距肋部距离的增大而减小（图4-21）。为了简化计算，《混凝土结构设计规范》假定距肋部一定范围以内的翼缘全部参与工作，且假定此范围内应力均匀分布，这一范围以外的翼缘部分不起作用，这个范围称为翼缘的计算宽度，或有效翼缘宽度 b'_f（图4-21）。影响翼缘宽度的因素很多，《混凝土结构设计规范》考虑主要影响因素：翼缘厚度、梁的跨度、受力情况（单独梁或多个并列的T

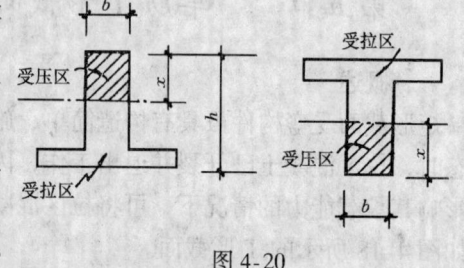

图 4-20

形梁）等给出了有效翼缘宽度 b'_f 的取值方法如表 4-2 所示。计算时应取表中三项的最小值。

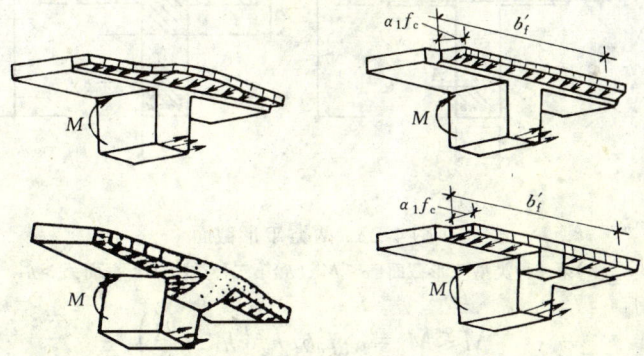

图 4-21 T 形截面受压区实际应力和计算应力图

表 4-2 T 形及倒 L 形截面受弯构件翼缘计算宽度 b'_f

考虑情况		T 形截面		倒 L 形截面
		肋形梁（板）	独立梁	肋形梁（板）
1	按计算跨度 l_0 考虑	$l_0/3$	$l_0/3$	$l_0/6$
2	按梁（肋）净距 S_n 考虑	$b+S_n$	—	$b+S_n/2$
3 按翼缘高度 h'_f 考虑	当 $h'_f/h_0 \geqslant 0.1$	—	$b+12h'_f$	—
	当 $0.1 > h'_f/h_0 \geqslant 0.05$	$b+12h'_f$	$b+6h'_f$	$b+5h'_f$
	当 $h'_f/h_0 < 0.05$	$b+12h'_f$	b	$b+5h'_f$

注：①表中 b 为梁的腹板宽度；
②如肋形梁在梁跨内设有间距小于纵肋间距的横肋时，则可不遵守表列情况 3 的规定；
③对于加腋的 T 形和（倒）L 形截面，当受压区加腋的高度 h_h 不小于 h'_f 且加腋的宽度 b_h 不大于 $3h_h$ 时，则其翼缘计算宽度可按表列情况 3 规定分别增加 $2b_h$（T 形截面）和 b_h（倒 L 形截面）；
④独立梁受压区的翼缘板在荷载作用下经验算沿纵肋方向可能产生裂缝时，其计算宽度应取用腹板宽度 b。

二、基本公式

由于使用要求及作用荷载的大小不同，T 形截面中和轴的位置不同。T 形截面按受压区高度的不同可分为两类：

（1）第一类 T 形截面，受压区高度在翼缘内（图 4-22（a）），$x \leqslant h'_f$；
（2）第二类 T 形截面，受压区进入腹板内（图 4-22（b）），$x > h'_f$。

1. 两类 T 形截面的判别

当受压区高度等于翼缘厚度（$x = h'_f$）时，为两类 T 形截面的界限情况（图 4-23），界限情况下截面达到第 $Ⅲ_a$ 阶段破坏时，其计算应力状态与截面尺寸为 $b'_f \times h$ 的单筋矩形截面相同。其相应的平衡公式为：

$$\Sigma X = 0, \quad \alpha_1 f_c b'_f h'_f = f_y A_s \tag{4-48}$$

$$\Sigma M = 0, \quad M_u = \alpha_1 f_c b'_f h'_f \left(h_0 - \frac{h'_f}{2}\right) \tag{4-49}$$

如果 $\quad\quad\quad\quad\quad \alpha_1 f_c b'_f h'_f \geqslant f_y A_s \tag{4-50}$

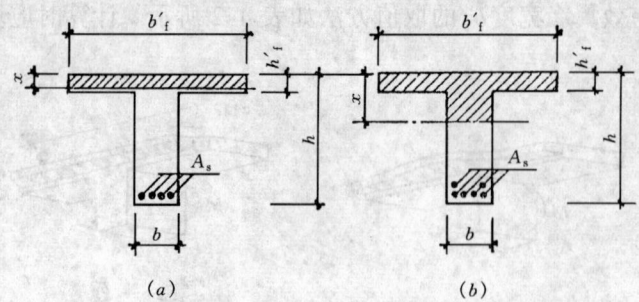

图 4-22 两类 T 形截面
(a)第一种类型 T 形截面: $x \leq h'_f$; (b)第二种类型 T 形截面: $x > h'_f$

或 $$M \leq M_u = \alpha_1 f_c b'_f h'_f \left(h_0 - \frac{h'_f}{2}\right) \tag{4-51}$$

说明受压区高度必小于或等于翼缘高度，故属于第一类 T 形截面。

反之，如果 $$\alpha_1 f_c b'_f h'_f < f_y A_s \tag{4-52}$$

或 $$M > M_u = \alpha_1 f_c b'_f h'_f \left(h_0 - \frac{h'_f}{2}\right) \tag{4-53}$$

说明仅仅靠翼缘高度内的混凝土受压尚不足以与钢筋的拉力或设计弯矩相平衡，受压区高度将下移，$x > h'_f$ 故为第二类 T 形截面。

式 (4-50) 和式 (4-52) 用于已知 A_s 时的截面复核情况；式 (4-51) 和式 (4-53) 用于弯矩设计值 M 给定时的截面计算情况。

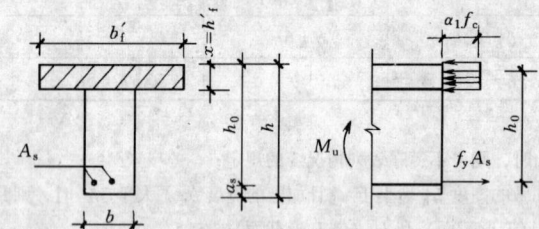

图 4-23 $x = h'_f$ 时的 T 形截面

2. 第一类 T 形截面

受压区高度在翼缘内 $x \leq h'_f$ 时，如图 4-24 所示，受压区为 $b'_f \times x$ 的矩形。因此，第一类 T 形截面的计算相当于宽度为 b'_f 的矩形截面计算。用 b'_f 代替矩形截面基本计算公式中的梁宽 b，即得第一类 T 形截面的基本计算公式：

$$\Sigma X = 0 \quad \alpha_1 f_c b'_f x = f_y A_s \tag{4-54}$$

$$\Sigma M = 0 \quad M_u = \alpha_1 f_c b'_f x \left(h_0 - \frac{x}{2}\right) \tag{4-55}$$

或 $$M_u = f_s A_s \left(h_0 - \frac{x}{2}\right) \tag{4-56}$$

上述公式必须满足以下条件：

(1) $$\xi \leq \xi_b \tag{4-57a}$$

或 $$x \leq x_b = \xi_b h_0 \tag{4-57b}$$

或 $$\rho \leq \rho_{max} = \xi_b \frac{\alpha_1 f_c}{f_y} \tag{4-57c}$$

或 $$M \leq M_{u,max} = \alpha_1 f_c h_0^2 \xi_b (1 - 0.5\xi_b) \tag{4-57d}$$

一般情况下，T 形截面的 h'_f / h_0 很小，而第一类 T 形截面 $x \leq h'_f$，所以，该条件一般均能满足。

(2) $\rho \geqslant \rho_{\min}$

需特别注意：这里 $\rho = A_s/bh_0$。因为最小配筋率是根据钢筋混凝土梁的极限弯矩与相同截面的素混凝土梁的破坏弯矩相等的原则确定的，而素混凝土 T 形截面梁的破坏弯矩接近高度相等、宽度等于其腹板宽度的矩形截面梁的破坏弯矩。所以，《混凝土结构设计规范》规定，T 形截面的配筋率，按 $b \times h$ 的矩形截面计算。

3. 第二类 T 形截面

如图 4-25 所示，当 $x > h'_f$ 时，受压区为 T 形，为便于计算，可将其截面承受的弯矩设计值看成由两部分弯矩组成：第一部分为腹板受压区混凝土与部分钢筋 A_{s1} 所承担的弯矩设计值 M_1；第二部分为翼缘挑出部分受压混凝土与部分钢筋 A_{s2} 所承担的弯矩设计值 M_2。依截面平衡条件可得：

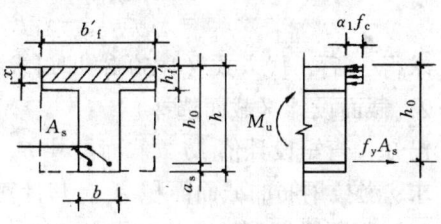

图 4-24 第一类 T 形截面

基本计算公式：

$$\Sigma X = 0 \quad \alpha_1 f_c (b'_f - b) h'_f + \alpha_1 f_c bx = f_y A_s \tag{4-58}$$

$$\Sigma M = 0 \quad M_u = M_1 + M_2 = \alpha_1 f_c bx (h_0 - 0.5x) + \alpha_1 f_c (b'_f - b) h'_f (h_0 - 0.5 h'_f) \tag{4-59}$$

公式适用条件：

(1) 为保证破坏时始于受拉钢筋的屈服，应满足：

$$\xi \leqslant \xi_b \quad \text{或} \quad x \leqslant x_b \tag{4-60a}$$

或

$$\rho_1 = A_{s1}/bh_0 \leqslant \xi_b \frac{\alpha_1 f_c}{f_y} \tag{4-60b}$$

或

$$M_1 \leqslant \alpha_1 f_c b \xi_b (1 - 0.5 \xi_b) h_0^2 \tag{4-60c}$$

(2) $A_s \geqslant \rho_{\min} bh$

由于受压区已进入肋部，相应地受拉钢筋配置较多，一般均能满足最小配筋率的要求。

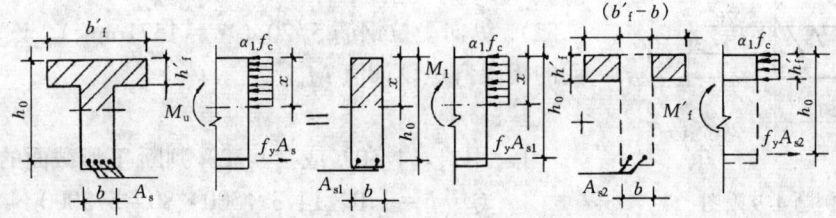

图 4-25 第二类 T 形截面

三、截面计算步骤

与单筋矩形截面受弯构件的截面计算问题一样，T 形截面受弯构件的截面计算，通常会遇到承载力复核和截面设计两类问题。

1. 承载力复核问题（截面承载力验算）

已知：截面尺寸 b、h、b'_f、h'_f，纵向受拉钢筋截面面积 A_s、材料强度设计值 f_y、f_c。

求：计算截面所能承受的极限弯矩设计值 M_u。

解这类问题时，因为弯矩设计值 M 为未知，故应按式（4-50）和（4-52）判断截面类型：

如果 $\alpha_1 f_c b'_f h'_f \geqslant f_y A_s$，为第一类 T 形截面，应按 $b'_f \times h$ 的矩形截面进行复核计算。

如果 $\alpha_1 f_c b'_f h'_f < f_y A_s$，为第二类 T 形截面，此时需先按式（4-58）求 x，即

$$x = (f_y A_s - \alpha_1 f_c (b'_f - b) h'_f) / (\alpha_1 f_c b) \tag{4-61}$$

求得 x 后，代入式（4-59），即可求得 M_u。

2. 截面设计（截面选择）

已知：弯矩设计值 M、截面尺寸 b、h、b'_f、h'_f、材料强度设计值 f_c、f_y 及 α_1。

求：受拉钢筋的截面面积 A_s。其计算步骤如下：

(1) 判断截面类型，此时因 A_s 为未知，故应按式（4-51）、（4-53）判断；

(2) 如 $M \leqslant M_u = \alpha_1 f_c b'_f h'_f (h_0 - 0.5 h'_f)$，说明受压区高度必小于或等于翼缘高度，故属于第一类 T 形截面，应按截面为 $b'_f \times h$ 矩形截面计算。

如果 $M > M_u = \alpha_1 f_c b'_f h'_f (h_0 - 0.5 h'_f)$，则为第二类 T 形截面，按下列步骤计算：

1) 求 M_2 及 A_{s2}，

$$M_2 = \alpha_1 f_c (b'_f - b) h'_f (h_0 - 0.5 h'_f) \tag{4-62}$$

$$A_{s2} = \alpha_1 f_c (b'_f - b) h'_f / f_y \tag{4-63}$$

2) 求 $M_1 = M - M_2$ 及 A_{s1}

按已知 $M_1 = M - M_2$ 的单筋矩形截面梁，用式（4-17）（4-18）（应满足式（4-60）要求），求 A_{s1}。

3) 求 $A_s = A_{s1} + A_{s2}$

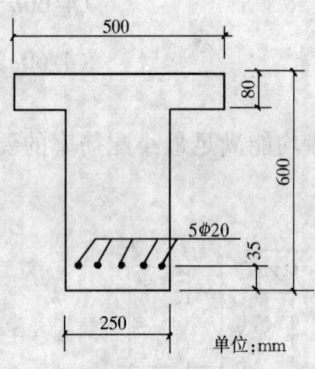

例题 4-9 附图

例题 4-9 已知某工程 T 形截面独立梁，如例题 4-9 附图所示，$b'_f = 500\text{mm}$，$b = 250\text{mm}$，$h'_f = 80\text{mm}$，$h = 600\text{mm}$，混凝土强度等级为 C30（$f_c = 14.3\text{N/mm}^2$，$f_t = 1.43\text{N/mm}^2$，$\alpha_1 = 1.0$，$\beta_1 = 0.8$，$\varepsilon_{cu} = 0.0033$），钢筋为 HRB400（$f_y = 360\text{N/mm}^2$，$E_s = 2.0 \times 10^5 \text{N/mm}^2$，$\xi_b = 0.52$），纵向受拉钢筋 5φ20（$A_s = 1571\text{mm}^2$）。试求该梁截面的极限弯矩设计值 M_u。

解：

1. 用式（4-50）或（4-52）判断 T 形截面的类型

$\alpha_1 f_c b'_f h'_f = 1.0 \times 14.3 \times 500 \times 80 = 572000$ N·mm

$> f_y A_s = 360 \times 1571 = 565560$ N·mm

属于第一类 T 形截面，故按截面宽度为 $b'_f = 500\text{mm}$ 的矩形截面进行计算。

2. 求极限弯矩设计值 M_u

由式（4-54） $1.0 \times 14.3 \times 500 x = 360 \times 1571$

得 $x = 79\text{mm}$

由式（4-55）得

$$M_u = 1.0 \times 14.3 \times 500 x (565 - 0.5 x)$$

$$= 1.0 \times 14.3 \times 500 \times 79 \times (565 - 0.5 \times 79)$$
$$= 296828675 \text{N-mm}$$
$$= 296.8 \text{KN-m}$$

例题 4-10 已知某工程 T 形截面独立梁，如例题 4-10 附图所示，$b_f' = 400$mm，$b = 250$mm，$h_f' = 80$mm，$h = 600$mm，混凝土强度等级为 C25（$f_c = 11.9$N/mm^2，$\alpha_1 = 1.0$，$\beta_1 = 0.8$，$\varepsilon_{cu} = 0.0033$），受拉钢筋为 HRB335，4 Φ 25（$A_s = 1963$mm^2，$f_y = 300$N/mm^2，$E_s = 2.0 \times 10^5$N/mm^2，$\xi_b = 0.55$），试求该梁截面的极限弯矩设计值 M_u。

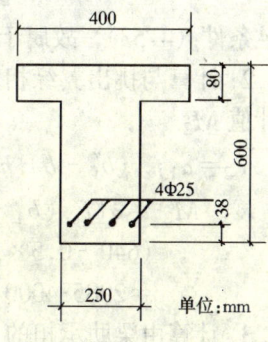

例题 4-10 附图

解：

1. 用式（4-50）或（4-52）判断 T 形截面的类型
$$\alpha_1 f_c b_f' h_f' = 1.0 \times 11.9 \times 400 \times 80$$
$$= 368000 \text{N-mm} < f_y A_s$$
$$= 300 \times 1963 = 588900 \text{N-mm}$$

属于第二类 T 形截面，故应考虑 T 形截面的肋部混凝土受压。

2. 求极限弯矩设计值 M_u

1) 用式（4-61）求 x
$$x = (f_y A_s - \alpha_1 f_c (b_f' - b) h_f') / (\alpha_1 f_c b)$$
$$= (588900 - 1.0 \times 11.9 \times (400 - 250) \times 80) / (1.0 \times 11.9 \times 250)$$
$$= 446100 / 2975$$
$$= 150 \text{mm}$$

2) 用式（4-59）求 M_u
$$M_u = \alpha_1 f_c b x (h_0 - 0.5x) + \alpha_1 f_c (b_f' - b) h_f' (h_0 - 0.5 h_f')$$
$$= 1.0 \times 11.9 \times 250 \times 150 \times (565 - 0.5 \times 150) + 1.0 \times 11.9 \times (400 - 250)$$
$$\times 80 \times (565 - 0.5 \times 80)$$
$$= 218662500 + 74970000$$
$$= 293632500 \text{ N-mm}$$
$$= 293.63 \text{KN-m}$$

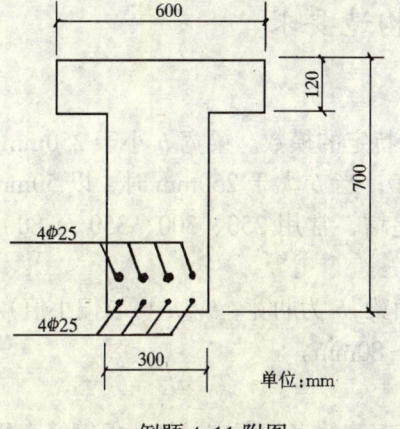

例题 4-11 附图

例题 4-11 已知某工程如例题 4-11 附图所示的 T 形截面独立梁，混凝土强度等级为 C30（$f_c = 14.3$N/mm^2，$f_t = 1.43$N/mm^2，$\alpha_1 = 1.0$，$\beta_1 = 0.8$，$\varepsilon_{cu} = 0.0033$），钢筋为 HRB400（$f_y = 360$N/mm^2，$E_s = 2.0 \times 10^5$N/mm^2，$\xi_b = 0.52$），弯矩设计值 $M = 745.6$kN·m。求受拉钢筋截面面积 A_s。

解：

1. 用式（4-51）或（4-53）判断 T 形截面的类型

假设受拉钢筋排两排，故取
$$h_0 = h - a_s = 700 - 60 = 640 \text{mm}$$

77

$$\alpha_1 f_c b'_f h'_f \left(h_0 - \frac{h'_f}{2}\right) = 1.0 \times 14.3 \times 600 \times 120 \times (640 - 0.5 \times 120)$$
$$= 597168000 \text{ (N-mm)}$$
$$= 597.2 \text{kN·m} < M = 745.6 \text{kN·m}$$

满足条件（4-53），故属于第二类T形截面。

2．计算与挑出翼缘相对应的受拉钢筋截面面积 A_{s2} 及挑出翼缘和 A_{s2} 共同承担的弯矩设计值 M_2。

$$A_{s2} = \alpha_1 f_c (b'_f - b) h'_f / f_y = 1.0 \times 14.3 \times (600 - 300) \times 120/360 = 1430 \text{ (mm}^2\text{)}$$
$$M_2 = \alpha_1 f_c (b'_f - b) h'_f (h_0 - 0.5 h'_f) = 1.0 \times 14.3 \times (600 - 300) \times 120 \times (640 - 0.5 \times 120)$$
$$= 298584000 \text{ (N-mm)} = 298.6 \text{KN-m}$$

3．计算由梁肋承担的 M_1 和相应的受拉钢筋 A_{s1}

$$M_1 = M - M_2 = 745.6 - 298.6 = 447 \text{kN-m}$$

用式（4-17）、（4-18）计算 x 和 A_{s1}

$$1.0 \times 14.3 \times 300 x = 360 A_{s1}$$
$$447000000 = 1.0 \times 14.3 \times 300 x (640 - 0.5 x)$$

解上式，得

$$x = 192 \text{mm}$$
$$A_{s1} = 2288 \text{mm}^2$$

4．求受拉钢筋截面面积 A_s

$$A_s = A_{s1} + A_{s2} = 2288 + 1430 = 3718 \text{ (mm}^2\text{)}$$

5．实际选用钢筋截面面积

受拉钢筋　8 ⊈ 25，$A_s = 3927$ (mm^2)

6．验算适用条件

$\xi = x/h_0 = 192/640 = 0.3 < \xi_b = 0.52$　　所以满足适用条件（4-60a）

7．配筋示意图

配筋示意图如例题 4-11 附图所示

第六节　梁、板的一般构造要求

一、截面尺寸

为施工方便，一般要求统一构件截面尺寸，并符合特定的模数。梁宽 b 小于 250mm，以 30mm 为模数，常用 120、150、180、200、220、250；当 b 大于 250mm 时，以 50mm 为模数递增。梁高 h 小于 800mm，以 50mm 为模数递增，常用 250、300、350 至 800；800mm 以上，以 100mm 递增。

梁截面的高宽比 b/h 一般为 1/2～1/3（对 T 形截面梁，b 为肋宽，b/h 可取偏小值）。

现浇板的板厚 h 以 10mm 为模数，最小厚度为 60～80mm。

二、钢筋的直径

为使梁的钢筋骨架有较好的刚度以便于施工，纵向钢筋的直径不宜过细，但钢筋直径过粗,又会使裂缝过宽,故通常采用10~28mm,常用直径为12、14、16、18、20、22、25、28mm。当梁高为300mm及以上时,钢筋直径不宜小于10mm,当梁高小于300mm时,钢筋直径不宜小于8mm,同一截面的受力钢筋直径一般不要超过两种,直径差应不小于2mm,以便于识别。

板中受力钢筋直径通常采用6、8、10、12mm。

三、混凝土保护层及钢筋间距

为防止钢筋锈蚀和保证钢筋与混凝土的粘结,钢筋外表面要有足够的混凝土保护层 c（图4-26）。混凝土保护层厚度（从钢筋外边缘到混凝土外边缘的距离）不应小于钢筋的直径及骨料最大粒径的1.5倍;且应符合表4-3的规定。

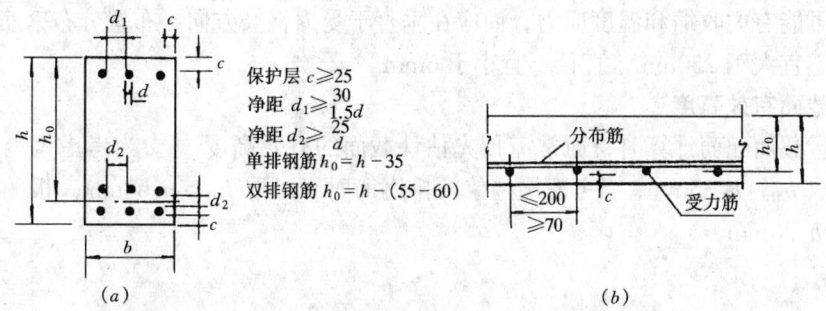

图4-26 梁、板的截面构造要求
(a) 梁;(b) 板

混凝土保护层最小厚度（mm）　　　　　表4-3

环境类别		板、墙、壳			梁			柱		
		≤C20	C25 C30	≥C35	≤C20	C25 C30	≥C35	≤C20	C25 C30	≥C35
一		20	15	15	30	25	30	30	30	30
二	a	—	20	20	—	35	25	30	35	30
	b	—	25	20	—	35	30	—	35	30
三		—	30	25	—	40	35	—	40	35

注：1. 基础的保护层厚度,当有垫层时不小于35mm;当无垫层时不小于70mm;
2. 处于一类环境且由工厂生产的预制构件,当混凝土强度等级不低于C20时,其保护层厚度可按表中规定减少5mm,但预制构件中的预制构件中的预应力钢筋的保护层厚度不应小于15mm;处于二类环境的预制构件,当表面另作水泥砂浆抹面层且有质量保证措施时,保护层厚度可按表中一类环境数值取用;
3. 预制钢筋混凝土受弯构件的保护层厚度不应小于10mm;预制肋形板主肋钢筋的保护层厚度可按梁考虑;
4. 板、梁、壳中分布钢筋的保护层厚度不应小于10mm;梁、柱箍筋和构造钢筋的保护层厚度不应小于15mm;
5. 采用预应力高强钢丝、钢绞线作受力钢筋的预应力构件,其预应力钢筋的保护层厚度应较表中规定数值增大5~10mm;
6. 有防火要求的建筑物,其保护层厚度尚应符合国家现行有关防火规范的规定。
7. 对设计工作寿命为100年的房屋结构,混凝土保护层厚度应乘以系数1.4或采用表面防护、定期维修等措施。
8. 第四、五类环境中的建筑物,其钢筋的混凝土保护层厚度应符合现行有关标准。

梁中的受力钢筋根数一般不宜少于 2 根，跨度较大的梁一般不少于 3~4 根。为便于浇灌混凝土，根数也不宜过多。为保证钢筋与混凝土的良好粘结并便于混凝土的浇筑，梁上部纵向钢筋水平方向净间距（钢筋外边缘之间的最小距离）不应小于 30mm 和 1.5d（d 为钢筋的最大直径），下部纵向钢筋水平方向净间距不应小于 25mm 和 d（图 4-26（a））。纵向钢筋应尽量排成一排。当梁的下部纵向钢筋根数较多时也可排成两排，两排钢筋应上下对齐，以便混凝土的浇灌。当梁的下部纵向钢筋配置多于两排时，两层以上钢筋水平方向的中距应比下面两层的中距增大一倍。各层钢筋之间的净距不应小于 25mm 和 d。

为使板受力均匀和便于混凝土的浇筑，受力钢筋中距不应大于 200mm，不小于 70mm，且每米板宽内不少于 3 根（图 4-26（b））。为固定受力钢筋，并均匀地传递荷载，以及承受可能有的收缩和温度应力，尚应在垂直于受力钢筋方向，布置分布钢筋，分布钢筋的间距不宜大于 250mm，直径不宜小于 6mm。

四、截面有效高度

在进行截面配筋计算时，通常需预先估计截面的有效高度 h_0。当考虑梁内放一排钢筋时，可取 $h_0 = h\text{-}35\text{mm}$；当考虑梁内放两排钢筋时，可取 $h_0 = h\text{-}60\text{mm}$。板的有效高度可取 $h_0 = h\text{-}20\text{mm}$。

第五章 受弯构件斜截面承载力

第一节 概 述

钢筋混凝土受弯构件受到弯矩作用外,还有剪力作用,所以除了会发生正截面破坏,也有可能会沿斜裂缝发生斜截面破坏。在荷载作用下,一根梁会发生正截面破坏还是斜截面破坏,主要取决于荷载的大小和作用位置以及结构的构造和强度。实际工程中,剪力很少单独作用于结构构件上,大多数情况是剪力与弯矩,或者剪力和弯矩、轴向力或扭矩共同作用于结构构件上。构件因剪力发生斜裂缝破坏时必然受到弯矩作用的影响,因此,剪力和弯矩共同作用下的斜截面承载力是研究的主要内容。斜截面承载力包括斜截面受弯承载力和斜截面受剪承载力。斜截面受弯承载力通常用构造措施保证,斜截面受剪承载力则需要通过设计计算。

受弯构件的抗剪能力很大程度取决于混凝土的抗拉强度和抗压强度,因此,构件破坏时延性小,通常是脆性的,并且斜裂缝产生后构件中的应力状态很复杂,传统匀质弹性体中的剪应力的平截面假定不再适用。

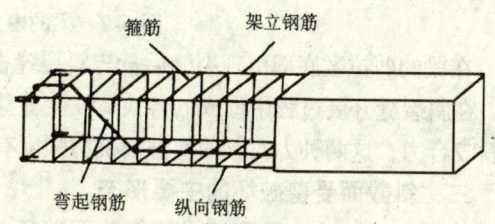

图 5-1 箍筋和弯起钢筋

为了防止受弯构件沿斜裂缝发生破坏,除了要求构件有合理的截面尺寸外,如图5-1 所示,通常配置一定的箍筋与纵筋和架立钢筋组成刚劲的骨架,箍筋的作用是承受主拉应力,阻止斜裂缝开展。当构件承受的剪力较大时,通过计算,可以在弯矩较小的区段把纵筋弯起(称为弯起钢筋),或者采用单独放置的斜钢筋(称为鸭筋)防止斜截面破坏,箍筋和弯起钢筋统称为腹筋。

第二节 无腹筋梁的受剪性能

一、斜裂缝的形成

无腹筋梁的斜截面破坏发生在剪力和弯矩共同作用的区段。图 5-2 (b),(c) 为只配置受拉主筋的混凝土简支梁在集中荷载作用下的弯矩图和剪力图,图 5-2 (a) 表示梁体内的主应力轨迹线的分布。取其微元体,如图 5-2 (d),则存在主压应力和主拉应力。当荷载较小,裂缝出现以前,可以把钢筋混凝土梁视作匀质弹性体,按材料力学的方法进行分析。随着荷载增加,容易理解,当主拉应力值超过复合受力下混凝土抗拉极限强度时,首先在梁的剪拉区底部出现垂直裂缝,而后在垂直裂缝的顶部沿着与主拉应力垂直的方向向集中荷载作用点发展,当荷载增加到一定程度时,在几根斜裂缝中形成一条主要斜裂缝。此后,随荷载继续增加,剪压区高度不断减小,剪压区的混凝土在剪应力和压应力共同作用下,达到复合应力状态下的极限强度,导致梁失去承载能力而破坏。显然梁出现裂缝后,其内力分布开始变化,材料力学的匀质弹性体受力分析方法已不适用。

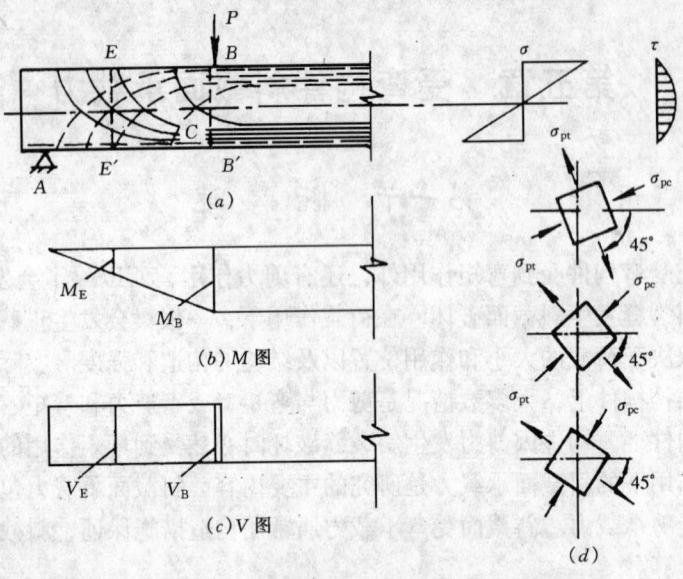

图 5-2 梁的内力及主应力分布

在梁的剪拉区底部出现裂缝后,与斜裂缝相交处的纵筋会产生销栓力阻止斜裂缝扩展,另外,在斜裂缝开展过程中形成的各块体发生剪移,由于沿斜裂缝两侧交互面凹凸不平,会产生骨料咬合力,这两种力对梁的斜截面抗剪强度有一定的提高作用,但是影响比较小。

二、斜截面受剪破坏的主要形态

如图 5-2 (d),无腹筋梁的斜截面破坏与截面的主压应力和主拉应力有很大的关系,也就是说,与截面正应力 σ 和剪应力 τ 的比值有关,截面正应力和剪应力分别与弯矩 M 和剪力 V 成正比,可以用参数——剪跨比 λ 反映这一关系。对集中荷载作用下的梁,如图 5-3,剪跨比与几何尺寸"剪跨" a (从支座到第一个集中荷载的距离)和截面有效高度 h_0 有关,可以用 a 和 h_0 表示,其实质也反映了正应力 σ 和剪应力 τ 的关系。

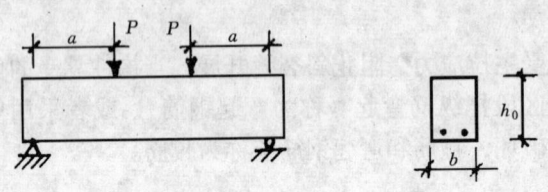

图 5-3 梁的剪跨关系图

剪跨比既可以表示为截面的弯矩与剪力的比值,对集中荷载作用下的梁,又可以表示为"剪跨"与截面有效高度的比值。剪跨比 λ 定义为

$$\lambda = \frac{M}{V \cdot h_0} = \frac{V \cdot a}{V \cdot h_0} = \frac{a}{h_0} \tag{5-1}$$

梁沿斜截面的斜裂缝破坏形态可以分为三种:

① 斜压破坏。如图 5-4 (a) 所示,这种破坏多发生在集中荷载距支座较近,且剪力大而弯矩小的区段,即剪跨比比较小($\lambda<1$)时,或者剪跨比适中,但腹筋配置量过多,以及腹板宽度较窄的 T 形或 I 形梁。由于剪应力起主要作用,破坏过程中,先是在梁腹部出现多条密集而大体平行的斜裂缝(称为腹剪裂缝)。随着荷载增加,梁腹部被这些斜裂

缝分割成若干个斜向短柱，当混凝土中的压应力超过其抗压强度时，发生类似受压短柱的破坏，此时箍筋应力一般达不到屈服强度。

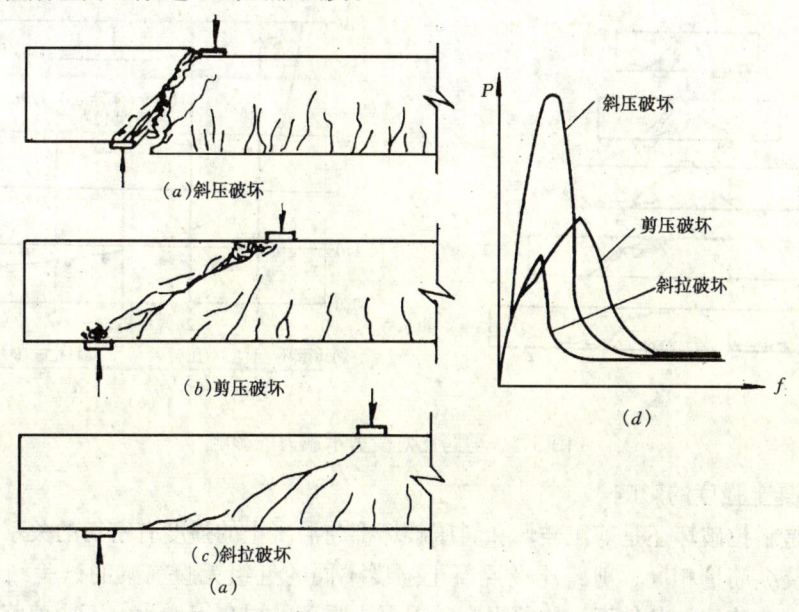

图 5-4 梁的斜截面破坏
(a), (b), (c) 破坏形态; (d) 荷载-挠度曲线

②剪压破坏。如图 5-4 (b) 所示，这种破坏常发生在剪跨比适中（$1<\lambda<3$），且腹筋配置量适当时，是最典型的斜截面破坏。这种破坏过程是，首先在剪弯区出现弯曲垂直裂缝，然后斜向延伸，形成较宽的主裂缝—临界斜裂缝，随着荷载的增大，斜裂缝向荷载作用点缓慢发展，剪压区高度不断减小，斜裂缝的宽度逐渐加宽，与斜裂缝相交的箍筋应力也随之增大，破坏时，受压区混凝土在正应力和剪应力的共同作用下被压碎，且受压区混凝土有明显的压坏现象，此时箍筋的应力到达屈服强度。

③斜拉破坏。如图 5-4 (c) 所示，这种破坏发生在剪跨比较大（$\lambda>3$），且箍筋配置量过少的情况，其破坏特点是，破坏过程急速且突然，斜裂缝一旦在梁腹部出现，很快就向上下延伸，形成临界斜裂缝，将梁劈裂为两部分而破坏，且往往伴随产生沿纵筋的撕裂裂缝。破坏荷载与开裂荷载很接近。

与适筋梁正截面破坏相比较，斜压破坏、剪压破坏和斜拉破坏时梁的变形要小，且具有脆性破坏的特征，尤其是斜拉破坏，破坏前梁的变形很小，有较明显的脆性。

三、影响梁斜截面受剪承载力的主要因素

影响无腹筋简支梁斜截面承载力的主要因素有剪跨比、混凝土强度和纵筋配筋率。

1. 剪跨比的影响

剪跨比是影响梁的斜截面承载力的主要因素之一。如前所述，它可以决定斜截面破坏的形态。剪跨比由小到大变化时，破坏形态从斜压型向剪压型，到斜拉型过渡。图 5-5 表示不同剪跨比的无腹筋梁的破坏形态以及剪跨比和名义剪应力 $V/(f_c bh_0)$ 的关系。随着剪跨比增大，破坏时的名义剪应力值减小。由图不难看出，当剪跨比较小时，对抗剪承载力的影响较大，随着剪跨比增大，对抗剪承载力的影响减弱，名义剪应力与剪跨比大致

呈双曲线关系。

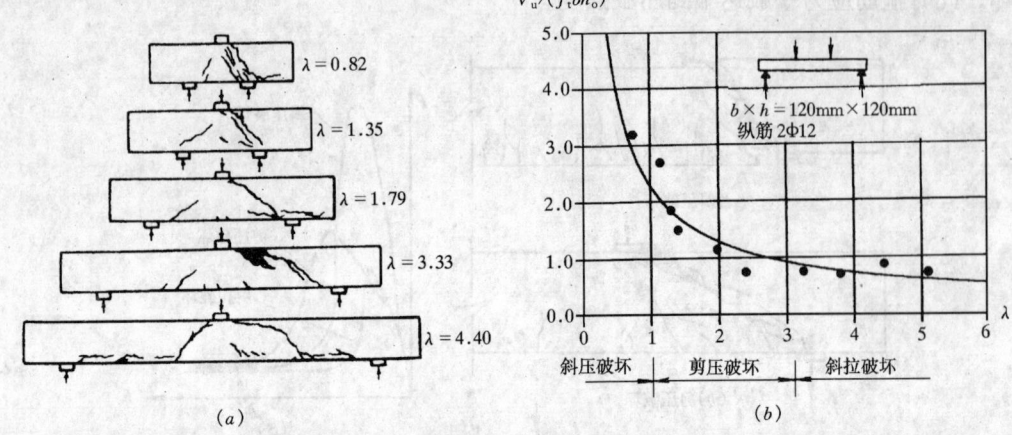

图 5-5 剪跨比对受剪承载力的影响

2. 混凝土强度的影响

无论是斜拉破坏还是剪压破坏和斜压破坏都与混凝土的强度有密切的关系。图 5-6 为截面尺寸及纵筋量相同，剪跨比及混凝土强度不同的五组无腹筋梁的试验结果。试验表明，在同一剪跨比的条件下，抗剪强度随混凝土强度的提高而增大。不同剪跨比的梁，其破坏形态不同，抗剪强度取决于混凝土的抗压或抗拉强度。随着混凝土强度的提高，抗剪强度的提高幅度有较大差别，且大剪跨比的情况下，抗剪强度随混凝土强度的提高而增加的速率低于小剪跨比的情况。需要说明的是，图 5-6 中，抗剪强度和混凝土抗压强度只是大致呈线性关系，研究分析表明，考虑高强混凝土，抗剪强度和混凝土抗压强度并不是严格的线性关系，并且混凝土抗压强度越高，二者的线性关系越不明显。同时，高强混凝土抗拉强度的提高也不像抗压强度提高那么明显。如果用混凝土抗压强度作为指标反映对抗剪强度的影响，对高强混凝土有可能会过高地估计抗剪强度。不同国家的设计规范在反映混凝土强度

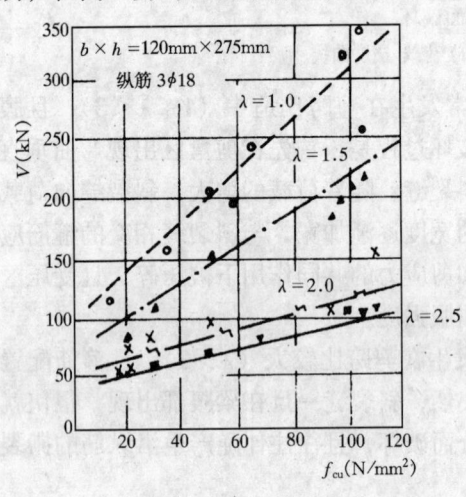

图 5-6 混凝土强度对受剪承载力的影响

对抗剪能力的影响时，有采用混凝土抗压强度的，也有采用混凝土抗拉强度的，我国《混凝土结构设计规范》采用的是混凝土抗拉强度。

3. 纵筋配筋率的影响

纵筋对抗剪强度的影响主要是直接在横截面承受一定剪力，起"销栓"作用。同时，纵筋对梁的斜截面承载力也有一定影响，纵筋能抑制斜裂缝的发展，增大斜裂缝间交互面的剪力传递，增加纵筋量能加大混凝土剪压区高度，从而间接提高梁的抗剪能力。图 5-7 表示纵筋配筋率 ρ 对斜截面承载力（名义剪应力）的影响。从图中可以看出，纵筋配筋率对斜截面承载力的影响程度随剪跨比而不同，纵筋配筋率和名义剪应力大体呈线性关系，大剪跨比（$\lambda > 3$）时，

由于容易产生撕裂裂缝，使纵筋的"销栓"作用减弱，纵筋的影响不大。纵筋率较低时抗剪承载力提高较快，纵筋率较高时提高速度减慢。由于实际工程结构在抗剪区的纵筋配筋率一般在3%以下，我国《混凝土结构设计规范》的计算公式没有考虑纵筋配筋率对抗剪强度的影响。

4. 截面尺寸和形状的影响

对无腹筋混凝土受弯构件，随着高度增加，斜截面上出现的裂缝宽度加大，裂缝内表面骨料之间的机械咬合作用被削弱，使得接近开裂端部的开裂区拉应力弱化，传递剪应力的能力降低，构件破坏时，斜截面受剪承载力随着构件高度的增加而降低。所以，

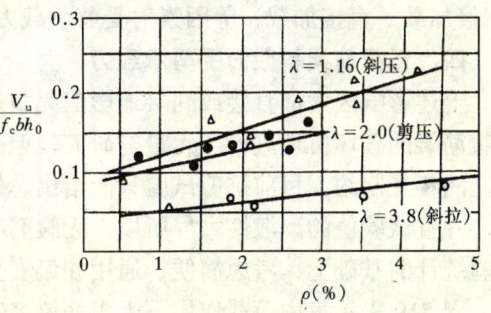

图 5-7 纵筋配筋率对受剪承载力的影响

截面尺寸是影响受剪承载力的主要因素之一。Kani 在 1967 年最早提出了截面高度对无腹筋混凝土构件的影响问题。此后，1989 年 Shioya 等人分析了截面高度对受剪承载力的影响，通过一系列高度（最大高度 3000mm）的试验再次证实了这个尺寸效应。同时指出，梁高从 300mm 变化到 3000mm 时，平均抗剪强度降低大约三分之一。图 5-8 为 Kani 的试验结果。图中 d 为截面有效高度，f_c' 为混凝土圆柱体抗压强度。由图可以看出，梁的其它条件相同，随着截面高度增大受剪承载力降低。与梁高 300mm 的受剪承载力比较，梁高 600mm 时受剪承载力降低 45% 左右，梁高 1000mm 时受剪承载力降低 56% 左右，截面高度对受剪承载力的影响显著。还有，Collins 等人在 1993 年证实，当无腹筋梁配有较多分布钢筋时，尺寸效应会消失，说明受拉分布钢筋在一定程度上控制了裂缝的发展。

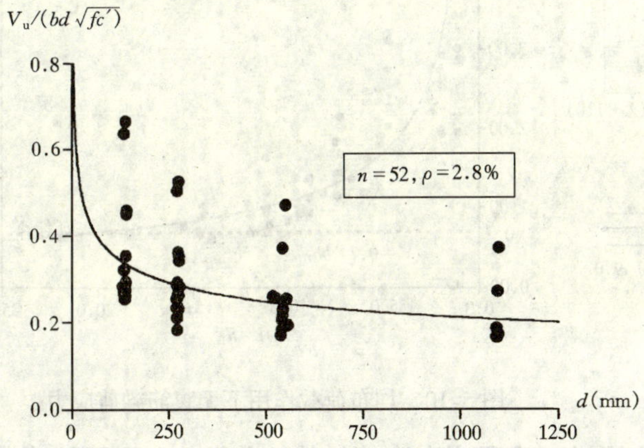

图 5-8 截面高度对受剪承载力的影响

实际工程中构件的截面尺寸比实验研究中采用的试件截面尺寸一般要大，设计高度大的梁时，由于截面高度的影响，可能会高估承载能力，并且梁愈高，高估得愈多。目前，国内外一些设计规范在考虑截面高度对斜截面受剪承载力的影响时，大致分为两种情况。在截面高度比较小的情况下（如 $h<600mm$），考虑尺寸效应对斜截面受剪承载力的有利作用，对承载能力作增大修正。在截面高度比较大的情况下，则要考虑尺寸效应对斜截面受剪承载力的不利影响，对承载能力作折减修正。我国《混凝土结构设计规范》规定，对一般板类构件需考虑随着截面高度增大受剪承载力降低，在截面高度比较大时，对承载能力作折减修正。当配置腹筋后，由于腹筋对开裂的抑制作用，截面高度的影响会减小。

截面形状对受剪承载力也有一定的影响，对 T 形、I 字形截面梁，翼缘有利于提高受剪承载力，所以它们的抗剪能力略高于矩形截面梁。

当有轴向压力作用（轴压比 $N/(f_c bh_0) < 0.5$）时，轴压力使垂直裂缝出现推迟，斜裂缝倾角变小，混凝土剪压区增大，受剪承载力提高。还有，支座约束条件、加载方式（间接加载、直接加载）等因素对受剪承载力也有不同程度的影响。

四、无腹筋梁斜截面受剪承载力

上述影响因素都直接或间接地影响无腹筋梁斜截面能力，近几十年来国内外学者也对无腹筋梁的破坏机理进行了大量的研究，但是，影响斜截面承载力的因素多而复杂，各因素之间相互制约，目前抗剪试验只能给出总体影响效应，还很难准确给出各因素的影响量值，并且试验值的离散性大。所以，无腹筋梁斜截面承载力计算公式是建立在抗剪机理和试验统计的基础上，考虑简便、通用和偏安全，采用的是试验数据的偏下限。

图 5-9 表示集中荷载作用下无腹筋梁名义剪应力和剪跨比的关系。图 5-10 表示均布荷载作用下无腹筋梁的名义剪应力。

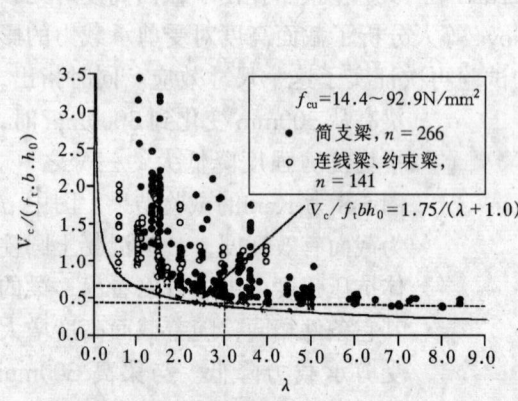
图 5-9 集中荷载作用下无腹筋梁
剪应力和剪跨比的关系

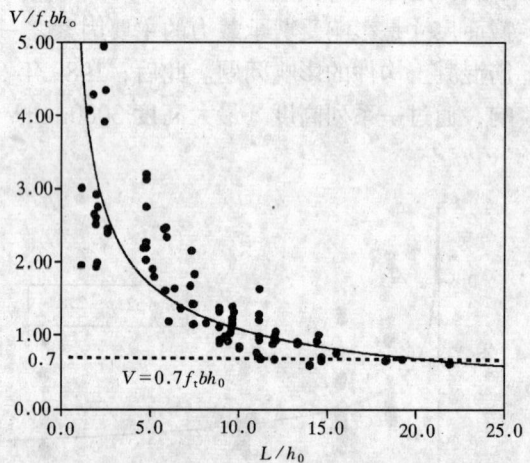
图 5-10 均布荷载作用下无腹筋梁剪应力

分析无腹筋梁的斜截面承载力是为了进一步研究有腹筋梁的抗剪性能。需要注意的是，斜截面破坏的特点是一旦出现裂缝后，就会很快发展，呈明显的脆性破坏，有较大的危险性。所以，虽然设计梁时可以不用公式计算无腹筋梁斜截面承载力，但并不表示设计时梁可以不配置箍筋，一般也应按构造要求配置一定数量的箍筋。

我国《混凝土结构设计规范》规定对无腹筋的一般板类构件，考虑到截面高度对承载力的影响显著，需要按公式计算斜截面受剪承载力，斜截面受剪承载力应按下式计算：

$$V_c \leqslant 0.7\beta_h f_t bh_0 \tag{5-2}$$

$$\beta_h = \left(\frac{800}{h_0}\right)^{\frac{1}{4}} \tag{5-3}$$

β_h 为截面高度影响系数，当 h_0 小于 800mm 时，取 $h_0 = 800$mm；当 h_0 不小于 2000mm 时，取 $h_0 = 2000$mm。

第三节 有腹筋梁的受剪性能

一、剪力传递机理

箍筋和弯起钢筋是腹筋的主要形式。有腹筋梁的剪力传递与无腹筋梁不同，可以用桁架-拱模型描述其受力特征。在斜裂缝尚未形成时，剪力主要由混凝土来传递，而这时箍筋中的应力一般很小。一旦斜裂缝出现，混凝土传递剪力的能力会突然降低，这时与斜裂缝相交的箍筋中的应力迅速增大，随着荷载进一步增大，斜裂缝数量增加，宽度逐渐加大，此时剪弯区段的受力状态如图5-11所示。一部分剪力由混凝土弧形拱直接传递到支座，而另一部分剪力则由混凝土斜压杆以压力形式借助骨料间的咬合力以及箍筋的连接作用向支座方向传递。斜裂缝出现后被斜裂缝分割成的混凝土块体可以看作一个承受压力的斜压杆，箍筋将混凝土块体连接在一起，共同把剪力传递到支座上。这样就形成了桁架式的受力模型。

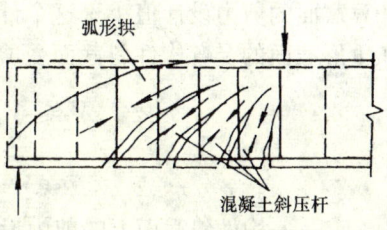

图5-11 剪力传递

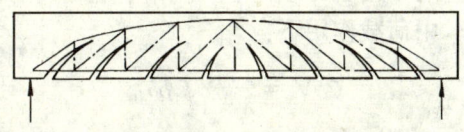

图5-12 桁架—拱模式

如图5-12所示，箍筋和混凝土斜压杆分别相当于桁架模型中的腹拉杆和腹压杆，纵向受拉钢筋和在剪压区的受压混凝土分别充当桁架的弦拉杆和弦压杆。

二、腹筋的作用

作为腹筋的箍筋可以增强和改善梁的抗剪能力。梁内斜向主拉应力的作用是混凝土沿斜向开裂的主要原因。所以，为了有效地限制斜裂缝的扩展，箍筋应布置与斜裂缝正交，方向应与主拉应力的方向相同。但是，为了施工方便，一般都采用垂直箍筋，箍筋应在剪弯区段内均匀布置。从受力情况看，由于荷载形式、支承条件以及由此产生的斜裂缝的分布及其发展的影响，每根箍筋的受力是不相同的。

配置弯起钢筋也是提高梁的斜截面承载力的常用方法。弯起钢筋通常是由纵筋直接弯起，用以限制斜裂缝的扩展。但是弯起钢筋在弯起处传力较集中，容易引起弯起处混凝土发生劈裂破坏，如图5-13所示。所以，在实际设计中宜首先选用箍筋，当需要的箍筋较多时，再考虑使用弯起钢筋。选用的弯起钢筋不应放在梁的边缘处，其直径也不宜过粗。

三、有腹筋梁受剪承载力计算

试验表明，无论简支梁还是连续梁或约束梁均有斜拉破坏、剪压破坏和斜压破坏三种受剪破坏形态。由于影响梁的斜截面受剪承载力的因素很多，目前各国的设计规范尚未建立统一的理论计算模式，为保证斜截面受剪承载力，在设计时，对斜拉破坏和斜压破坏通常可以采取构造措施予以避免。例如，配置一定数量的、间距不太大的箍筋，且满足最小配箍率的要求，就可以防止斜拉破坏发生；不把梁的

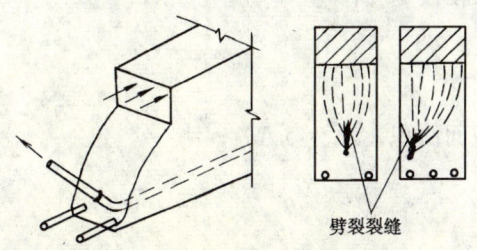

图5-13 弯起钢筋的劈裂裂缝

截面尺寸设计得过小并限制最大配箍率，可以防止斜压破坏发生。

而对于常见的剪压破坏，由于随着剪跨比、混凝土强度等级、纵筋配筋率等因素的变化，受剪承载能力的变化范围较大，因此设计时需要由计算配置足够的腹筋来保证斜截面受剪承载力。我国《混凝土结构设计规范》的基本计算公式是根据剪压破坏并考虑到使用高强混凝土时的受力特征，以试验点的偏下值作为受剪承载力计算的取值标准而建立的。当计算截面的剪力设计值小于这个计算值时，就能基本保证不发生剪压破坏。对矩形、T形和I形截面的受弯构件斜截面受剪承载力计算采用下列基本形式：

$$V \leqslant V_{cs} + V_b = V_c + V_s + V_b \tag{5-4}$$

$$V_{cs} = V_c + V_s \tag{5-5}$$

式中　V——构件斜截面上的剪力设计值；

　　　V_{cs}——构件斜截面上混凝土和箍筋的受剪承载力设计值；

　　　V_b——与斜裂缝相交的弯起钢筋的受剪承载力设计值。

V_c 表示无腹筋梁的受剪承载力，均布荷载作用下：$V_c = 0.7 f_t b h_0$；集中荷载作用下：

$$V_c = \frac{1.75}{\lambda + 1} f_t b h_0 。$$

V_s 表示箍筋项的作用，包括箍筋起着直接承受部分剪力的作用和间接限制斜裂缝宽度增强混凝土骨料咬合力等作用。

实际工程中结构上的荷载分布有时是很复杂的，可能是多个任意分布的不等值集中荷载或均布荷载，也可能是两种荷载同时作用。为了简化计算，当仅配有箍筋时，分两种情况分别给出计算公式。

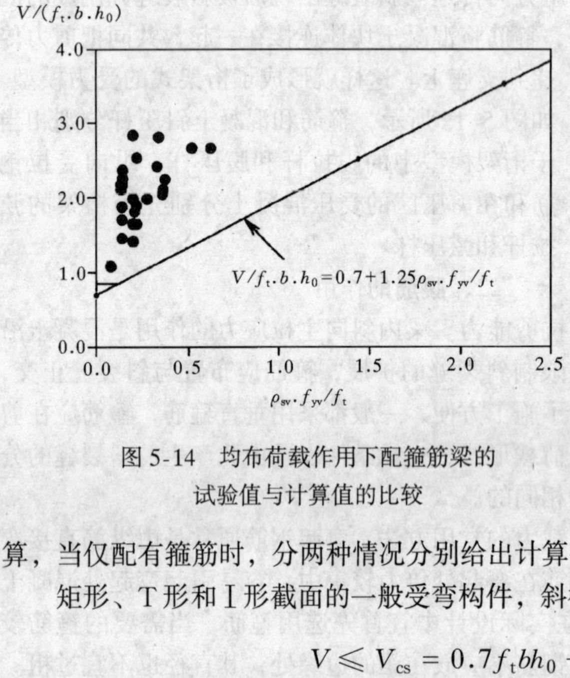

图 5-14　均布荷载作用下配箍筋梁的试验值与计算值的比较

矩形、T形和I形截面的一般受弯构件，斜截面受剪承载力按下式计算：

$$V \leqslant V_{cs} = 0.7 f_t b h_0 + 1.25 f_{yv} \frac{A_{sv}}{s} h_0 \tag{5-6}$$

式中　f_t——混凝土抗拉强度设计值；

　　　b——构件的截面宽度，T形和I形截面取腹板宽度；

　　　h_0——截面的有效高度；

　　　f_{yv}——箍筋的抗拉强度设计值；

　　　A_{sv}——配置在同一截面内箍筋各肢的全部截面面积，$A_{sv} = nA_{sv1}$；

　　　n——在同一截面内箍筋的肢数；

　　　A_{sv1}——单肢箍筋的截面面积；

　　　s——箍筋的间距。

集中荷载作用下的独立梁（包括作用多种荷载，且其中集中荷载对支座截面或节点边缘所产生的剪力值占总剪力值的75%以上的情况），斜截面受剪承载力按下式计算：

$$V \leqslant V_{cs} = \frac{1.75}{\lambda + 1.0} f_t b h_0 + f_{yv} \frac{A_{sv}}{s} h_0 \tag{5-7}$$

式中　λ——剪跨比，可取 $\lambda = a/h_0$；
　　　a——计算截面至支座截面或节点边缘的距离，计算截面取集中荷载作用点处的截面。

当 λ 小于 1.5 时，取 $\lambda = 1.5$；当 λ 大于 3.0 时，取 $\lambda = 3.0$。独立梁是指不与楼板整浇的梁。

构件中箍筋的数量可以用箍筋配箍率 ρ_{sv} 表示：

$$\rho_{sv} = \frac{A_{sv}}{bs} \tag{5-8}$$

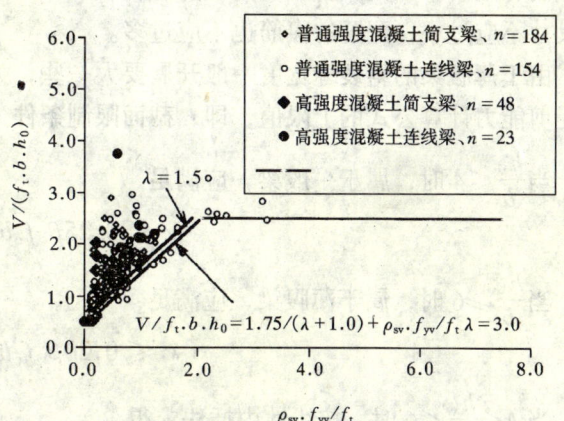

图 5-15　集中荷载作用下配箍筋梁的试验值与计算值的比较

当梁内还配置弯起钢筋时，公式 (5-4) 中

$$V_b = 0.8 f_y A_{sb} \sin\alpha_s \tag{5-9}$$

式中　f_y——纵筋抗拉强度设计值；
　　　A_{sb}——同一弯起平面内弯起钢筋的截面面积；
　　　α_s——斜截面上弯起钢筋的切线与构件纵向轴线的夹角，一般取 45°，当梁较高时，可取 60°。

梁发生剪压破坏时，与斜裂缝相交的箍筋和弯起钢筋的拉应力一般都能达到屈服强度，但是考虑到拉应力可能不均匀，特别是靠近剪压区的腹筋有可能达不到屈服强度。仅在弯起钢筋中考虑了应力不均匀系数，取 0.8。虽然纵筋的销栓作用对斜截面受剪承载力有一定的影响，但其在抵抗受剪破坏中所起的作用较小，所以斜截面受剪承载力计算中没有考虑纵筋的作用。

在公式 (5-6) 和公式 (5-7) 中等号右边第一项为混凝土项 V_c，即无腹筋梁的受剪承载力。容易看出，当满足下式时，

$$V \leqslant 0.7 f_t b h_0 \tag{5-10}$$

或

$$V \leqslant \frac{1.75}{\lambda + 1.0} f_t b h_0 \tag{5-11}$$

说明混凝土的受剪承载力就可以抵抗斜截面的破坏，可不进行斜截面承载力计算，箍筋仅需按构造要求配置。

四、计算公式的适用范围（上限和下限）

以上梁斜截面承载力的计算公式仅适用于剪压破坏情况。公式使用时的上限和下限分述如下。

1. 截面限制条件

当配箍特征值过大时,箍筋的抗拉强度不能发挥,梁的斜截面破坏将由剪压破坏转为斜压破坏,此时,梁沿斜截面的抗剪能力主要由混凝土的截面尺寸及混凝土的强度等级决定,而与配筋率无关。所以,为了防止斜压破坏和限制使用阶段的斜裂缝宽度,构件的截面尺寸不应过小,配置的腹筋也不应过多。

由于薄腹梁的斜裂缝宽度一般开展要大一些,为防止薄腹梁的斜裂缝开展过宽,斜截面受剪能力计算公式的上限值,即,截面限制条件分一般梁和薄腹梁两种情况给出:

当 $\frac{h_w}{b} \leqslant 4$ 时,属于一般梁,应满足

$$V \leqslant 0.25 \beta_c f_c b h_0 \tag{5-12}$$

当 $\frac{h_w}{b} \geqslant 6$ 时,属于薄腹梁,应满足

$$V \leqslant 0.20 \beta_c f_c b h_0 \tag{5-13}$$

当 $4 < \frac{h_w}{b} < 6$ 时,按线性内插法求得。

以上各式中,h_w 为截面的腹板高度,矩形截面取有效高度 h_0,T形截面取有效高度减去上翼缘高度;I形截面取腹板净高。设计中如果不满足式 (5-12) 或式 (5-13) 要求,应加大截面尺寸或提高混凝土强度等级。同时,考虑到高强混凝土的抗剪性能,引入了混凝土强度影响系数 β_c,当混凝土强度等级小于 C50 时,β_c 取 1.0;当混凝土强度等级为 C80 时,β_c 取 0.8,其间按线性内插法取用。

2. 最小箍筋配筋率

试验表明,若箍筋配筋率过小,或箍筋间距过大,一旦出现斜裂缝,箍筋可能迅速达到屈服,斜裂缝急剧开展,导致斜拉破坏。为此,规定了最小箍筋配筋率,即配箍率 ρ_{sv} 的下限值:

$$\rho_{sv,min} = 0.24 \frac{f_t}{f_{yv}} \tag{5-14}$$

需要注意的是,即使满足公式 (5-10) 和 (5-11),即不需要按计算配置箍筋,也必须按最小钢筋用量的要求配置构造箍筋,即应满足箍筋最大间距和箍筋最小直径的构造要求。

第四节 有腹筋连续梁的抗剪性能和斜截面承载力计算

一、有腹筋连续梁的破坏特点

连续梁与简支梁比较,集中荷载以及均布荷载作用下的连续梁在支座端有负弯矩,在剪弯区段有正负弯矩及存在反弯点(理论弯矩零点),如图 5-16 所示,由于反弯点的存在,使梁的抗剪强度下降,破坏时的斜裂缝模型及破坏特征也与简支梁有不同之处。

试验结果表明,影响连续梁的斜截面承载力的因素,如混凝土强度等级、纵筋配筋率、剪跨比、截面尺寸等,与简支梁相同外,弯矩比 ψ(负弯矩 M^- 与正弯矩 M^+ 之比的绝对值)对连续梁的斜截面承载力也有很大的影响。连续梁和简支梁的剪跨比略有区别。

对简支梁而言,如前所述,剪跨比 λ 既可以表示为 $\frac{a}{h_0}$,又可表示为 $\frac{M}{Vh_0}$,即 $\frac{M}{Vh_0}=\frac{a}{h_0}$;但是对连续梁的剪跨比,由于存在弯矩比,则 $\frac{M}{Vh_0}=\frac{a}{h_0}\cdot\frac{1}{1+\psi}$。我们把 $\frac{M}{Vh_0}$ 称为广义剪跨比,把 $\frac{a}{h_0}$ 称为计算剪跨比,显然,计算剪跨比大于广义剪跨比。

由于正、负两种弯矩的存在,连续梁的破坏特点发生显著的变化:当斜裂缝出现后,随着荷载增加,按弹性分析,发生压应变的区域,发生了拉应变。梁在反弯点处的上下纵筋的应变也不等于零,而是拉应变。如图 5-16,梁在破坏前,在正弯矩区和负弯矩区可能分别出现一条临界斜裂缝,分别向支座及荷载作用点发展,由这两条临界斜裂缝所包围的梁体形成了混凝土斜压支柱。破坏时,一种可能是在两条主要斜裂缝中的任一条斜裂缝的顶端处的剪压区,发生剪压破坏,混凝土被压碎;另一种可能是在梁体的混凝土斜压支柱内混凝土被

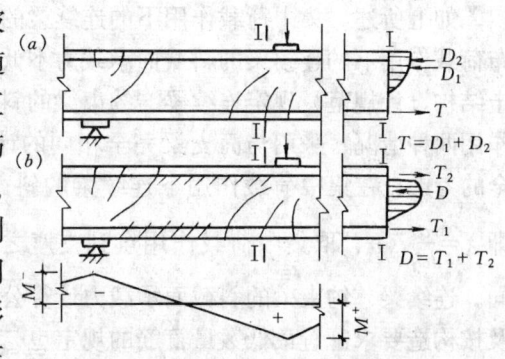

图 5-16 集中荷载作用下连续梁的
受力和破坏形态

压碎,即发生所谓的斜压破坏。在腹筋较少或无腹筋的情况下,也会发生斜拉破坏或劈裂破坏,只出现一条主要斜裂缝。此外,在整个区段内,纵筋应变多处于拉应变状态,在沿纵筋的较长范围内会产生针脚状斜裂缝,由于这些斜裂缝的发展,使包围纵筋的外部混凝土保护层脱落,形成粘结开裂,这种裂缝扩展到剪压区,使混凝土受压区高度减小,混凝土的压应力和剪应力相应增大,这些变化使连续梁的抗剪强度要比简支梁的抗剪强度低。

集中荷载作用下的连续梁,当支座负弯矩大于跨中正弯矩,即弯矩比 ψ 大于 1 时,破坏常发生在负弯矩区段;反之,当跨中正弯矩大于支座负弯矩,弯矩比 ψ 由 0 到 1 变化时,梁的抗剪强度随之提高,这时剪切破坏常发生在正弯矩区段。

试验结果表明,梁截面尺寸、配筋及材料相同时,集中荷载作用下的连续梁的斜截面承载力要比相同剪跨比的简支梁低,且剪跨比越小,其差别越大。

均布荷载作用下的连续梁,其破坏特征与简支梁也不相同。如图 5-17 所示,当弯矩比 ψ 小于 1 时,临界斜裂缝出现在跨中正弯矩区段,且其抗剪强度随弯矩比增大而提高。当弯矩比 ψ 大于 1 时,这时剪切破坏常发生在负弯矩区段,这时梁的斜截面承载力随着弯矩比的加大而降低。与集中荷载作用不同,作用在梁顶的均布荷载,对混凝土保护层有侧压作用,加强了钢筋和混凝土之间的粘结。因此,在负弯矩区段,受拉纵筋尚未屈服时很少出现沿受拉纵筋方向的粘结裂缝。在跨中正弯矩区段,受拉纵筋位置上的粘结裂缝也不严重。

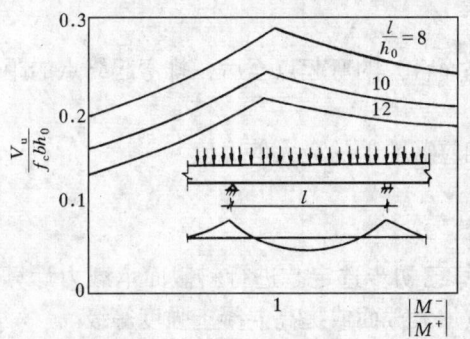

图 5-17 均布荷载作用下连续
梁弯矩比的影响

由试验得知,均布荷载作用下的连续梁,在工程中常见的跨高比和弯矩比的范围内,支

座截面的广义剪跨比很小,其抗剪强度很高,加之斜裂缝之间梁顶的荷载又直接传递到支座上,所以在负弯矩区段发生剪切破坏时支座截面抗剪强度大于集中荷载作用下简支梁的抗剪强度。均布荷载作用下的连续梁的斜截面承载力一般不低于相同条件下简支梁的抗剪承载力。

二、有腹筋连续梁的斜截面承载力计算公式及适用范围

如上所述,集中荷载作用下的连续梁的斜截面承载力低于相同条件下的简支梁,而均布荷载作用下的连续梁的斜截面承载力不低于相同条件下的简支梁。为简化计算,《混凝土结构设计规范》规定连续梁、约束梁的斜截面承载力计算仍分集中荷载作用和均布荷载作用两种情况,采用与简支梁完全相同的计算公式,即公式(5-6)和(5-7)。出于偏安全的考虑,在集中荷载作用下连续梁的斜截面承载力计算中,剪跨比 λ 用计算剪跨比,即 $\lambda = \frac{a}{h_0}$,a 取集中荷载作用点到支座之间的距离,剪跨比 λ 的取值范围与简支梁相同。连续梁、约束梁的斜截面承载力计算公式的适用范围(截面限制条件和最小配箍率)及按构造要求配置最低数量箍筋的规定也与简支梁有关规定相同。

第五节 斜截面受剪承载力设计

一、计算截面位置与剪力设计值的取值

在进行斜截面受剪承载力设计时,计算截面位置应为斜截面受剪承载力较薄弱的截面。如图 5-18,计算截面位置按下列规定采用:

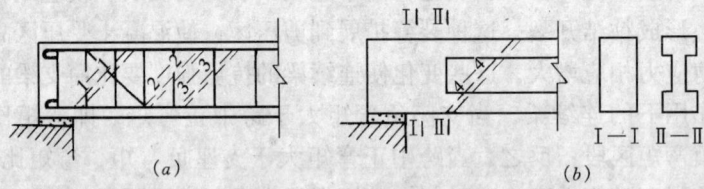

图 5-18 斜截面受剪承载力的计算截面位置

(1)支座边缘处的截面;
(2)受拉区弯起钢筋弯起点处的截面;
(3)箍筋截面面积和间距改变处的截面;
(4)腹板宽度改变处的截面。

同时,箍筋间距以及弯起钢筋前一排(对支座而言)的弯起点至后一排弯起终点的距离应符合箍筋最大间距和最小直径的要求。

按规范规定,计算截面的剪力设计值应取其相应截面上的最大剪力值。

二、设计步骤

梁的斜截面承载力设计步骤可归纳如下。

1. 构件的截面尺寸和纵筋由正截面承载力计算已初步选定。进行斜截面承载力计算时应首先复核是否满足截面限制条件,如不满足应加大截面或提高混凝土强度等级。

2. 计算是否需要按照计算配置箍筋,当不需要按计算配置箍筋时,应按照构造要求配置箍筋。

3. 需要按计算配置箍筋时，剪力设计值时的计算截面位置应按前述的规定采用；

4. 计算所需要的箍筋，且选用的箍筋应满足箍筋最大间距和最小直径的要求；

5. 当需要配置弯起钢筋时，可先计算 V_{cs}，再计算弯起钢筋的截面面积，这时剪力设计值按如下方法取用：计算第一排弯起钢筋（对支座而言）时，取支座边剪力；计算以后每排弯起钢筋时，取前一排弯起钢筋弯起点处的剪力；两排弯起钢筋的间距应小于箍筋的最大间距。

三、设计计算实例

以下就截面选择和承载力校核两类问题，用计算实例予以说明。

例题 5-1 钢筋混凝土矩形截面简支梁，截面尺寸、搁置情况及纵筋数量如例题 5-1 附图 1，该梁承受均布荷载设计值 96kN/m（包括自重），混凝土强度等级为 C25（$f_c = 11.9\text{N/mm}^2$，$f_t = 1.27\text{N/mm}^2$），箍筋为 HRB335（$f_{yv} = 300\text{N/mm}^2$），纵筋为 HRB400（$f_y = 360\text{N/mm}^2$），求箍筋和弯起钢筋的数量。

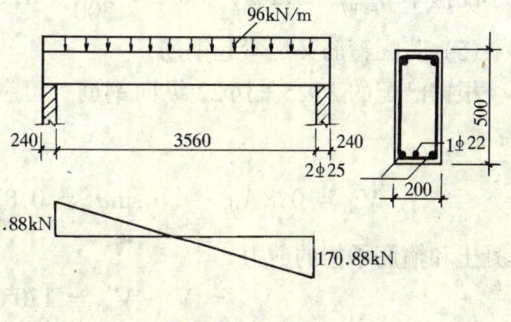

例题 5-1 附图 1

解：

（1）求剪力设计值

支座边缘处截面的剪力值最大

$$V_{max} = \frac{1}{2}ql_0 = \frac{1}{2} \times 96 \times 3.56 = 170.88\text{kN}$$

（2）验算截面尺寸

$$h_w = h_0 = 465\text{mm}$$

$\frac{h_w}{b} = \frac{465}{200} = 2.325 < 4$，属厚腹梁，应按式（5-11）验算：

$0.25\beta_c f_c b h_0 = 0.25 \times 1.0 \times 11.9 \times 200 \times 465 = 276675N > V(= 170880N)$

（当混凝土强度等级小于 C50 时，应取 $\beta_c = 1.0$）

截面符合条件

（3）验算是否需要计算配置箍筋

$0.7 f_t b h_0 = 0.7 \times 1.27 \times 200 \times 465 = 82677N < V(= 170880)$

需要进行计算配置箍筋

（4）只配箍筋而不用弯起钢筋

按式（5-5）：

$$V \leqslant 0.7 f_t b h_0 + 1.25 f_{yv} \cdot \frac{n \cdot A_{sv1}}{s} \cdot h_0$$

$$170880 = 0.7 \times 1.27 \times 200 \times 465 + 1.25 \times 300 \times \frac{n \cdot A_{sv1}}{s} \times 465$$

则

$$\frac{n \cdot A_{sv1}}{s} = \frac{170880 - 82677}{174375} = 0.506\text{mm}^2/\text{mm}$$

若采用 Φ8@180（箍筋间距要求详见第 5.7.5 节的内容），实有

$$\frac{n \cdot A_{sv1}}{s} = \frac{2 \times 50.3}{180} = 0.559 > 0.506(可以)$$

配筋率 $\rho_{sv} = \frac{n \cdot A_{sv1}}{b \cdot s} = \frac{2 \times 50.3}{200 \times 180} = 0.279\%$

最小配箍率 $\rho_{svmin} = 0.24 \frac{f_t}{f_{yv}} = 0.24 \frac{1.27}{300} = 0.1\% < \rho_{sv}$（可以）

(5) 若配箍筋又配弯起钢筋

根据已配的 2Φ25 + 1Φ22 纵向钢筋，可利用 1Φ22 以 45°弯起，则弯起钢筋承担的剪力：

$$V_{sb} = 0.8 A_{sb} \cdot f_y \cdot \sin\alpha_s = 0.8 \times 380.1 \times 360 \times \frac{\sqrt{2}}{2} = 77406N$$

混凝土和箍筋承担的剪力

$$V_{cs} = V - V_{sb} = 170880 - 77406 = 93474N$$

选用 Φ6@200，实有

$$V_{cs} = 0.7 f_t b h_0 + 1.25 f_{yv} \cdot \frac{n \cdot A_{sv1}}{s} \cdot h_0$$

$$= 82677 + 1.25 \times 300 \times \frac{2 \times 28.3}{200} \times 465$$

$$= 132025N > 93474N(可以)$$

例题 5-1 附图 2

此题也可以先选定箍筋，由 V_{cs} 利用 $V = V_{cs} + V_{sb}$ 求 V_{sb}，再决定弯起钢筋面积 A_{sb0}，此处计算从略。

(6) 验算弯筋弯起点处的斜截面（例题 5-1 附图 2）

该处的剪力设计值：

$$V = 170880 \times \frac{1.78 - 0.48}{1.78} = 124880 < 132025N(可以)$$

此题若将弯起钢筋的弯终点后延，使其距支座边缘的距离为 200mm（具体要求详见第 5.7.5 节的内容），弯起点处的剪力值：

$$V = 170880 \times \frac{1.78 - 0.63}{1.78} = 110400 < 132025N$$

则配置箍筋 Φ6@200 已能满足要求。

例题 5-2 钢筋混凝土矩形截面简支梁，跨度尺寸 200mm×600mm，荷载如例题图 5-3 所示，采用 C20（$f_c = 9.6N/mm^2$，$f_t = 1.10N/mm^2$）混凝土，箍筋用 HRB235（$f_{yv} = 210N/mm^2$），纵筋用 HRB335（$f_y = 300N/mm^2$）计算并配置箍筋。

解：(1) 求剪力设计值。见例题 5-2 附图。

(2) 验算截面条件

$$h_w = h_0 = 565mm$$

$\frac{h_w}{b} = \frac{565}{200} = 2.825 < 4$，属厚腹梁，应按式 (5-11) 验算：

$$0.25\beta_c f_c bh_0 = 0.25 \times 1.0 \times 9.6 \times 200 \times 565 = 271200N > V_A, V_B$$

（当混凝土强度等级小于 C50 时，应取 $\beta_c=1.0$）
截面尺寸符合要求。

（3）确定箍筋数量

该梁既受集中荷载，又受均布荷载，但集中荷载在两支座截面上引起的剪力值均占总剪力值的 75% 以上。

A 支座：$\dfrac{V_{集}}{V_{总}} = \dfrac{160}{180} = 88\%$

B 支座：$\dfrac{V_{集}}{V_{总}} = \dfrac{140}{160} = 87.5\%$

故梁的左右两半区段均应按式（5-6）计算受剪承载力。

根据剪力的变化情况，可将梁分为 AC、CD、DE 及 EB 四个区段来计算斜截面的抗剪能力。

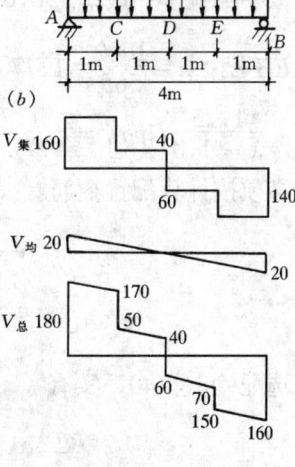

例题 5-2 附图

AC 段：$\lambda = \dfrac{1000}{565} = 1.77$

$$\dfrac{1.75}{\lambda+1.0}f_t bh_0 = \dfrac{1.75}{1.77+1} \times 1.10 \times 200 \times 565 = 78529 < V_A\ (=180000N)$$

必须按计算配置箍筋

$$V_A = V_{cs} = \dfrac{1.75}{\lambda+1}f_t bh_0 + f_{yv}\dfrac{A_{sv}}{s}h_0$$

$$\dfrac{n \cdot A_{sv1}}{s} = \dfrac{180000 - 78529}{210 \times 565} = 0.855$$

选配 Φ8@100，实有

$$\dfrac{n \cdot A_{sv1}}{s} = \dfrac{2 \times 50.3}{100} = 1.006 > 0.855（可以）$$

CD 段：$\lambda = \dfrac{2000}{565} = 3.54 > 3$，取 $\lambda = 3$

$$\dfrac{1.75}{\lambda+1.0}f_t bh_0 = \dfrac{1.75}{3+1} \times 1.10 \times 200 \times 565 = 54381 > V_C\ (=50000N)$$

仅需按构造配置箍筋，选用 Φ8@350。

DE 段：$\lambda = \dfrac{2000}{565} = 3.54 > 3$，取 $\lambda = 3$

$$\dfrac{1.75}{\lambda+1.0}f_t bh_0 = \dfrac{1.75}{3+1} \times 1.10 \times 200 \times 565 = 54381 < V_E\ (=70000N)$$

必须按计算配置箍筋；

$$V_E = V_{cs} = \dfrac{1.75}{\lambda+1}f_t bh_0 + f_{yv}\dfrac{A_{sv}}{s}h_0$$

$$\dfrac{n \cdot A_{sv1}}{s} = \dfrac{70000 - 54381}{210 \times 565} = 0.132$$

选配 Φ8@250，实有：

$$\dfrac{n \cdot A_{sv1}}{s} = \dfrac{2 \times 50.3}{250} = 0.402 > 0.132 （可以）$$

配筋率 $\rho_{sv} = \dfrac{n \cdot A_{sv1}}{b \cdot s} = \dfrac{2 \times 50.3}{200 \times 250} = 0.201\%$

最小配箍率 $\rho_{svmin} = 0.02 \dfrac{f_c}{f_{yv}} = 0.02 \dfrac{11.9}{300} = 0.079\% < \rho_{sv}$

EB 段：$\lambda = \dfrac{1000}{565} = 1.77$

$\dfrac{1.75}{\lambda + 1.0} f_t b h_0 = \dfrac{1.75}{1.77 + 1} \times 1.10 \times 200 \times 565 = 78529 < V_B(= 160000N)$

必须按计算配置箍筋。

$$V_A = V_{cs} = \dfrac{1.75}{\lambda + 1} f_t b h_0 + f_{yv} \dfrac{A_{sv}}{s} h_0$$

$$\dfrac{n \cdot A_{sv1}}{s} = \dfrac{160000 - 78529}{210 \times 565} = 0.687$$

选配 $\Phi 8@140$，实有

$$\dfrac{nA_{sv1}}{s} = \dfrac{2 \times 50.3}{140} = 0.719 > 0.687(可以)$$

例题 5-3 已钢筋混凝土外伸梁，如例题 5-3 附图所示。混凝土强度等级为 $C30$（$f_c = 14.3\text{N/mm}^2$，$f_t = 1.43\text{N/mm}^2$）箍筋为 HRB335（$f_{yv} = 300\text{N/mm}^2$），纵筋为 HRB400（$f_y = 360\text{N/mm}^2$），求腹筋的数量。

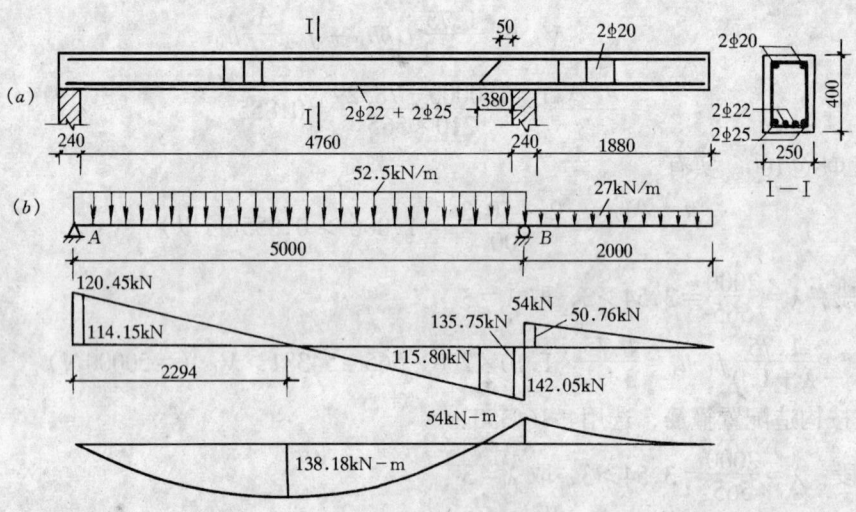

例题 5-3 附图

解：（1）求剪力设计值

例题图 5-4 为该梁的计算简图和内力图。对斜截面承载力而言，A 支座边、B 支座左边、B 支座右边为三个危险截面，计算剪力值也列于图上。

（2）验算截面条件

$$h_w = h_0 = 365\text{mm}$$

$\dfrac{h_w}{b} = \dfrac{365}{200} = 1.83 < 4$，属厚腹梁，应按式（5-11）验算：

$$0.25\beta_c f_c b h_0 = 0.25 \times 1.0 \times 14.3 \times 250 \times 365 = 326219N$$

(当混凝土强度等级小于 C50 时，应取 $\beta_c = 1.0$)

此值大于三截面中最大的剪力值 $V_{B左}$（$=135750N$），故截面尺寸符合要求。

(3) 确定腹筋数量

支座 A：$V = 114150N$

$$0.7 f_t b h_0 = 0.7 \times 1.43 \times 250 \times 365 = 91341N < V_A(=114150N)$$

必须按构造配置箍筋

$$V = 0.7 f_t b h_0 + 1.25 f_{yv} \cdot \frac{n \cdot A_{sv1}}{s} \cdot h_0$$

$$114150 = 0.7 \times 1.5 \times 250 \times 365 + 1.25 \times 300 \times \frac{n \cdot A_{sv1}}{s} \times 365$$

则

$$\frac{n \cdot A_{sv1}}{s} = \frac{114150 - 91341}{136875} = 0.167$$

选用 Φ6@200，实有

$$\frac{n \cdot A_{sv1}}{s} = \frac{2 \times 28.3}{200} = 0.283 > 0.167 \text{（可以）}$$

配筋率 $\rho_{sv} = \dfrac{n \cdot A_{sv1}}{b \cdot s} = \dfrac{2 \times 28.3}{250 \times 200} = 0.113\%$

最小配箍率 $\rho_{svmin} = 0.24 \dfrac{f_t}{f_{yv}} = 0.24 \dfrac{1.43}{300} = 0.11\% < \rho_{sv}$（可以）

支座 $B_{左}$：$V = 135750N$

$$0.7 f_t b h_0 = 0.7 \times 1.43 \times 250 \times 365 = 91341N < 135750N$$

若仍选用 Φ6@200，实有

$$V_{cs} = 0.7 f_t b h_0 + 1.25 f_{yv} \cdot \frac{n \cdot A_{sv1}}{s} \cdot h_0$$

$$= 91341 + 1.25 \times 300 \times \frac{2 \times 28.3}{200} \times 365$$

$$= 130077N < 135750N, \text{利用已有纵筋可弯起} 1\Phi 22$$

$A_{sb} = 380.1$

$$V_{sb} = 0.8 A_{sb} \cdot f_y \cdot \sin\alpha_s = 0.8 \times 380.1 \times 360 \times \frac{\sqrt{2}}{2} = 77406N$$

$$V_{cs} + V_{sb} = 130077 + 77406 = 207483N > 135750$$

再验算弯起钢筋弯起点处的受剪承载力，该处剪力设计值为：

$$V = 142050 \times \frac{2.706 - 0.5}{2.706} = 115800N < V_{cs}(=130077N)\text{（可以）}$$

支座 $B_{右}$：$V = 50760N$

$$0.7 f_t b h_0 = 0.7 \times 1.43 \times 250 \times 365 = 91341N > 50760N,$$

仅需按构造配置箍筋，选配 Φ6@300。

例题 5-4 已知材料强度设计值 f_c、f_y；截面尺寸 b、h_0；配箍量 n、A_{sv1}、s 等，其数据全部与例题 5-1 附图 1 相同，要求复核斜截面所能承受的剪力 V_u（仅配箍筋）。

解：题为斜截面复核题，只需要将已知数据代入式（5-5）计算即可。

根据例题 5-1 的数据：

$$V_u = 0.7 f_t b h_0 + 1.25 f_{yv} \cdot \frac{n \cdot A_{sv1}}{s} \cdot h_0$$

$$= 82677 + 1.25 \times 300 \times \frac{2 \times 50.3}{180} \times 465$$

$$= 180133 N$$

由 V_u 还能求出该梁斜截面所能承受的设计荷载值 q

$$V_u = \frac{1}{2} q l_0$$

则 $\quad q = \frac{2 V_u}{l_0} = \frac{2 \times 180133}{3.56} = 101.2 \text{kN/m}$

第六节 构 造 要 求

受弯构件沿斜截面除了会发生受剪破坏外，由于弯矩作用还可能发生弯曲破坏。纵向受拉钢筋是按照正截面最大弯矩确定的，可以保证构件不发生弯曲破坏。但是如果一部分纵向钢筋在某一位置弯起或截断时，则有可能斜截面受弯承载力得不到保证。为了保证斜截面受弯承载力，需要对纵向钢筋的弯起、截断及锚固等构造措施作出规定。

一、抵抗弯矩图

在进行梁的正截面受弯承载力计算时，纵筋是根据跨中及支座最大的弯矩设计值，通过计算，沿梁的纵向直通配置的。由于沿梁长度上的弯矩分布不均匀，离开跨中及支座后，正弯矩值（或负弯矩值）就很快减小，所以在进行钢筋混凝土梁的设计时，多余的钢筋就可以弯起或截断。同时，除了保证正截面和斜截面有足够的受弯承载力，钢筋和混凝土共同工作和充分发挥钢筋的作用外，还要考虑纵筋伸入支座的锚固长度及箍筋的直径、间距等构造要求。为了保证纵筋截断或弯起后梁的正截面承载力及斜截面受弯承载力，可采用绘制材料抵抗弯矩图，来确定钢筋截断和弯起的方式，以满足承载力的要求，这样既简便又直观。材料抵抗弯矩图是用于核实配置的纵筋，绘制梁上正截面所能抵抗的弯矩的图形。

如图 5-19 所示，均布荷载作用下的简支梁，其弯矩图为 M 图，由跨中最大弯矩设计值决定配置纵筋，3 根纵筋所能抵抗的弯矩为 M_d 图，如果纵筋在跨中不截断也不弯起，那么沿梁全长上的抵抗弯矩的大小均为 M_d，显然无论斜裂缝在什么位置上发生，正截面受弯承载力均能满足。但是，纵筋沿梁长直通，除跨中最大弯矩外，其余截面钢筋没有得到充分利用，所以这种布置是不合理的。为了充分合理利用纵筋，在保证正截面和斜截面受弯承载力的前提下，应该将部分纵筋在截面抗弯强度不需要处弯起或截断。

对照图 5-19 中的 M 图和 M_d 图，M_d 图比 M 图多出的部分，也就是钢筋抵抗弯矩的多余部分，即梁的正截面受弯承载力所富裕的部分。这时如果弯起一根纵筋，则可以减少钢筋的多余的抵抗弯矩。

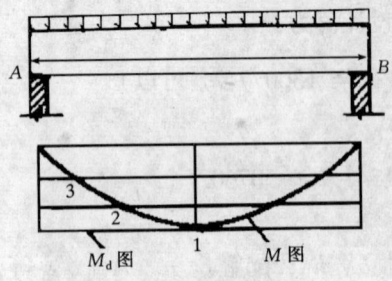

图 5-19 均布荷载作用下简支梁的材料抵抗弯矩图

由图 5-19 可知,当纵筋弯起后,只要材料抵抗弯矩图(M_d图)包在弯矩图(M图)之外,就说明梁的正截面的抗弯承载力是得到满足的。接下来,需要解决如何保证弯起后斜截面的抗弯承载力,如何确定弯起钢筋的弯起点位置的问题。

二、纵筋的弯起

在梁的底部承受正弯矩的纵筋弯起后主要承受剪力或作为在支座承受负弯矩的钢筋。在纵筋弯起时,首先需要根据斜截面抗剪承载力确定弯起钢筋的数量,然后由保证斜截面受弯承载力确定弯起钢筋的弯起点位置。这里重点讨论弯起后如何保证斜截面受弯承载力的问题。

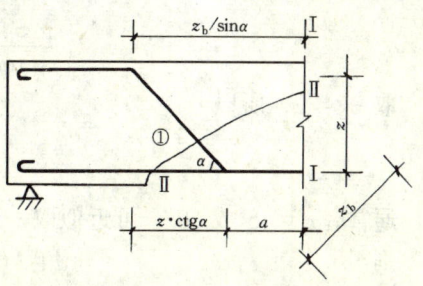

图 5-20 弯起点位置

见图 5-20,Ⅰ-Ⅰ截面(正截面)为弯起钢筋的充分利用点,a 为弯起点到充分利用点的距离。对弯起钢筋①而言,未弯起前在Ⅰ-Ⅰ截面处的抵抗弯矩为:

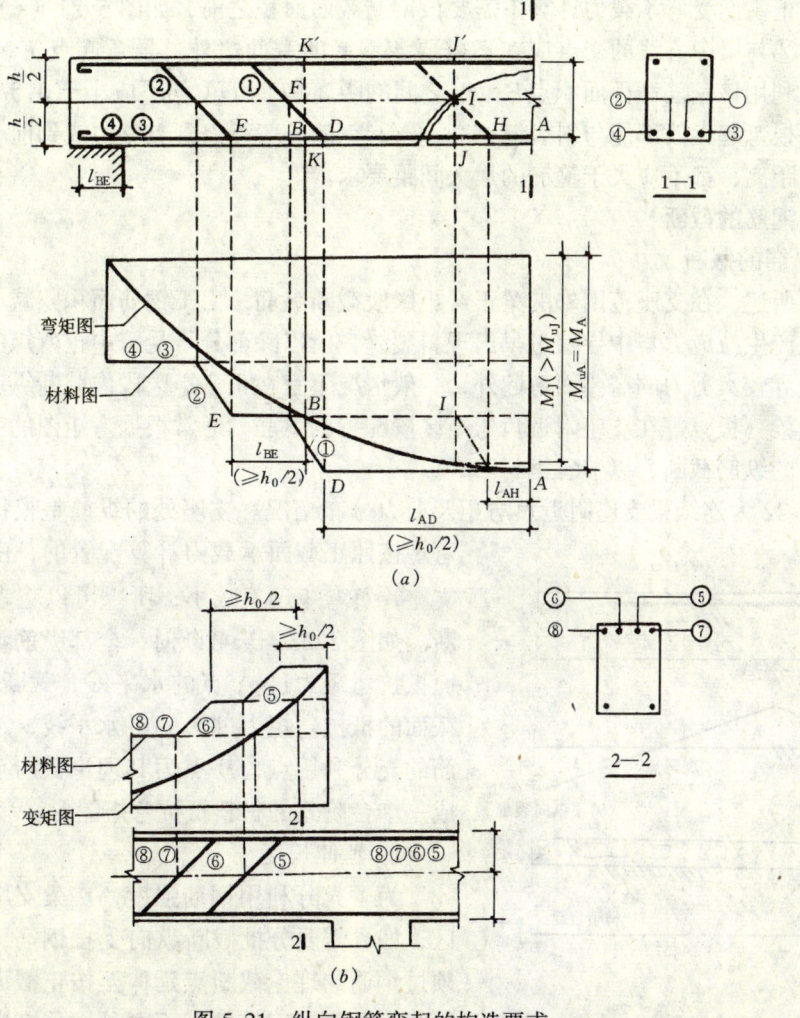

图 5-21 纵向钢筋弯起的构造要求

$$M_1 = f_y \cdot A_{sb} \cdot z$$

弯起后，在Ⅱ-Ⅱ截面（斜截面）处的抵抗弯矩为：

$$M_2 = f_y \cdot A_{sb} \cdot z_b$$

为了保证斜截面的受弯承载力，至少要求 $M_2 = M_1$，即 $z_b = z$。由图所示，有

$$\frac{z_b}{\sin\alpha} = z \cdot \text{ctg}\alpha + a$$

取 $z_b = z$，所以

$$a = \frac{z(1 - \cos\alpha)}{\sin\alpha}$$

通常，$\alpha = 45°$ 或 $60°$，可近似取 $z = 0.9h_0$，

则

$$a = (0.373 \sim 0.520)h_0$$

为方便起见，设计规范规定 a 不应小于 $0.5h$。

如图 5-21 所示，为保证斜截面的受弯承载力不小于正截面的受弯承载力，设计规范规定在梁的受拉区段弯起钢筋时，要保证材料抵抗弯矩图形必须包在弯矩图形之外，弯起点应在按正截面受弯承载力计算不需要该钢筋截面面积之前，如图 5-21（a）所示，弯起钢筋①、②与梁中心线的交点应在不需要该钢筋的截面之外，且弯起点 E、D 分别与按计算充分利用该钢筋截面面积点 B、A 之间的距离 EB、DA 均不应小于 $0.5h_0$。同时，为了保证每根弯起钢筋都能与斜裂缝相交，弯起钢筋的弯终点到支座边或到前一排弯起钢筋弯起点的距离，都不应大于箍筋的最大间距要求。

三、钢筋的截断

1. 纵筋的截断

如前所述，在支座范围外的梁正弯矩区段截断纵筋，由于钢筋面积骤减，在纵筋截断处混凝土产生拉应力集中导致过早出现斜裂缝，所以除部分承受跨中正弯矩的纵筋由于承受支座边界较大剪力的需要而弯起外，一般情况不宜在正弯矩区段内截断纵筋。而对悬臂梁、连续梁（板）等在支座附近负弯矩区段配置的纵筋，通常根据弯矩图的变化，将按计算不需要的纵筋截断，以节省钢材。

图 5-22 为连续梁支座附近负弯矩及剪力分布情况。支座处的纵筋是根据该处最大负弯矩按照正截面承载力计算配置的，由于随着远离支座，负弯矩迅速减小，所以可以将多余的纵筋截断。如图 2-23，未截断时，全部纵筋参加工作的截面抵抗弯矩为过 A 点的水平线，截断一根纵筋后，截面的抵抗弯矩为过 B 点的水平线，A 点为这根钢筋的充分利用点，B 点为其理论截断点，这样就形成一个台阶式的材料抵抗弯矩图形。

2. 延伸长度

为了充分利用钢筋强度，在梁支座截面负弯矩区，如果需要分批截断纵向受拉钢筋，每批钢筋必须过钢筋的理论截断点延伸至按正截面受弯承载力计算不需要该钢筋的截面之外才能截断，这段距离

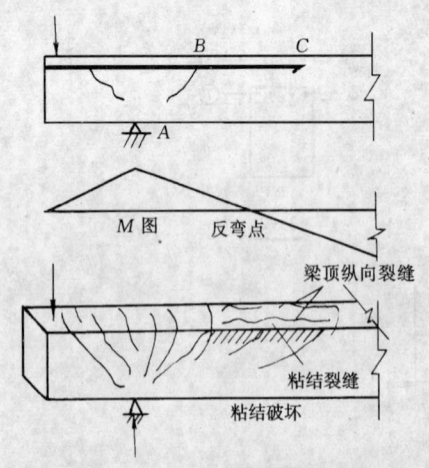

图 5-22 连续梁负弯矩及剪力分布

称为钢筋的延伸长度。需要注意的是：钢筋的延伸长度不同于钢筋在支座处的锚固作用，它是钢筋在有斜裂缝的，弯剪区段的粘结锚固问题。

根据粘结锚固试验，并结合过去工程实践，见图 5-23，规定梁支座截面负弯矩区纵向受拉钢筋不宜在受拉区截断，如必须截断应按以下规定进行：

当 $V > 0.7 f_t b h_0$ 时，应延伸至按正截面受弯承载力计算不需要该钢筋的截面以外不小于 h_0 且不小于 $20d$ 处截断；且从该钢筋强度充分利用截面伸出的长度 l_d 应满足：

$$l_d \geqslant 1.2 l_a + h_0 \tag{5-15}$$

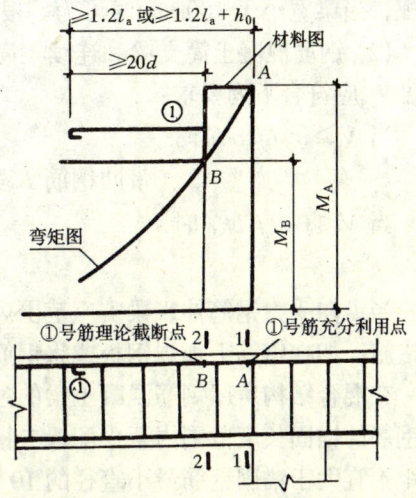

图 5-23 纵筋截断时延伸长度

若按上述规定确定的截断点仍位于与支座最大负弯矩对应的受拉区内，则应延伸至不需要该钢筋的截面以外不小于 $1.3 h_0$ 且不小于 $20d$；且从该钢筋强度充分利用截面伸出的长度 l_d 应满足：

$$l_d \geqslant 1.2 l_a + 1.7 h_0 \tag{5-16}$$

当 $V \leqslant 0.7 f_t b h_0$ 时，应延伸至按正截面受弯承载力计算不需要该钢筋的截面以外不小于 $20d$ 处截断；且从该钢筋强度充分利用截面伸出的长度不应小于 $1.2 l_a$。

在悬臂梁中，应有不少于二根上部钢筋伸至悬臂梁外端，并向下弯折不小于 $12d$。其余钢筋不宜在梁长范围内截断，宜按有关规定向下弯折和在梁的下边锚固。这是因为这时可能出现斜裂缝，近似假设斜裂缝水平投影长度为 h_0，则在钢筋充分利用点 A 以左范围内，出现的斜裂缝所承受的弯矩，均与 A 点的弯矩相近。

上述公式中，l_a 为受拉钢筋的锚固长度，可按下式计算：

$$l_a = \alpha_a \frac{f_y}{f_t} d \tag{5-17}$$

式中 d——锚固钢筋的直径，或锚固并筋的等效直径；

α_a——锚固钢筋的外形系数，按表 5-1 取用。

表 5-1 锚固钢筋的外形系数 α_a

钢筋类型	光面钢筋	带肋钢筋	刻痕钢丝	螺旋肋钢丝	三股钢绞线	七股钢绞线
外形系数 α_a	0.16	0.14	0.19	0.13	0.16	0.17

《混凝土结构设计规范》对悬臂梁的延伸长度也作了规定。

四、纵筋的锚固

由于支座附近剪力较大，一旦出现斜裂缝，裂缝处纵筋的应力会突然增大，如果没有足够的伸入支座的锚固长度，往往会使纵筋滑移，甚至从混凝土中拔出而造成锚固破坏。为了防止这种破坏，当纵筋在支座处以及设置弯起钢筋时应有足够的锚固长度。《混凝土结构设计规范》对纵筋的锚固作了如下规定：

(1) 伸入梁支座范围内的纵向受力钢筋数量。当梁宽为 100mm 及以上时，不应小于二根，当梁宽小于100mm时可为一根；

(2) 钢筋混凝土简支梁和连续梁简支端的下部纵向受力钢筋伸入梁支座范围内的锚固长度l_{as}应符合下列要求：

当 $V>0.7f_tbh_0$ 时

$$\text{带肋钢筋 } l_{as}\geqslant 12d; \text{ 光面钢筋 } l_{as}\geqslant 15d \quad (5-18)$$

当 $V\leqslant 0.7f_tbh_0$ 时

$$l_{as}\geqslant 5d \quad (5-19)$$

当纵向受力钢筋伸入梁支座范围内的锚固长度不符合上述规定时，应采取其它有效锚固措施，如在钢筋上加焊钢板或将钢筋的端部焊接在梁端的预埋件上等。

在混合结构房屋钢筋混凝土梁的独立简支支座处或预制梁的简支支座处，应在纵向受力钢筋的锚固长度范围内至少配置二根箍筋。箍筋直径不宜小于锚固钢筋直径的0.25倍，间距不宜大于锚固钢筋最小直径的10倍，当采用机械锚固措施时尚不宜大于锚固钢筋最小直径的5倍。

(3) 当设置弯起钢筋时，弯起钢筋的弯终点外应留有平行梁轴线方向的锚固长度，其长度在受拉区不应小于$20d$，在受压区不应小于$10d$。

同时，《混凝土结构设计规范》在"梁柱节点"一节中也对框架梁、连续梁以及框架柱中纵向受拉钢筋的锚固作了详细的规定。

五、箍筋的构造要求

如前所述，箍筋是受拉钢筋，它的主要作用是使被斜裂缝分割的混凝土梁体能够传递剪力并抑制斜裂缝的开展。因此，在设计中箍筋必须有合理的形式、直径和间距。同时，箍筋在受拉区和受压区都要有足够的锚固。

箍筋一般采用HRB 335，HRB 400钢筋，其形式有封闭式和开口式两种，。梁中箍筋一般作成封闭式和开口式两种。除非T形截面梁其翼缘顶面另有横向受拉钢筋，也可以采用开口式箍筋。

如图5-24所示，通常箍筋的肢数有单肢、双肢和四肢，梁中常采用双肢箍筋。为了使箍筋更好地发挥作用，应将箍筋的端部锚固在受压区，且弯钩做成为135°。采用封闭式箍筋时在受压区的水平肢可以起着约束混凝土横向变形的作用，有利于提高混凝土的抗压强度。

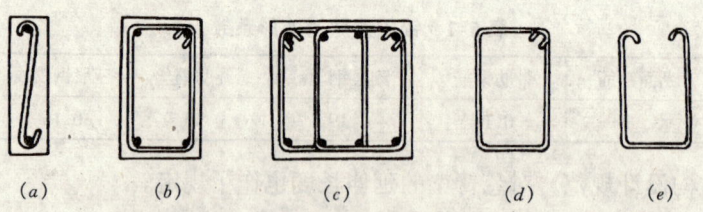

图 5-24 箍筋的肢数和形式
(a) 单肢箍；(b) 双肢箍；(c) 四肢箍；(d) 封闭箍；(e) 开口箍

梁宽大于400mm，且一层内的纵向受压钢筋多于4根时，可用四肢箍筋；梁宽很小时，也可以用单肢箍筋。对计算不需要箍筋的梁，对截面高度大于300mm时，仍应沿梁全长设置箍筋；对截面高度为150 mm～300 mm的梁，可仅在构件端部容易出现斜裂缝的各 1/4 跨度范围内设置箍筋，但当构件中部 1/2 跨度范围内有集中荷载作用时，则应沿梁全长设置箍筋；对截面高度为 150mm 以下时，可不设置箍筋。

箍筋的分布与斜裂缝的宽度有关。箍筋间距过大则有可能斜裂缝与箍筋不相交，或相交在箍筋不能充分发挥作用的位置，这样都不能有效地阻止斜裂缝开展。为了保证每一个斜裂缝内都有必要数量的箍筋与之相交，发挥箍筋的作用，对箍筋的最大间距要有限制要求。梁中纵向钢筋搭接长度范围内的箍筋最大间距宜符合表 5-2 的规定。

表 5-2　梁中箍筋的最大间距 S_{max}（mm）

梁高 h	$V \geqslant 0.7f_t bh_0$	$V < 0.7f_t bh_0$
$150 < h \leqslant 300$	150	200
$300 < h \leqslant 500$	200	300
$500 < h \leqslant 800$	250	350
$h > 800$	300	400

当梁中配有计算需要的纵向受压钢筋时，箍筋应为封闭式，箍筋的间距在绑扎骨架中不应大于 $15d$，在焊接骨架中不应小于 $20d$（d 为纵向受压钢筋的最小直径），同时在任何情况下均不应大于 400mm；当一层内的纵向受压钢筋多于 3 根时，应设置复合箍筋；当一层内的纵向受压钢筋多于 5 根且直径大于 18mm 时，箍筋间距不应大于 $10d$；当梁的宽度不大于 400mm，且一层内的纵向受压钢筋不多于 4 根时，可不设置复合箍筋。

表 5-3　箍筋的最小直径（mm）

梁宽 h	箍筋直径
$h > 800$	8
$h \leqslant 800$	6

箍筋除了承受剪力外，还起着固定纵筋与之形成钢骨架的作用。为了保证钢骨架有足够的刚度，需要限制箍筋的最小直径。梁中箍筋最小直径如表 5-3 所示。

当梁中配有按计算需要的纵向受压钢筋时，箍筋直径还应满足不小于 $d/4$（d 为纵向受压钢筋的直径）。

配有箍筋的梁一旦出现斜裂缝后，斜裂缝处的拉力则由箍筋全部承担，如果箍筋配置过少，则箍筋很快屈服，就不能有效阻止斜裂缝的开展，同时斜裂缝过宽会使骨料间的咬合力消失，抗剪作用消弱，甚至箍筋被拉断，发生斜拉破坏。所以，箍筋除满足对其最小直径及最大间距的要求外，箍筋的配筋率 ρ_{sv}（$\dfrac{A_{sv}}{bs}$）尚不应小于 $0.24\dfrac{f_t}{f_{yv}}$。

第六章 轴心受力构件正截面承载力

对均质材料的构件，当纵向外力的作用线与构件截面形心轴线重合时，称为轴心受力构件。由于钢筋混凝土构件中的混凝土是非均质材料，钢筋也难以做到完全均匀对称布置，所以对钢筋混凝土构件来说，几乎没有真正的轴心受力构件。但是，在设计分析计算时，为了方便，往往忽略混凝土的不均匀性和钢筋的非对称布置的影响，认为只要轴向力与构件截面形心轴线重合，即为轴心受力构件，并近似地按轴心受拉或轴心受压构件进行设计。

第一节 轴心受压构件的正截面承载力

一、配有纵筋和箍筋柱的承载力

受压构件是常见的受力构件，当纵向压力通过截面形心时，称为轴心受压构件。工程中，屋架的受压弦杆及腹杆、以恒载为主的多层建筑的内柱可近似地按轴心受压构件进行设计，如图6-1（a），（b）。轴心受压构件常用的截面形式有方形、矩形，也有用圆形和多角形的。轴心受压构件常见的配筋型式有两种，一种是配有纵筋和一般横向箍筋，另一种是配有纵筋和螺旋筋。纵筋能帮助混凝土承受压力，从而减小构件的截面尺寸，防止构件突然脆裂破坏及增强构件的延性，以及减小混凝土的徐变变形。横向箍筋配置在纵向钢筋的外侧，起箍住纵向钢筋的作用。箍筋能与纵筋形成骨架，防止纵筋受力外凸。当箍筋密排时可以起到约束核心混凝土，提高其极限变形值的作用。通常由于荷载作用位置的偏差，混凝土组成结构的非均匀性，施工制造的偏差，配筋不对称等，构件在轴向压力的作用下多少存在有弯矩作用，也就是说，理想的

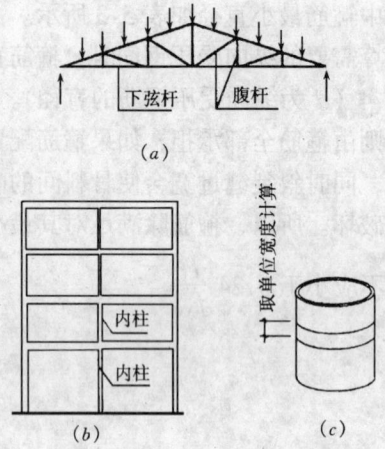

图 6-1 轴心受力构件实例
（a）屋架的腹杆和下弦杆；（b）等跨框架的中柱；（c）圆形水池环向池壁

轴心受压构件是不存在的。当弯矩很小，分析时一般可以忽略不计，近似按轴心受压构件计算。

1. 普通钢箍短柱的受力特点和破坏特征

普通箍筋柱是指配有纵筋和一般横向箍筋的柱。如图6-2所示，配有纵筋和横向箍筋的短柱，在轴心荷载作用下整个截面的应变大体上是均匀分布的。当荷载较小时，混凝土处于弹性工作阶段，压缩变形的增加与外力的增长成正比，随着荷载增大，混凝土塑性变形发展，变形增加的速度快于荷载增长的速度，配置纵筋数量越少，这个现象越为明显。

随着外力继续增加，柱中开始出现微细裂缝，在临近破坏荷载时，柱四周出现明显的斜向裂缝，破坏时，由于混凝土的横向变形，箍筋间的纵向钢筋发生压曲，向外凸出，中间部分的混凝土被压碎酥裂，从而整个柱破坏。在加载过程中，由于钢筋和混凝土之间存在着粘结力，两者压应变相等。通过量测纵筋的应变值可以换算出纵筋的应力值。

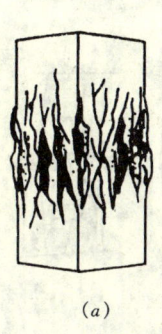
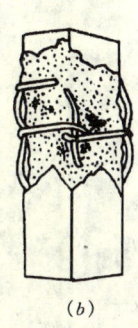

图 6-2　短柱轴压破坏形态　　　　　　图 6-3　短柱应力-荷载曲线图

轴心荷载 N 与纵筋应力 σ'_s、混凝土应力 σ_c 的关系如图 6-3 所示。可以看出，在荷载很小的弹性阶段，N 与 σ_c、σ'_s 的关系基本上是线形关系。混凝土和钢筋一样，处在弹性阶段，基本上没有塑性变形。此时钢筋应力 σ'_s 与混凝土应力 σ_c 成正比。随着荷载的增加，混凝土的塑性变形有所发展。进入弹塑性阶段，这时在相同的荷载增量下，钢筋的压应力比混凝土的压应力增加得快一点。若构件在加载后，荷载维持不变，由于混凝土徐变的作用使混凝土和钢筋的应力还会发生变化。随着持续荷载时间的增加，混凝土的压应力逐渐变小，钢筋的压应力逐渐变大，一开始变化较快，经过一定时间（约 150 天）后逐步趋于稳定。混凝土应力变化幅度较小而钢筋应力变化幅度较大。

若在持续荷载过程中突然卸载，构件回弹，由于混凝土徐变变形的大部分不可恢复，在荷载为零的条件下，使钢筋受压，混凝土受拉，自相平衡。如果纵筋含钢率过大还可能使混凝土的拉应力达到抗拉强度后而拉裂。如重复加荷到原有数值，则钢筋、混凝土的应力仍按原曲线变化。

素混凝土棱柱体构件达到极限压应变时，压应变值一般在 0.0015～0.002，而钢筋混凝土短柱达到最大承载力时，压应变值一般在 0.0025～0.0035 之间。这是由于短柱中配置了纵筋，起到了调整混凝土应力的作用，能比较好地发挥混凝土的塑性性能，使构件达到最大承载力时的应变值得到增加，从而改善了受压破坏的脆性性质。

在破坏时，若纵筋强度不太高，一般是纵筋先达到屈服强度，随着荷载增加，最后混凝土达到最大应力值，构件破坏。若纵筋强度很高，也可能混凝土达到最大应力时，纵筋没有达到屈服强度，在继续变形一段后，构件才破坏。

实际结构中，由于柱子受到长期荷载作用，混凝土的徐变和收缩起到使混凝土应力下降，纵筋应力增大的作用。虽然纵筋强度很高，当配筋率很小时，也有可能较早达到屈服强度，产生钢筋混凝土柱的所谓混凝土徐变破坏。

设计时，偏安全地取混凝土极限压应变为 0.002，相应的纵筋应变为 0.002，此时混凝土达到棱柱体抗压强度值 f_c，相应的纵筋的应力值 $\sigma'_s = E_s \varepsilon'_s \approx 200 \times 10^3 \times 0.002 \approx$

400N/mm², 即纵筋的抗压强度最多只能发挥到 400N/mm²。

图 6-4 为截面尺寸及混凝土强度等级完全相同的三种轴心受压短柱在短期荷载作用下的荷载压应变曲线。对配有一般方形钢箍的混凝土柱（B），由于纵筋存在，承载力比无配筋的混凝土柱（A）有较大提高，达到极限承载力时的应变值也有所增长。

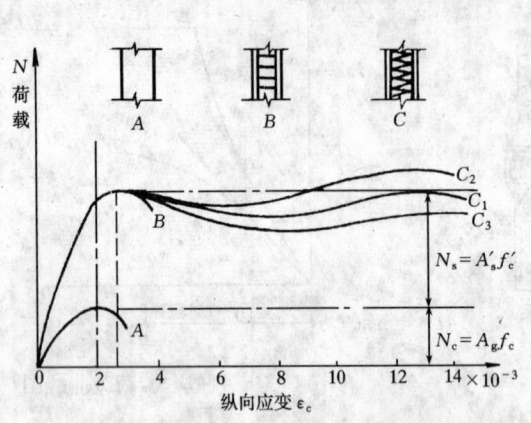
图 6-4 轴心受压短柱的荷载应变曲线

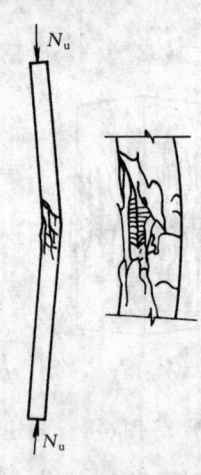
图 6-5 长柱的破坏形态

2. 普通箍筋长柱的受力特点和破坏特征

这里，用长细比来区别长柱和短柱。所谓长细比，对矩形截面为柱的计算长度（l_0）和截面的短边长度（b）的比值，即 l_0/b。对于长细比较大的长柱，试验表明，由于各种偶然因素会造成初始偏心矩。在荷载作用下，由于初始偏心矩，将产生附加弯矩和相应的侧向挠度，侧向挠度又加大了初始偏心矩。这样相互影响的结果使长柱在弯矩和轴力共同作用下破坏。根据试验观测，破坏过程是：首先在凹边产生纵向裂缝，然后混凝土被压碎，纵向钢筋被压弯向外鼓出，侧向挠度急速增大，凸边混凝土开裂，柱子破坏。另外，对于长细比很大的长柱，如图 6-5 所示，还有可能发生"失稳破坏"的现象。试验表明，长柱的破坏荷载低于其他条件相同的短柱的破坏荷载。为了反映长细比较大时带来的不利影响，采用稳定系数 φ 表示承载能力的降低程度，即 φ 为长柱承载力（N_u^l）与短柱承载力（N_u^s）的比值。

$$\varphi = \frac{N_u^l}{N_u^s} \tag{6-1}$$

根据国内外的试验结果，稳定系数 φ 值主要与构件的长细比有关。从图 6-6 可以看出，长细比 l_0/b 越大，φ 值越小。当 $l_0/b < 8$ 时，柱的承载能力基本没有降低，这时 φ 值可取等于 1。对于具有相同 l_0/b 值的柱，由于混凝土强度等级和钢筋的种类以及配筋率的不同，φ 值也略有不同。

根据数理统计的结果，有如下经验公式：

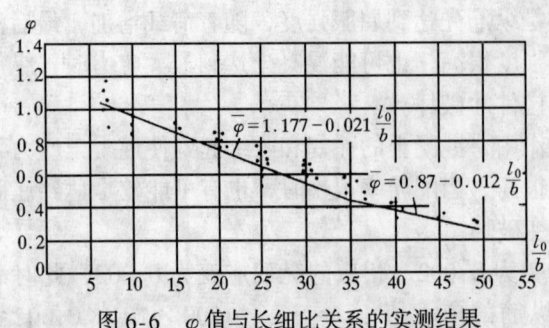
图 6-6 φ 值与长细比关系的实测结果

当 $\dfrac{l_0}{b} = 8 \sim 34$ 时, $\quad\varphi = 1.177 - 0.021\dfrac{l_0}{b}$ (6-2)

当 $\dfrac{l_0}{b} = 35 \sim 50$ 时, $\quad\varphi = 0.87 - 0.012\dfrac{l_0}{b}$ (6-3)

对于长细比 l_0/b 较大的构件，考虑到荷载初始偏心和长期荷载作用对构件承载力的不利影响较大，长细比的取值比按经验公式所得的值还要低一些，以保证安全。对于长细比 l_0/b 较小的构件，根据以往的经验，长细比的取值略微提高一些。长细比与稳定系数的关系是由试验结果经修正后给出的，φ 值计算见表6-1。

表6-1 钢筋混凝土轴心受压构件的稳定系数 φ

$\dfrac{l_0}{b}$	$\dfrac{l_0}{d}$	$\dfrac{l_0}{i}$	φ	$\dfrac{l_0}{b}$	$\dfrac{l_0}{d}$	$\dfrac{l_0}{i}$	φ
≤8	≤7	≤28	1.0	30	26	104	0.52
10	8.5	35	0.98	32	28	111	0.48
12	10.5	42	0.95	34	29.5	118	0.44
14	12	48	0.92	36	31	125	0.40
16	14	55	0.87	38	33	132	0.36
18	15.5	62	0.81	40	34.5	139	0.32
20	17	69	0.75	42	36.5	146	0.29
22	19	76	0.70	44	38	153	0.26
24	21	83	0.65	46	40	160	0.23
26	22.5	90	0.60	48	41.5	167	0.21
28	24	97	0.56	50	43	174	0.19

注：表中 l_0——构件的计算长度；
　　　b——矩形截面的短边尺寸；
　　　d——圆形截面的直径；
　　　i——截面的最小回转半径，用于非矩形截面的计算，$i = \sqrt{I/A}$，I，A 分别为截面的惯性矩和截面面积。

由稳定系数 φ 值也可以看出，对矩形截面柱，当 $l_0/b \leq 8$ 时，$\varphi = 1.0$，为短柱，不考虑承载能力的降低；当 $l_0/b > 8$ 时，为长柱，要考虑承载能力的降低。

3. 普通钢筋柱的正截面承载力计算

根据以上的分析，得出轴心受压构件的计算公式：

$$N = 0.9\varphi(f_c A + f'_y A'_s) \tag{6-4}$$

式中　N——轴向力设计值；
　　　φ——稳定系数，见表6-1；
　　　f_c——混凝土的轴心抗压强度设计值；
　　　A——构件截面面积，当纵向钢筋配筋率大于0.03时，应改用 A_c，$A_c = A - A'_s$。
　　　f'_y——纵向钢筋的抗压强度设计值；
　　　A'_s——全部纵向钢筋的截面面积。

在公式（6-4）的等号右边乘以0.9是为了保证轴心受压构件正截面承载力与偏心受

压构件正截面承载力具有相近的可靠度。

在求稳定系数时需要确定构件计算长度 l_0。l_0 与构件两端支承情况有关,当两端为不移动铰时,取 $l_0 = l$(l 是构件实际长度);当两端均为固定时,取 $l_0 = 0.5l$;当一端固定,一端为不移动铰时,取 $l_0 = 0.7l$;当一端固定,一端自由时,取 $l_0 = 2l$。

在实际结构中,构件的端部连接不象上面几种情况那样理想、明确,所以在确定 l_0 时应根据上述原则结合具体情况进行分析。《混凝土结构设计规范》对受压柱的计算长度作了具体规定。

例 6-1 某 4 层四跨现浇框架结构的第 2 层内柱,轴向力设计值 $N = 160 \times 10^4 N$,楼层高 $H = 6.0 m$,混凝土强度等级为 $C30$,钢筋 HRB335($f_y = 300 N/mm^2$)。

求:柱截面尺寸及纵筋面积。

解:根据构造要求,先假定柱截面尺寸为 $300 mm \times 300 mm$。

计算 l_0:
$$l_0 = 1.25H = 1.25 \times 6.0 = 7.5 m$$

确定 φ:
$$l_0/b = 7500/300 = 25.0$$

查表得:$\varphi = 0.625$

求 A_s':
$$A_s' = \frac{N/0.9\varphi - f_c A}{f_y'}$$
$$= \frac{160 \times 10^4 / (0.9 \times 0.625) - 14.3 \times 300 \times 300}{300}$$
$$= 5191 mm^2$$

求得 $\rho' = A_s'/A = 5191/(300 \times 300) = 0.0577 > \rho_{min}' = 0.6\%$ 大于轴心受压纵筋最小配筋率,满足要求。选用 8 根直径 30 的 HRB335 钢筋 $A_s' = 5655 mm^2$。

例 6-2 根据建筑上要求,某现浇底层柱截面尺寸定为 $300 mm \times 300 mm$。柱高 5m,由两端支承情况决定其计算高度 $l_0 = 1.0H = 5m$;柱内配有 4 根直径 16 的 HRB400 钢筋 ($A_s' = 804 mm^2$) 的纵筋;构件混凝土强度为 $C30$,箍筋为 HRB335 钢筋。柱的设计轴向力 $N = 75 \times 10^4 N$。

问:截面是否安全?

解:按《混凝土结构设计规范》表 4.1.4 附注①的规定,计算现浇钢筋混凝土轴心受压及偏心受压构件时,如截面的长边或直径小于 300mm,则混凝土的强度设计值应乘以系数 0.8。当构件质量(如混凝土成型、截面和轴线尺寸等)确有保证时,可不受此限。本题考虑乘以系数 0.8。

求 φ 值:由 $l_0/b = 5000/300 = 16.7$,查表得 $\varphi = 0.849$
$$\frac{0.9\varphi(0.8 f_c A + f_y' A_s')}{N} = \frac{0.9 \times 0.849 \times (0.8 \times 14.3 \times 300 \times 300 + 360 \times 804)}{75 \times 10^4}$$
$$= 1.052$$

故截面是安全的。

二、配有纵筋和螺旋筋的柱的承载力

普通钢箍柱的箍筋间距一般比较大,对约束混凝土受压时的横向变形效果不明显,所以对提高混凝土的抗压强度作用不大。当柱承受很大的轴向压力,而柱的截面尺寸由于建筑及使用上的要求受到限制，若按普通钢箍柱配置纵筋和横向箍筋，即使提高混凝土强度等级，增加纵筋配筋量也不足以承受该荷载时，可考虑采用螺旋筋柱或焊接环筋柱以提高构件的承载能力。螺旋筋柱或焊接环筋柱的截面形状一般为圆形或多边形。图6-7中表示螺旋筋柱和焊接环筋柱的构造型式。螺旋筋和焊接环筋也称为"间接钢筋"。

1. 螺旋筋柱的受力特点和破坏特征

从破坏现象上，混凝土的纵向受压破坏可以看作是由于横向变形而拉坏的现象，如能约束其横向变形就能间接提高其纵向抗压强度。配置螺旋筋或焊接环筋可以加强对混凝土的约束作用，从而提高柱的抗压强度和变形能力。由于螺旋筋柱和焊接环筋柱的受力机理相同，为叙述方便，以下不再区别而统称为螺旋筋柱。

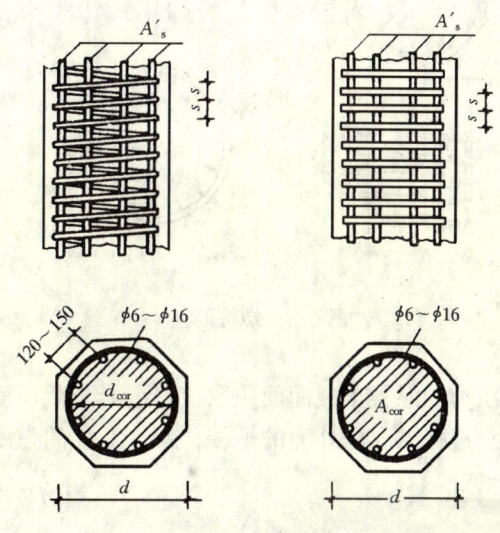

图6-7 螺旋筋柱和焊接环筋柱

如前图6-4，对分别配有由小到大不同间距的螺旋筋及纵筋的混凝土柱 C_2，C_1，C_3，曲线荷载有二个峰值，在第一个峰值前，曲线与普通混凝土柱相同。由于螺旋筋的侧向约束作用要比普通箍筋的大，所以经过第一个峰值后曲线虽略有下降，但承载力仍很大。随着变形增大，螺旋筋的侧向约束作用愈加明显，曲线再次回升，形成第二个峰值。承载力与螺旋筋的间距有关，间距愈小，承载力愈大。

试验研究表明，横向钢筋的强度、直径以及螺旋筋的间距是影响柱的强度和变形的主要因素，强度越高，直径越粗、间距越小，约束作用越明显，其中螺旋筋间距的影响最为显著。配置螺旋筋的柱，在螺旋筋约束混凝土横向变形从而提高混凝土强度和变形的同时，螺旋筋中产生拉应力。当它们的拉应力达到抗拉屈服点时，就不再能有效地约束混凝土的横向变形，混凝土的抗压强度就不能再提高，这时构件破坏。螺旋筋外侧的混凝土保护层在螺旋筋受到较大拉应力时会开裂，所以在计算时不考虑这部分混凝土的作用。

2. 螺旋筋柱的正截面承载力计算

螺旋筋所包围的核心截面混凝土处于三向受压状态，其实际抗压强度，因套箍作用而高于混凝土轴心抗压强度。这类配箍柱在进行承载力计算时，与普通钢箍柱不同的是要考虑横向钢筋的影响。

根据圆柱体混凝土三向受压的试验结果，被约束混凝土的轴心抗压强度可近似按下式计算：

$$f = f_c + 4\sigma_r \tag{6-5}$$

式中 f——被约束混凝土轴心抗压强度；

σ_r——间接钢筋的应力达到屈服强度时，作用于圆柱体混凝土上的径向压应力值。

当螺旋筋达到屈服时，如图6-8所示，将圆形箍筋沿径向切开，根据力的平衡条件可得：

$$\sigma_r = \frac{2f_y A_{ss1}}{d_{cor} \cdot s} \tag{6-6}$$

式中 A_{ss1} ——单根间接钢筋的截面面积；
f_y ——间接钢筋的抗拉设计强度；
s ——沿构件轴线方向间接钢筋的间距；
d_{cor} ——构件的核心直径，按间接钢筋内表面确定；
A_{cor} ——构件的核心截面面积。

将公式（6-6）代入公式（6-5）

$$f = f_c + \frac{8f_y \cdot A_{ss1}}{d_{cor} \cdot s}$$

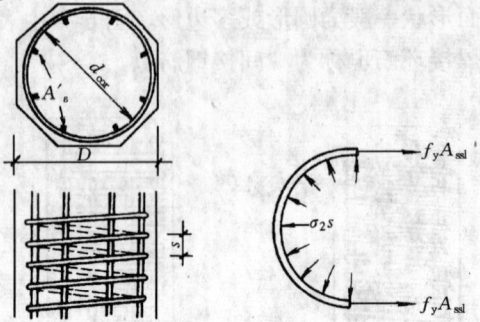

图 6-8 螺旋筋柱

当箍筋屈服时，外围混凝土已严重剥落，承受压力的混凝土截面面积取核心混凝土截面面积 A_{cor}。

根据纵向内外力的平衡，螺旋筋柱的强度为：

$$\begin{aligned} N &= fA_{cor} + f'_y A'_s \\ &= (f_c + 4\sigma_r)A_{cor} + f'_y A'_s \\ &= f_c A_{cor} + \frac{8f_y A_{cor} A_{ss1}}{d_{cor} \cdot s} + f'_y A'_s \end{aligned}$$

将螺旋筋换算成相同体积的纵向钢筋，其换算面积 A_{ss0}：

$$A_{ss0} = \frac{\pi d_{cor} \cdot A_{ss1}}{s}$$

考虑间接钢筋对混凝土的约束作用，螺旋筋柱的正截面受压承载力按下式计算：

$$N = 0.9(f_c A_{cor} + f'_y A'_s + 2\alpha f_y A_{ss0}) \tag{6-7}$$

式中，α 为间接钢筋对混凝土约束的折减系数，当混凝土强度等级不超过 C50 时，取 1.0；当混凝土强度等级为 C80 时，取 0.85；其间按线性内插法确定。

为了保证间接钢筋外面的混凝土保护层在正常使用阶段不致于过早剥落，对抵抗剥落有足够的裕度，按公式（6-7）的螺旋筋算得的轴压构件承载力设计值不应比按同样材料和截面的普通箍筋算得的构件承载力设计值大 50%。

凡属以下情况之一者，不考虑间接钢筋的影响而按普通箍筋柱计算其承载力：

（1）当 $l_0/d > 12$ 时，长细比较大，由于初始偏心距引起的侧向挠曲和附加弯矩使构件处于偏心受压状态，有可能引起间接钢筋不起作用；

（2）当外围混凝土较厚，混凝土核心面积较小，按间接钢筋轴压构件算得的受压承载力小于按普通箍筋轴压构件算得的受压承载力；

（3）当间接钢筋换算截面面积 A_{ss0} 小于纵筋全部截面面积的 25% 时，可以认为间接钢筋配置太少，它对混凝土的有效约束作用很弱，套箍作用的效果不明显。

另外，为了便于施工，间接钢筋间距不宜小于 40mm，也不应大于 80mm 及 $0.2d_{cor}$。

例 6-3 已知：某建筑底层门厅内现浇钢筋混凝土柱，承受轴心压力设计值 $N = 500 \times 10^4 N$，从基础顶面至 2 层楼面高度为 5.8m。混凝土强度等级为 C30，由于建筑要求柱截面为圆形，直径为 $d = 480$mm。柱中纵筋用 HRB335 钢筋，箍筋用 HRB235 钢筋。

求：柱中配筋。

解： 先按配有纵筋和箍筋计算。

(1) 计算长度 l_0，对一般多层房屋的钢筋混凝土现浇框架底层柱 $l_0 = 1.0H$，得

$$l_0 = 1.0H = 5.8\text{m}$$

(2) 计算稳定系数 φ 值

$$l_0/d = 5800/480 = 12.1$$

查表 (6-1) 得：$\varphi = 0.92$

(3) 求纵筋 A'_s 已知圆形混凝土截面积为

$$A = \frac{\pi d^2}{4} = \frac{3.14 \times 480^2}{4} = 18.086 \times 10^4 \text{mm}^2$$

由式 (6-4) 求得

$$\begin{aligned}A'_s &= \frac{N/0.9\varphi - f_c A}{f'_y} \\ &= \frac{500 \times 10^4/(0.9 \times 0.92) - 14.3 \times 18.086 \times 10^4}{300} \\ &= 11508 \text{mm}^2\end{aligned}$$

(4) 求配筋率

$$\rho' = A'_s/A = 11508/180860 = 0.064 > 0.06$$

配筋率较高，由于混凝土强度等级不宜再提高，并因 $l_0/d < 12$，采用加配螺旋筋以提高柱的承载能力。下面再按配有纵筋和螺旋筋柱来计算。

(5) 假定纵筋配筋率 $\rho' = 0.04$ 则得 $A'_s = \rho' A = 7850 \text{mm}^2$，选用 13 根直径 28 的 HRB335 钢筋，得真实的 $A'_s = 7999 \text{mm}^2$。混凝土的保护层取用 25mm，得

$$d_{cor} = d - 25 \times 2 = 480 - 25 \times 2 = 430 \text{mm}$$

$$A_{cor} = \frac{\pi d_{cor}^2}{4} = \frac{3.14 \times 430^2}{4} = 14.51 \times 10^4 \text{mm}^2$$

(6) 按式 (6-7) 求螺旋筋的换算截面面积 A_{ss0} 得

$$\begin{aligned}A_{ss0} &= \frac{N/0.9 - (f_c A_{cor} + f'_y A'_s)}{2 f_y} \\ &= \frac{500 \times 10^4/0.9 - (14.3 \times 14.51 \times 10^4 + 300 \times 7999)}{2 \times 210} \\ &= 2574 \text{mm}^2\end{aligned}$$

$A_{ss0} > 0.25 A'_s \;(= 0.25 \times 7999 = 2000 \text{mm}^2)$，满足构造要求。

(7) 假定螺旋筋直径 $d = 10$mm，则单肢螺旋筋面积 $A_{ss1} = 78.5 \text{mm}^2$。螺旋筋的间距 s 为

$$s = \frac{\pi d_{cor} A_{ss1}}{A_{ss0}} = \frac{3.14 \times 430 \times 78.5}{2574} = 41.2 \text{mm}$$

取 $s = 50\text{mm}$，满足不小于 40mm、并不大于 80mm 及 $0.2d_{cor}$ 的要求。

（8）根据所配置的螺旋筋 $d = 10\text{mm}$，$s = 50\text{mm}$ 重新求得间接配筋柱的轴向力设计值 N 如下：

$$A_{ss0} = \frac{\pi d_{cor} A_{ss1}}{s} = \frac{3.14 \times 430 \times 78.5}{50} = 2120\text{mm}^2$$

$$N = 0.9(f_c A_{cor} + f'_y A'_s + 2 f_y A_{ss0})$$
$$= 0.9(14.3 \times 14.51 \times 10^4 + 300 \times 7999 + 2 \times 210 \times 2120)$$
$$= 482.85 \times 10^4 N$$

按式（6-4）得

$$N = 0.9\varphi(f_c A_n + f'_y A'_s) = 0.9\varphi[f_c(A - A'_s) + f'_y A'_s]$$
$$= 0.9 \times 0.92 \times [14.3 \times (18.086 \times 10^4 - 7999) + 300 \times 7999]$$
$$= 403.4 \times 10^4 N$$

得：$1.5 \times 403.4 \times 10^4 = 605.1 \times 10^4 N > 482.85 \times 10^4 N$，说明该柱能承受的轴心压力设计值 $N = 482.85 \times 10^4 N$

三、受压构件的一般构造要求

1. 截面形式及尺寸

轴心受压构件截面一般采用方形或矩形，也可采用圆形或多边形。采用离心法制造的柱、桩、电杆以及烟囱、水塔支筒等也常用环形截面。

方形柱的截面尺寸不宜小于 250mm×250mm。为了避免矩形截面轴心受压构件长细比过大，承载力降低过多，常取 $l_0/b \leq 30$，$l_0/h \leq 25$。此处 l_0 为柱的计算长度，b 为矩形截面短边边长，h 为长边边长。此外，为了施工支模方便，柱截面尺寸宜使用整数，800mm 及以下的，宜取 50mm 的倍数，800mm 以上者，可取 100mm 的倍数。

2. 材料强度要求

混凝土强度等级对受压构件的承载能力影响较大。为了减小构件的截面尺寸，节省钢材，宜采用较高强度等级的混凝土。一般采用 C25、C30、C35、C40，对于高层的底层柱，必要时可采用高强度等级的混凝土。

纵向钢筋一般采用 HRB400 级、HRB335 级和 RRB400 级，不宜采用高强度钢筋，这是由于它与混凝土共同受压时，不能充分发挥其高强度的作用。箍筋一般采用 HPB225 级、HRB335 级钢筋，也可采用 HRB400 级钢筋。

3. 纵筋

当混凝土强度等级≤C50 时，轴心受压构件全部纵筋的配筋率不应小于 0.6%；当混凝土强度等级为 C60 及以上时，其配筋率应增大 0.1%。当采用 HRB400 级和 RRB400 级钢筋时配筋率可减少 0.1%。全部纵向钢筋配筋率不宜超过 5%。从经济、施工以及受力性能等方面来考虑，一般常用纵筋配筋率范围为 0.6%～2%。

轴心受压构件的纵向受力钢筋应沿截面的四周均匀放置，钢筋根数不应少于 4 根，钢筋直径 d 不宜小于 12mm。圆柱中宜沿周边均匀布置，钢筋根数不宜少于 8 根，且不应少于 6 根。为了减少钢筋在施工时可能产生的纵向弯曲，宜采用较粗的钢筋。

柱内纵筋的混凝土保护层厚度对一级环境，混凝土强度等级为 C25 及以上时，取 30mm，柱内纵向钢筋的净距不应小于 50mm。在水平位置上浇注的预制柱，其纵向钢筋的最小净距可按梁的有关规定取用。

纵筋的连接接头宜设置在受力较小处。受力钢筋的接头可采用机械连接接头，也可采用焊接接头和搭接接头。

4. 箍筋

为了能箍住纵筋，防止纵筋压曲，柱中箍筋应做成封闭式；箍筋间距不应大于400mm 及构件截面的短边尺寸。且不应大于 $15d$，d 为纵筋的最小直径。箍筋直径不应小于 $d/4$，d 为纵筋最大直径，且不应小于 6mm。

当柱中全部纵向受力钢筋的配筋率超过3%时，箍筋直径不应小于8mm，其间距不应大于纵向钢筋最小直径的10倍，且不应大于200mm。箍筋末端应做成135°弯钩，弯钩末端平直段长度不应小于10倍箍筋直径。

当柱截面短边大于400mm，且各边纵筋多于3根时，或当柱截面短边未超过400mm，且各边纵筋多于4根时，应设置复合箍筋。箍筋的形式如图6-9和6-10所示。

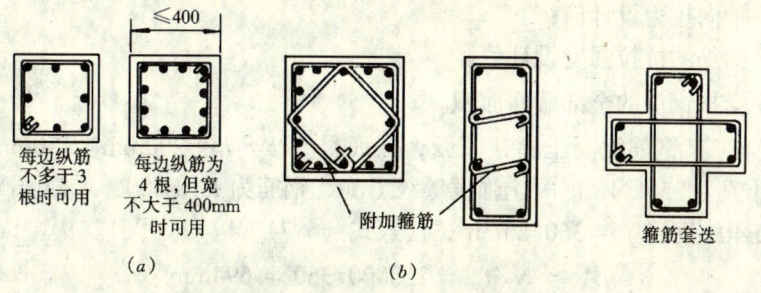

图6-9 方形、矩形截面箍筋形式

在受力钢筋搭接长度范围内应配置箍筋，箍筋直径不应小于搭接钢筋直径的0.25倍；箍筋间距应加密。当搭接钢筋为受压时，其箍筋间距不应大于搭接钢筋较小直径的10倍，且不应大于200mm。当受压钢筋直径大于25mm时，应在搭接接头两个端面外100mm范围内各设置2个箍筋。

对于截面形状复杂的构件，不可采用具有内折角的箍筋，避免产生向外的拉力，致使折角处的混凝土破损，见图6-10。

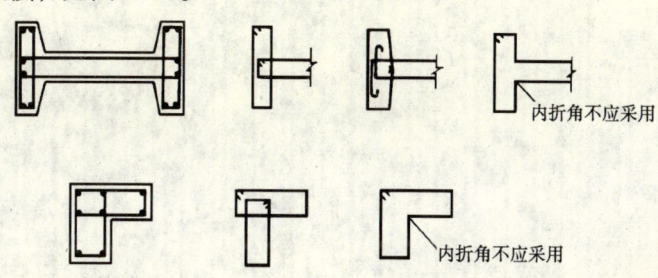

图6-10 工形、L形截面箍筋形式

第二节 轴心受拉构件正截面受拉承载力

当构件上作用的轴向拉力通过截面形心时，称为轴心受拉构件。工程中，桁架中的受拉腹杆和下弦杆、圆形贮液池的池壁可近似地按轴心受拉构件进行设计,如图 6-1 (a),(b)。

在钢筋混凝土轴心受拉构件中,沿受力方向配置纵向钢筋,纵向钢筋承受拉力,沿构件横向配置的箍筋起固定纵向钢筋的作用,箍筋一般不受力,属于构造钢筋。

轴心受拉构件从加载开始到破坏为止,与受弯适筋梁相似,其受力和变形过程也可分为三个阶段。第Ⅰ阶段为从加载到混凝土受拉开裂前。第Ⅱ阶段为混凝土开裂后至钢筋屈服。第Ⅲ阶段为受拉钢筋开始屈服到全部受拉钢筋达到屈服,此时,混凝土裂缝开展很大,荷载达到极限值,一般认为构件已达到破坏状态。正截面承载力计算是以第Ⅲ阶段为依据的。

轴心受拉构件破坏时,混凝土早已被拉裂,破坏截面垂直于轴线,钢筋承担全部拉力,直到钢筋受拉屈服,构件达到其极限承载力,所以轴心受拉构件正截面受拉承载力按下式计算:

$$N \leqslant f_y A_s \tag{6-7}$$

式中 N——轴向拉力设计值;

f_y——钢筋的抗拉强度设计值;

A_s——受拉钢筋的全部截面面积。

例题 6-4 某钢筋混凝土屋架下弦,截面尺寸 $b \times h = 200\text{mm} \times 150\text{mm}$,其所受的轴心拉力设计值为 250kN,混凝土强度等级 C30,钢筋为 HRB400,求截面配筋。

解:HRB400 钢筋 $f_y = 360\text{N/mm}^2$,代入式(6-7)得

$$A_s = N/f_y = 250000/360 = 694\text{mm}^2$$

$$\rho = A_s/A = \frac{694}{200 \times 150} = 0.023$$

选用 4Φ16,$A_s = 804\text{mm}^2$。

第七章 偏心受力构件的承载力计算

在工业与民用建筑结构中,有许多构件受到偏心压力或者同时受到轴向压力和弯矩的作用,例如:单层厂房柱、框架结构柱、拱结构的肋等,如图 7-1(a)所示;还有一些构件则受到偏心拉力或者同时受到轴向拉力和弯矩的作用,例如:矩形水池、浅仓及筒仓的墙壁等,如图 7-1(b)所示。对于同时受到轴向力 N 和弯矩 M 作用的构件,可以将轴向力和弯矩化为具有偏心距为 $e_0 = \dfrac{M}{N}$ 的偏心力。因此,不论是仅承受偏心力,还是同时承受轴向力和弯矩的构件,都可统称为偏心受力构件。当轴向力为压力时,称为偏心受压构件;轴向力为拉力时,称为偏心受拉构件。

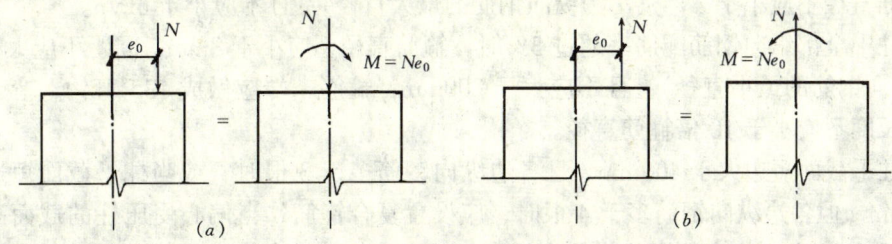

图 7-1 偏心受力构件
(a)偏心受压;(b)偏心受拉

同受弯构件一样,偏心受力构件也需进行正截面承载力和斜截面承载力计算。而且,受弯构件和轴心受力构件均可看作是偏心受力构件的特殊情况:当 $N=0$ 时,为受弯构件;当 $M=0$ 时,为轴心受力构件。

第一节 偏心受力构件的一般构造要求

一、截面形式和尺寸

偏心受压构件常用的截面形式有矩形、工字形及环形等。矩形柱的截面尺寸不宜小于 250mm×250mm。为了避免构件长细比过大,常取 $\dfrac{l_0}{b} \leqslant 30, \dfrac{l_0}{h} \leqslant 25$,此处 l_0 为柱的计算长度,b 为矩形截面短边边长,h 为矩形截面长边边长。为了节省混凝土和减轻构件自重,对于尺寸较大的柱,特别是装配式构件,常采用工字形截面。工字形截面的翼缘厚度不宜小于120mm。因为翼缘太薄,会使构件过早出现裂缝,同时在车间生产过程中靠近柱脚处的混凝土易被碰坏而降低柱的承载能力和缩短使用年限。工字形截面的腹板厚度不应小于80mm,否则浇捣混凝土困难。地震区的工字形截面柱的腹板宜适当加厚。柱截面边长在800mm 以下者,宜取 50mm 为模数;柱截面边长在 800mm 以上者,可取 100mm 为模数。

偏心受拉构件通常采用矩形截面,有时也采用环形截面。

二、纵向钢筋

偏心受压构件纵向受力钢筋的直径 d 不宜小于12mm,通常在12mm～32mm内选用。一般宜采用较粗的钢筋,以使在施工中可行成较刚劲的钢筋骨架,且在荷载作用下钢筋不易压屈。

与轴心受压构件类似,偏心受力构件的纵向钢筋配筋率也应满足最小配筋率的要求:全部纵向钢筋的最小配筋率为0.6%,一侧纵向钢筋的最小配筋率为0.2%(当混凝土强度等级为C60以上时应增大0.1%,当纵筋采用强度等级较高的HRB400和RRB400时可减少0.1%);且全部纵向钢筋的配筋率不宜超过5%。

纵向钢筋的混凝土保护层厚度在室内正常环境下取30mm,且不宜小于钢筋直径,钢筋净距不应小于50mm。在水平位置上浇注的预制柱,其纵筋的最小净距取与梁相同。偏心受压柱中配置在垂直于弯矩作用平面的纵向受力钢筋的中距不应大于350mm。

三、箍筋

为了防止纵向钢筋压屈,偏心受压构件中的箍筋应做成封闭式。箍筋间距不应大于400mm及构件截面的短边尺寸,且不应大于$15d$(d为纵向钢筋的最小直径)。

箍筋直径不应小于$d/4$(d为纵向钢筋的最大直径),且不应小于6mm。

当柱中全部纵向钢筋配筋率超过3%时,箍筋直径不应小于8mm,间距不应大于$10d$(d为纵向钢筋的最小直径),且不应大于200mm;箍筋末端应做成135°弯钩,弯钩末端平直段长度不应小于10倍箍筋直径。

当柱子截面短边大于400mm,且各边纵向钢筋多于3根时,或当柱子截面短边未超过400mm,但各边纵向钢筋多于4根时,应设置复合箍筋;当偏心受压柱的截面高度大于或等于600mm时,在侧面应设置直径为10～16mm的纵向构造钢筋,并应相应设置复合箍筋或拉筋。附加箍筋的设置情况见图7-2。

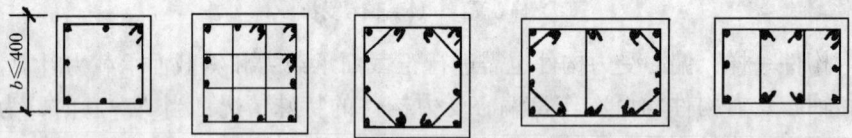

图7-2 柱复合箍筋和拉筋示意图

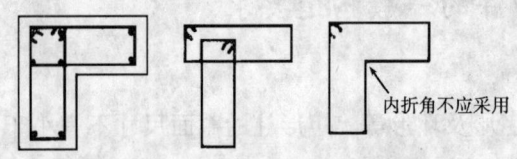

图7-3 L形柱的箍筋形式

在柱内纵向受力钢筋搭接长度范围内应配置箍筋,箍筋直径不应小于搭接钢筋直径的0.25倍;当为受拉时箍筋间距不应大于搭接钢筋较小直径的5倍,且不应大于100mm;当为受压时箍筋间距不应大于搭接钢筋较小直径的10倍,且不应大于200mm。

对于截面形状复杂的柱,不可采用内折角的箍筋,如图7-3所示,以免产生向外的拉力,致使折角处混凝土保护层崩脱。

第二节 偏心受压构件正截面的受力特点和破坏特征

钢筋混凝土偏心受压构件正截面的受力特点和破坏特征与轴向压力的偏心率(偏心距

与截面高度之比)、纵向钢筋的数量、钢筋强度和混凝土强度等因素有关。一般可分为受拉破坏（又可称为大偏心受压破坏）和受压破坏（又可称为小偏心受压破坏）两类。

一、受拉破坏

当轴向压力的偏心率较大，且受拉钢筋配置得不太多时，在荷载作用下，靠近轴向压力的一侧受压，另一侧受拉，随着荷载的增加，首先在受拉区产生横向裂缝，受拉区混凝土退出工作。轴向压力的偏心率愈大，横向裂缝出现愈早，裂缝的开展和延伸愈快，受拉变形的增长较受压变形为快，受拉钢筋应力较大。随着荷载继续增大，主裂缝逐渐明显，主裂缝可能有1~2条。临近破坏荷载时，受拉钢筋的应力首先达到屈服强度，受拉区横向裂缝迅速开展，并向受压区延伸，从而导致混凝土受压区面积迅速减小，混凝土压应力迅速增大，在压应力较大的混凝土受压边缘附近出现纵向裂缝。当受压区边缘混凝土达到极限压应变值，受压区混凝土即被压碎，构件破坏。破坏时，如混凝土受压区高度不过分小，受压区的纵向钢筋应力也可能达到其受压屈服强度。受拉破坏时截面的应力情况如图7-4所示。

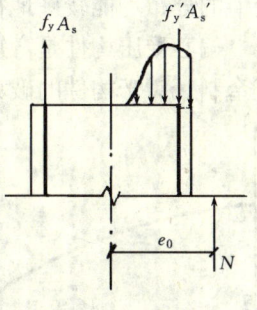

图 7-4 偏心受压构件的受拉破坏

受拉破坏始于受拉钢筋的屈服，有明显的预兆，钢筋屈服后构件的变形急剧增大，裂缝显著开展，属于延性破坏。由于受拉破坏是在轴向压力的偏心率较大的情况下发生的，习惯上也称为大偏心受压破坏。

二、受压破坏

当轴向力的偏心率较小，或者偏心率虽不太小，但配置的受拉钢筋很多时，在荷载作用下，截面大部分受压或全部受压。当截面大部分受压时，在其受拉区虽然也可能出现横向裂缝，但出现较迟，开展也不大。轴向力偏心率愈小，横向裂缝出现愈迟，开展也愈小，一般没有明显的主裂缝。临近破坏荷载时，在压应力最大的混凝土受压边缘附近出现纵向裂缝。当受压区边缘混凝土达到极限压应变值，受压区混凝土即被压碎，构件破坏。破坏时，靠近轴向力一侧的受压钢筋应力达到其抗压屈服强度，而另一侧的钢筋受拉，但应力未达到其抗拉屈服强度，其截面应力情况如图7-5(a)所示。当轴向力的偏心率更小时，截面将全部受压，构件不出现横向裂缝。一般是靠近轴向力一侧的混凝土的压应力较大，由于靠近轴向力一侧边缘混凝土达到极限压应变值，混凝土被压碎而破坏。发生这种破坏时，靠近轴向力一侧的钢筋应力达到其抗压屈服强度，而离轴向力较远一侧的钢筋可能未达到抗压屈服强度，也可能达到抗压屈服强度，其截面应力情况如图7-5(b)所示。

此外，当轴向力的偏心率很小，而离轴向力较远一侧的钢筋相对较少时，离轴向力较远一侧的混凝土的压应力有时反而大些，这时可能由于离轴向力较远一侧边缘混凝土首先达到极限压应变值，混凝土被压碎而破坏。

受压破坏是由于混凝土被压碎引起的，无明显的预兆，属于脆性破坏。由

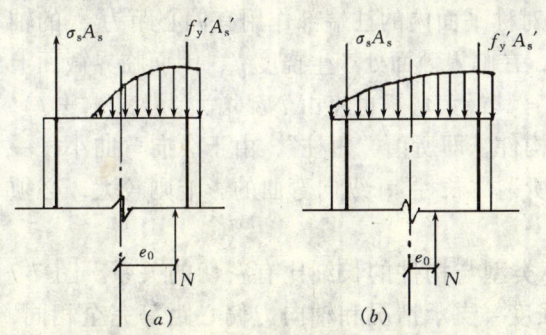

图 7-5 偏心受压构件的受压破坏
(a) 截面一侧受压，一侧受拉；(b) 全截面受压

于受压破坏是在轴向压力的偏心率较小的情况下发生的，习惯上也称为小偏心受压破坏。

三、界限破坏

在受拉破坏和受压破坏之间存在着一种界限状态，称为界限破坏。发生这种破坏时，受拉钢筋应力达到屈服强度的同时，受压区混凝土也同时达到其极限压应变。

从破坏现象上看，界限破坏的特点是：受拉一侧有较明显的主裂缝，而受压一侧也有纵向裂缝，混凝土压碎区的长度介于受拉和受压破坏的情况之间。

试验表明，偏心受压构件从加荷开始直至接近破坏，在一定长度范围内其截面平均应变值的分布均能较好地符合平截面假定。

偏心受压构件是弯矩和轴力共同作用的构件，弯矩与轴力对于构件的作用彼此之间相互牵制，对于构件的破坏很有影响。利用一组几何尺寸、材料等级、截面配筋完全相同的构件，在加荷时取不同的偏心距，可得到破坏时每个构件所承受的弯矩和轴力值。将这样的一组不同的弯矩和轴力值在同一坐标下描绘成曲线，即为图 7-6 所示偏心受压构件达到极限承载力时的弯矩 M 与轴力 N 的相关曲线。由图 7-6 可以看出，在受压破坏的情况下，随着轴力的增加，构件的抗弯能力逐渐减小；在受拉破坏的情况下，一般来讲，随着轴力的增加，构件的抗弯能力反而会逐渐提高；在界限状态下，构件的抗弯能力达到最大值。

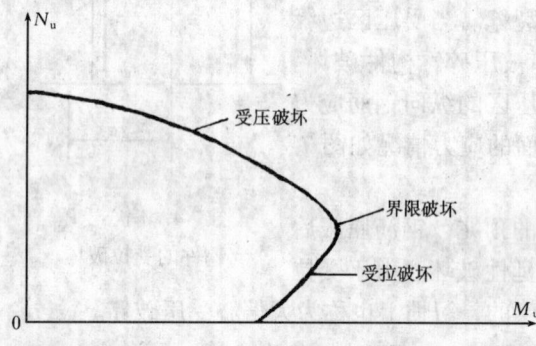

图 7-6　偏心受压构件 M—N 相关曲线

第三节　长细比对偏心受压构件承载力的影响

钢筋混凝土偏心受压构件在偏心轴向力的作用下，将产生弯曲变形，从而导致临界截面的轴向力偏心距增大。并且，这种轴向力偏心距增大的现象还会随着长细比的增加而越来越严重，从而影响其截面的承载力。下面，就来讨论一下偏心受压构件的纵向弯曲问题。

一、偏心受压构件的纵向弯曲

图 7-7（a）所示为一两端铰支柱，在其对称平面内的柱端部作用有偏心距为 e_i 的轴向力 N，因此在弯矩平面内将产生弯曲变形，在临界截面处产生挠度 f，因而临界截面上轴向力的实际偏心距将由 e_i 增大为 $(e_i + f)$，其最大弯矩也将由 Ne_i 增大为 $N(e_i + f)$，这种现象称为纵向弯曲。对于长细比较小的构件，即所谓"短柱"，由于纵向弯曲小，一般可忽略不计；对于长细比较大的构件，即所谓"长柱"，纵向弯曲的影响则较大，必须予以考虑。

偏心受压构件在纵向弯曲影响下的破坏类型与构件的长细比有密切的关系。图 7-7（b）中绘出了三个截面尺寸、配筋、材料强度、支承情况和轴力偏心距等完全相同，仅长细比不同的偏心受压构件从加荷至破坏的 N—M 关系线，同时亦绘出了其截面在破坏时所能承担的轴力 N 和弯矩 M 的关系曲线 $ABCD$。

对照图 7-7（b），柱的破坏随长细比的增大有三种类型：

（1）短柱：构件在偏心压力下产生的纵向弯曲很小，附加弯矩可忽略不计。所以，构件中各截面的弯矩均为 Ne_i，弯矩与轴向压力成比例增长，见图 7-7（b）中直线 OB。

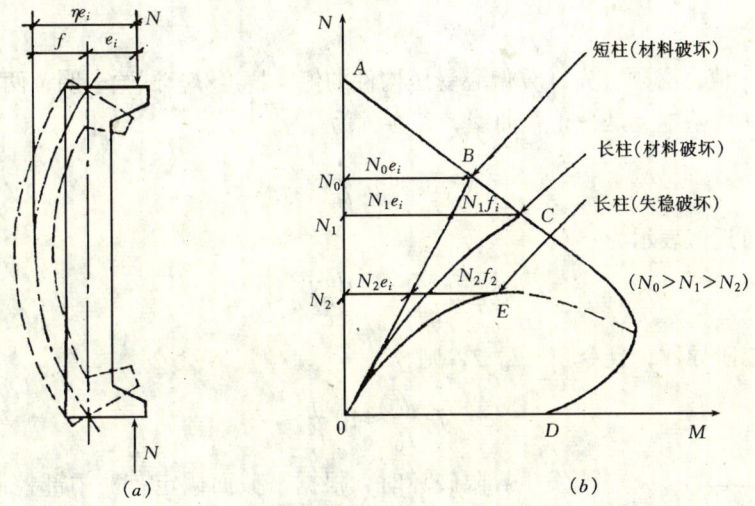

图 7-7 长细比对偏心受压构件承载力的影响示意图
(a) 偏心受压构件的纵向弯曲；(b) 长细比对承载力的影响

（2）长柱：构件的纵向弯曲影响较大，随着轴向压力的增大，弯矩 M 的增长速度越来越快，见图 7-7（b）中的曲线 OC。

无论是长柱还是短柱，构件的破坏都是由于截面中材料达到极限强度而造成的，所以称之为"材料破坏"。

（3）细长柱（$l_0/h > 30$）：当构件过于细长时，在较低荷载下的受力情况与长柱相似，但当荷载达到某个临界值时，构件就会丧失稳定，达到最大承载力，而此时截面中的应力还未达到材料强度极限值，见图 7-7（b）中的曲线 OE。这种由于构件失去稳定性而导致的破坏称为"失稳破坏"。

以上三种柱的轴向力偏心距相同，只是计算长度 l_0 不同，即长细比不同。随着长细比的增大，其承载能力 N 依次降低，即 $N_0 > N_1 > N_2$。

二、轴向力偏心距增大系数

在设计计算中，按照一般力学方法求得作用于截面的弯矩 M 和轴力 N 后，即可求得轴向力的偏心距 $e_0 \left(e_0 = \dfrac{M}{N} \right)$。但是，由于荷载作用位置和大小的不定性，混凝土质量的不均匀性以及施工偏差等原因，将产生附加偏心距 e_a。因此，轴向力的初始偏心距 e_i 可按下列公式计算

$$e_i = e_0 + e_a \tag{7-1}$$

附加偏心距 e_a 对截面强度的影响随着轴向力偏心距的增大而减小。计算时，轴向力在偏心方向的附加偏心距 e_a 应取不小于 20mm 和偏心方向截面尺寸的 1/30 两者中的较大者。

偏心受压构件的纵向弯曲会引起构件弯矩值的增大，这部分增大的弯矩又称为构件的二阶弯矩。另外，在水平荷载导致侧移的结构中，由于构件在承受竖向荷载的同时还有水

平位移,也会引起构件的二阶弯矩。考虑二阶弯矩对轴向压力偏心距的影响,在计算时将轴向压力对截面重心的初始偏心距 e_i 乘以偏心距增大系数 η。

由于 $e_i + f = \eta e_i$,则

$$\eta = 1 + \frac{f}{e_i} \tag{7-2}$$

为了确定 η 值,必须首先计算偏心受压构件的侧向挠度 f。试验表明,两端铰接偏心受压柱的挠度曲线基本上是一正弦曲线,其方程为

$$y = f \cdot \sin\frac{\pi \cdot x}{l_0}$$

挠曲线的曲率可近似表示为

$$\varphi = \frac{M}{EI} = -\frac{d^2y}{dx^2}$$

由以上两式求二阶导数,且令 $x = l_0/2$,则

$$\varphi = f \cdot \frac{\pi^2}{l_0^2} \approx 10\frac{f}{l_0^2} \tag{7-3}$$

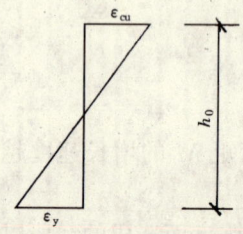

图 7-8 柱中部截面界限破坏时的应变图

当发生界限破坏时,根据平截面假定,柱中部控制截面的应变分布情况如图 7-8 所示。受压区混凝土达到极限压应变 ε_{cu},受拉钢筋也达到屈服应变 ε_y,而此时的曲率为界限曲率 φ_b。

$$\varphi_b = \frac{K\varepsilon_{cu} + \varepsilon_y}{h_0}$$

式中的 K 为长期荷载作用下由于混凝土徐变产生压应变增大的修正系数,一般取 $K = 1.25$。取 $\varepsilon_{cu} = 0.0033$,$\varepsilon_y = \frac{f_y}{E_s} \approx 0.0017$,则

$$\varphi_b = \frac{1.25 \times 0.0033 + 0.0017}{h_0} = \frac{1}{171.7h_0} \tag{7-4}$$

当构件为大偏心受压或小偏心受压时,其截面上的弯矩总是小于界限破坏时的弯矩。所以,截面的曲率也总是小于界限曲率 φ_b;此外,随着构件长细比的增大,截面上的应变值会相应减小。考虑以上两个因素后,将 φ_b 乘以两个系数 ζ_1、ζ_2 进行修正,取

$$\varphi = \varphi_b \zeta_1 \zeta_2$$

将式 (7-4) 代入上式,得

$$\varphi = \frac{1}{171.7h_0}\zeta_1\zeta_2 \tag{7-5}$$

将上式代入式 (7-3),得

$$f = \varphi \cdot \frac{l_0^2}{10} = \frac{1}{1717} \cdot \frac{l_0^2}{h_0} \cdot \zeta_1 \zeta_2 \tag{7-6}$$

将式 (7-6) 代入式 (7-2),得

$$\eta = 1 + \frac{1}{1400\frac{e_i}{h_0}}\left(\frac{l_0}{h}\right)^2 \zeta_1 \zeta_2 \tag{7-7}$$

对于矩形、T 形、工字形、环形和圆形截面偏心受压构件,其偏心距增大系数均可按

上式计算。其中的两个修正系数由下式计算

$$\zeta_1 = 0.2 + 2.7 \frac{e_i}{h_0} \tag{7-8}$$

$$\zeta_2 = 1.15 - 0.01 \frac{l_0}{h} \tag{7-9}$$

式中　l_0——构件的计算长度；

　　　h——截面高度，其中：对环形截面取外直径；对圆形截面取直径；

　　　h_0——截面有效高度：对环形截面，取 $h_0 = r_2 + r_s$；对圆形截面，取 $h_0 = r + r_s$；

　　　r_2——环形截面的外半径；

　　　r_s——纵向钢筋重心所在圆周的半径；

　　　r——圆形截面的半径；

　　　ζ_1——偏心受压构件截面曲率修正系数，当 $\zeta_1 > 1.0$ 时，取 $\zeta_1 = 1.0$；

　　　ζ_2——偏心受压构件长细比对截面曲率的影响系数，当 $l_0/h < 15$ 时，取 $\zeta_2 = 1.0$。

第四节　矩形截面偏心受压构件正截面承载力计算的基本原则

一、基本假定

由于偏心受压构件正截面破坏特征与受弯构件正截面破坏特征是相似的，因此，对于偏心受压构件正截面承载力计算可采用与受弯构件正截面承载力计算相同的假定。

二、两种偏心受压构件的界限

偏心受压构件正截面界限破坏与受弯构件正截面界限破坏相似，同样也是在受拉钢筋达到屈服强度 f_y 的同时，受压区混凝土达到极限压应变 ε_{cu}。因此，与受弯构件正截面强度计算一样，也可用界限受压区高度 x_b 或界限受压区高度系数 ζ_b（或称界限相对受压区高度）来判别两种不同的偏心受压构件。于是，当符合下列条件时，为大偏心受压构件，否则，为小偏心受压构件。

$$\zeta \leqslant \zeta_b \text{ 或 } x \leqslant \zeta_b h_0$$

$$\zeta_b = \frac{\beta_1}{1 + \frac{f_y}{\varepsilon_{cu} E_s}}$$

式中　β_1——受压区混凝土等效成矩形应力图形时的中和轴高度系数，当混凝土强度等级不超过 C50 时，取 $\beta_1 = 0.8$；当混凝土强度等级为 C80 时，取 $\beta_1 = 0.74$；其间按线性内插法取用。

三、基本计算公式

对于偏心受压的两种不同构件，其破坏时截面的应力状态是不同的。因此，计算公式也不同。现分别叙述于下：

1. 大偏心受压破坏

（1）计算公式

当截面为大偏心受压破坏时，在承载力极限状态下截面的实际应力图形和计算应力图形如图 7-9 所示。这时，受拉区混凝土不承担拉力，全部拉力由钢筋承担，钢筋的拉应力达到其抗拉设计强度 f_y；受压区混凝土应力图形可简化为矩形分布，并达到 $\alpha_1 f_c$。一般情况下，受压钢筋也达到其抗压设计强度 f'_y。

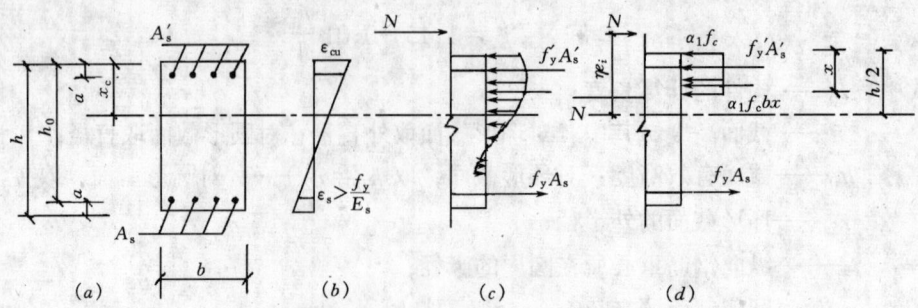

图 7-9 大偏心受压破坏截面应力、应变图
(a)截面尺寸及配筋示意图；(b)截面应变图；(c)截面实际应力图；(d)截面计算应力图

按图 7-9(d) 所示计算应力图形，由沿轴力方向内外力之和为零以及对受拉钢筋合力点的力矩之和为零的条件可得承载力计算公式为：

$$N \leqslant N_u = \alpha_1 f_c bx + f'_y A'_s - f_y A_s \tag{7-10}$$

$$Ne \leqslant N_u e = \alpha_1 f_c bx \left(h_0 - \frac{x}{2}\right) + f'_y A'_s (h_0 - a') \tag{7-11}$$

式中　α_1——受压区混凝土等效成矩形应力图形时的混凝土轴心抗压强度设计值系数，当混凝土强度等级不超过 C50 时，取 $\alpha_1 = 1.0$；当混凝土强度等级为 C80 时，取 $\alpha_1 = 0.94$；其间按线性内插法取用。

　　N——截面上作用的轴力设计值；

　　N_u——截面的极限轴向承载力；

　　e——轴向力 N 作用点至受拉钢筋 A_s 合力点的距离，即 $e = \eta e_i + \dfrac{h}{2} - a$

　　x——混凝土受压区高度。

(2) 适用条件

为了保证截面为大偏心受压破坏，以及破坏时受拉钢筋应力能达到其抗拉设计强度，必须满足下列条件：

$$\zeta \leqslant \zeta_b \text{ 或 } x \leqslant \zeta_b h_0$$

与双筋受弯构件相似，为了保证截面破坏时，受压钢筋应力能达到其抗压设计强度，必须满足下列条件：

$$x \geqslant 2a'$$

当 $x < 2a'$ 时，先偏于安全地取 $x = 2a'$，即有 $z = h_0 - a'$，对受压钢筋合力点取矩，则可得

$$N_u e' = f_y A_s (h_0 - a') \tag{7-12}$$

利用此式求得 A_s。式中，e' 为轴向力作用点至受压钢筋 A'_s 合力点的距离，$e' = \eta e_i - \dfrac{h}{2} + a'$。

再按不考虑受压钢筋，即取 $A'_s = 0$，代入式（7-10）、（7-11）求解 A_s。

最后取两种计算方法所求得的 A_s 中的较小值作为计算结果。

2．小偏心受压破坏

(1) 计算公式

当截面为小偏心受压破坏时，在承载力极限状态下的实际应力图形和计算应力图形如图 7-10 所示。这时，截面可能部分受压，也可能全部受压，受压区混凝土应力图形可简化为矩形分布，受压钢筋应力达到其抗压设计强度 f'_y。当截面部分受压时，截面还存在受拉区，受拉钢筋应力 σ_s 小于其抗拉设计强度 f_y；当截面全部受压时，截面已不存在受拉区，离轴向力较远一侧的钢筋可能未达到其抗压强度设计值，也可能达到其抗压强度设计值。为了简化计算，《规范》建议以上两种情况均按下述近似公式计算：

$$\sigma_s = \frac{\xi - \beta_1}{\xi_b - \beta_1} f_y \tag{7-13}$$

当计算的 σ_s 为正时，其为拉应力，若 $\sigma_s > f_y$，取 $\sigma_s = f_y$；当计算的 σ_s 为负时，其为压应力，若 $|\sigma_s| > f'_y$，取 $\sigma_s = -f'_y$。

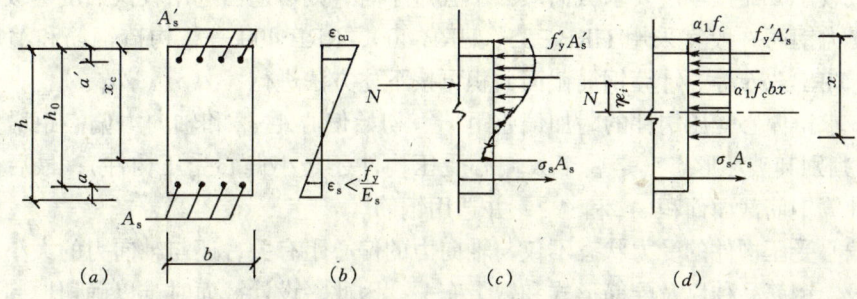

图 7-10 小偏心受压破坏截面应力、应变图
(a) 截面尺寸及配筋示意图；(b) 截面应变图；(c) 截面实际应力图；(d) 截面计算应力图

按图 7-10 (d) 所示计算应力图形，根据平衡条件可得承载力计算公式为：

$$N \leqslant N_u = \alpha_1 f_c bx + f'_y A'_s - \sigma_s A_s \tag{7-14}$$

$$Ne \leqslant N_u e = \alpha_1 f_c bx \left(h_0 - \frac{x}{2} \right) + f'_y A'_s (h_0 - a') \tag{7-15}$$

(2) 适用条件

以上公式的适用条件为

$$\xi > \xi_b \text{ 或 } x > \xi_b h_0$$

当轴向力的偏心率很小时，若靠近轴向力一侧的钢筋较多，而离轴向力较远一侧的钢筋相对较少时，离轴向力较远一侧的混凝土也可能先被压碎。由图 7-11 所示截面计算应力图形，对靠近轴向力一侧的钢筋合力作用点取距，则为了防止发生离轴向力较远一侧混凝土先被压碎，需在计算时满足

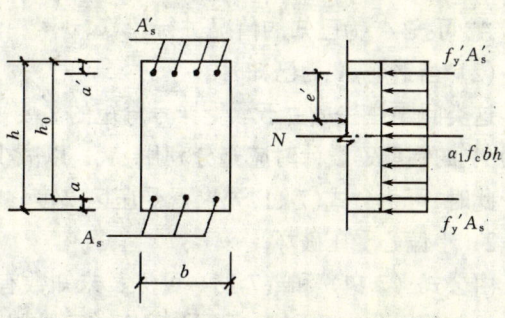

图 7-11 小偏心受压离轴向力较远一侧先破坏时截面应力图

$$Ne' \leqslant \alpha_1 f_c bh\left(h'_0 - \frac{h}{2}\right) + f'_y A_s (h'_0 - a) \tag{7-16}$$

式中 e'——轴向力作用点至受压区钢筋合力点之间的距离,$e' = \frac{h}{2} - (e_0 - e_a) - a'$。

第五节 矩形截面不对称配筋偏心受压构件的计算方法

计算可分为设计截面和复核截面两种情况。

一、设计截面

当作用于构件正截面上的轴向压力 N 和弯矩 M（或轴向力偏心距 e_0）为已知，欲设计该构件的截面时，一般可先选择混凝土强度等级和钢筋品种，确定截面尺寸，然后再计算钢筋截面面积和选用钢筋。由于混凝土强度对偏心受压构件的承载能力影响比受弯构件大，所以宜选用较高强度等级的混凝土，以便节省钢材。一般可采用 C20～C40。当构件承受的荷载较小，而按刚度要求截面尺寸不宜过小时，则可适当选用较低强度等级的混凝土。纵向受力钢筋一般宜采用 HRB 335、HRB 400、RRB 400 等，构造钢筋和箍筋常用 HRB 235、HRB 335 等。计算钢筋截面面积可按下述方法进行：

首先，求得偏心受压构件的附加偏心距 e_a、初始偏心距 e_0 和轴向力偏心距增大系数 η；其次，判别其破坏形态（是属于大偏心受压构件还是小偏心受压构件）；最后，应用有关公式计算钢筋截面面积 A_s 和 A'_s，并选用钢筋。

由于偏心受压构件的受力状态不仅与轴向力的偏心距有关，还与轴向力的大小、混凝土强度等级、钢筋品种以及配筋形式和数量有关。因此，设计截面时难以确切地判别其类型。但是分析表明，在一般情况下，当 $\eta e_i \leqslant 0.3h_0$ 时，截面属于小偏心受压状态；当 $\eta e_i > 0.3h_0$ 时，截面则大多属于大偏心受压状态，也有属于小偏心受压的可能性。因此，当 $\eta e_i \leqslant 0.3h_0$ 时，可按小偏心受压破坏的情况进行计算；当 $\eta e_i > 0.3h_0$ 时，可先按大偏心受压破坏的情况进行计算，然后再判断其适用条件是否满足。

1. 大偏心受压

(1) 当钢筋 A_s 和 A'_s 均为未知时

与双筋受弯构件一样，为使钢筋 $(A_s + A'_s)$ 的总用量为最小，可取 $x = \xi_b h_0$，代入式(7-10)、(7-11)，即可求得受拉及受压钢筋面积 A_s 和 A'_s。

当求得的 A'_s 小于最小配筋率或为负值时，A'_s 应按最小配筋率或构造要求配置。这时，A_s 可按 A'_s 为已知的情况进行计算。

(2) 当钢筋 A'_s 为已知时

这类问题往往是由于承受异号弯矩的需要，或由于构造要求，在受压区已放置截面面积为 A'_s 的钢筋，设计时应充分利用 A'_s，以减少 A_s，达到节省钢材的目的。

此时，可由公式(7-11)先求得受压区高度 x，再代入公式(7-10)求解受拉钢筋面积 A_s。

2. 小偏心受压破坏

由公式 (7-14) 和 (7-15) 可见，未知数有三个，而方程只有两个，故可先指定其中一个未知数。为充分利用混凝土受压，可按最小配筋率确定 A_s（即取 $A_s = \rho_{\min} bh$）。于是，由式 (7-14) 及 (7-15) 可求得相对受压区高度 ξ 及 A'_s，σ_s 由式 (7-13) 确定。

此时，为使 σ_s 满足 $-f_y \leqslant \sigma_s \leqslant f_y$ 的条件，需使 $\xi_b < \xi < \xi_{cy}$。ξ_{cy} 为纵筋 A_s 的应力 σ_s 达到受压屈服 $-f_y$ 时由式（7-13）计算出的相对受压区高度，当 $f'_y = f_y$ 且混凝土强度不超过 C50 时，$\xi_{cy} = 1.6 - \xi_b$。当 $\xi \geqslant \xi_{cy}$ 时，取 $\sigma_s = -f'_y$。

当全截面受压时，为了防止其离轴向力较远一侧的混凝土先被压碎，还需按式（7-16）进行验算。

二、复核截面

复核截面时，一般已知截面尺寸 $b \times h$、混凝土强度等级、钢筋级别、钢筋截面面积 A_s 和 A'_s、构件计算长度 l_0、轴向力设计值 N 及其偏心距 e_0，需验算截面是否能承担该轴向力或求在轴向力设计值 N 作用下所能承受的弯矩设计值 M。

1. 弯矩作用平面

（1）验算轴向力 N

当 $\eta e_i \leqslant 0.3 h_0$ 时，按小偏心受压破坏计算。按式(7-15)求得受压区高度 x 及相对受压区高度 $\xi = x/h_0$。若 $\xi_b < \xi < \xi_{cy}$，则由式(7-13)求得 σ_s，再代入式(7-14)求得极限轴向承载力 N_u；若 $\xi \geqslant \xi_{cy}$，则令 $\sigma_s = -f'_y$，再将其代入式(7-14)求得极限轴向承载力 N_u。

当 $\eta e_i > 0.3 h_0$ 时，可先按大偏心受压破坏计算，由式（7-11）求得受压区高度 x 及相对受压区高度 $\xi = x/h_0$，若 $\xi \leqslant \xi_b$ 则将 x 值代入式（7-10）求解极限轴向承载力 N_u；若 $\xi > \xi_b$，则应改为按小偏心受压破坏的情况计算。

当 $N \leqslant N_u$ 时，截面是安全的。

（2）验算弯矩设计值 M

先按大偏心受压构件计算，令 $N_u = N$ 则由式（7-10）计算受压区高度 x 及相对受压区高度 $\xi = x/h_0$。若 $\xi \leqslant \xi_b$，则确为大偏心受压；若 $\xi > \xi_b$，则为小偏心受压。

大偏心受压时，可由式（7-11）求得 e；小偏心受压时，需由式（7-13）、（7-14）重新求受压区高度 x，再由式（7-15）求得 e。然后，即可由 $e = \eta e_i + \dfrac{h}{2} - a_s$ 求得 e_i，而 $e_0 = e_i - e_a$，则该截面所能承担的弯矩 $M = N e_0$。

2. 垂直于弯矩作用平面的验算

无论是截面设计还是截面复核，除了按偏心受压构件进行弯矩作用平面内的截面计算外，对于小偏心受压构件，还需验算垂直于弯矩作用平面的轴心受压承载力，此时应取 b 作为截面高度计算长细比，以考虑 φ 值的影响；而对于大偏心受压构件，一般不需验算。

例 7-1 钢筋混凝土偏心受压柱，截面尺寸 $b \times h = 400\text{mm} \times 500\text{mm}$，柱子的计算长度为 $l_0 = 5.5\text{m}$，承受轴向力设计值 $N = 900\text{kN}$，弯矩设计值 $M = 450\text{kN} \cdot \text{m}$，混凝土强度等级为 C30，纵向钢筋采用 HRB400，$a = a' = 35\text{mm}$。按非对称配筋计算 A_s 及 A'_s。

解：根据已知条件，$f_c = 14.3 \text{N/mm}^2$，$f_y = f'_y = 360 \text{N/mm}^2$，$h_0 = 500 - 35 = 465 \text{mm}$

（1）求 l_0/h

$$\frac{l_0}{h} = \frac{5500}{500} = 11$$

（2）求 η

$$e_0 = \frac{M}{N} = \frac{450}{900} = 0.5\text{m} = 500\text{mm}$$

$$e_a \geqslant \frac{1}{30}h = \frac{1}{30} \times 500 = 16.67\text{mm} \text{ 且 } e_a \geqslant 20\text{mm}, \text{ 取 } e_a = 20\text{mm}$$

$$e_i = e_0 + e_a = 500 + 20 = 520\text{mm}$$

$$\zeta_1 = 0.2 + 2.7\frac{e_i}{h_0} = 0.2 + 2.7\frac{520}{465} > 1, \text{ 取 } \xi_1 = 1.0$$

$$\because \frac{l_0}{h} = 11 < 15 \quad \therefore \zeta_2 = 1.0$$

$$\eta = 1 + \frac{1}{1400\frac{e_i}{h_0}}\left(\frac{l_0}{h}\right)^2 \zeta_1 \zeta_2 = 1 + \frac{1}{1400 \times \frac{520}{465}} \times 11^2 \times 1.0 \times 1.0 = 1.077$$

(3) 判断大小偏心

$$\because \eta e_i = 1.077 \times 520 = 560.04\text{mm} > 0.3h_0 \ (=0.3 \times 465 = 139.5\text{mm})$$

∴ 按大偏心受压计算。

(4) 计算 ζ_b

$$\xi_b = \frac{\beta_1}{1 + \frac{f_y}{E_s \varepsilon_{cu}}} = \frac{0.8}{1 + \frac{360}{2 \times 10^5 \times 0.0033}} = 0.518$$

(5) 求 A_s 及 A'_s

$$e = \eta e_i + \frac{h}{2} - a = 560.04 + \frac{500}{2} - 35 = 775.04\text{mm}$$

令 $\zeta = \zeta_b$，由式（7-11），得

$$A'_s \geqslant \frac{Ne - \alpha_1 f_c \zeta_b (1 - 0.5\zeta_b) bh_0^2}{f'_y (h_0 - a')}$$

$$= \frac{900 \times 10^3 \times 775.04 - 1.0 \times 14.3 \times 0.518 \times (1 - 0.5 \times 0.518) \times 400 \times 465^2}{360 \times (465 - 35)}$$

$$= 1439.29\text{mm}^2$$

将求得的 A'_s 代入式（7-10），得

$$A_s \geqslant \zeta_b \frac{\alpha_1 f_c}{f_y} bh_0 + A'_s - \frac{N}{f_y}$$

$$= 0.518 \frac{1.0 \times 14.3}{360} \times 400 \times 465 + 1439.29 - \frac{9 \times 10^5}{360}$$

$$= 2766.45\text{mm}^2$$

(6) 选配钢筋

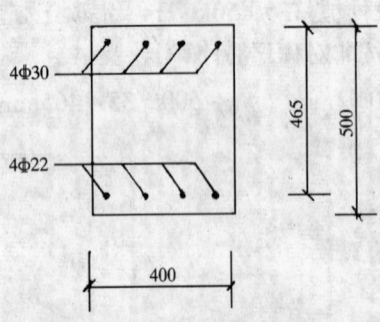

图 7-12 截面配筋图（例 7-1）

A'_s 选 4 Φ 22，实配 $A'_s = 1520\text{mm}^2$；A_s 选 4 Φ 30，实配 $A_s = 2827\text{mm}^2$。其截面纵筋布置情况见图 7-12。

例 7-2 若已配有受压钢筋 2 Φ 25 + 2 Φ 28，钢筋级别为 HRB400，其它条件同上题，求 A_s，并同上题计算所得的总用钢量相比较。

解：由已知条件，$A'_s = 2214\text{mm}^2$

(1) 求 A_s

由上题知 $e = 775.04$ mm

令 $N = N_u$，则由式（7-11），

$$Ne = \alpha_1 f_c bx\left(h_0 - \frac{x}{2}\right) + f'_y A'_s (h_0 - a')$$

$$900 \times 10^3 \times 775.04 = 1.0 \times 14.3 \times 400x\left(465 - \frac{x}{2}\right) + 360 \times 2214 \times (465 - 35)$$

解之，得 $x = 161.41$ mm $< x_b$ $(= \zeta_b h_0 = 0.518 \times 465 = 240.87$ mm$)$

∴ 确实为大偏心受压。

将 $x = 161.41$ mm 及 $A'_s = 2214$ mm^2 代入式（7-10），得

$$\begin{aligned} A_s &= \frac{\alpha_1 f_c bx - N}{f_y} + A'_s \\ &= \frac{1.0 \times 14.3 \times 400 \times 161.41 - 900 \times 10^3}{360} + 2214 \\ &= 2278.63 \text{ mm}^2 \end{aligned}$$

（2）选配钢筋

A_s 选 2 ⊈ 25 + 2 ⊈ 28，实配 $A_s = 2214$ mm^2（与计算值相比，其差值在 5% 以内）。截面纵筋布置情况见图 7-13。

（3）经与上题的总用钢量比较可知，当取 $\xi = \xi_b$ 时，求得的总用钢量较少。

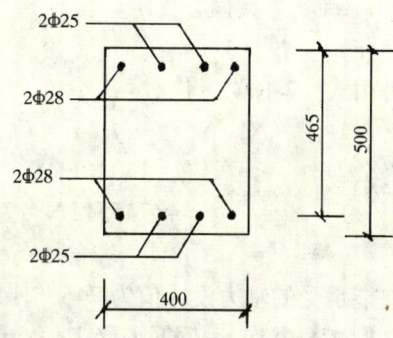

图 7-13 截面配筋图（例 7-2）

例 7-3 已知一钢筋混凝土偏心受压构件，截面尺寸为 $b \times h = 400$ mm $\times 500$ mm，柱子的计算长度为 $l_0 = 5.0$ m，混凝土强度等级为 C25，纵向钢筋采用 HRB335，已配置纵筋 $A_s = 1256$ mm^2（4 ⊈ 20），$A'_s = 628$ mm^2（2 ⊈ 20）。求当偏心距为 $e_0 = 300$ mm 时，截面能承受的轴向力设计值 N 和弯矩设计值 M。

解：根据已知条件，$f_c = 11.9$ N/mm^2，$f_y = f'_y = 300$ N/mm^2，$h_0 = 500 - 35 = 465$ mm

（1）求 l_0/h

$$\frac{l_0}{h} = \frac{5000}{500} = 10$$

（2）求 η

$$e_a \geq \frac{1}{30}h = \frac{1}{30} \times 500 = 16.67 \text{ mm 且 } e_a \geq 20 \text{ mm，取 } e_a = 20 \text{ mm}$$

$$e_i = e_0 + e_a = 300 + 20 = 320 \text{ mm}$$

$$\zeta_1 = 0.2 + 2.7\frac{e_i}{h_0} = 0.2 + 2.7\frac{320}{465} > 1, \text{ 取 } \zeta_1 = 1.0$$

$$\therefore \frac{l_0}{h} = 10 < 15 \quad \therefore \zeta_2 = 1.0$$

$$\eta = 1 + \frac{1}{1400\frac{e_i}{h_0}}\left(\frac{l_0}{h}\right)^2 \zeta_1\zeta_2 = 1 + \frac{1}{1400 \times \frac{320}{465}} \times 10^2 \times 1.0 \times 1.0 = 1.104$$

(3) 判断大小偏心

∵ $\eta e_i = 1.104 \times 320 = 353.28 \text{mm} > 0.3 h_0$ $(= 0.3 \times 465 = 139.5 \text{mm})$

∴ 按大偏心受压计算。

(4) 计算 ζ_b

$$\xi_b = \frac{\beta_1}{1+\dfrac{f_y}{E_s \varepsilon_{cu}}} = \frac{0.8}{1+\dfrac{300}{2\times 10^5 \times 0.0033}} = 0.55$$

(5) 求 x，对轴向力 N 取矩得

$$\alpha_1 f_c bx \left(\eta e_i - \frac{h}{2} + \frac{x}{2}\right) = f_y A_s \left(\eta e_i + \frac{h}{2} - a\right) - f'_y A'_s \left(\eta e_i - \frac{h}{2} + a'\right)$$

$$1.0 \times 11.9 \times 400 x \left(353.28 - 250 + \frac{x}{2}\right) = 300 \times 1256 \times (353.28 + 250 - 35)$$
$$- 300 \times 628 \times (353.28 - 250 + 35)$$

解之，得 $x = 196.20 \text{mm} < x_b$ $(= \xi_b h_0 = 0.55 \times 465 = 255.75 \text{mm})$

∴ 确实为大偏心受压。

(6) 求 N，M

由式 (7-10)，得

$$N \leqslant N_u = \alpha_1 f_c bx + f'_y A'_s - f_y A_s$$
$$= 1.0 \times 11.9 \times 400 \times 196.20 + 300 \times 628 - 300 \times 1256$$
$$= 745512 N = 745.51 \text{kN}$$
$$M = N e_0 \leqslant N_u e_0 = 745.51 \times 0.3 = 223.65 \text{kN·m}$$

该柱能承受的轴力设计值为 745.51kN，弯矩设计值为 223.65kN·m。

例 7-4 已知一钢筋混凝土偏心受压柱，截面尺寸 $b \times h = 400 \text{mm} \times 500 \text{mm}$，柱子的计算长度为 $l_0 = 4.0 \text{m}$，混凝土强度等级为 C30，纵向钢筋采用 HRB400，已配置纵筋 $A_s = 2278 \text{mm}^2$（4 Φ 25 + 1 Φ 20），$A'_s = 1570 \text{mm}^2$（5 Φ 20）。柱子上作用轴向力设计值为 $N = 880 \text{kN}$，求该柱能承受的弯矩设计值 M。

解：由已知条件，$f_c = 14.3 \text{N/mm}^2$，$f_y = f'_y = 360 \text{N/mm}^2$，$h_0 = 500 - 35 = 465 \text{mm}$

(1) 先按大偏心受压计算 x

令 $N_u = N$，则由式 (7-6) 得

$$x = \frac{N - f'_y A'_s + f_y A_s}{\alpha_1 f_c b} = \frac{880 \times 10^3 - 360 \times 1570 + 360 \times 2278}{1.0 \times 14.3 \times 400}$$
$$= 198.41 \text{mm} < x_b \ (= \zeta_b h_0 = 0.518 \times 465 = 240.87 \text{mm})$$
$$> 2a' \ (= 2 \times 35 = 70 \text{mm})$$

∴ 确实为大偏心受压。

(2) 求 e

由式 (7-7)，得

$$e = \frac{\alpha_1 f_c bx \left(h_0 - \dfrac{x}{2}\right) + f'_y A'_s (h_0 - a')}{N}$$

$$= \frac{1.0 \times 14.3 \times 400 \times 198.41 \times \left(465 - \dfrac{198.41}{2}\right) + 360 \times 1570 \times (465 - 35)}{880 \times 10^3}$$

$= 747.93\text{mm}$

(3) 求 e_0

$\because e = \eta e_i + \dfrac{h}{2} - a$

$\therefore \eta e_i = e - \dfrac{h}{2} + a = 747.93 - \dfrac{500}{2} + 35 = 532.93\text{mm}$

令 $\eta = 1.0$，则 $e_i = 532.93\text{mm}$

$\zeta_1 = 0.2 + 2.7\dfrac{e_i}{h_0} = 0.2 + 2.7 \times \dfrac{532.93}{465} > 1$

$\therefore \zeta_1 = 1.0$

$\because l_0/h = 8 < 15 \quad \therefore \zeta_2 = 1.0$

$$\eta' = 1 + \dfrac{1}{1400\, l_i/h_0}\left(\dfrac{l_0}{h}\right)^2 \cdot \zeta_1 \cdot \zeta_2 = 1 + \dfrac{1}{1400 \times \dfrac{532.93}{465}} \times 8^2 \times 1.0 \times 1.0$$

$= 1.040$

因为两次计算结果相差在 5% 以内，所以取

$$\eta = 1.040$$

$$e_i = \dfrac{532.93}{1.040} = 512.43\text{mm}$$

$e_a \geqslant \dfrac{1}{30}h = \dfrac{1}{30} \times 500 = 16.67\text{mm}$ 且 $e_a \geqslant 20\text{mm}$，取 $e_a = 20\text{mm}$

$\therefore e_0 = e_i - e_a = 512.43 - 20 = 492.43\text{mm}$

(4) 求 M

$$M = Ne_0 = 880 \times 10^3 \times 492.43 = 433.34 \times 10^6 \text{N}\cdot\text{m} = 433.34\text{kN}\cdot\text{m}$$

该柱能承受的弯矩设计值为 $433.34\text{kN}\cdot\text{m}$。

例 7-5 已知一钢筋混凝土偏心受压柱，截面尺寸 $b \times h = 300\text{mm} \times 500\text{mm}$，柱子的计算长度为 $l_0 = 6.0\text{m}$，承受轴向力设计值 $N = 1550\text{kN}$，弯矩设计值 $M = 100\text{kN}\cdot\text{m}$，混凝土强度等级为 C30，纵向钢筋采用 HRB400，$a = a' = 35\text{mm}$。按非对称配筋计算 A_s 及 A_s'。

解 根据已知条件，$f_c = 14.3\text{N/mm}^2$，$f_y = f_y' = 360\text{N/mm}^2$，$h_0 = 500 - 35 = 465\text{mm}$

(1) 求 l_0/h

$$\dfrac{l_0}{h} = \dfrac{6000}{500} = 12$$

(2) 求 η

$$e_0 = \dfrac{M}{N} = \dfrac{100}{1550} = 0.06452\text{m} = 64.52\text{mm}$$

$e_a \geqslant \dfrac{1}{30}h = \dfrac{1}{30} \times 500 = 16.67\text{mm}$ 且 $e_a \geqslant 20\text{mm}$，取 $e_a = 20\text{mm}$

$e_i = e_0 + e_a = 64.52 + 20 = 84.52\text{mm}$

$\zeta_1 = 0.2 + 2.7\dfrac{e_i}{h_0} = 0.2 + 2.7\dfrac{84.52}{465} = 0.691$

$\because \dfrac{l_0}{h} = 12 < 15 \quad \therefore \zeta_2 = 1.0$

$$\eta = 1 + \dfrac{1}{1400\dfrac{e_i}{h_0}}\left(\dfrac{l_0}{h}\right)^2 \zeta_1 \zeta_2 = 1 + \dfrac{1}{1400 \times \dfrac{84.52}{465}} \times 12^2 \times 0.691 \times 1.0 = 1.391$$

(3) 判断大小偏心

$\because \eta e_i = 1.391 \times 84.52 = 117.57 \text{mm} < 0.3 h_0 \;(= 0.3 \times 465 = 139.5 \text{mm})$

$\therefore$ 属于小偏心受压。

(4) 求 x

令 $A_s = \rho_{\min} bh = 0.002 \times 300 \times 500 = 300 \text{mm}^2$

$$e = \eta e_i + \dfrac{h}{2} - a' = 117.57 + \dfrac{500}{2} - 35 = 332.57 \text{mm}$$

由式 (7-13) 及 $\xi_b = 0.518$，得

$$\sigma_s = \dfrac{\xi - 0.8}{\xi_b - 0.8} f_y = \dfrac{\xi - 0.8}{0.518 - 0.8} \times 360 = 1276.60 (0.8 - \xi)$$

将 $A_s = 300 \text{mm}^2$, $\sigma_s = 1276.60 (0.8 - \xi)$ 代入式 (7-14)、(7-15) 且令 $N_u = N$，则

$$N(h_0 - e - a') = \alpha_1 f_c b h_0 \xi \left(\dfrac{1}{2}\xi h_0 - a'\right) - \sigma_s A_s (h_0 - a')$$

$$1550 \times 10^3 \times (465 - 332.57 - 35) = 1.0 \times 14.3 \times 300 \times 465 \times \xi \times \left(\dfrac{1}{2} \xi \times 465 - 35\right)$$
$$- 1276.60 (0.8 - \xi) \times 300 \times (465 - 35)$$

解之，得 $\xi = 0.685 > \xi_b = 0.518$

$\qquad\qquad < 1.6 - \xi_b = 1.6 - 0.518 = 1.082$

$\therefore x = \xi h_0 = 0.685 \times 465 = 318.53 \text{mm}$

$\sigma_s = 1276.60 (0.8 - \xi) = 1276.60 \times (0.8 - 0.685) = 146.81 \text{N/mm}^2$

(5) 求 A'_s

由式 (7-14)，得

$$A'_s = \dfrac{N - \alpha_1 f_c bx + \sigma_s A_s}{f'_y}$$

$$= \dfrac{1550 \times 10^3 - 1.0 \times 14.3 \times 300 \times 318.53 + 146.81 \times 300}{360}$$

$$= 632.08 \text{mm}^2$$

(6) 选配钢筋

A'_s 选 3 Φ 18，实配 $A'_s = 763 \text{mm}^2$；A_s 选 2 Φ 16，实配 $A_s = 402 \text{mm}^2$。其截面纵筋布置情况见图 7-14。

(7) 验算垂直于弯矩作用方向的轴心受压

$\dfrac{l_0}{b} = \dfrac{6000}{300} = 20$，查表得 $\varphi = 0.75$

$N' = 0.9 \varphi [f_c bh + f'_y (A_s + A'_s)]$

$\quad = 0.9 \times 0.75 \times [14.3 \times 300 \times 500 + 360 \times (402 + 763)]$

$\quad = 1730970 \text{N} = 1730.97 \text{kN} > N = 1550 \text{kN}$

$\therefore$ 在垂直于弯矩作用方向，构件也是安全的。

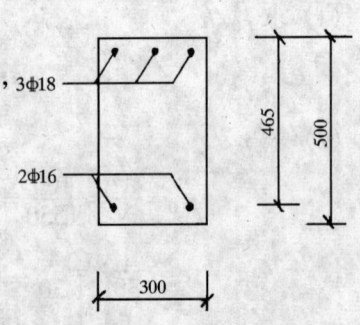

图 7-14 截面配筋图（例 7-5）

例 7-6 已知一钢筋混凝土偏心受压柱,截面尺寸 $b \times h = 300\text{mm} \times 500\text{mm}$,柱子的计算长度为 $l_0 = 4.5\text{m}$,承受轴向力设计值 $N = 2500\text{kN}$,弯矩设计值 $M = 100\text{kN}\cdot\text{m}$,混凝土强度等级为 C20,纵向钢筋采用 HRB335,$a = a' = 35\text{mm}$。按非对称配筋计算 A_s 及 A_s'。

解: 根据已知条件,$f_c = 9.6\text{N/mm}^2$,$f_y = f_y' = 300\text{N/mm}^2$,$h_0 = 500 - 35 = 465\text{mm}$

(1) 求 l_0/h

$$\frac{l_0}{h} = \frac{4500}{500} = 9$$

(2) 求 η

$$e_0 = \frac{M}{N} = \frac{100}{2500} = 0.04\text{m} = 40\text{mm}$$

$$e_a \geq \frac{1}{30}h = \frac{1}{30} \times 500 = 16.67\text{mm} \text{ 且 } e_a \geq 20\text{mm}, \text{ 取 } e_a = 20\text{mm}$$

$$e_i = e_0 + e_a = 40 + 20 = 60\text{mm}$$

$$\zeta_1 = 0.2 + 2.7\frac{e_i}{h_0} = 0.2 + 2.7\frac{60}{465} = 0.548$$

$$\because \frac{l_0}{h} = 9 < 15 \quad \therefore \zeta_2 = 1.0$$

$$\eta = 1 + \frac{1}{1400\frac{e_i}{h_0}}\left(\frac{l_0}{h}\right)^2 \zeta_1 \zeta_2 = 1 + \frac{1}{1400 \times \frac{60}{465}} \times 9^2 \times 0.548 \times 1.0 = 1.246$$

(3) 判断大小偏心

$\because \eta e_i = 1.246 \times 60 = 74.76\text{mm} < 0.3h_0$ ($= 0.3 \times 465 = 139.5\text{mm}$)

$\therefore$ 属于小偏心受压。

(4) 求 x

令 $A_s = \rho_{\min}bh = 0.002 \times 300 \times 500 = 300\text{mm}^2$

$$e = \eta e_i + \frac{h}{2} - a' = 74.76 + \frac{500}{2} - 35 = 289.76\text{mm}$$

由式 (7-13) 及 $\xi_b = 0.55$,得

$$\sigma_s = \frac{\xi - 0.8}{\xi_b - 0.8}f_y = \frac{\xi - 0.8}{0.55 - 0.8} \times 300 = 1200(0.8 - \xi)$$

将 $A_s = 300\text{mm}^2$,$\sigma_s = 1200(0.8 - \xi)$ 代入式 (7-14)、(7-15) 且令 $N_u = N$,则

$$N(h_0 - e - a') = \alpha_1 f_c bh_0 \xi\left(\frac{1}{2}\xi h_0 - a'\right) - \sigma_s A_s(h_0 - a')$$

$$2500 \times 10^3 \times (465 - 289.76 - 35) = 1.0 \times 9.6 \times 300 \times 465 \times \xi \times \left(\frac{1}{2}\xi \times 465 - 35\right)$$
$$- 1200(0.8 - \xi) \times 300 \times (465 - 35)$$

解之,得 $\xi = 1.073 > \xi_{cy} = 1.6 - 0.55 = 1.05$,取 $\sigma_s = -f_y$

$\therefore x = \xi h_0 = 1.073 \times 465 = 498.95\text{mm}$

(5) 求 A_s 及 A_s'

由式（7-14）、（7-15），$\begin{cases} N = \alpha_1 f_c bx + f'_y A'_s - \sigma_s A_s \\ Ne = \alpha_1 f_c bx \left(h_0 - \dfrac{x}{2}\right) + f'_y A'_s (h_0 - a') \end{cases}$

$\begin{cases} 2500 \times 10^3 = 1.0 \times 9.6 \times 300 \times 498.95 + 300 \times A'_s + 300 A_s \\ 2500 \times 10^3 \times 289.76 = 1.0 \times 9.6 \times 300 \times 498.95 \times \left(465 - \dfrac{498.95}{2}\right) + 300 \times A'_s (465 - 35) \end{cases}$

解之，得 $\begin{cases} A_s = 328.71 \text{mm}^2 \\ A'_s = 3214.70 \text{mm}^2 \end{cases}$

(6) 为避免在离轴向力较远一侧的混凝土先被压碎，需验算 A_s

$$e' = \frac{h}{2} - (e_0 - e_a) - a' = \frac{500}{2} - (40 - 20) - 35 = 195 \text{mm}$$

由式（7-16），得

$$A_s = \frac{Ne' - \alpha_1 f_c bh \left(\dfrac{h}{2} - a'\right)}{f'_y (h_0 - a')}$$

$$= \frac{2500 \times 10^3 \times 195 - 1.0 \times 9.6 \times 300 \times 500 \times \left(\dfrac{500}{2} - 35\right)}{300 \times (465 - 35)}$$

$$= 1379.07 \text{mm}^2$$

(7) 选配钢筋

A'_s 选 4⌀32，实配 $A'_s = 3217 \text{mm}^2$；A_s 选 4⌀22，实配 $A_s = 1520 \text{mm}^2$。其截面纵筋布置情况见图 7-15。

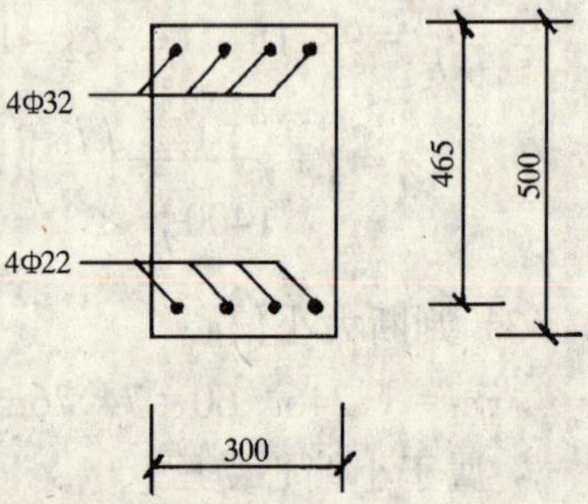

(8) 验算垂直于弯矩作用方向的轴心受压

$\dfrac{l_0}{b} = \dfrac{4500}{300} = 15$，查表得 $\varphi = 0.895$

$N' = 0.9 \varphi [f_c bh + f'_y (A_s + A'_s)]$
$= 0.9 \times 0.895 \times [9.6 \times 300 \times 500 + 300 \times (1520 + 3217)]$
$= 2304616 \text{N} = 2304.62 \text{kN} < N = 2500 \text{kN}$

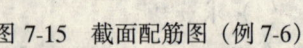

图 7-15 截面配筋图（例 7-6）

∴ 在垂直于弯矩作用方向，构件不是安全的，应按轴心受压计算将受压钢筋直径改为 25mm。

例 7-7 已知一钢筋混凝土偏心受压构件，截面尺寸为 $b \times h = 400 \text{mm} \times 600 \text{mm}$，柱子的计算长度为 $l_0 = 7.2 \text{m}$，混凝土强度等级为 C30，纵向钢筋采用 HRB400，已配置纵筋 $A_s = 804 \text{mm}^2$（4⌀16），$A'_s = 1964 \text{mm}^2$（4⌀25），$a = a' = 35 \text{mm}$。柱子上作用轴向力设计值为 $N = 2.4 \times 10^6 \text{N}$，求该柱在 h 方向能承受的弯矩设计值 M。

解：由已知条件，$f_c = 14.3 \text{N/mm}^2$，$f_y = f'_y = 360 \text{N/mm}^2$，$h_0 = 600 - 35 = 565 \text{mm}$

(1) 先按大偏心受压计算 x

令 $N_u = N$，则由式（7-10）得

$x = \dfrac{N - f'_y A'_s + f_y A_s}{\alpha_1 f_c b} = \dfrac{2.4 \times 10^6 - 360 \times 1964 + 360 \times 804}{1.0 \times 14.3 \times 400}$

$= 346.57 \text{mm} > x_b \ (= \xi_b h_0 = 0.518 \times 565 = 292.67 \text{mm})$

∴ 属于小偏心受压。

(2) 验算垂直于弯矩作用方向的轴心受压

$\dfrac{l_0}{b} = \dfrac{7200}{400} = 18$，查表得 $\varphi = 0.81$

$N'_u = \varphi[f_c bh + f'_y(A_s + A'_s)] = 0.81 \times [14.3 \times 400 \times 600 + 360 \times (804 + 1964)]$
$\quad\ = 3587069N = 3.59 \times 10^6 N > N = 2.4 \times 10^6 N$

∴ 在垂直于弯矩作用方向，构件是安全的。

(3) 按小偏心受压求 x

由式 (7-13)，得

$$\sigma_s = \dfrac{\xi - 0.8}{\xi_b - 0.8} f_y = \dfrac{\xi - 0.8}{0.518 - 0.8} \times 360 = 1276.60\ (0.8 - \xi)$$

将 $\sigma_s = 1276.60\ (0.8 - \xi)$ 代入式 (7-14)，得

$$N = \alpha_1 f_c b \xi h_0 + f'_y A'_s - \sigma_s A_s$$

$2.4 \times 10^6 = 1.0 \times 14.3 \times 400 \times \xi \times 565 + 360 \times 1964 - 1276.60\ (0.8 - \xi) \times 804$

解之，得 $\xi = 0.590 > \xi_b = 0.518$
$\qquad\qquad\qquad < \xi_{cy} = 1.6 - \xi_b = 1.082$

∴ $x = \xi h_0 = 0.590 \times 565 = 333.35\text{mm}$

(4) 求 e_0

由式 (7-15)，得

$$e = \dfrac{\alpha_1 f_c bx \left(h_0 - \dfrac{x}{2}\right) + f'_y A'_s (h - a')}{N}$$

$$= \dfrac{1.0 \times 14.3 \times 400 \times 333.35 \times \left(565 - \dfrac{333.351}{2}\right) + 360 \times 1964 \times (565 - 35)}{2.4 \times 10^6}$$

$\quad = 472.60\text{mm}$

∵ $e = \eta e_i + \dfrac{h}{2} - a$

∴ $\eta e_i = e - \dfrac{h}{2} + a = 472.60 - \dfrac{600}{2} + 35 = 207.60\text{mm}$

令 $\eta = 1.0$，则 $e_i = 207.60\text{mm}$，重求 η

$$\zeta_1 = 0.2 + 2.7 \dfrac{e_i}{h_0} = 0.2 + 2.7 \dfrac{207.60}{565} > 1.0,\ \text{取}\ \zeta_1 = 1.0$$

∵ $\dfrac{l_0}{h} = \dfrac{7200}{600} = 12 < 15$ ∴ $\zeta_2 = 1.0$

$$\eta = 1 + \dfrac{1}{1400 \dfrac{e_i}{h_0}} \left(\dfrac{l_0}{h}\right)^2 \zeta_1 \zeta_2 = 1 + \dfrac{1}{1400 \times \dfrac{207.60}{565}} \times 12^2 \times 1.0 \times 1.0 = 1.280$$

重求 e_i 及 η

$$e_i = \dfrac{207.60}{1.280} = 162.19\text{mm}$$

$$\zeta_1 = 0.2 + 2.7 \dfrac{e_i}{h_0} = 0.2 + 2.7 \dfrac{162.19}{565} = 0.975$$

$$\zeta_2 = 1.0$$

$$\eta = 1 + \dfrac{1}{1400 \dfrac{e_i}{h_0}} \left(\dfrac{l_0}{h}\right)^2 \zeta_1 \zeta_2 = 1 + \dfrac{1}{1400 \times \dfrac{162.19}{565}} \times 12^2 \times 0.975 \times 1.0 = 1.349$$

再重求 e_i 及 η

$$e_i = \frac{207.60}{1.349} = 153.89 \text{mm}$$

$$\zeta_1 = 0.2 + 2.7\frac{e_i}{h_0} = 0.2 + 2.7\frac{153.89}{565} = 0.935$$

$$\zeta_2 = 1.0$$

$$\eta = 1 + \frac{1}{1400\frac{e_i}{h_0}}\left(\frac{l_0}{h}\right)^2 \zeta_1 \zeta_2 = 1 + \frac{1}{1400 \times \frac{153.89}{565}} \times 12^2 \times 0.935 \times 1.0 = 1.353$$

由于两个 η 相差不到 5%，所以取 $\eta = 1.35$，则 $e_i = \frac{207.60}{1.35} = 153.78\text{mm}$

$e_a \geq \frac{1}{30}h = \frac{1}{30} \times 600 = 20\text{mm}$ 且 $e_a \geq 20\text{mm}$，取 $e_a = 20\text{mm}$

$\therefore e_0 = e_i - e_a = 153.78 - 20 = 133.78\text{mm}$

(4) 求 M

$$M = Ne_0 = 2.4 \times 10^6 \times 133.78 = 321.07 \times 10^6 \text{N·mm} = 321.07 \text{kN·m}$$

该柱在 h 方向能承受的弯矩设计值为 321.07kN·m。

第六节 矩形截面对称配筋偏心受压构件的计算方法

在实际工程中，偏心受压构件在各种不同荷载组合作用下可能承受相反方向的弯矩，当弯矩相差不大时，应设计成对称配筋截面（$f_y A_s = f'_y A'_s$）；当弯矩相差虽较大，但按对称配筋设计求得的纵向钢筋的总用量比按不对称配筋设计所需的纵向钢筋总用量增加不多时，亦宜采用对称配筋；装配式柱一般采用对称配筋，以免吊装时出错。

一、设计截面

对称配筋时 $A_s = A'_s$，$f_y = f'_y$，令 $N_u = N$ 则由大偏心承载力计算公式 (7-10) 可得

$$x = \frac{N}{\alpha_1 f_c b} \tag{7-17}$$

当 $x \leq \xi_b h_0$，按大偏心受压破坏计算；当 $x > \xi_b h_0$，按小偏心受压破坏计算。

1. 大偏心受压破坏

若 $2a' \leq x \leq \xi_b h_0$，则由式 (7-10)、(7-11) 可得

$$A_s = A'_s \geq \frac{Ne - N(h_0 - 0.5x)}{f_y(h_0 - a')} \tag{7-18}$$

若 $x < 2a'$，则按不对称配筋时的计算方法，即分别令 (1) $x = 2a'$，(2) $A'_s = 0$ 求得 A_s，取二者中的较小值并令 $A_s = A'_s$。

2. 小偏心受压破坏

由式 (7-13) ~ (7-15) 可得

$$N \leq N_u = \alpha_1 f_c bx + f_y A_s - \frac{\frac{x}{h_0} - \beta_1}{\xi_b - \beta_1} f_y A_s \tag{7-19}$$

$$Ne \leq N_u e = \alpha_1 f_c bx\left(h_0 - \frac{x}{2}\right) + f_y A_s (h_0 - a') \tag{7-20}$$

为了求得混凝土受压区高度 x，必须联立求解公式（7-19）和（7-20），这将导致三次方程式，计算较为复杂。此时，可采用迭代计算法或近似计算法。

(1) 迭代法

迭代法的计算过程如下：混凝土受压区高度介于 $\xi_b h_0$ 和 $\dfrac{N}{\alpha_1 f_c b}$ 之间，于是可取 $x_1 = \dfrac{\xi_b h_0 + \dfrac{N}{\alpha_1 f_c b}}{2}$ 作为第一次近似值，代入公式（7-20），即可得 A_s 的第一次近似值，即

$$A_s = \frac{Ne - \alpha_1 f_c b x \left(h_0 - \dfrac{x}{2}\right)}{f_y (h_0 - a')} \tag{7-21}$$

然后，将求得的 A_s 代入式（7-19）求得 x_2，再将 x_2 代入式（7-21）即可求得 A_s 的第二次近似值。

当两次求得的 A_s 值相差不大于 5% 时，一般认为满足精度要求，计算结束。否则再进行第三次迭代求得第三次近似值，直到满足精度要求为止。

(2) 近似计算法

当混凝土强度等级不超过 C50 时，$\beta_1 = 0.8$。令 $N_u = N$，由 $\xi = x/h_0$ 及式（7-19）得

$$N = \alpha_1 f_c b h_0 \xi + \left(1 - \frac{\xi - 0.8}{\xi_b - 0.8}\right) f_y A_s$$

$$f_y A_s = \frac{N - \alpha_1 f_c b h_0 \xi}{1 - \dfrac{\xi - 0.8}{\xi_b - 0.8}} = \frac{N - \alpha_1 f_c b h_0 \xi}{\dfrac{\xi_b - \xi}{\xi_b - 0.8}} \tag{7-22}$$

再将 $\xi = x/h_0$ 及式（7-22）代入式（7-20），得

$$Ne = \alpha_1 f_c b h_0^2 \xi (1 - 0.5\xi) + \frac{N - \alpha_1 f_c b h_0 \xi}{\dfrac{\xi_b - \xi}{\xi_b - 0.8}} (h_0 - a')$$

$$Ne = \frac{\xi_b - \xi}{\xi_b - 0.8} = \alpha_1 f_c b h_0^2 \xi (1 - 0.5\xi) \frac{\xi_b - \xi}{\xi_b - 0.8} + (N - \alpha_1 f_c b h_0 \xi)(h_0 - a') \tag{7-23}$$

解此三次方程，就可以得到 ξ 值。

令 $y = \xi(1 - 0.5\xi)$，经研究发现，在 $\xi_b < \xi < \xi_{cy}$ 区段内，y 值的变化幅度并不大，其均值接近 0.43。为了简化计算，令 $\xi(1 - 0.5\xi) = 0.43$，代入式（7-23），得

$$\xi = \frac{N - \alpha_1 f_c b h_0 \xi}{\dfrac{Ne - 0.43 \alpha_1 f_c b h_0^2}{(0.8 - \xi_b)(h_0 - a')} + \alpha_1 f_c b h_0} + \xi_b \tag{7-24}$$

由 $x = \xi h_0$ 求得受压区高度，代入式（7-21）即可求得钢筋面积 A_s（$A'_s = A_s$）。

二、复核截面

可按不对称配筋的方法进行计算，但在有关公式中，取 $A_s = A'_s$，$f_y = f'_y$。同时，小偏心受压破坏时，只须考虑靠近轴向力一侧的混凝土先破坏的情况。

例 7-8 已知一钢筋混凝土偏心受压柱截面尺寸 $b \times h = 400\text{mm} \times 500\text{mm}$，柱子的计算长度 $l_0 = 5.5\text{m}$，承受轴向力设计值 $N = 1200\text{kN}$，弯矩设计值 $M = 500\text{kN} \cdot \text{m}$，混凝土

强度等级为 C30，纵向受力钢筋为 HRB400，$a=a'=35\text{mm}$。按对称配筋求 A_s 及 A_s'。

解： 由已知条件：$f_c=14.3\text{N/mm}^2$，$f_y=f_y'=360\text{N/mm}^2$，$h_0=500-35=465\text{mm}$

(1) 先按大偏心受压求 x

$$x=\frac{N}{\alpha_1 f_c b}=\frac{1200\times 10^3}{1.0\times 14.3\times 400}=209.79\text{mm}<\xi_b h_0\ (=0.518\times 465=240.87\text{mm})$$

∴ 确实为大偏心受压

(2) 求 ηe_i

$$e_0=\frac{M}{N}=\frac{500}{1200}=0.41667\text{m}=416.67\text{mm}$$

$$e_a\geqslant\frac{1}{30}h=\frac{1}{30}\times 500=16.67\text{mm}\ 且\ e_a\geqslant 20\text{mm}，取\ e_a=20\text{mm}$$

$$e_i=e_0+e_a=416.67+20=436.67\text{mm}$$

$$\zeta_1=0.2+2.7\frac{e_i}{h_0}=0.2+2.7\frac{436.67}{465}>1，取\ \xi_1=1.0$$

$$\because\frac{l_0}{h}=\frac{5500}{500}=11<15\quad\therefore\zeta_2=1.0$$

$$\eta=1+\frac{1}{1400\frac{e_i}{h_0}}\left(\frac{l_0}{h}\right)^2\zeta_1\zeta_2=1+\frac{1}{1400\times\frac{436.67}{465}}\times 11^2\times 1.0\times 1.0=1.092$$

$$\eta e_i=1.092\times 436.67=476.84\text{mm}$$

(3) 求 A_s 及 A_s'

$$e=\eta e_i+\frac{h}{2}-a=476.84+\frac{500}{2}-35=691.84\text{mm}$$

令 $N_u=N$，则由式 (7-18)，得

$$A_s=A_s'=\frac{Ne-\alpha_1 f_c bx\left(h_0-\dfrac{x}{2}\right)}{f_y'(h_0-a')}$$

$$=\frac{1200\times 10^3\times 691.84-1.0\times 14.3\times 400\times 209.79\times\left(465-\dfrac{209.79}{2}\right)}{360\times(465-35)}$$

$$=2571.59\text{mm}^2$$

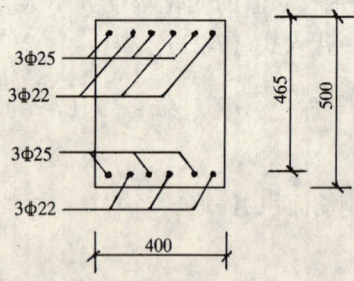

图 7-16　截面配筋图（例 7-8）

(4) 选配钢筋

A_s 及 A_s' 各选 3 Φ 25 + 3 Φ 22，实配 $A_s=A_s'=1473+1140=2613\text{mm}^2$。其截面纵筋布置情况见图 7-16。

例 7-9 已知一钢筋混凝土偏心受压柱截面尺寸 $b\times h=400\text{mm}\times 700\text{mm}$，柱子的计算长度 $l_0=5.0\text{m}$，承受轴向力设计值 $N=35\times 10^5 N$，弯矩设计值 $M=30\times 10^4 N\cdot m$，混凝土强度等级为 C30，纵向受力钢筋为 HRB400，$a=a'=35\text{mm}$。按对称配筋求 A_s 及 A_s'。

解： 由已知条件：$f_c=14.3\text{N/mm}^2$，$f_y=f_y'=360\text{N/mm}^2$，$h_0=700-35=665\text{mm}$

(1) 先按大偏心受压求 x

$$x = \frac{N}{\alpha_1 f_c b} = \frac{35 \times 10^5}{1.0 \times 14.3 \times 400} = 611.89\text{mm} > \xi_b h_0 \ (= 0.518 \times 665 = 344.47\text{mm})$$

∴属于小偏心受压。

(2) 求 ηe_i

$$e_0 = \frac{M}{N} = \frac{30 \times 10^4}{35 \times 10^5} = 0.08571\text{m} = 85.71\text{mm}$$

$$e_a \geqslant \frac{1}{30}h = \frac{1}{30} \times 700 = 23.33\text{mm} \text{ 且 } e_a \geqslant 20\text{mm}, \text{ 取 } e_a = 23.33\text{mm}$$

$$e_i = e_0 + e_a = 85.71 + 23.33 = 109.04\text{mm}$$

$$\because \frac{l_0}{h} = \frac{5000}{700} = 7.14 < 15 \quad \therefore \zeta_2 = 1.0$$

$$\zeta_1 = 0.2 + 2.7\frac{e_i}{h_0} = 0.2 + 2.7\frac{109.04}{665} = 0.643$$

$$\eta = 1 + \frac{1}{1400\frac{e_i}{h_0}}\left(\frac{l_0}{h}\right)^2 \zeta_1 \zeta_2 = 1 + \frac{1}{1400\frac{109.04}{665}} \times 7.14^2 \times 0.643 \times 1.0 = 1.143$$

$$\eta e_i = 1.143 \times 109.04 = 124.63\text{mm}$$

(3) 重新按小偏心受压求 x

$$e = \eta e_i + \frac{h}{2} - a = 124.63 + \frac{700}{2} - 35 = 439.63\text{mm}$$

由式 (7-24)，得

$$\xi = \frac{N - \xi_b \alpha_1 f_c b h_0}{\frac{Ne - 0.43\alpha_1 f_c b h_0^2}{(0.8 - \xi_b)(h_0 - a')} + \alpha_1 f_c b h_0} + \xi_b$$

$$= \frac{35 \times 10^5 - 0.518 \times 1.0 \times 14.3 \times 400 \times 665}{\frac{35 \times 10^5 \times 439.63 - 0.43 \times 1.0 \times 14.3 \times 400 \times 665^2}{(0.8 - 0.518)(665 - 35)} + 1.0 \times 14.3 \times 400 \times 665}$$
$$+ 0.518$$

$$= 0.771 > \xi_b = 0.518$$

$$< \xi_{cy} = 1.6 - \xi_b = 1.6 - 0.518 = 1.082$$

∴ $x = \xi h_0 = 0.771 \times 665 = 512.72\text{mm}$

(4) 求 A_s 及 A_s'

令 $N_u = N$，则由式 (7-21)，得

$$A_s = A_s' = \frac{Ne - \alpha_1 f_c b x \left(h_0 - \frac{x}{2}\right)}{f_y'(h_0 - a')}$$

$$= \frac{35 \times 10^5 \times 439.63 - 1.0 \times 14.3 \times 400 \times 512.72 \times \left(665 - \frac{512.72}{2}\right)}{360 \times (665 - 35)}$$

$$= 1500.27\text{mm}^2$$

(5) 选配钢筋

A_s 及 A_s' 各选 4 ⌀ 22，实配 $A_s = A_s' = 1520\text{mm}^2$。其截面纵筋的布置情况见图 7-17。

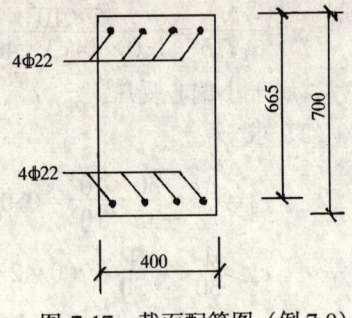

图 7-17 截面配筋图（例 7-9）

(6) 验算垂直于弯矩作用方向的轴心受压

$$\frac{l_0}{b} = \frac{5000}{400} = 12.5，查表得 \varphi = 0.94$$

$$N_u' = 0.9\varphi[f_c bh + f_y'(A_s + A_s')]$$
$$= 0.9 \times 0.94 \times [14.3 \times 400 \times 700 + 360$$
$$\times (1256 + 1256)]$$
$$= 0.9 \times 4152439N = 41.52 \times 10^5 N > N = 35 \times 10^5 N$$

∴在垂直于弯矩作用方向，柱子是安全的。

第七节 工字型截面偏心受压构件正截面承载力计算

一、基本计算公式

为了节省混凝土和减轻柱子自重，对于较大尺寸的装配式柱往往采用工字形截面。工字形截面柱的破坏特征与矩形截面是相似的，因此，其计算方法也与矩形截面相似。

1. 大偏心受压

大偏心受压时，工字形截面上的应力分布情况有两种：一种情况是当受压区高度较小时，中和轴通过工字形截面的上翼缘；另一种情况是中和轴通过其腹板。

(1) 当中和轴通过上翼缘时（$x \leqslant h_f'$）

此时，其截面应力图如图 7-18 所示。中和轴通过上翼缘时，其计算公式与截面宽度为 b_f' 的矩形截面梁相似，由力的平衡条件可得

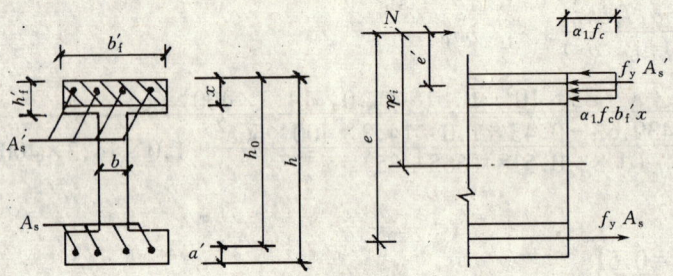

图 7-18 工字形截面大偏心受压构件中和轴通过上翼缘时的截面应力图

$$N \leqslant N_u = \alpha_1 f_c b_f' x + f_y' A_s' - f_y A_s \tag{7-25}$$

$$Ne \leqslant N_u e = \alpha_1 f_c b_f' x \left(h_0 - \frac{x}{2}\right) + f_y' A_s'(h_0 - a') \tag{7-26}$$

式中 b_f'——工字形截面受压翼缘宽度。
h_f'——工字形截面受压翼缘高度。

(2) 当中和轴通过腹板时（$x > h_f'$）

此时，其截面应力图如图 7-19 所示。由力的平衡条件可得

$$N \leqslant N_u = \alpha_1 f_c [bx + (b_f' - b) h_s'] + f_y' A_s' - f_y A_s \tag{7-27}$$

$$Ne \leqslant N_u e = \alpha_1 f_c bx\left(h_0 - \frac{x}{2}\right) + \alpha_1 f_c (b'_f - b) h'_f\left(h_0 - \frac{h'_f}{2}\right) + f_y A'_s(h_0 - a') \tag{7-28}$$

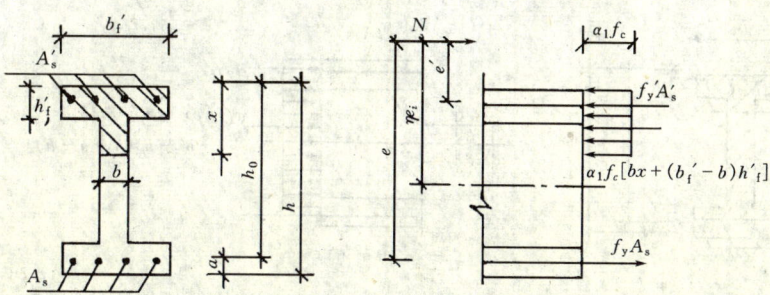

图 7-19 工字形截面大偏心受压构件中和轴通过肋部时的截面应力图形

以上公式的适用条件为

$$x \leqslant \xi_b h_0 \text{（或 } \xi \leqslant \xi_b \text{）且 } x \geqslant 2a'$$

2. 小偏心受压

小偏心受压时，工字形截面上的应力分布情况也有两种：一种是中和轴通过腹板，另一种是中和轴通过下翼缘。

（1）当中和轴通过腹板时（$x < h - h'_f$）

此时，其截面应力图如图 7-20 所示。由力的平衡条件可得

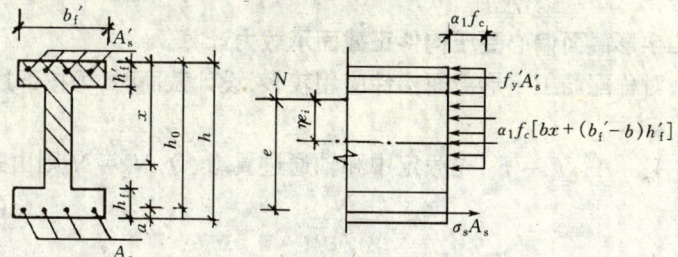

图 7-20 工字形截面小偏心受压构件中和轴通过肋部时的截面应力图形

$$N \leqslant N_u = \alpha_1 f_c[bx + (b'_f - b)h'_f] + f'_y A'_s - \sigma_s A_s \tag{7-29}$$

式中，$\sigma_s = \dfrac{\xi - \beta_1}{\xi_b - \beta_1} f_y \leqslant f_y$。

$$Ne \leqslant N_u e = \alpha_1 f_c bx\left(h_0 - \frac{x}{2}\right) + \alpha_1 f_c (b'_f - b) h'_f\left(h_0 - \frac{h'_f}{2}\right) + f'_y A'_s(h_0 - a') \tag{7-30}$$

（2）当中和轴通过下翼缘时（$h - h'_f < x < h$）

此时，其截面应力图如图 7-21 所示。由力的平衡条件可得

$$N \leqslant N_u = \alpha_1 f_c[bx + (b'_f - b)h'_f + (b_f - b)(x - h + h_f)] + f'_y A'_s - \sigma_s A_s \tag{7-31}$$

式中，$\sigma_s = \dfrac{\xi - \beta_1}{\xi_b - \beta_1} f_y, -f'_y \leqslant \sigma_s \leqslant f_y$。

$$Ne \leqslant N_u e = \alpha_1 f_c bx\left(h_0 - \frac{x}{2}\right) + \alpha_1 f_c (b'_f - b) h'_f\left(h_0 - \frac{h'_f}{2}\right)$$

$$+ \alpha_1 f_c (b_f - b)(x - h + h_f)\left(\frac{h}{2} + \frac{h_f}{2} - a - \frac{x}{2}\right) + f'_y A'_s (h_0 - a') \tag{7-32}$$

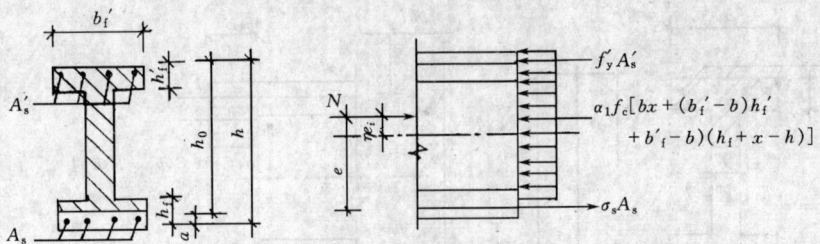

图 7-21 工字形截面小偏心受压构件中和轴通过下翼缘时的截面应力图形

以上公式的适用条件为

$$x > \xi_b h_0 \text{（或 } \xi > \xi_b)$$

如同矩形截面，当轴向力偏心率很小时，若靠近轴向力一侧的钢筋 A'_s 较多，而离轴向力较远一侧的钢筋 A_s 相对较少，则该侧的混凝土也可能先被压碎（此时，$x \geqslant h$）。因此，为了防止离轴向力较远一侧的混凝土先被压碎，工字形截面小偏心受压构件还应满足：

$$N\left[\frac{h}{2} - a' - (e_0 - e_a)\right] \leqslant \alpha_1 f_c \left[bh\left(h'_0 - \frac{h}{2}\right) + (b_f - b)h_f\left(h'_0 - \frac{h_f}{2}\right) + (b'_f - b)h'_f\left(\frac{h'_f}{2} - a'\right)\right]$$
$$+ f'_y A_s (h'_0 - a) \tag{7-33}$$

二、对称配筋工字形截面偏心受压构件正截面承载力计算

在实际工程中，对称配筋工字形截面构件应用较多，设计截面时，可按下述方法计算。

1. 大偏心受压破坏

由于对称配筋 $A_s = A'_s$，$f_y = f'_y$，先假定中和轴通过翼缘，令 $N_u = N$ 则由式(7-25)可得

$$x = \frac{N}{\alpha_1 f_c b'_f} \tag{7-34}$$

若 $x \leqslant h'_f$，表明中和轴确实通过翼缘，可按宽度为 b'_f 的矩形截面计算。

当 $2a' \leqslant x \leqslant h'_f$ 时，可由式(7-26)，得

$$A_s = A'_s = \frac{Ne - N(h_0 - 0.5x)}{f_y(h_0 - a')} \tag{7-35}$$

当 $x < 2a'$ 时，则分别令(1) $x = 2a'$，$A_s = A'_s = \frac{N\left(\eta e_i - \frac{h}{2} + a'\right)}{f_y(h_0 - a')}$；(2) $A'_s = 0$，按非对称配筋计算 A_s。然后取两种方法计算所得钢筋面积的较小值作为最后的配筋计算结果。

若 $x > h'_f$，表明中和轴通过肋部，这时受压区高度 x 应按下列公式计算：

$$x = \frac{N - \alpha_1 f_c (b'_f - b)h'_f}{\alpha_1 f_c b} \tag{7-36}$$

此时，若 $x \leqslant \xi_b h_0$，表明截面为大偏心受压，则由式(7-28)，得

$$A_s = A'_s = \frac{Ne - \alpha_1 f_c (b'_f - b)h'_f\left(h_0 - \frac{h'_f}{2}\right) - \alpha_1 f_c bx\left(h_0 - \frac{x}{2}\right)}{f_y(h_0 - a')} \tag{7-37}$$

2. 小偏心受压破坏

当按式(7-36)求得的 $x > \xi_b h_0$ 时,表明截面为小偏心受压。此时,应按式(7-29)和(7-30)或公式(7-31)和(7-32)联立求解。计算方法同对称配筋矩形截面类似,也可采用迭代法或近似公式法。

三、不对称配筋工字形截面偏心受压构件正截面承载力计算

不对称配筋工字形截面偏心受压构件正截面承载力的计算方法与矩形截面无原则区别,只需注意翼缘的作用,本节从略。

例 7-10 已知一钢筋混凝土工字形截面柱,截面尺寸为 $b \times h = 100\text{mm} \times 60\text{mm}$, $b_f = b'_f = 400\text{mm}$, $h_f = h'_f = 100\text{mm}$, $a = a' = 35\text{mm}$, 柱子的计算长度为 $l_0 = 4.5\text{m}$, 承受轴向力设计值 $N = 750\text{kN}$, 弯矩设计值 $M = 400\text{kN·m}$, 混凝土强度等级为 C30, 纵向钢筋采用 HRB400。按对称配筋计算 A_s 及 A'_s。

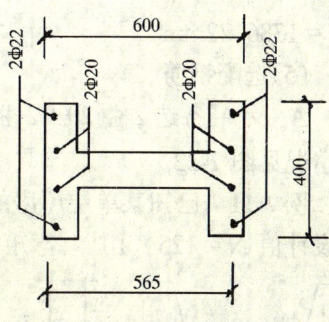

图 7-22 截面配筋图(例 7-10)

解:根据已知条件,$f_c = 14.3\text{N/mm}^2$, $f_y = f'_y = 360\text{N/mm}^2$, $h_0 = 600 - 35 = 565\text{mm}$

(1) 求 l_0/h
$$\frac{l_0}{h} = \frac{4500}{600} = 7.5$$

(2) 求 ηe_i
$$e_0 = \frac{M}{N} = \frac{400}{750} = 0.53333\text{m} = 533.33\text{mm}$$

$e_a \geq \frac{1}{30}h = \frac{1}{30} \times 600 = 20\text{mm}$ 且 $e_a \geq 20\text{mm}$, 取 $e_a = 20\text{mm}$

$e_i = e_0 + e_a = 533.33 + 20 = 553.33\text{mm}$

$$\zeta_1 = 0.2 + 2.7\frac{e_i}{h_0} = 0.2 + 2.7\frac{553.33}{565} > 1.0 \quad \therefore \text{取 } \zeta_1 = 1.0$$

$\because \frac{l_0}{h} = 7.5 < 15 \quad \therefore \zeta_2 = 1.0$

$$\eta = 1 + \frac{1}{1400\frac{e_i}{h_0}}\left(\frac{l_0}{h}\right)^2 \zeta_1 \zeta_2 = 1 + \frac{1}{1400 \times \frac{553.33}{565}} \times 7.5^2 \times 1.0 \times 1.0 = 1.041$$

$$\eta e_i = 1.041 \times 553.33 = 576.02\text{mm}$$

(3) 先按大偏心受压求 x

假定中和轴在受压翼缘内,则由式(7-34),得
$$x = \frac{N}{\alpha_1 f_c b'_f} = \frac{750 \times 10^3}{1.0 \times 14.3 \times 400} = 131.12\text{mm} > h'_f = 100\text{mm}$$

$\therefore$ 中和轴在腹板内,由式(7-36)重求 x
$$x = \frac{N - \alpha_1 f_c h'_f(b'_f - b)}{\alpha_1 f_c b} = \frac{750 \times 10^3 - 1.0 \times 14.3 \times 100 \times (400 - 100)}{1.0 \times 14.3 \times 100} = 224.48\text{mm}$$

$< \xi_b h_0 (= 0.518 \times 565 = 292.67\text{mm})$

$\therefore$ 确实为大偏心受压

(4) 求 A_s 及 A'_s

$$e = \eta e_i + \frac{h}{2} - a = 576.02 + \frac{600}{2} - 35 = 841.02 \text{mm}$$

由式(7-37),得

$$A_s = A_s' = \frac{Ne - \alpha_1 f_c \left[bx\left(h_0 - \frac{x}{2}\right) + (b_f' - b)h_f'\left(h_0 - \frac{h_f'}{2}\right) \right]}{f_y'(h_0 - a')}$$

$$= \frac{750000 \times 841.02 - 1.0 \times 14.3 \left[100 \times 224.48 \left(565 - \frac{224.48}{2}\right) + 300 \times 100 \left(565 - \frac{100}{2}\right) \right]}{360 \times (565 - 35)}$$

$$= 1386.22 \text{mm}^2$$

(5)选配钢筋

A_s 及 A_s' 各选 2 ⌀ 20 + 2 ⌀ 22,实配 $A_s = A_s' = 628 + 760 = 1388 \text{mm}^2$。其截面纵筋的布置情况见图 7-22。

例 7-11 已知某单层厂房的钢筋混凝土工字形截面柱,下柱高 6.7m。柱截面承受轴向力设计值 $N = 125 \times 10^4 \text{N}$,弯矩设计值 $M = 24.8 \times 10^4 \text{N} \cdot \text{m}$,截面尺寸如图 7-23 所示,混凝土强度等级为 C30,纵向钢筋采用 HRB400。按对称配筋计算 A_s 及 A_s'。

解:根据已知条件,

$$f_c = 14.3 \text{N/mm}^2$$
$$f_y = f_y' = 3600 \text{N/mm}^2$$

计算时需先将其截面进行近似简化,见图 7-23。

(1)求 l_0/h

柱子的计算长度 l_0 由《规范》可查得

$$l_0 = 1.0 H_l = 1.0 \times 6.7 = 6.7 \text{m}$$

$$\frac{l_n}{h} = \frac{6700}{700} = 9.57$$

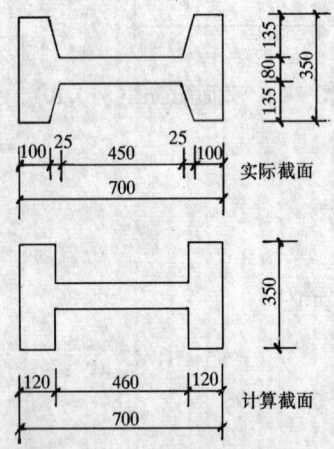

图 7-23 工字形截面图(例 7-11)

(2)求 ηe_i

$$e_0 = \frac{M}{N} = \frac{24.8 \times 10^4}{125 \times 10^4} = 0.1984 \text{m} = 198.4 \text{mm}$$

$$e_a \geq \frac{1}{30} h = \frac{1}{30} \times 700 = 23.33 \text{mm} \text{ 且 } e_a \geq 20 \text{mm,取 } e_a = 23.33 \text{mm}$$

$$e_i = e_0 + e_a = 198.4 + 23.33 = 221.73 \text{mm}$$

取 $a = a' = 40 \text{mm}$,则 $h_0 = 700 - 40 = 660 \text{mm}$

$$\zeta_1 = 0.2 + 2.7 \frac{e_i}{h_0} = 0.2 + 2.7 \times \frac{221.73}{660} > 1.0 \quad \therefore \text{取 } \zeta_1 = 1.0$$

$$\therefore \frac{l_0}{h} = 9.57 < 15 \quad \therefore \zeta_2 = 1.0$$

$$\eta = 1 + \frac{1}{1400 \frac{e_i}{h_0}} \left(\frac{l_0}{h}\right)^2 \zeta_1 \zeta_2 = 1 + \frac{1}{1400 \times \frac{221.73}{600}} \times 9.57^2 \times 1.0 \times 1.0 = 1.195$$

$$\eta e_i = 1.195 \times 221.73 = 264.97 \text{mm}$$

(3) 先按大偏心受压求 x

假定中和轴在受压翼缘内，则由式(7-34)，得

$$x = \frac{N}{\alpha_1 f_c b'_f} = \frac{125 \times 10^4}{1.0 \times 14.3 \times 350} = 249.75 \text{mm} > h'_f = 112 \text{mm}$$

∴ 中和轴在腹板内，由式(7-36)重求 x

$$x = \frac{N - \alpha_1 f_c h'_f (b'_f - b)}{\alpha_1 f_c b}$$

$$= \frac{125 \times 10^4 - 1.0 \times 14.3 \times (350 - 80) \times 112}{1.0 \times 14.3 \times 80}$$

$$= 714.66 \text{mm}$$

$$> \xi_b h_0 (= 0.518 \times 660 = 341.88 \text{mm})$$

∴ 属于小偏心受压

(4) 按小偏心受压重求 x 及 A_s、A'_s

$$e = \eta e_i + \frac{h}{2} - a = 264.97 + \frac{700}{2} - 35 = 579.97 \text{mm}$$

① 用迭代法求解

$$x_1 = \frac{714.66 + 341.88}{2} = 528.27 \text{mm}$$

将 $x_1 = 528.27 \text{mm}$ 代入式(7-30)，得

$$A_s = A'_s = \frac{Ne - \alpha_1 f_c \left[bx \left(h_0 - \frac{x_1}{2} \right) + (b'_f - b) h'_f \left(h_0 - \frac{h'_f}{2} \right) \right]}{f'_y (h_0 - a')}$$

$$= \frac{125 \times 10^4 \times 579.97 - 1.0 \times 14.3 \left[80 \times 528.27 \left(660 - \frac{528.27}{2} \right) + 270 \times 112 \left(660 - \frac{112}{2} \right) \right]}{360 \times (660 - 40)}$$

$$= 1005.99 \text{mm}^2$$

将 $\sigma_s = \frac{\xi - 0.8}{\xi_b - 0.8} f_y$ 及 $A_{s1} = A'_{s1} = 1005.99 \text{mm}^2$ 代入式(7-29)，得

$$x_2 = \frac{N - \alpha_1 f_c (b'_f - b) h'_f - f'_y A'_s + \frac{0.8}{0.8 - \xi_b} f_y A_s}{\alpha_1 f_c b + \frac{f_y A_s}{(0.8 - \xi_b) h_0}}$$

$$= \frac{125 \times 10^4 - 1.0 \times 14.3 \times 270 \times 112 - 360 \times 1005.99 + \frac{0.8}{0.8 - 0.518} \times 360 \times 1005.99}{1.0 \times 14.3 \times 80 + \frac{360 \times 1005.99}{(0.8 - 0.518) \times 660}}$$

$$= 479.90 \text{mm}$$

将 $x_2 = 479.90 \text{mm}$ 代入式(7-30)，得

$$A_{s2} = A'_{s2}$$

$$= \frac{125 \times 10^4 \times 579.97}{360 \times (660 - 40)}$$

$$- \frac{1.0 \times 14.3 \left[80 \times 479.90 \left(660 - \frac{479.90}{2} \right) + (350 - 80) \times 112 \left(660 - \frac{112}{2} \right) \right]}{360 \times (660 - 40)}$$

$$= 1044.64 \text{mm}^2$$

由以上迭代计算可知,取 $A_s = A'_s = 1044.64 \text{mm}^2$ 即可满足精度要求。

②用近似公式求解

$$\xi = \frac{N - \alpha_1 f_c (b'_f - b) h'_f - \xi_b \alpha_1 f_c b h_0}{\dfrac{Ne - \alpha_1 f_c (b'_f - b) h'_f \left(h_0 - \dfrac{h'_f}{2}\right) - 0.45 \alpha_1 f_c b h_0^2}{(0.8 - \xi_b)(h_0 - a')} + \alpha_1 f_c b h_0}$$

$$= \frac{125 \times 10^4 - 1.0 \times 14.3 \times (350 - 80) \times 112 - 0.518 \times 1.0 \times 14.3 \times 80 \times 660}{\dfrac{125 \times 10^4 \times 579.97 - 14.3 \times 270 \times 112 (660 - 56) - 0.45 \times 14.3 \times 80 \times 660^2}{(0.8 - 0.518)(660 - 40)} + 14.3 \times 80 \times 660}$$

$$+ 0.518 = 0.719$$

$$x = \xi h_0 = 0.719 \times 660 = 474.54 \text{mm}$$

将 $x = 474.54 \text{mm}$ 代入式(7-30),得

$$A_s = A'_s = \frac{Ne - \alpha_1 f_c \left[bx\left(h_0 - \dfrac{x}{2}\right) + (b'_f - b) h'_f \left(h_0 - \dfrac{h'_f}{2}\right)\right]}{f'_y (h_0 - a')}$$

$$= \frac{125 \times 10^4 \times 579.97 - 14.3 \left[80 \times 474.54 \left(660 - \dfrac{474.54}{2}\right) + (350 - 80) \times 112 \left(660 - \dfrac{112}{2}\right)\right]}{360 \times (660 - 40)}$$

$$= 1049.66 \text{mm}^2$$

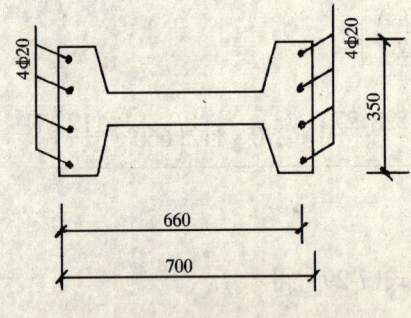

图 7-24 截面配筋图(例 7-11)

(4)选配钢筋

A_s 及 A'_s 各选 4 Φ 20,实配 $A_s = A'_s = 1256 \text{mm}^2$。其截面纵筋的布置情况见图 7-24。

(5)验算垂直于弯矩作用方向的轴心受压

$$I = \frac{1}{12}(700 - 2 \times 112) \times 80^3 + 2 \times \frac{1}{12} \times 112 \times 350^3$$

$$= 8.21 \times 10^8 \text{mm}^4$$

$$A = 80 \times (700 - 2 \times 112) + 2 \times 112 \times 350$$

$$= 1.16 \times 10^5 \text{mm}^2$$

$$i = \sqrt{I/A} = \sqrt{\frac{8.21 \times 10^8}{1.16 \times 10^5}} = 84.13 \text{mm}$$

$i_0/i = \dfrac{6700}{84.13} = 79.64$,查表得 $\varphi = 0.67$

$$N'_u = \varphi [f_c A + f'_y (A_s + A'_s)] = 0.67 \times (14.3 \times 1.16 \times 10^5 + 360 \times (1356 + 1256))$$
$$= 1717290.4 \text{N} = 1717.29 \text{kN} > N$$

所以,在垂直于弯矩作用方向柱子是安全的。

第八节 矩形截面双向偏心受压构件正截面承载力计算

当构件所承受的轴向压力 N 在截面的两个主轴方向都有偏心(e_{ix} 和 e_{iy})时,或者构件同时承受轴向压力 N 和两个方向的弯矩(M_x 和 M_y)时,这种构件称为双向偏心受压构件。

双向偏心受压构件正截面的破坏形态与单向偏心受压构件相似，也可分为大偏心受压破坏和小偏心受压破坏。计算单向偏心受压构件正截面承载力所采用的基本假定，对于双向偏心受压构件同样适用。双向偏心受压截面破坏时，其中和轴一般不与截面主轴相垂直，受压区的形状较为复杂，可能是三角形、梯形和五边形，如图 7-25 所示；同时，钢筋应力也不均匀，

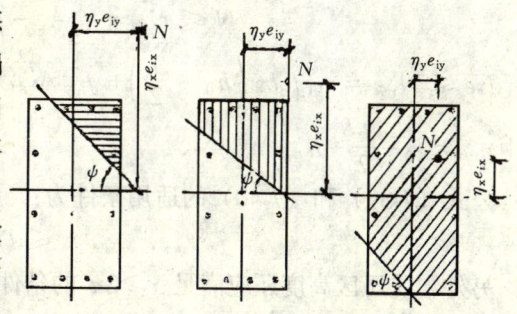

图 7-25 双向偏心受压构件的受压区形状

有的应力可达到其屈服强度，有的应力则较小。因此，若按正截面承载力的一般理论计算其极限承载力是十分复杂的。

因此，在工程设计中一般采用较简单的近似计算方法。即：先拟订构件的截面尺寸和钢筋布置方案，然后按下列公式复核截面承载力

$$N \leqslant \frac{1}{\dfrac{1}{N_{ux}} + \dfrac{1}{N_{uy}} - \dfrac{1}{N_{uo}}} \tag{7-38}$$

式中　N_{uo}——构件的截面轴心受压承载力设计值，此时考虑全部纵筋，但不考虑稳定系数；

　　　N_{ux}——轴向力作用于 x 轴，并考虑相应的计算偏心距 $\eta_x e_{ix}$ 后，按全部纵向钢筋计算的构件偏心受压承载力设计值；

　　　N_{uy}——轴向力作用于 y 轴，并考虑相应的计算偏心距 $\eta_y e_{iy}$ 后，按全部纵向钢筋计算的构件偏心受压承载力设计值。

第九节　偏心受拉构件正截面承载力计算

偏心受拉构件的承载力计算，按轴向力 N 作用点位置不同可分为两种情况：(1) 当轴向力 N 作用在钢筋 A_s 合力点和 A_s' 合力点范围以外时，为大偏心受拉；(2) 当轴向力 N 作用在钢筋 A_s 合力点和 A_s' 合力点之间时，为小偏心受拉。由于偏心受拉构件一般采用矩形截面，故本节中仅叙述矩形截面偏心受拉构件的承载力计算。

一、矩形截面大偏心受拉构件正截面承载力计算

对于正常配筋的矩形截面，当轴向力作用在钢筋 A_s 合力点和 A_s' 合力点以外时，离轴向力 N 较近一侧将发生裂缝，而离轴向力 N 较远一侧的混凝土仍然受压，因此，裂缝不会贯通。整个截面破坏时，钢筋 A_s 和 A_s' 的应力都已达到屈服强度，受压区混凝土被压碎（当受拉钢筋配筋率不很大时，受压区混凝土的压碎程度往往不明显。此时，一般以裂缝宽度超过某一限值作为截面破坏的标志）。

矩形截面大偏心受拉构件的截面应力情况如图 7-26 所示。根据平衡条件，可得

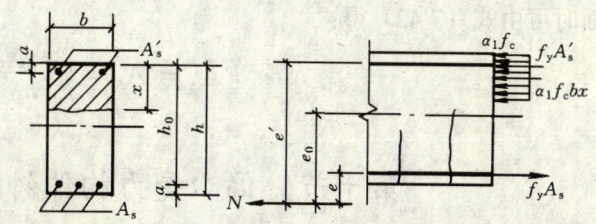

图 7-26 矩形截面大偏心受拉构件截面应力图形

$$N \leqslant N_u = f_y A_s - f'_y A'_s - \alpha_1 f_c bx \tag{7-39}$$

$$Ne \leqslant N_u e = \alpha_1 f_c bx \left(h_0 - \frac{x}{2}\right) + f'_y A'_s (h_0 - a') \tag{7-40}$$

式中，$e = e_0 - \frac{h}{2} + a$。

公式（7-39）和（7-40）的适用条件为：

$$x \leqslant \zeta_b h_0$$

另外，受压区高度还应满足 $x \geqslant 2a'$ 的条件，当 $x < 2a'$ 时，可按式（7-42）及（7-39）进行计算。

大偏心受拉破坏与大偏心受压破坏的计算方法相似，可参照进行。

二、矩形截面小偏心受拉构件正截面承载力计算

当轴向力作用在钢筋 A_s 合力点和 A'_s 合力点之间时，破坏前截面已全部裂通，拉力完全由钢筋承受，不考虑混凝土的受拉工作。破坏时，钢筋 A_s 和 A'_s 的应力与轴向力作用点的位置及钢筋 A_s 和 A'_s 的比值有关，可能均达到其抗拉屈服强度，也可能仅一侧钢筋的应力达到其抗拉屈服强度，而另一侧钢筋的应力未能达到其抗拉屈服强度。计算时，为了使钢筋总用量（$A_s + A'_s$）最小，可假定钢筋 A_s 和 A'_s 的应力都达到屈服强度。

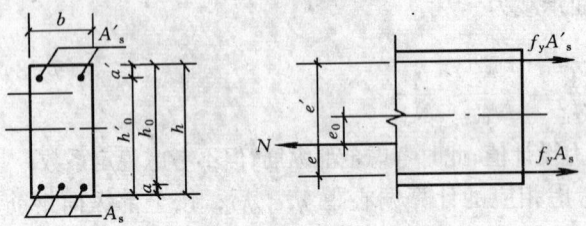

图 7-27　矩形截面小偏心受拉构件截面应力图形

矩形截面小偏心受拉构件的截面应力情况图 7-27 所示。根据内外力分别对 A_s 合力点和 A'_s 合力点取矩的平衡条件可得：

$$Ne \leqslant N_u e = f_y A'_s (h_0 - a') \tag{7-41}$$

$$Ne' \leqslant N_u e' = f_y A_s (h'_0 - a) \tag{7-42}$$

式中，$e = \frac{h}{2} - e_0 - a$，$e' = \frac{h}{2} + e_0 - a'$。

设计时，令 $N_u = N$ 则由公式（7-41）和（7-42）可得

$$A'_s = \frac{Ne}{f_y (h_0 - a')} \tag{7-43}$$

$$A_s = \frac{Ne'}{f_y (h'_0 - a)} \tag{7-44}$$

当对称配筋时，离轴向力较远一侧的钢筋 A'_s 达不到其抗拉设计强度。因此，设计截面时可由式（7-42）得：

$$A'_s = A_s = \frac{Ne'}{f_y (h'_0 - a)} \tag{7-45}$$

第十节　偏心受力构件斜截面承载力计算

在工业与民用建筑工程中，有的构件同时承受轴向力、弯矩和剪力的作用，如框架

柱、空腹屋架的弦杆、双肢柱的肢杆、矩形水池的池壁以及地下排水沟的沟壁和底板等。在这些构件中，由于轴向力的存在，不仅对正截面的承载力有影响，对斜截面的承载力也有明显的影响。因此，对于其斜截面抗剪强度的计算，必须考虑轴向力的作用。

一、偏心受压构件斜截面承载力计算

1. 轴向压力对斜截面抗剪强度的影响

偏心受压构件斜截面抗剪强度除了与受弯构件一样，受剪跨比、混凝土强度、配箍率和纵向钢筋配筋率等因素影响外，还将受轴向压力的影响。轴向力对抗剪强度起着有利的作用，随着轴向压力的增大，抗剪强度将增大。

试验表明，轴向压力对抗剪强度的有利作用是有限度的。随着轴压比$\left(即\dfrac{N}{f_c bh}\right)$的增大，斜截面的抗剪强度将增大，当轴压比$\dfrac{N}{f_c bh}=0.3\sim0.5$时，斜截面抗剪强度达到最大值。若轴压比继续增大，抗剪强度将降低。

2. 偏心受压构件斜截面承载力计算

为了与梁的斜截面承载力计算相协调，偏心受压构件抗剪强度可按下列公式计算：

$$V \leqslant \frac{1.75}{\lambda+1.0}f_t bh_0 + f_{yv}\frac{A_{sv}}{s}h_0 + 0.07N \tag{7-46}$$

式中 V——剪力设计值；

λ——偏心受压构件计算截面的剪跨比。对各类结构的框架柱可取$\lambda=\dfrac{M}{Vh_0}$，当框架结构中柱的反弯点在层高范围内时，可取$\lambda=\dfrac{H_n}{2h_0}$。此处，$H_n$为柱净高，$M$为计算截面上与剪力设计值$V$相应的弯矩设计值。当$\lambda<1$时，取$\lambda=1$；当$\lambda>3$时，取$\lambda=3$。对其它偏心受压构件，当承受均布荷载时，取$\lambda=1.5$；当以集中荷载为主时，取$\lambda=a/h_0$，$1.5\leqslant\lambda\leqslant3$。此处，$a$为集中荷载至支座或节点边缘的距离。

f_t——混凝土抗拉强度设计值；

f_{yv}——箍筋抗拉强度设计值；

A_{sv}——同一截面内各肢箍筋的截面面积之和；

s——箍筋间距；

N——与剪力设计值相应的轴向压力设计值，当$N>0.3f_c A$时，取$N=0.3f_c A$；

A——构件的截面面积。

矩形、T形和工形截面偏心受压构件，若符合下列公式的要求时

$$V \leqslant \frac{1.75}{\lambda+1.0}f_t bh_0 + 0.07N$$

可不进行斜截面受剪承载力计算，而只需按构造要求配置箍筋。

二、偏心受拉构件斜截面承载力计算

1. 轴向拉力对斜截面抗剪强度的影响

试验表明，轴向拉力的存在有时会使斜裂缝贯穿全截面，使斜裂缝末端剪压区高度减小，甚至没有剪压区。因此，构件的斜截面承载力比无轴向拉力时要降低，降低的程度与

轴向拉力的数值有关。

2. 偏心受拉构件斜截面承载力计算

与偏心受压构件抗剪承载力计算类似，偏心受拉构件抗剪承载力可按下列公式计算：

$$V \leqslant \frac{1.75}{\lambda+1.0} f_t b h_0 + f_{yv} \frac{A_{sv}}{s} h_0 - 0.2N \tag{7-47}$$

式中 N——与剪力设计值相应的轴向拉力设计值；

λ——偏心受拉构件计算截面的剪跨比，其取值方法同偏心受压构件。

当式（7-47）右边的计算值小于 $f_{yv}\frac{A_{sv}}{s}h_0$ 时，应取 $f_{yv}\frac{A_{sv}}{s}h_0$，且 $f_{yv}\frac{A_{sv}}{s}h_0$ 值不得小于 $0.36 f_t b h_0$。

三、偏心受力构件斜截面承载力计算适用条件

试验表明，偏心受力构件的截面尺寸过小时，增大箍筋用量几乎不能提高构件的抗剪强度。所以，偏心受力构件的截面尺寸尚应符合下列要求：

$$V \leqslant 0.25 \beta_c f_c b h_0$$

式中 β_c——混凝土强度影响系数，当混凝土强度等级不高于 C50 时，取 $\beta_c=1.0$；当混凝土强度等级为 C80 时，取 $\beta_c=0.8$；其间按线性内插法取用。

第十一节 双向受剪承载力计算

一、双向受剪承载力分析

偏心受压钢筋混凝土框架结构的柱以及受水平荷载作用的柱，在双向受力情况下需要进行双向受剪承载力计算。根据已有的试验结果，正方形柱的抗剪强度不受荷载作用方向的影响，但是矩形截面柱的抗剪强度随荷载作用方向而变化，见图 7-28。

钢筋混凝土矩形或正方形截面柱在二个主轴方向同时承受水平剪力作用，且配箍量不相等时，沿两个方向的剪力设计值 V_x、V_y 和抗剪强度 V_{ux}、V_{uy} 的关系服从椭圆规律，即符合如下的椭圆相关方程，见图 7-29：

$$\left(\frac{V_x}{V_{ux}}\right)^2 + \left(\frac{V_y}{V_{uy}}\right)^2 = 1 \tag{7-48}$$

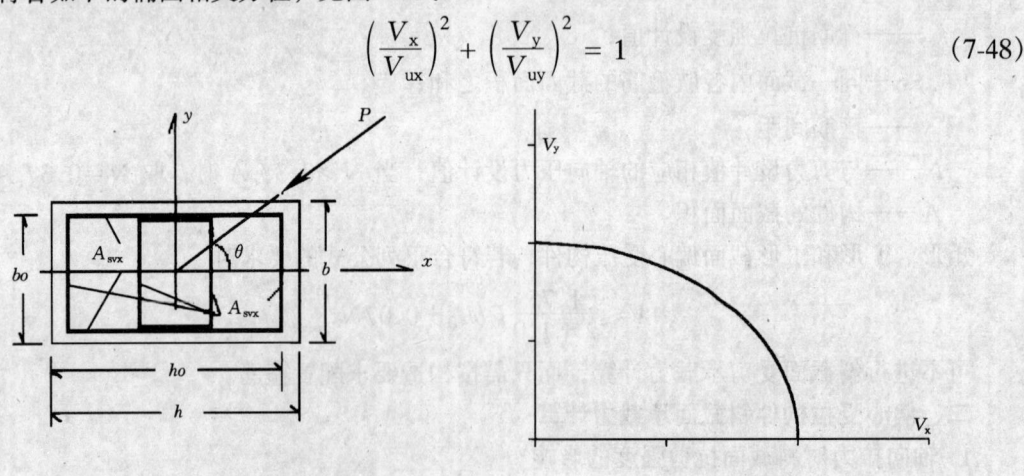

图 7-28 双向受剪截面和力的作用方向   图 7-29 椭圆相关方程

在进行斜向抗剪强度设计时，如图 7-30（a）所示，如果仅仅在二个主轴方向分别按

正向抗剪进行设计，则过高地估计了受剪承载力，斜方向上的剪力会超过斜方向上的抗剪强度，是不安全的。为了保证在斜方向有足够的抗剪强度，设计计算时，需要在两个正方向上进行超强设计，即，增大两个正方向上的剪力设计值，或减小两个正方向上的抗剪强度 V_{ux} 和 V_{uy}，以保证设计安全，见图 7-30（b）。

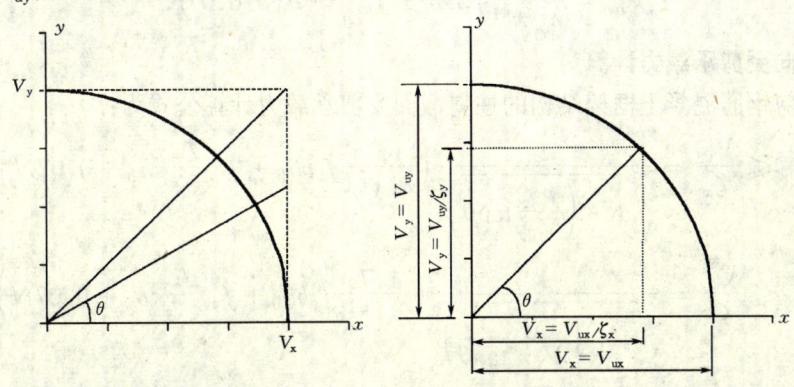

图 7-30 超强设计的概念

按照超强设计的原则，ζ_x 和 ζ_y 分别为两个正方向上的超强设计系数，在公式（7-48）中，令 $\zeta_x V_x = V_{ux}$，$\zeta_y V_y = V_{uy}$，有：

$$\left(\frac{V_x}{\zeta_x V_x}\right)^2 + \left(\frac{V_y}{\zeta_y V_y}\right)^2 = 1 \tag{7-49}$$

则：

$$\frac{1}{\zeta_x^2} + \frac{1}{\zeta_y^2} = 1 \tag{7-50}$$

令 $m = \dfrac{\zeta_x}{\zeta_y}$ 可有 $\zeta_x = \sqrt{1+m^2}$，$\zeta_y = \sqrt{1+\dfrac{1}{m^2}}$，
相应地

$$V_{ux} = \zeta_x V_x = \sqrt{1+m^2}\, V_x,\ V_{uy} = \zeta_y V_y = \sqrt{1+\frac{1}{m^2}}\, V_y$$

且 $V_y/V_x = \tan\theta$，则有：

$$\zeta_x = \sqrt{1 + \left(\frac{V_{ux} V_y}{V_{uy} V_x}\right)^2} = \sqrt{1 + \left(\frac{V_{ux}}{V_{uy}}\tan\theta\right)^2} \tag{7-51}$$

$$\zeta_y = \sqrt{1 + \left(\frac{V_{uy} V_x}{V_{ux} V_y}\right)^2} = \sqrt{1 + \left(\frac{V_{uy}}{V_{ux}}\tan\theta\right)^2} \tag{7-52}$$

根据上述分析，双向受剪承载力应当满足如下关系：

$$V_x \leqslant \frac{V_{ux}}{\zeta_x} = \frac{V_{ux}}{\sqrt{1 + \left(\dfrac{V_{ux}}{V_{uy}}\tan\theta\right)^2}} \tag{7-53}$$

$$V_y \leqslant \frac{V_{uy}}{\zeta_y} = \frac{V_{uy}}{\sqrt{1 + \left(\dfrac{V_{uy}}{V_{ux}}\dfrac{1}{\tan\theta}\right)^2}} \tag{7-54}$$

其中，V_{ux} 和 V_{uy} 按下式计算：

$$V_{ux} = \frac{1.75}{\lambda_x + 1} f_t b h_0 + f_{yv} \frac{A_{svx}}{s} h_0 + 0.07N \tag{7-55}$$

$$V_{uy} = \frac{1.75}{\lambda_y + 1} f_t h b_0 + f_{yv} \frac{A_{svy}}{s} b_0 + 0.07N \tag{7-56}$$

二、双向受剪承载力计算

双向受剪钢筋混凝土框架结构的柱斜截面受剪承载力计算公式为：

$$V_x \leqslant \frac{V_{ux}}{\zeta_x} = \frac{1}{\sqrt{1 + \left(\frac{V_{ux}}{V_{uy}} \tan\theta\right)^2}} \left(\frac{1.75}{\lambda_x + 1} f_t b h_0 + f_{yv} \frac{A_{svx}}{s} h_0 + 0.07N \right) \tag{7-57}$$

$$V_y \leqslant \frac{V_{uy}}{\zeta_y} = \frac{1}{\sqrt{1 + \left(\frac{V_{uy}}{V_{ux}} \frac{1}{\tan\theta}\right)^2}} \left(\frac{1.75}{\lambda_y + 1} f_t h b_0 + f_{yv} \frac{A_{svy}}{s} b_0 + 0.07N \right) \tag{7-58}$$

公式（7-57）和（7-58）可用于复核问题。

设计截面时，在公式（7-53）和（7-54）中，取 $V_{ux}/V_{uy} = 1.0$，双向受剪承载力计算公式可简化为：

$$V_x \leqslant \frac{V_{ux}}{\zeta_x} = \left(\frac{1.75}{\lambda_x + 1} f_t b h_0 + f_{yv} \frac{A_{svx}}{s} h_0 + 0.07N \right) \cdot \cos\theta \tag{7-59}$$

$$V_y \leqslant \frac{V_{uy}}{\zeta_y} = \left(\frac{1.75}{\lambda_y + 1} f_t h b_0 + f_{yv} \frac{A_{svy}}{s} b_0 + 0.07N \right) \cdot \sin\theta \tag{7-60}$$

对框架结构的柱，取 $\lambda = H_n / (2h_0)$，当 $\lambda < 1$ 时，取 $\lambda = 1$，$\lambda > 3$ 取 $\lambda = 3$；$N > 0.3 f_c bh$ 时，取 $N = 0.3 f_c b h_0$。

三、斜截面受剪承载力的截面限制条件

矩形截面双向受剪钢筋混凝土框架柱的截面限制条件为：

$$V_x \leqslant \frac{1}{\zeta_x} 0.25 f_c b h_0 = 0.25 f_c b h_0 \cos\theta \tag{7-61}$$

$$V_y \leqslant \frac{1}{\zeta_y} 0.25 f_c h b_0 = 0.25 f_c h b_0 \sin\theta \tag{7-62}$$

通过与单向加载和反复加载的试验结果比较分析，双向受剪承载力计算公式和截面限制条件用于矩形截面双向受剪钢筋混凝土框架柱的设计是偏安全的。限于现有的试验结果，对两个方向配箍量不同的钢筋混凝土构件的双向受剪承载力特征还有待进一步研究。

例 7-12 钢筋混凝土柱，截面尺寸 $b \times h = 150\text{mm} \times 200\text{mm}$，混凝土强度 $f_{cu} = 21.68\text{MPa}$（$f_t = 1.89\text{MPa}$），箍筋采用 I 级钢 $f_{yv} = 270.86\text{MPa}$，箍筋间距 $s = 70\text{mm}$，箍筋截面面积 $A_{svx} = A_{svy} = 61.36\text{mm}^2$，试验轴压力 $N = 82.38\text{kN}$，水平推力为单调斜向 $\theta = 30°$，剪跨比 $\lambda_x = 1.85$，$\lambda_y = 2.63$，试验剪力值 $V_u^{exp} = 73.55\text{kN}$，$x$ 方向和 y 方向的试验剪力值分别为 63.7kN 和 36.78kN。复核斜截面所能承受的剪力。

解：当外剪力分别作用在两个正方向（X 方向和 Y 方向）时，受剪承载力计算值为：

$$V_{ux} = \frac{1.75}{1.85 + 1} 1.89 \times 150 \times 170 + 270.86 \times \frac{61.36}{70} \times 170 + 0.07 \times 82380 = 75.7 \text{ (kN)}$$

$$V_{uy} = \frac{1.75}{2.63+1} 1.89 \times 200 \times 120 + 270.86 \times \frac{61.36}{70} \times 120 + 0.07 \times 82380 = 56.1 \text{ (kN)}$$

超强设计系数：

$$\zeta_x = \sqrt{1 + \left(\frac{75.7}{56.1}\tan 30\right)^2} = 1.267$$

$$\zeta_y = \sqrt{1 + \left(\frac{56.1}{75.7}\frac{1}{\tan 30}\right)^2} = 1.628$$

在两个正方向的受剪承载力计算值为：

$$V_x = \frac{V_{ux}}{\zeta_x} = \frac{75.7}{1.267} = 59.74 \text{ (kN)}$$

$$V_y \leqslant \frac{V_{uy}}{\zeta_y} = \frac{56.1}{1.628} = 34.46 \text{ (kN)}$$

与 x 方向和 y 方向的试验剪力值比较，可以看出公式（5-23）和（5-24）是偏安全的。

第八章 受扭构件的扭曲截面承载力

扭转是结构构件的基本受力形态之一。在钢筋混凝土结构中，构件仅受纯扭的情况极少，通常都是处在弯矩、剪力和扭矩甚至轴力共同作用的复合受力状态，如钢筋混凝土雨蓬梁、框架边梁和曲梁以及吊车梁等。

钢筋混凝土构件受扭可以分为两大类，平衡扭转和协调扭转。若构件中的扭矩由荷载直接引起，其值可由平衡关系直接求得，此类扭转称为平衡扭转，一般支承悬臂板的梁承受的扭距为平衡扭矩；若扭矩是由相邻构件的变形受到该构件的约束而引起该构件的扭转，这种扭矩需结合变形协调条件才能求得，这类扭转称为协调扭转，例如框架中的边梁，受到次梁负弯矩的作用引起的扭转。对于平衡扭转，构件必须具有足够的受扭承载力，否则将因不能与作用扭矩平衡而引起破坏。对于协调扭矩，在受力过程中，因为混凝土和钢筋的非线性性能，尤其是混凝土的开裂和钢筋的屈服，会引起内力重分布。

因为纯受扭构件受力状态是分析复合受扭构件的基础，所以首先分析纯扭构件的受力状态。对于以受扭为主要承载形式的构件，受纯扭构件的承载力是非常重要的。

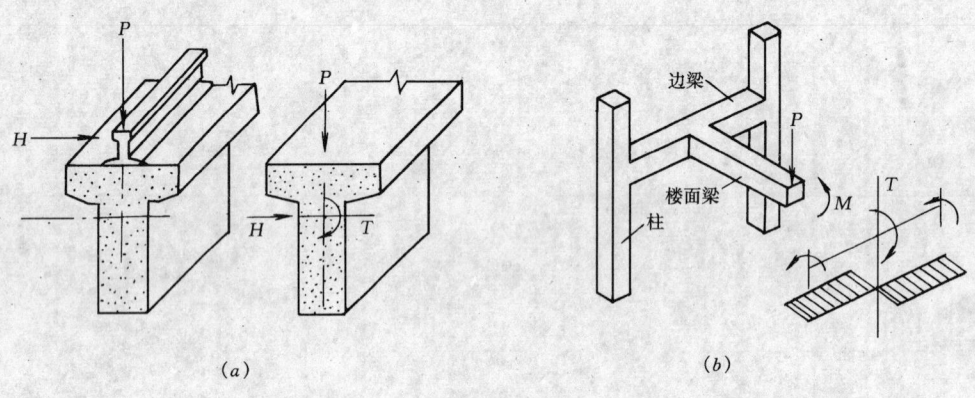

图8-1 平衡扭转与协调扭转示例
(a) 吊车梁；(b) 框架边梁

第一节 纯扭构件的扭曲截面承载力计算

一、纯扭构件的试验研究和破坏形态分析

通过试验研究来考察的混凝土受扭构件的性能。

试验表明，素混凝土矩形截面构件，在扭矩作用下，首先在其截面长边最薄弱处产生一条与构件纵轴成45°的斜裂缝，并迅速向相邻两面以螺旋形延伸，形成三面开裂、一面受压的空间扭曲裂面，构件随即破坏。破坏带有突然性，属于脆性破坏。

钢筋混凝土纯扭构件的受力性能，在裂缝出现以前，大体上符合圣维南弹性扭转理论（见图8-2）。在扭矩较小时，其扭矩-扭转角曲线近似为一直线，扭转刚度与按弹性理论计算的值非常接近，钢筋的应力很小。当扭矩稍大并接近开裂扭矩 T_{cr} 时，扭矩-扭转角曲线偏离原直线。在裂缝出现瞬间，钢筋应力及扭转角显著增大。试验表明，钢筋混凝土构件的开裂扭矩比相应的素混凝土构件略高，其比例约为 1.0~1.3。

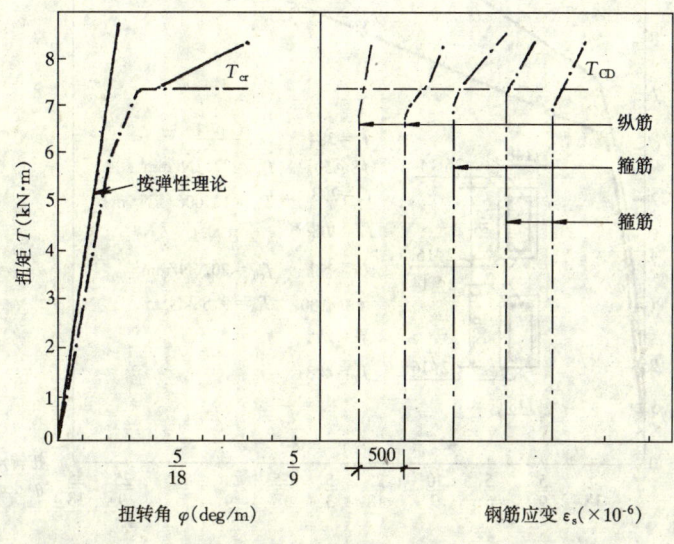

图 8-2 开裂前性能

裂缝出现以后，由于部分混凝土退出工作，钢筋应力因直接传载而明显增长。这样，裂缝出现前构件以混凝土受力为主的平衡状态被打破，具有裂缝的混凝土和钢筋组成一个共同受力体系来抵抗外扭矩，并达到新的平衡。这时，因前后受力性能发生了根本的变化，构件的抗扭刚度也由于裂缝的存在而有较大的降低（见图8-3）。试验表明，矩形截面钢筋混凝土构件的初始裂缝一般发生在截面长边的中点附近且与构件的轴线约呈 45°角。此后，这条初始裂缝逐渐向两边延伸并相继出现许多新的螺旋形裂缝（见图8-4）。亦即扭矩在构件中引起的主拉应力轨迹线与构件纵轴成 45°角，从这一点看，最合理的受扭配筋是沿 45°方向布置的螺旋箍筋。螺旋箍筋在受力上只能适应一个方向的扭矩，而在实际工程中，扭矩在构件全长中不改变方向的情形是很少的。当扭矩改变方向时，螺旋箍筋也必须相应地改变方向，这在构造上是很困难的。所以，一般都采用横向箍筋与纵向钢筋组成的空间骨架来承担扭矩。

试验研究还表明，裂缝出现后，具有裂缝的混凝土和钢筋组成的新的受力体系中，混凝土受压，抗扭纵筋和箍筋均受拉。此后，在外扭矩的作用下，混凝土和钢筋应力不断增长，直至构件发生破坏（见图8-5），其破坏形态与配筋状况有关。对于正常配筋条件下的钢筋混凝土构件，在外扭矩的作用下，纵筋和箍筋首先达到屈服强度，然后混凝土压碎而破坏。这种破坏与受弯构件的适筋梁类似，属延性破坏，此类受扭构件称为适筋构件；若纵筋和箍筋配筋比率相差较大，破坏时仅配筋率较小的纵筋或箍筋达到屈服强度，而另一种钢筋不屈服，此类构件破坏时，亦具有一定的延性，但比适筋构件的延性小，此类构

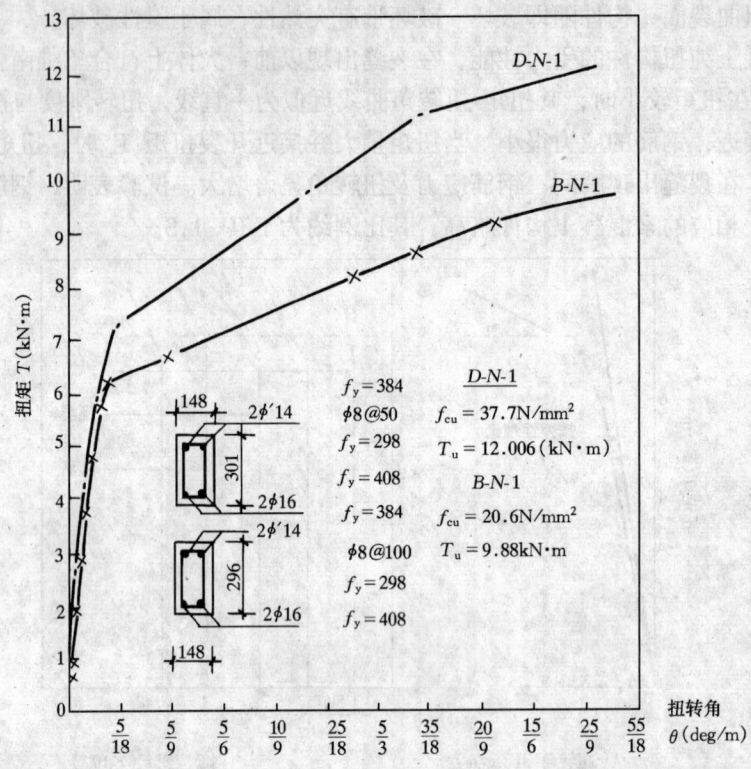

图 8-3 扭矩-扭转角曲线

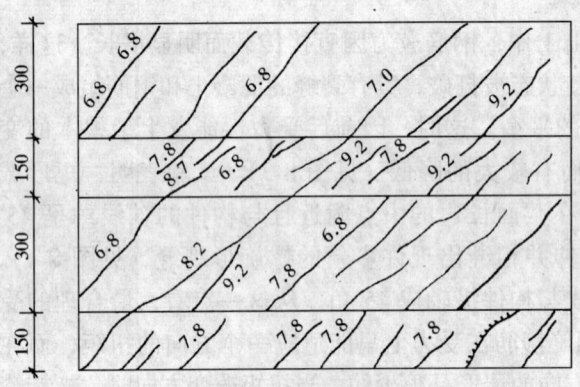

图 8-4 钢筋混凝土受扭构件的破坏展开图

件称为部分超配筋构件；当纵筋和箍筋配筋率都过高，会发生纵筋和箍筋都没有达到屈服强度，而混凝土先行压坏的现象，这种现象类似于受弯构件的超筋脆性破坏，这种受扭构件称为超配筋构件；若纵筋和箍筋配置均过少，一旦裂缝出现，构件会立即发生破坏，此时纵筋和箍筋应力不仅能达到屈服强度而且可能进入强化阶段，配筋只能稍稍延缓构件的破坏，其破坏性质与素混凝土矩形截面构件相似，破坏过程急速而突然，破坏扭矩基本上等于开裂扭矩。其破坏特性类似于受弯构件的少筋梁，这类构件及上述的超配筋构件都应在设计中予以避免。

二、纯扭构件的开裂扭矩

扭曲截面的承载力计算，首先要计算构件的开裂扭矩。若外扭矩大于构件的开裂扭矩，则还要按计算配置抗扭纵筋和箍筋，以满足对承载力的要求。否则，可按构造配置钢筋。

钢筋混凝土构件受扭时，在开裂前，应变很小，因此，钢筋的应力也很小，对开裂扭

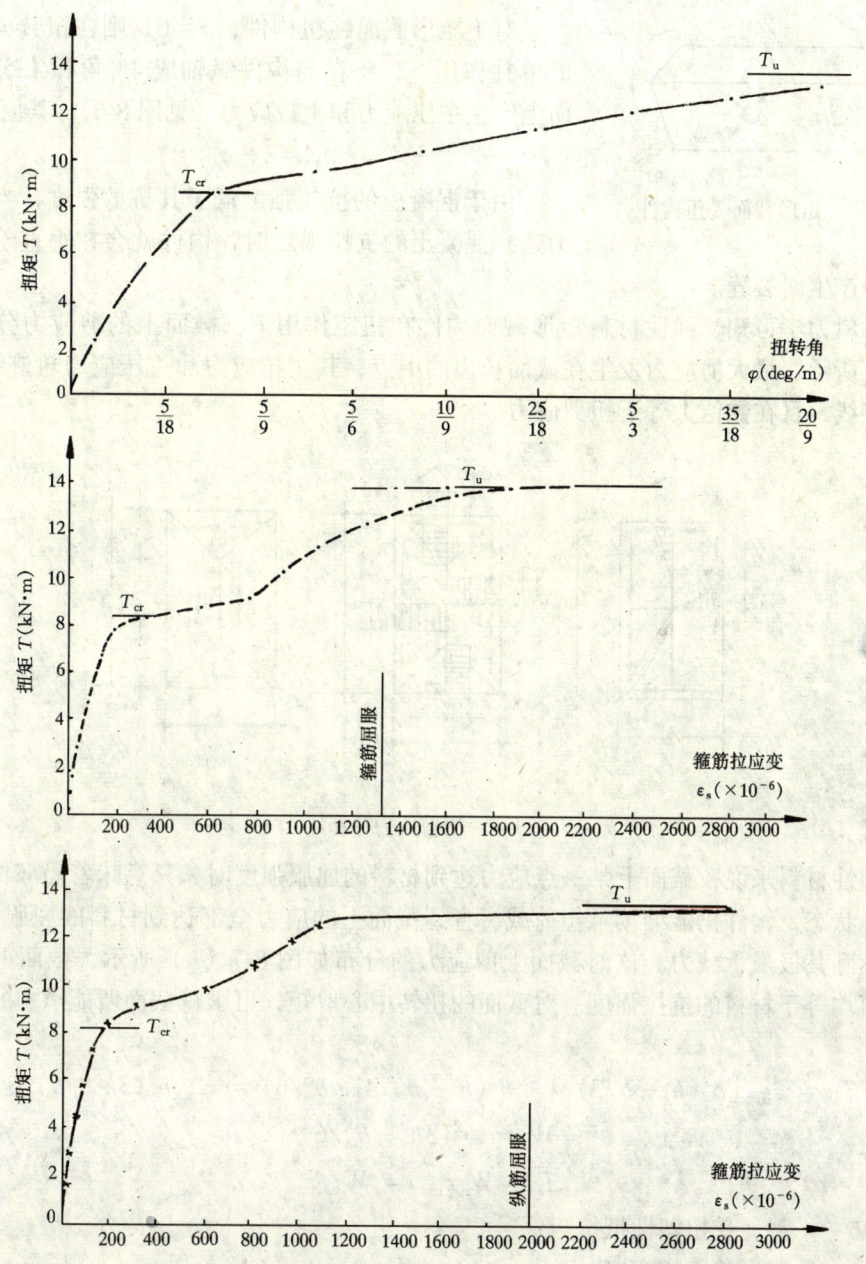

图 8-5 开裂后的性能

矩的影响不大。所以,在研究纯扭构件开裂扭矩时,可以忽略钢筋的影响。

由材料力学公式可知,构件的垂直截面在正应力 σ 和剪应力 τ 的共同作用下,相应地产生主拉应力 σ_{tp} 和主压应力 σ_{cp},其计算公式为

$$\sigma_{tp} = \sigma/2 + \sqrt{\sigma^2/4 + \tau^2} \qquad (8\text{-}1a)$$

$$\sigma_{cp} = \sigma/2 - \sqrt{\sigma^2/4 + \tau^2} \qquad (8\text{-}1b)$$

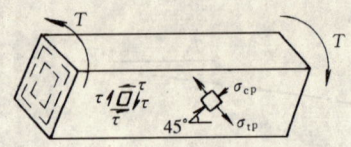

图 8-6 矩形截面受扭构件

对于矩形截面纯扭构件，$\sigma=0$，则在扭转剪应力 τ 的单独作用下，将在与构件纵轴成 45°角和 135°角的方向上产生主压应力和主拉应力（见图 8-6），其值为

$$\sigma_{tp} = -\sigma_{cp} = \tau \tag{8-2}$$

由于混凝土的抗拉强度低于其抗剪强度，当主拉应力达到混凝土的抗拉强度时，构件就会在垂直于主拉应力的方向产生斜裂缝。

由材料力学可知，弹性材料矩形截面构件在扭矩作用下，截面上的剪应力分布如图 8-7（a）所示，最大剪应力发生在截面长边的中点，其主拉应力和主压应力轨迹线呈 45°正交螺旋线，且在数值上等于扭剪应力。

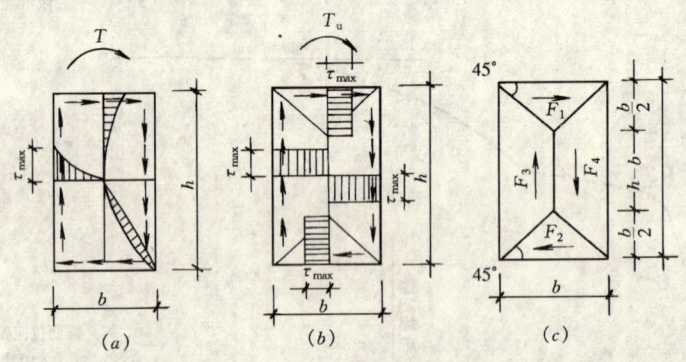

图 8-7 扭剪应力分布

对塑性材料来说，截面上某一点应力达到材料的屈服强度时，只意味着局部材料开始进入塑性状态，构件仍能继续承担荷载，直到截面上的应力全部达到材料的屈服强度时，构件才达到其极限承载力。这时截面上剪应力的分布如图 8-7（b）所示，截面上各点的剪应力值均等于材料的抗拉强度。对截面的扭转中心取矩，可求得截面所能承担的极限扭矩 T 为

$$T_u = \tau_{max}[b^2(h-b/3)/4 + b^2(h-b)/4 + b^3/6] = \tau_{max}b^2(3h-b)/6 \tag{8-3}$$

$$W_t = b^2(3h-b)/6 \tag{8-4}$$

则

$$T = W_t \tau_{max} = W_t f_t \tag{8-5}$$

式中 W_t——截面受扭塑性抵抗矩；

b——矩形截面的宽度；

h——矩形截面的高度；

τ_{max}——截面上的剪应力，等于材料的抗拉强度。

若将混凝土视为弹性材料，则当最大扭剪应力或最大主拉应力达到混凝土的抗拉强度 f_t 时，构件开裂，从而开裂扭矩 T_{cr} 为

$$T_{cr} = f_t \alpha b^2 h \tag{8-6}$$

式中 α 为与比值 h/b 有关的系数，当比值 $h/b=1\sim 10$ 时，$\alpha=0.208\sim 0.313$。

若将混凝土视为理想塑性材料，则当全部扭剪应力达到混凝土的抗拉强度 f_t 时，构件才开裂，由开裂扭矩用式（8-5）计算。

实际上，对于钢筋混凝土的构件来说，混凝土既非理想弹性体，又非理想塑性体，而是介于两者之间的弹塑性材料。因此，如果按弹性材料的应力分布进行计算，将低估构件的开裂扭矩；而按完全塑性的应力分布进行计算，却又高估构件的开裂扭矩。根据试验资料分析，建议采用塑性材料的应力图形，但将混凝土的抗拉强度 f_t 乘以折减系数 0.7，即矩形截面混凝土构件的开裂扭矩可按下列公式计算：

$$T_{cr} = 0.7 f_t W_t \tag{8-7}$$

将混凝土抗拉强度 f_t 乘以折减系数 0.7，一方面是考虑到混凝土不是完全塑性材料，另一方面是考虑到受扭构件中除了有主拉应力作用外，在与主拉应力正交的方向上还作用有主压应力，在拉压复合应力作用下，混凝土的抗拉强度低于单向轴心受拉时的抗拉强度 f_t。

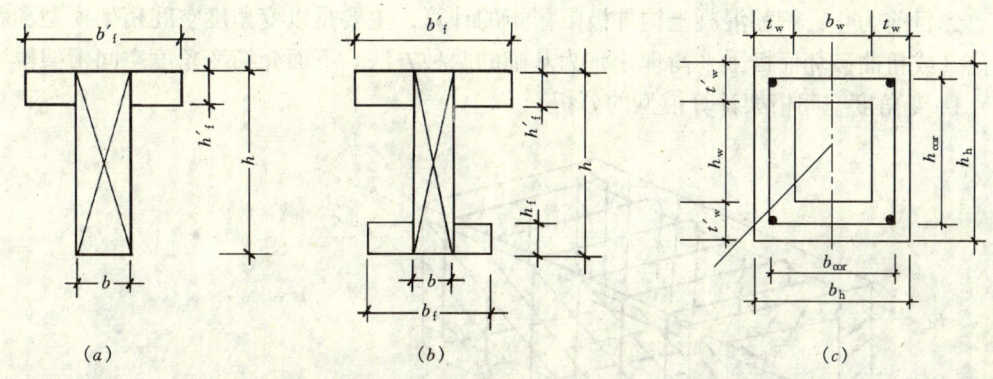

图 8-8 T形和I形截面的矩形划分方法及箱形截面示意图

在工程中，除了上面所讨论的矩形截面受扭构件外，还常遇到T形、I形和箱形截面的受扭构件，对于此类截面的构件，可近似地将其视为由若干个矩形截面所组成。当构件受扭，整个截面扭转 θ 角时，组合截面的各个矩形分块也将各自扭转同样的角度 θ。因此，在计算复杂截面受扭构件的开裂扭矩时，可认为构件的开裂扭矩 T_{cr} 等于各个矩形分块的开裂扭矩之和。于是，对T形和I形截面和 $h_w/t_w \leqslant 6$ 的箱形截面，开裂扭矩也按式（8-7）计算，但 W_t 要按式（8-8）计算。

$$W_t = W_{tw} + W'_{tf} + W_{tf} \tag{8-8}$$

式中 W_t——T形和I形截面的受扭塑性抵抗矩；

W_{tw}——腹板矩形截面受扭塑性抵抗矩；

W'_{tf}——上翼缘矩形截面受扭塑性抵抗矩；

W_{tf}——下翼缘矩形截面受扭塑性抵抗矩。

将组合截面划分成矩形分块的原则是：按截面总高度确定腹板截面（见图 8-8（a）、(b)），其余分别为上翼缘、下翼缘截面。于是，对腹板、受压和受拉翼缘部分的矩形截面受扭塑性抵抗矩 W_{tw}、W'_{tf}、W_{tf} 可近似按下列公式计算：

对腹板 $\qquad\qquad\qquad\qquad W_{tw} = b^2(3h - b)/6 \tag{8-9a}$

对受压翼缘 $\qquad\qquad\qquad W'_{tf} = h'^2_f(b'_f - b)/2 \tag{8-9b}$

对受拉翼缘 $\qquad\qquad\qquad W_{tf} = h^2_f(b_f - b)/2 \tag{8-9c}$

计算时取用的翼缘宽度尚应符合 $b'_f \leqslant b+6h'_f$，$b_f \leqslant b+6h_f$ 及 $h_w/b \leqslant 6$ 的规定。

对于箱形截面 $W_t = b_h^2(3h_h-b_h)/6-(b_h-2t_w)^2[3h_w-(b_h-2t_w)]/6$ (8-9d)

式中：h_h、b_h——箱形截面的宽度和高度（见图8-8(c)）；

h_w——箱形截面的腹板净高；

t_w——箱形截面的侧壁厚，其值不应小于 $b_h/7$，图8-8(c)中箱形截面上下壁厚 $t'_w \geqslant t_w$。

三、极限扭矩的计算

如前所述，在扭矩作用下，素混凝土构件一旦出现裂缝立即发生破坏，体现为脆性破坏特征；配置适量的抗扭纵筋和箍筋，则抗扭强度显著提高，在适筋情况下，构件破坏时，具有较好的延性。下面讨论在混凝土和钢筋共同承载情况下，构件极限扭矩的计算。

到目前为止，钢筋混凝土构件极限扭矩的计算，主要是以变角度空间桁架模型和斜弯理论（或扭曲破坏面极限平衡理论）为基础的两种方法。下面介绍变角度空间桁架模型。

1. 变角度空间桁架计算模型的分析

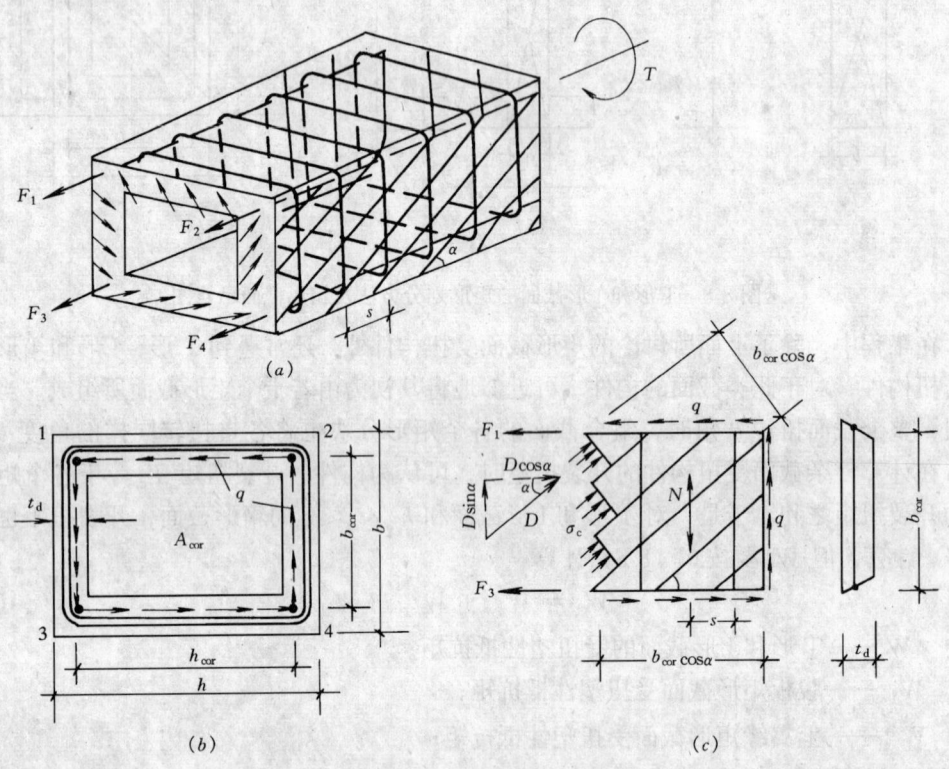

图8-9 变角空间桁架模型

对于钢筋混凝土纯扭构件的承载力计算，变角空间桁架模型的应用较为普遍。它是以1929年劳斯（E. Rausch）、巴赫（Bach）等人在实验的基础上，提出的分析受扭构件的45°角混凝土斜杆参与抗扭的空间桁架模型为出发点，考虑到因为纵筋和箍筋配置比例不同时，斜杆倾角不固定为45°角，在1968年，由Lampert和Thürlimamn发现并提出的。该模型对构件抗剪及抗扭作统一的解释。试验和理论研究分析表明，混凝土构件在开裂后，裂缝充分发展，直到钢筋应力接近屈服强度时，截面核心混凝土退出工作，从而可以将实心截面的钢筋混凝土受扭构件，假想为一个箱形截面构件（见图 8-9）。基于以下假定：（1）忽略核芯混凝土的受扭作用和钢筋的销栓作用；（2）纵筋和箍筋只承受拉力，分别为桁架的弦杆和腹杆；（3）混凝土只承受压力，具有螺旋形裂缝的混凝土外壳组成桁架的斜压杆，其倾角为变角 α。具有螺旋形裂缝特征的混凝土外壳结合纵筋和箍筋共同组成空间桁架以抵抗外扭矩，将构件开裂后的破坏形态比拟为一个空间桁架：纵筋可视为桁架的弦杆，箍筋可视为桁架的竖杆，斜裂缝间的混凝土条带可视为桁架的斜压腹杆，三者共同受力。从而建立了变角度空间桁架模型。

采用变角度空间桁架模型旨在建立外扭矩与混凝土斜压杆、纵筋拉杆、箍筋竖杆之间的静力平衡方程式。由材料力学计算公式可知，薄壁圆管在纯扭作用下可按下式计算：

$$T = \oint rq ds = 2q \oint \frac{r}{2} ds = 2q A_{cor} \tag{8-10}$$

式中　T——扭矩

　　　　q——横截面的单位长度管壁上的剪力值，称为剪力流；

　　　　r——自扭心至管壁中心线的距离；

　　　　A_{cor}——管壁中心线所包围的横截面面积。

在扭矩作用下，沿箱形截面侧壁中将产生大小相等的剪力流 q，且有平衡关系如下：

$$q = \tau t_d = T/(2A_{cor}) \tag{8-11}$$

由图 8-9a 中取出如图 8-9b 和 8-9c 所示的空间桁架模型的分离体。设 P 为桁架分离体中纵筋的拉力，箍筋拉力为 N，D 为混凝土斜压条带的压力，q 为剪力流，α 为斜裂缝与纵轴的倾角。由静力平衡条件，建立桁架各成分的受力与剪力流之间的关系：

混凝土斜压条带的总压力：

$$D = q b_{cor}/\sin\alpha = \tau t_d b_{cor}/\sin\alpha \tag{8-12}$$

混凝土的条带的平均压应力：

$$\sigma_c = \frac{D}{t_d b_{cor}\cos\alpha} = \frac{\tau t_d}{t_d \sin\alpha \cos\alpha} = \frac{\tau}{\sin\alpha \cos\alpha} \tag{8-13}$$

纵向钢筋拉力：

$$F_1 = F_3 = P \tag{8-14}$$

$$P = D\cos\alpha/2 = q b_{cor} \text{ctg}\alpha /2 = \tau t_d \cdot b_{cor} \text{ctg}\alpha /2 \tag{8-15}$$

箍筋拉力：

$$P = N b_{cor} \text{ctg}\alpha /s = q b_{cor} \tag{8-16}$$

$$N = qs \cdot \text{tg}\alpha = \tau t_d s \cdot \text{tg}\alpha \tag{8-17}$$

如果各侧壁的箍筋面积 A_{stl} 相同，则沿截面周边各个桁架斜压杆倾角 α 亦相同，利用外扭矩与环向剪应力流之间的平衡关系，建立钢筋、混凝土承载力与外扭矩之间的平衡关系：

全部纵筋拉力 P 的合力：

$$R = \Sigma P = A_{stl} f_s = q u_{cor} \text{ctg}\alpha = (T u_{cor}/2A_{cor}) \text{ctg}\alpha \tag{8-18}$$

箍筋拉力：

$$N = A_{stl}f_{sv} = (T/2A_{cor})s \cdot \mathrm{tg}\alpha \tag{8-19}$$

混凝土平均拉应力：
$$\sigma_c = T/(2A_{cor}t_d\sin\alpha\cos\alpha) \tag{8-20}$$

因此得到了按变角度空间桁架模型推导外扭矩与箱形截面构件的环向剪力流、纵筋拉力、箍筋拉力、混凝土斜压杆之间的基本平衡方程式。在适筋受扭构件情况时，钢筋先于混凝土压坏达到屈服强度 f_y 和 f_{yv}，因此上述的基本平衡方程式中，令纵筋拉力 R 和箍筋拉力 N 分别为：

$$R = A_{stl}f_y \tag{8-21}$$

$$N = A_{st1}f_{yv} \tag{8-22}$$

代入上面的平衡关系式，可得适筋构件的极限扭矩表达式：

$$T_u = 2R\frac{A_{cor}}{u_{cor}}\mathrm{tg}\alpha = 2A_{stl}f_y\frac{A_{cor}}{u_{cor}}\mathrm{tg}\alpha \tag{8-23}$$

$$T_u = 2N\frac{A_{cor}}{s}\mathrm{ctg}\alpha = 2A_{st1}f_{yv}\frac{A_{cor}}{s}\mathrm{ctg}\alpha \tag{8-24}$$

联立式（8-23）和式（8-24）求解，可得

$$\mathrm{ctg}^2\alpha = \frac{A_{stl}f_y s}{A_{st1}f_{yv}u_{cor}} \tag{8-25}$$

$$T_u = 2A_{cor}(A_{st1}f_{yv}A_{stl}f_y/u_{cor}s)^{1/2} \tag{8-26}$$

令
$$\zeta = \frac{A_{stl}f_y s}{A_{st1}f_{yv}u_{cor}} \tag{8-27}$$

故
$$\mathrm{ctg}\alpha = \sqrt{\frac{A_{stl}f_y s}{A_{st1}f_{yv}u_{cor}}} = \sqrt{\zeta} \tag{8-28}$$

变角空间桁架模型的理论计算公式为：

$$T_u = 2\sqrt{\zeta}A_{st1}f_{yv}A_{cor}/s \tag{8-29}$$

$$q = \sqrt{\zeta}A_{st1}f_{yv}/s \tag{8-30}$$

式中 A_{stl}——对称布置的全部纵向钢筋截面面积；

A_{st1}——沿截面周边配置的箍筋的单肢截面面积；

f_y、f_{yv}——分别为纵筋、箍筋的抗拉强度设计值；

s——沿构件长度方向上箍筋的间距；

A_{cor}、u_{cor}——截面核芯混凝土的面积和周长，$A_{cor}=b_{cor}h_{cor}$，$u_{cor}=2(b_{cor}+h_{cor})$；

b_{cor}、h_{cor}——从纵筋中到中计算的截面核心部分的短边和长边尺寸；

ζ——受扭构件纵向钢筋与箍筋的配筋强度比值。

由于斜压杆倾角 α 值随 ζ 值而变化，故称（8-29）为变角空间桁架模型计算公式。纵筋为不对称配筋截面的极限扭矩，按较少一侧的配筋的对称配筋截面计算。

当 ζ 为 1 时，斜压杆的倾角为 45°，此时：

$$T_u = 2A_{st1}f_{yv}A_{cor}/s \tag{8-31}$$

$$T_u = 2A_{stl}f_y A_{cor}/u_{cor} \tag{8-32}$$

当 ζ 不为 1 时，在纵筋或箍筋屈服后发生内力重分布，斜压杆倾角会改变。试验表

明，当斜压杆的倾角在 30°和 60°之间时，相应的 ζ 为 $3\sim 0.333$，构件破坏时，如果纵筋和箍筋配置适当，则两者均有可能达到屈服强度。同时为限制构件在使用荷载作用下的裂缝宽度，一般将倾角限制在以下范围：

$$3/5 \leqslant \text{ctg}\alpha \leqslant 5/3 \tag{8-33}$$

或

$$0.36 \leqslant \zeta \leqslant 2.778 \tag{8-34}$$

构件的极限扭矩主要取决于钢筋骨架尺寸，纵筋和箍筋用量及其屈服强度。为了避免发生超配筋破坏，即脆性破坏，必须限制钢筋的最大用量或者限制斜压杆平均压应力 σ_c 的大小。

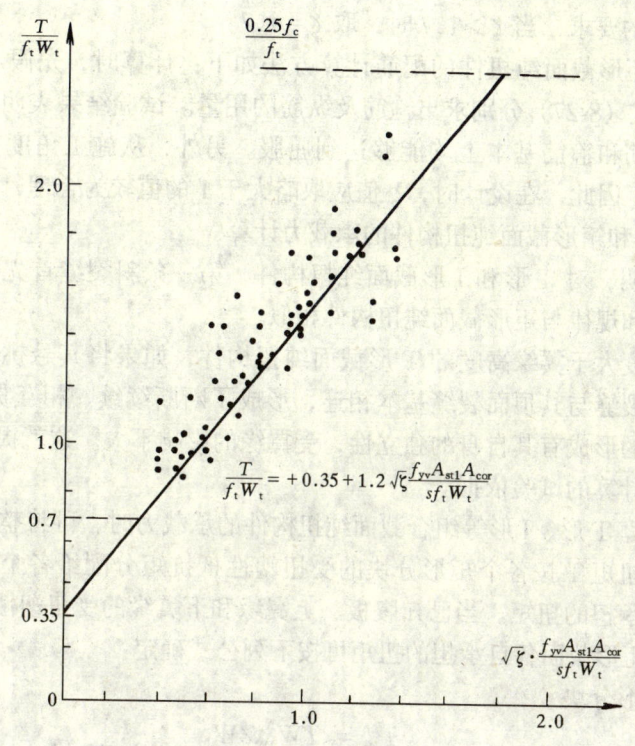

图 8-10 受扭承载力计算结果与试验值比较

2. 矩形截面受纯扭构件的承载力计算

由于受扭构件的破坏机理较为复杂，目前要建立理想的计算模式尚有一定的困难。根据国内大量试验研究结果，并借鉴变角度空间桁架计算模型，对矩形截面受纯扭件的钢筋混凝土构件的承载力计算，提出下面的经验公式：

$$T \leqslant 0.35 f_t W_t + 1.2\sqrt{\zeta} A_{cor} A_{st1} f_{yv}/s \tag{8-35}$$

式中 f_t——混凝土轴心抗拉强度设计值；

W_t——受扭构件的截面受扭塑性抵抗矩。

公式（8-35）中，式右边的第一项为混凝土的抗扭承载力，第二项为钢筋的抗扭承载力。其计算结果与试验结果比较如图 8-10 所示。因为式（8-29）的计算结果与试验结果不能很好地符合，在某些情况下误差较大。试验表明，钢筋混凝土受扭构件开裂后，由于纵筋和箍筋的约束，使其裂缝开展受到一定的限制，裂缝处存在着骨料咬合作用，混凝土有具有一定的受扭承载力，而公式（8-29）却忽略核芯混凝土的受扭作用，因此，对于配筋量较少的构件，公式（8-29）的计算值较试验值小很多，配筋量愈小，误差越大。试验还表明，当构件的配筋量较多时，在破坏时，纵筋和箍筋往往不能同时都屈服，公式（8-29）的计算值往往比试验值高很多，偏于不安全。基于上述原因，必须对公式（8-29）进行修正。因此在式（8-35）中考虑混凝土的抗扭作用；且 A_{cor} 为箍筋内表面计算的而不是截面角部纵筋中心连线计算的截面核心面积，同时在建立规范时，还考虑了少量部分超配筋情况的试验点。式（8-35）中的系数是在试验资料基础上，考虑了可靠度指标的要求，由试验点的偏下限得出。另外，为稳妥起见，《混凝土结构设计规范》规定：ζ 应符合 $0.6 \leqslant \zeta \leqslant 1.7$ 的要求，当 $\zeta > 1.7$ 时，取 $\zeta = 1.7$。

钢筋混凝土矩形截面纯扭件的配筋计算方法如下：计算时，先假定 ζ 值，然后按公式（8-35）和公式（8-27）分别求出箍筋及纵筋的用量。试验结果表明，当 $0.6 \leqslant \zeta \leqslant 1.7$ 时，所配置的纵筋和箍筋基本上均能够达到屈服。另外，从施工角度来看，箍筋用量少些，施工较简单。因此，在设计时，ζ 值应取略大于 1 的值较为合理，一般可取 $\zeta = 1.2$。

3. T 形、I 形和箱形截面纯扭构件的承载力计算

试验研究表明，对 T 形和 I 形截面纯扭构件，第一条斜裂缝首先出现在腹板侧面中部，其破坏形态和规律与矩形截面纯扭构件相似。

对于腹板宽度大于翼缘高度的 T 形截面纯扭构件，如果将其悬挑翼缘部分去掉，则可见其腹板侧面裂缝与其顶面裂缝基本相连，形成了断断续续、相互贯通的螺旋形裂缝。这表明腹板裂缝的形成有其自身的独立性，受翼缘的影响不大。这就提供了可将腹板和翼缘分别进行受扭计算的试验依据。

因此，在计算 T 形、I 形等组合截面纯扭构件的承载力时，可将整个截面划分为几个矩形截面，并将扭矩 T 按各个矩形分块的受扭塑性抵抗矩分配给各个矩形分块，以求得各个矩形分块所承担的扭矩。当已知腹板、上翼缘和下翼缘的受扭塑性抵抗矩 W_{tw}、W'_{tf} 和 W_{tf} 时，则各矩形截面各自承担的扭矩可按下列公式确定：

对于腹板矩形分块

$$T_w = T W_{tw} / W_t \tag{8-36}$$

对于受压翼缘矩形分块

$$T'_f = T W'_{tf} / W_t \tag{8-37}$$

对于受拉翼缘矩形分块

$$T_f = T W_{tf} / W_t \tag{8-38}$$

式中　$W_t = W_{tw} + W'_{tf} + W_{tf}$，其承载力计算公式与矩形截面相同。

箱形截面钢筋混凝土纯扭构件的受扭承载力应按下式进行计算：

$$T \leqslant 0.35 f_t \alpha_h W_t + 1.2 \sqrt{\zeta} \frac{A_{st1} f_{yv}}{s} A_{cor} \tag{8-39}$$

式中　$\alpha_h = 2.5 t_w / b_h$——箱形截面壁厚影响系数，当 $\alpha_h > 1.0$ 时，取 $\alpha_h = 1.0$；ζ 值应按式（8-27）计算，且应符合 $0.6 \leqslant \zeta \leqslant 1.7$ 的要求，当 $\zeta > 1.7$ 时，取 $\zeta = 1.7$。

四、纯扭构件受扭配筋的上限和下限

1. 配筋的上限

如前所述，当受扭钢筋配筋量过多时，可能在受扭钢筋屈服以前便由于混凝土被压碎而使构件破坏。这时，即使进一步增加钢筋，构件的受扭承载力几乎不再增加。也就是说，在这种情况下，构件的受扭承载力取决于混凝土强度和截面尺寸。因此，这个受扭承载力代表了构件受扭承载力的上限。根据试验结果可得

$$T_{\max} = 0.2\beta_c f_c W_t \tag{8-40}$$

式中　$T_{\max}$——受纯扭构件承载力的上限；

　　　β_c——为混凝土强度的影响系数；其取值与斜截面承载力计算公式相同。

　　　W_t——受纯扭构件的截面扭塑性抵抗矩。

当 $h/b < 6$ 时，受纯扭构件的截面限制条件为

$$T/0.8W_t \leqslant 0.25\beta_c f_c \tag{8-41}$$

2．受扭配筋的下限

如前所述，当受扭钢筋配量过少或过稀时，配筋将无助于开裂后构件的受扭承载力。因此，为防止受纯扭构件在适筋时混凝土发生脆断，应使钢筋混凝土受纯扭构件的承载力不小于其开裂扭矩。根据此原则和试验结果分析，受纯扭构件的最小配筋率为

$$\rho_{sv,\min} = A_{sv,\min}/bs = 0.28 f_t/f_{yv} \tag{8-42}$$

$$\rho_{stl,\min} = A_{stl,\min}/bh = 0.85 f_t/f_y \tag{8-43}$$

当作用于构件上的扭矩小于构件的开裂扭矩时，该扭矩将由混凝土承担。对于 $h/b \leqslant 6$ 的纯扭构件，当满足下列条件时，可按构造要求配置受扭钢筋：

$$T/W_t \leqslant 0.7 f_t \tag{8-44}$$

例题 8-1　钢筋混凝土矩形截面纯扭构件的截面尺寸 $b \times h = 150\text{mm} \times 300\text{mm}$，承受扭矩设计值 $T = 7.6\text{kN} \cdot \text{m}$，纵筋的混凝土保护层厚度 $c = 25\text{mm}$。混凝土强度等级为 C30（$f_t = 1.43\text{N/mm}^2$，$f_c = 14.3\text{N/mm}^2$），纵向钢筋采用 HRB400 级钢筋（$f_y = 360\text{N/mm}^2$），箍筋均采用 HRB335 级钢筋（$f_{yv} = 300\text{N/mm}^2$），试计算其配筋。

解：（1）验算构件截面尺寸

$$W_t = b^2(3h - b)/6 = 150^2 \times (3 \times 300 - 150)/6 = 28.1 \times 10^6 \text{mm}^3$$

$$\frac{T}{W_t} = \frac{7.6 \times 10^6}{2.81 \times 10^6} = 2.70\text{N/mm}^2 < 0.2 f_c = 0.2 \times 14.3 = 2.86\text{N/mm}^2 \quad (\text{满足要求})$$

（2）计算受扭钢筋

$b_{cor} = 150 - 50 = 100\text{mm}$　　　　$h_{cor} = 300 - 50 = 250\text{mm}$

$u_{cor} = 2(100 + 250) = 700\text{mm}$　　$A_{cor} = 100 \times 250 = 25000\text{mm}^2$

取 $\zeta = 1.2$，则由公式 8-35）可得

$$\frac{A_{st1}}{s} = \frac{T - 0.35 f_t W_t}{1.2\sqrt{\zeta} f_{yv} A_{cor}} = \frac{7.6 \times 10^6 - 0.35 \times 1.43 \times 2.81 \times 10^6}{1.2\sqrt{1.2} \times 300 \times 25000} = 0.628\text{mm}$$

取用箍筋直径为 $\phi 8$，$A_{st1} = 50.3\text{mm}^3$，则 $s = 50.3/0.628 = 80.1\text{mm}$

$$\frac{A_{sv}}{bs} = \frac{2A_{st1}}{bs} = \frac{2 \times 0.628}{150} = 0.837\%$$

$$> \rho_{sv,\min} = 0.28 \times \frac{f_t}{f_{yv}} = 0.28 \times \frac{1.43}{300} = 0.133\% \quad (\text{满足要求})$$

由公式 (8-27) 中 ζ 的定义可得

$$A_{st1} = \zeta \frac{A_{st1} f_{yv} u_{cor}}{f_y s} = 1.2 \times \frac{50.3 \times 300 \times 700}{360 \times 80.1} = 439 \text{mm}^2$$

$$> A_{stl,\min} = 0.85 \frac{f_t}{f_y} bh = 0.85 \times \frac{1.43}{360} \times 150 \times 300 = 151 \text{mm}^2 \quad （满足要求）$$

箍筋间距取 80mm, 纵筋选用 6 ⌀ 10, $A_{stl} = 471 \text{mm}^2$。在梁两侧中间部位及四角布置。

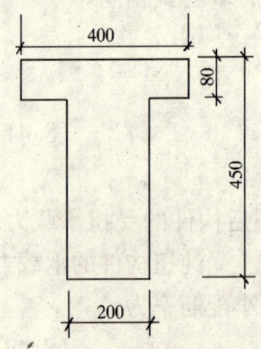

图 8-11 T 形截面构件

例题 8-2 钢筋混凝土 T 形截面构件的截面尺寸为：$b = 200\text{mm}$, $h = 450\text{mm}$, $b'_f = 400\text{mm}$, $h'_f = 80\text{mm}$, 纵筋的混凝土保护层厚度 $c = 25\text{mm}$, 承受扭矩设计值 $T = 20\text{kN·m}$。混凝土强度等级为 C30, ($f_t = 1.43\text{N/mm}^2$, $f_c = 14.3\text{N/mm}^2$), 纵筋采用 HRB400 级钢筋 ($f_y = 360\text{N/mm}^2$), 箍筋采用 HRB335 级钢筋 ($f_{yv} = 300\text{N/mm}^2$), 试计算其配筋。

解：(1) 验算构件截面尺寸

$$W_{tw} = b^2(3h-b)/6 = 200^2 \times (3 \times 450 - 200)/6 = 7.67 \times 10^6 \text{mm}^3$$

$$W'_{tf} = h_f^2(b'_f - b)/2 = 80^2 \times (400 - 200)/2 = 0.64 \times 10^6 \text{mm}^3$$

$$W_t = W_{tw} + W'_{tf} = (7.67 + 0.64) \times 10^6 = 8.31 \times 10^6 \text{mm}^3$$

$$T/W_t = 20 \times 10^6 / 8.31 \times 10^6 = 2.41 \text{N/mm}^2 < 0.2 f_c = 0.2 \times 14.3 = 2.86 \text{N/mm}^2$$

(2) 扭矩分配

对腹板 $\quad T_w = \dfrac{W_{tw}}{W_t} T = \dfrac{7.67 \times 10^6}{8.31 \times 10^6} \times 20 \times 10^6 = 18.46 \text{kN·m}$

对上翼缘 $\quad T'_f = \dfrac{W'_{tf}}{W_t} T = \dfrac{0.64 \times 10^6}{8.31 \times 10^6} \times 20 \times 10^6 = 1.54 \text{kN·m}$

(3) 腹板配筋计算

$b_{cor} = 200 - 50 = 150 \text{mm} \quad\quad h_{cor} = 450 - 50 = 400 \text{mm}$

$u_{cor} = 2 \times (150 + 400) = 1100 \text{mm} \quad\quad A_{cor} = 150 \times 400 = 60000 \text{mm}^2$

取 $\zeta = 1.1$, 则 $\dfrac{A_{st1}}{s} = \dfrac{T - 0.35 f_t W_{tw}}{1.2 \sqrt{\zeta} f_{yv} A_{cor}} = \dfrac{18.46 \times 10^6 - 0.35 \times 1.43 \times 7.67 \times 10^6}{1.2 \sqrt{1.1} \times 300 \times 60000} = 0.645 \text{mm}$

取用箍筋直径为 ⌀10, $A_{st1} = 78.5 \text{mm}^2$, 则 $s = 78.5/0.645 = 121.7 \text{mm}$, 取 $s = 100 \text{mm}$。

$\dfrac{A_{sv}}{bs} = \dfrac{A_{st1}}{bs} = \dfrac{2 \times 0.645}{200} = 0.645\% > \rho_{sv,\min} = 0.28 \times \dfrac{f_t}{f_{yv}} = 0.28 \times \dfrac{1.43}{300} = 0.1335\%$（满足要求）

受扭纵筋计算 $\quad A_{stl} = \zeta \dfrac{A_{st1} f_{yv} u_{cor}}{f_y s} = 1.1 \times \dfrac{78.5 \times 300 \times 1100}{360 \times 121.7} = 650 \text{mm}^2$

$$> A_{stl,\min} = 0.85 \frac{f_t}{f_y} bh = 0.85 \times \frac{1.43}{360} \times 200 \times 450 = 304 \text{mm}^2 \quad （满足要求）$$

腹板底部受扭纵筋计算

$$A_{stl1} = A_{stl}b_{cor}/u_{cor} = 650 \times 150/1100 = 88.69 \text{mm}^2$$

选用 2 ⊈ 10，其截面面积为 157mm²

腹板顶部受扭纵筋计算

$$A_{stl2} = A_{stl}b_{cor}/u_{cor} = 650 \times 150/1100 = 88.69 \text{mm}^2$$

选用 2 ⊈ 10，其截面面积为 157mm²

腹板侧面受扭纵筋计算

$$A_{stl3} = 2A_{stl}h_{cor}/u_{cor} = 650 \times 800/1100 = 473 \text{mm}^2$$

选用 2 ⊈ 18，其截面面积为 509mm²

(4) 上翼缘配筋计算

$b'_{f,cor} = 400 - 200 - 50 = 150\text{mm}$ $h'_{f,cor} = 80 - 50 = 30\text{mm}$

$u'_{f,cor} = 2 \times (150 + 30) = 360\text{mm}$ $A'_{f,cor} = 150 \times 30 = 45000\text{mm}^3$

取 $\zeta = 1.2$，则

$$\frac{A_{st1}}{s} = \frac{T'_f - 0.35 f_t W'_{tf}}{1.2\sqrt{\zeta} f_{yv} A'_{f,cor}} = \frac{1.54 \times 10^6 - 0.35 \times 1.43 \times 0.64 \times 10^6}{1.2\sqrt{1.2} \times 300 \times 4500} = 0.687$$

取用箍筋直径为 ⊈ 10，$A_{st1} = 78.5\text{mm}^3$，则 $s = 78.5/0.687 = 114\text{mm}$

$$A_{stl} = \zeta \frac{A_{st1} f_{yv} u'_{f,cor}}{f_y s} = 1.2 \times \frac{0.687 \times 300 \times 360}{360} = 247 \text{mm}^2$$

$$> A_{stl,min} = 0.85 \times \frac{1.43}{360} \times 200 \times 80 = 54.2 \text{mm}^2 \text{（满足要求）}$$

箍筋间距取 100mm，纵筋选用 4 ⊈ 10，$A_{stl} = 314\text{mm}^2$。

第二节 压弯剪扭构件的扭曲截面承载力计算

一、试验研究与计算模型

钢筋混凝土构件在弯矩、剪力和扭矩，甚至轴力共同作用下的受力状态是较为复杂的，要准确地计算其承载力是相当复杂的问题。其破坏特征和承载力是与所作用的外部荷载条件和构件的内在因素有关。对于外部荷载条件，通常以扭弯比 ψ（$\psi = T/M$）和扭剪比 χ（$\chi = T/Vb$）表示。构件的内在因素，则是指构件的截面形状、尺寸，配筋和材料强度。

试验表明，受弯剪扭作用的构件，在适筋条件下，扭弯比 ψ 较小时，即弯矩作用比扭矩显著，即裂缝首先发生在构件的受拉底面，这是在弯矩和扭矩共同作用下拉应力的叠加且以弯曲拉应力为主造成的；然后裂缝发展到两个侧面，截面顶部纵筋受压，在弯曲受压的基础上承受扭矩引起的拉力，这是互相消弥的有利方面。在三个面上的螺旋形裂缝形成一个扭曲破坏面，第四个面为弯曲受压顶面。构件破坏时体现为先是与螺旋形裂缝相交的纵筋和箍筋受拉达到屈服强度，最终截面上边缘的混凝土受压破坏。这种破坏形式称为第一类型破坏（见图 8-12（a））。若扭弯比 ψ 和扭剪比 χ 均较大，即扭矩作用显著时，如果构件顶部配筋较少，因为弯矩较小，在构件顶面产生的压应力也较小，受到扭矩作用下的拉力就会抵消弯曲作用下的压应力，且所余的拉力作用较大，这时顶部纵筋先于构件底部纵筋达到受拉屈服强度，破坏面始于构件顶面发展到两个侧面。这种破坏形式称为第二

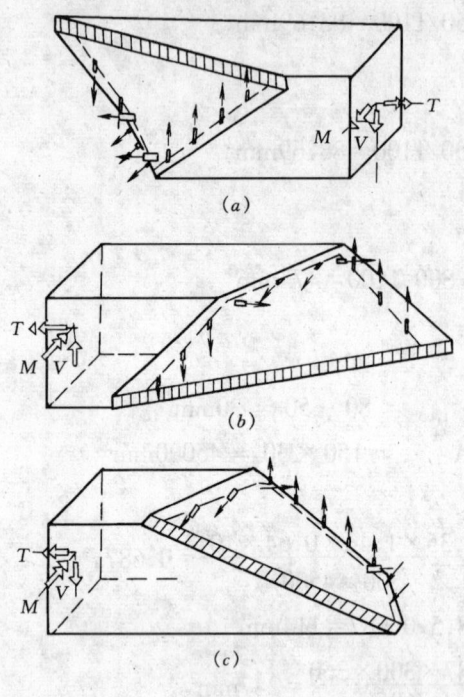

图 8-12 弯剪扭构件的破坏类型

类型破坏（见图 8-12（b））。当剪力和扭矩都较大，扭剪比又较大时，则裂缝首先出现在构件扭矩产生应力流和剪力应力流同向的侧面上，然后向顶面和底面发展，这三个面上的螺旋形裂缝形成破坏面，破坏时与螺旋形裂缝相交的钢筋受拉并达到屈服强度，受压区靠近另一侧面（扭矩产生应力流与剪力应力流异向）。这种破坏称为第三类型破坏（见图 8-12（c））。

对于弯剪扭共同作用下的构件，除了上述三种破坏形式外，试验表明，如果剪力起显著作用而扭矩较小即扭剪比 χ 较小时，还会发生与剪压破坏十分相近的受剪破坏形态，实际上已经是剪力在起控制作用了。

弯剪扭共同作用下的钢筋混凝土构件承载力计算方法，与纯扭构件相同，主要以变角度空间桁架理论和斜弯理论为基础的两种计算方法。但是在实际应用中，对于弯扭及弯剪扭共同作用下的构件，当按上述两种理论方法计算是非常复杂的。因此需要简化的实用计算方法。

二、矩形截面弯剪扭构件承载力计算

实际工程中单独受扭弯的构件很少，大多数情况下是弯剪扭共同作用。在弯剪扭共同作用下，构件的受弯、受剪、受抗扭承载力是相互影响的，即存在相关性。为了简化计算，《混凝土结构设计规范》采用了下述的部分相关的半经验、半理论的计算方法：对单独由混凝土贡献的承载力部分考虑相关关系，对于钢筋贡献的承载力部分采用线性叠加的方法。即对于弯矩的作用，按受弯构件的正截面受弯承载力计算公式，单独计算其所需的纵向钢筋；对于剪力和扭矩的作用，采用混凝土受力相关、钢筋受力不相关的计算方法，计算其所需的纵向钢筋和箍筋；然后，将上述二者的计算结果相叠加，即得弯剪扭构件所需的纵筋和箍筋。具体的讲，在受剪、受扭承载力计算公式中，均有反映混凝土提供承载力的一项，受剪计算式中的 $0.7bh_0 f_t$（或在集中荷载作用下的独立梁为 $1.75bh_0 f_t/(\lambda+1.0)$）和受扭计算式中的 $0.35W_t f_t$。显然在扭剪共同作用下，对混凝土的抗扭和抗剪能力进行简单叠加是既不合理也不安全，所以应考虑其相关性。扭矩将降低混凝土受剪承载力，同时，剪力将降低混凝土受扭承载力。为了与受弯构件的受剪承载力计算和受纯扭构件的承载力计算相协调，在计算受剪扭构件的承载力时，仍采用受弯构件的受剪承载力计算公式和受纯扭构件的承载力计算公式，但将公式中的混凝土抗扭和抗剪承载力项分别乘以上相应的降低系数。现简略介绍如下。

1. 混凝土受剪承载力和受扭承载力的相关关系

为得到受剪扭构件承载力计算公式，首先来研究受剪承载力和受扭承载力的相关关系。

对于无腹筋（箍筋）剪扭构件，按不同的扭剪比（T/V_b）进行加载试验，试验结果表明，无量纲参数 T_c/T_{c0} 和 V_c/V_{c0} 的相关关系曲线接近于 1/4 圆，如图 8-13（a）所示。此处，V_c 和 T_c 分别为无腹筋受剪扭共同作用构件的混凝土受剪承载力，V_{c0} 为受弯构件中的混凝土受剪承载力，T_{c0} 为受纯扭构件中的混凝土受扭承载力。

对于有腹筋（箍筋）剪扭构件，由于混凝土和钢筋共同工作，在试验过程中，很难将混凝土的承载力和钢筋的承载力区分开来。根据对试验结果的分析，可近似地假定，在有腹筋剪扭构件中，混凝土受扭承载力和受剪承载力与无腹筋剪扭构件中混凝土受扭承载力和受剪承载力相同，其无量纲参数 T_c/T_{c0} 和 V_c/V_{c0} 的相关关系曲线也接近于 1/4 圆（见图 8-13（b））；同时，可近似假定，在有腹筋剪扭构件中，箍筋受剪承载力 V_s 与受弯构件中箍筋受剪承载力相同，箍筋和纵筋的受扭承载力与受纯扭构件中箍筋和纵筋的受扭承载力相同，并且受剪承载力和受扭承载力是相互独立的，不相关的。

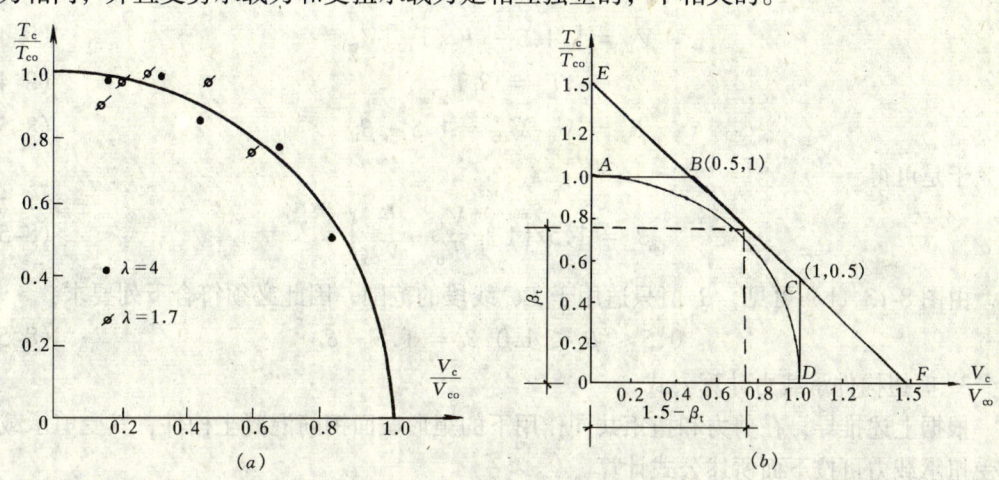

图 8-13 剪扭承载力相关关系
(a) 无腹筋构件；(b) 有腹筋构件混凝土承载力计算曲线

由上述可见，对于有腹筋剪扭构件，其受剪承载力和受扭承载力可按下列公式计算：

$$V_u = \beta_v V_{c0} + V_s \tag{8-45}$$

$$T_u = \beta_t T_{c0} + T_s \tag{8-46}$$

式中　V_u、T_u——分别为有腹筋剪扭构件的受剪承载力和受扭承载力；

　　　V_{c0}——受弯构件中的混凝土受剪承载力；

　　　T_{c0}——受纯扭构件中的混凝土受扭承载力；

　　　V_s——有腹筋剪扭构件中用于承受剪力的箍筋的受剪承载力，按受弯构件中箍筋受剪承载力计算；

　　　T_s——有腹筋剪扭构件中用于承受扭矩的箍筋和纵筋的受扭承载力，按受纯扭构件中箍筋和纵筋的受扭承载力计算；

　　　β_v、β_t——考虑剪扭相关的混凝土受剪承载力降低系数和混凝土受扭承载力降低系数。

2. 混凝土受剪承载力的降低系数 β_v 和受扭承载力的降低系数 β_t 的确定

混凝土受剪承载力降低系数 β_v 和混凝土受扭承载力降低系数 β_t 可通过上述的混凝土

受剪承载力和混凝土受扭承载力相关关系求得。为了方便计算且保证安全，将上述的混凝土受剪承载力和混凝土受扭承载力的无量纲参数相关关系曲线（1/4 圆）近似地用三折包络线 $ABCD$ 代替，其中，BC 与坐标轴的夹角为 135°（图 8-13b）。将 BC 延长与坐标轴相交于 E 和 F，设 $AE=DF=b$，参数 b 的不同取值将对应着不同的混凝土受剪承载力和受扭承载力相关曲线，因此，参数 b 的取值可根据其对应的混凝土受剪承载力和受扭承载力相关曲线与试验结果符合最好的原则确定。根据试验资料分析，取 $b=0.5$。则各点坐标如图 8-13b 所示，这样，在 AB 段，$V_c/V_{c0} \leqslant 0.5$，剪力影响小，取 $T_c/T_{c0}=1.0$，对 CD 段来说，$T_c/T_{c0} \leqslant 0.5$，扭矩影响小，取 $V_c/V_{c0}=1.0$，而 BC 段是一斜直线，其方程为：

$$V_c/V_{c0} = 1.5 - T_c/T_{c0} \tag{8-47}$$

即

$$V_c = [(1.5 - T_c/T_{c0}]V_{c0} \tag{8-48}$$

令

$$T_c = \beta_t T_{c0} \tag{8-49}$$

令

$$\beta_v = V_c/V_{c0} = 1.5 - \beta_t \tag{8-50}$$

于是可得

$$\beta_t = 1.5 \Big/ \Big(1 + \frac{V_u}{T_u} \cdot \frac{T_{c0}}{V_{c0}}\Big) \tag{8-51}$$

由图 8-13（b）可见，β_t 值只适用于 BC 线段的范围，因此必须符合下列要求：

$$0.5 \leqslant \beta_t \leqslant 1.0, \beta_v = 1.5 - \beta_t \tag{8-52}$$

3. 剪扭构件承载力计算公式

根据上述推导，在剪力和扭矩共同作用下的矩形截面钢筋混凝土构件，其受剪承载力和受扭承载力可按下面所述公式计算。

对一般剪扭构件，$V_{c0}=0.7f_t bh_0$，$T_{c0}=0.35f_t W_t$，同时，写为设计表达式，则有

$$V \leqslant V_u = 0.7(1.5-\beta_t)f_t bh_0 + 1.25 f_{yv} A_{sv} h_0/s \tag{8-53}$$

$$T \leqslant T_u = 0.35\beta_t f_t W_t + 1.2\zeta^{1/2} f_{yv} A_{st1} A_{cor}/s \tag{8-54}$$

$$\beta_t = \frac{1.5}{1 + 0.5\dfrac{V}{T} \cdot \dfrac{W_t}{bh_0}} \tag{8-55}$$

式中　β_t——剪扭构件混凝土受扭承载力降低系数。

对集中荷载作用下的独立剪扭构件（包括作用多种荷载，且集中荷载对支座载面或节点边缘所产生的剪力值占总剪力值的 75% 以上的情况），公式（8-53）应改为

$$V \leqslant V_u = \frac{1.75}{\lambda + 1.0}(1.5-\beta_t)f_t bh_0 + \frac{f_{yv}A_{sv}}{s}h_0 \tag{8-56}$$

同时，剪扭构件混凝土受扭承载力降低系数 β_t 应改按下列公式计算：

$$\beta_t = 1.5 \Big/ \Big[1 + 0.2(\lambda+1)\frac{V}{T} \cdot \frac{W_t}{bh_0}\Big] \tag{8-57}$$

式中　λ——计算截面的剪跨比，取值与斜截面承载力计算公式相同。

按公式（8-55）和（8-57）计算的 β_t 值应符合下列条件：$0.5 \leqslant \beta_t \leqslant 1.0$，即当 $\beta_t < 0.5$ 时，取 $\beta_t=0.5$；当 $\beta_t > 1.0$ 时，取 $\beta_t=1.0$。

三、T形和I形截面剪扭构件承载力计算

对在弯、剪、扭共同作用下的T形和I形截面构件的承载力计算，可与承受纯扭的T形和I形截面一样，先将截面划分为几个矩形截面（必须按截面总高度确定腹板截面），并将扭矩T按受扭塑性抵抗矩分配给各个矩形分块，然后按下述方法计算配筋。

(1) 按受弯构件单独计算在弯矩作用下所需的纵向钢筋截面面积。

(2) 按剪、扭共同作用下的承载力计算承受剪力所需的箍筋截面面积和承受扭矩所需的纵向钢筋截面面积、箍筋截面面积。对于腹板，考虑其同时承受剪力（全部剪力）和相应分配的扭矩，按上节所述剪、扭共同作用下的情况进行计算。即按公式 (8-53) ~ (8-57) 计算，但应将公式中的 T 和 W_t 改为 T_w 和 W_{tw}。对于受压翼缘和受拉翼缘，不考虑其承受剪力，按承受相应分配的扭矩的纯扭构件进行计算。

(3) 叠加上述二者所得的纵向钢筋截面面积和箍筋截面面积，即得最后所需的纵向钢筋截面面积和箍筋截面面积。

四、箱形截面钢筋混凝土剪扭构件的受剪承载力

根据钢筋混凝土箱形截面纯扭构件受扭承载力计算公式，同时根据有腹筋构件的剪扭承载力为四分之一圆的相关曲线作为校正线，采用混凝土部分相关、钢筋部分不相关的近似拟合公式，导出箱形截面钢筋混凝土一般剪扭构件的承载力计算公式如下：

剪扭构件的受剪承载力：$V \leqslant 0.7(1.5 - \beta_t)f_t b h_0 + 1.25 f_{yv} A_{sv} h_0/s$ (8-58)

剪扭构件的受扭承载力：$T \leqslant 0.35 \beta_t f_t \alpha_h W_t + 1.2\sqrt{\zeta}\dfrac{f_{yv}A_{stl}}{s}A_{cor}$ (8-59)

同样，$\alpha_h = 2.5 t_w/b_h$ 的计算值大于 1.0 时，取为 1.0，计算中 b_h 应取箱形截面的短边尺寸；ζ 值应按式 (8-27) 计算，且应符合 $0.6 \leqslant \zeta \leqslant 1.7$ 的要求，当 $\zeta > 1.7$ 时，取 $\zeta = 1.7$。

剪扭构件混凝土承载力降低系数近似按式 (8-55) 计算，同样 $\beta_t < 0.5$ 时，取 $\beta_t = 0.5$；当 $\beta_t > 1.0$ 时，取 $\beta_t = 1$。

对集中荷载作用下的独立剪扭构件（包括作用多种荷载，且集中荷载对支座载面或节点边缘所产生的剪力值占总剪力值的 75% 以上的情况），(8-58) 应改为：

$$V \leqslant (1.5 - \beta_t)\dfrac{1.75}{\lambda + 1}f_t b h_0 + f_{yv}\dfrac{A_{sv}}{s}h_0 \qquad (8\text{-}60)$$

式中受扭承载力降低系数近似采用式 (8-57) 计算。

五、弯剪扭共同作用下的矩形、T形和I形以及箱形截面的构件承载力计算

弯剪扭共同作用下的矩形、T形和I形以及箱形截面的混凝土弯剪构件承载力计算，可按下列规定进行承载力计算。符合下列条件时，可仅按受弯构件的正截面受弯承载力和纯扭构件的受扭承载力分别进行计算：

对于一般构件

$$V \leqslant 0.35 f_t b h_0 \qquad (8\text{-}61)$$

对于集中荷载作用下的独立剪扭构件（条件同受剪承载力计算公式）

$$V \leqslant 0.875 f_t b h_0 (1 + \lambda) \qquad (8\text{-}62)$$

当符合下列条件时，可仅按弯矩和剪力共同作用下的情况进行计算：

$$T \leqslant 0.175 f_t W_t \qquad (8\text{-}63)$$

对于矩形、T形、I形和箱形截面弯剪扭构件，纵向钢筋截面面积应按构件的正截面受弯承载力和剪扭构件的受扭承载力计算确定，并在相应的位置配置；箍筋截面面积应按剪扭构件受剪承载力和受扭承载力计算确定，并在相应的位置配置。

六、压扭构件承载力计算

试验研究表明，构件达到受扭承载力时，轴向压力对受扭构件的箍筋应变影响并不明显，但对纵筋应变的影响却十分显著。由于轴向压力能使截面核心混凝土较好地参加工作，同时又能改善混凝土的相互咬合作用和纵向钢筋的销栓作用，因而提高了构件的受扭承载力。因此，压扭构件承载力可按下式计算：

$$T \leqslant 0.35 f_t W_t + 1.2\sqrt{\zeta}\frac{A_{st1} f_{yv} A_{cor}}{s} + 0.07\frac{N}{A}W_t \tag{8-64}$$

式中 N——轴向压力设计值。当轴向力大于 $0.3 f_c A$ 时，取 $N = 0.3 f_c A$。A 为构件截面面积。

此处，ζ 值应按公式（8-27）计算，且符合 $0.6 < \zeta \leqslant 1.7$ 的要求，当 $\zeta > 1.7$ 时，取 $\zeta = 1.7$。

七、在轴向力、弯矩、剪力和扭矩共同作用下的钢筋混凝土矩形框架柱剪扭承载力计算

在上节中，讨论了轴向力在钢筋混凝土矩形截面受扭承载力计算中的有利作用，考虑这一因素的影响，建立在轴向力、弯矩、剪力和扭矩共同作用下的钢筋混凝土矩形框架柱剪扭承载力计算公式：

剪扭构件的受剪承载力：

$$V \leqslant (1.5 - \beta_t)\left(\frac{1.75}{\lambda + 1} f_t b h_0 + 0.07 N\right) + f_{yv}\frac{A_{sv}}{s} h_0 \tag{8-65}$$

剪扭构件的受扭承载力：

$$T \leqslant \beta_t \left(0.35 f_t W_t + 0.07\frac{N}{A} W_t\right) + 1.2\sqrt{\zeta}\frac{f_{yv} A_{st1}}{s} A_{cor} \tag{8-66}$$

其中：β_t 按式（8-55）计算，ζ 按式（8-27）计算，且满足 $0.6 \leqslant \zeta \leqslant 1.7$ 的要求。

在轴向压力、弯矩、剪力和扭矩共同作用下的钢筋混凝土矩形截面柱，当 $T \leqslant (0.175 f_t + 0.035 N/A) W_t$ 时，可以忽略扭矩对框架柱承载力的影响，仅按偏心受压构件的正截面承载力和框架柱斜截面受剪承载力进行计算。

在轴向压力、弯矩、剪力和扭矩共同作用下的钢筋混凝土矩形截面柱，纵向钢筋截面面积应按偏心受压正截面承载力和剪扭构件的受扭承载力分别进行计算确定，并在相应的位置配置；箍筋截面面积应按剪扭构件的受剪承载力和受扭承载力分别计算确定，并在相应的位置配置。

八、剪扭构件配筋的要求

1. 受扭配筋的上限

当构件截面尺寸过小而配筋量过大时，构件将由于混凝土首先被压碎而发生脆性破坏。因此，必须规定截面的限制条件，以防止发生这种破坏现象。

试验表明，剪扭构件截面限制条件基本上符合剪、扭叠加的线性分布规律。对于 $h/b \leqslant 6$ 的剪扭构件，其截面限制条件应符合下列要求：

当 h_w/b（或 h_w/t_w）≤4 时

$$\frac{V}{bh_0} + \frac{T}{0.8W_t} \leq 0.25\beta_c f_c \tag{8-67}$$

当 h_w/b（或 h_w/t_w）=6 时

$$\frac{V}{bh_0} + \frac{T}{0.8W_t} \leq 0.20\beta_c f_c \tag{8-68}$$

当 $4<h_w/b$（或 h_w/t_w）<6 时，按线性内插法取用。

2. 配筋的下限

受扭纵筋的配筋率 ρ_{tl} 应按下式确定：

$$\rho_{tl} = A_{stl}/bh \tag{8-69}$$

其中 A_{stl} 为沿截面周边配置的受扭纵向钢筋总截面面积。

弯剪扭构件中，配箍率 ρ_{sv} 仍按下式计算：

$$\rho_{sv} = A_{sv}/bs \tag{8-70}$$

其中 A_{sv} 为配置在同一截面内箍筋各肢的全部截面面积，当采用复合箍筋时，位于截面内部的箍筋不应计算在内。

剪扭构件箍筋最小配箍率和纵向钢筋以最小配筋率应按下列公式确定：

$$\rho_{sv,\min} = 0.28 f_t/f_{yv} \tag{8-71}$$

$$\rho_{tl,\min} = A_{stl,\min}/bh = 0.6\sqrt{\frac{T}{V_b}}\frac{f_t}{f_y} \tag{8-72}$$

其中 b 为矩形截面的宽度，T 形或 I 形截面的腹板宽度，当 $T/Vb>2.0$ 时，取 $T/Vb=2.0$。

对于弯剪扭构件纵向钢筋的最小配筋率应取受弯构件纵向受力钢筋的最小配筋率与受剪扭构件纵向受力钢筋的最小配筋率之和。

3. 受扭构件的其它构造要求

对于 $h/b\leq6$ 的剪扭构件，当符合下列条件时，可按构造要求配置钢筋

$$V/bh + T/W_t \leq 0.7f_t \tag{8-73}$$

在纯扭和弯剪扭构件中，受扭纵向钢筋应沿截面周边对称布置。在截面的四角必须设有受扭纵向钢筋，也可以利用架立钢筋或侧面纵向构造钢筋作为受扭纵筋。受扭纵向钢筋间距不宜大于 300mm。纵向钢筋直径不应小于 6mm。当矩形截面短边小于 400mm，受扭纵筋可集中配置在四角。角部纵筋直径一般不宜小于 10mm。受扭纵向钢筋的接头和锚固长度与纵向受拉钢筋相同。

沿截面周边布置的受扭纵向钢筋的间距不应大于 200mm 和梁截面短边长度；除应在梁截面四角设置受扭纵向钢筋外，其余受扭纵向钢筋宜沿截面周边均匀对称布置。当梁支座边作用有较大扭矩时，受扭纵向钢筋应按受拉钢筋锚固在支座内。

在弯剪扭构件中，配置在截面弯曲受拉边的纵向受力钢筋，其最小配筋量不应小于按弯曲受拉钢筋最小配筋率计算出的钢筋截面面积与按受扭纵向钢筋最小配筋率计算并分配到弯曲受拉边的钢筋截面面积之和。

受扭箍筋沿周边全长各肢所受拉力基本相同，为保证受扭箍筋可靠工作，箍筋应做成封闭式，且应沿截面周边布置。当采用复合箍筋时，位于截面内部的箍筋不应计入受扭所

需的箍筋面积；当采用绑扎骨架时，箍筋的末端应做成不小于135°的弯钩，弯钩末端的直线长度不应小于10d（d为箍筋直径）。当箍筋间距较小时，弯钩的位置宜错开。

六、协调扭转构件配筋要求

对属于协调扭转的钢筋混凝土结构构件，在进行内力计算时，受相邻构件约束的支承梁的扭矩，宜考虑内力重分布的影响。考虑内力重分布的支承梁，应按弯剪扭构件进行承载力计算，配置的纵向钢筋和箍筋尚应符合弯剪扭构件的配筋率要求。在超静定结构中，考虑协调扭转而配置的箍筋，其间距不宜大于$0.75b$（b为矩形构件截面宽度、T形或I形截面的腹板宽度，箱形截面的侧壁总厚度$2t_w$）。

例 8-3 均布荷载作用下的钢筋混凝土T形截面构件，截面尺寸和材料强度与例8-2相同。承受弯矩设计值$M=54\text{kN}\cdot\text{m}$，剪力设计值$V=50\text{kN}$，扭矩设计值$T=22\text{kN}\cdot\text{m}$。试计算其配筋。

解：（1）验算构件截面尺寸

由例8-2：$W_{tw}=7.67\times10^6\text{mm}^3$，$W'_{tf}=0.64\times10^6\text{mm}^3$，$W_t=8.31\times10^6\text{mm}^3$，$h_0=450-35=415\text{mm}$

$$\frac{V}{bh_0}+\frac{T}{0.8W_t}=\frac{42\times10^3}{200\times415}+\frac{20\times10^6}{0.8\times8.31\times10^6}=3.514\text{N/mm}^2$$

$$<0.25f_c=0.25\times14.3=3.575\text{N/mm}^2\text{（满足要求）}$$

（2）扭矩分配：由例题8-2已知：$T_w=18.46\text{kN}\cdot\text{m}$　　$T'_f=1.54\text{kN}\cdot\text{m}$

（3）抗弯纵向钢筋

$f_cb'_fh'_f(h_0-h'_f/2)=9.60\times400\times80\times415-80/2)=115.2\times10^6\text{N}\cdot\text{m}=115.2\text{kN}\cdot\text{m}>M=54\text{kN}\cdot\text{m}$

故属于第一类T形截面。

$$\alpha_s=M/f_cb'_fh_0^2=56\times10^6/9.6\times400\times415^2=0.081$$

查附表14得$\gamma_s=0.958$，则$\rho_{1\min}=0.2>45\times f_t/f_y=45\times1.43/360=0.18$

$$A_s=\frac{M}{\gamma_sh_0f_y}=\frac{54\times10^6}{0.958\times415\times300}=453\text{mm}^2>\rho_{1\min}bh=0.002\times200\times450=180\text{mm}^2$$

（4）腹板抗剪扭钢筋

腹板的配筋按剪扭构件计算。

$$\beta_t=\frac{1.5}{1+0.5\dfrac{V}{T_w}\dfrac{W_{tw}}{bh_0}}=\frac{1.5}{1+0.5\dfrac{50\times10^3}{18.46\times10^6}\times\dfrac{7.67\times10^6}{200\times415}}=1.33\quad\text{取}\beta_t=1.0$$

① 抗剪箍筋

$$\frac{A_{sv}}{s}=\frac{V-0.7(1.5-\beta_t)f_tbh_0}{1.5f_{yv}h_0}=\frac{50\times10^3-0.7\times(1.5-1.0)\times1.43\times200\times415}{1.5\times300\times415}=0.045$$

② 抗扭箍筋和纵筋

$b_{cor}=200-50=150\text{mm}$　　$h_{cor}=450-50=400\text{mm}$

$u_{cor}=2\times(150+400)=1100\text{mm}$　　$A_{cor}=150\times400=60000\text{mm}^2$

取$\zeta=1.2$，则$\dfrac{A_{st1}}{s}=\dfrac{T_w-0.35\beta_tf_tW_{tw}}{1.2\sqrt{\zeta}f_{yv}A_{cor}}=\dfrac{18.46\times10^6-0.35\times1.0\times1.43\times7.67\times10^6}{1.2\sqrt{1.1}\times300\times60000}$

$= 0.645 \text{mm}$

$$A_{st1} = \zeta \frac{f_{yv}A_{st1}}{f_y s} u_{cor} = 1.1 \times \frac{0.645 \times 300}{360} \times 1100 = 650 \text{mm}^2$$

$$> A_{stl,\min} = 0.6\sqrt{\frac{T}{Vb}} f_t / f_y bh = 0.6 \times \sqrt{\frac{18.46}{50 \times 200}} \times 1.43/360 \times 200 \times 450 = 292 \text{mm}^2$$

（5）受压翼缘抗扭钢筋：按纯扭构件计算，与例题 8-2 相同，此处从略。

（6）钢筋配置

① 腹板受拉区纵筋截面面积

$A_{s,\text{sum}} = A_s + A_{stl}b_{cor}/u_{cor}$

$\quad = 453 + 650 \times 150/1100$

$\quad = 88.69 + 453 = 542 \text{mm}^2$

选用 3 Φ 16 ($A_s = 603 \text{mm}^2$)。

② 腹板受压区及腹部纵筋截面面积

$A_{stl}b_{cor}/u_{cor} = 650 \times 150/1100$

$\quad = 88.69 \text{mm}^2$

受压区和腹部各选用 2 Φ 10

($A'_s = 157 \text{mm}^2$)。

③ 腹板单肢箍筋所需截面面积

$A_{svl,\text{sum}}/s = A_{svl}/s + 0.5 A_{sv}/s$

$\quad = 0.645 + 0.045/2$

$\quad = 0.668 \text{mm}$

箍筋选用 Φ 10，$A_{sv1,\text{sum}} = 78.5 \text{mm}^2$，

则 $s = 78.5/0.668 = 117.5 \text{mm}$

取用 $s = 100 \text{mm}$。

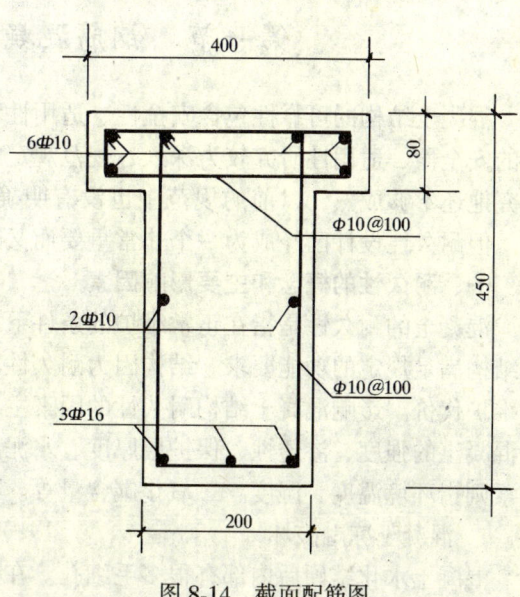

图 8-14　截面配筋图

第九章 钢筋混凝土构件的变形和裂缝

第一节 钢筋混凝土结构的耐久性

混凝土结构的可靠性包含安全性、适用性和耐久性三方面的内容。相对而言，关于结构的安全性、适用性研究较为深入，规范规定的设计计算方法也相当明确，而对耐久性则研究地还不够成熟，以前的规范中也没有明确的要求，只是隐含在一些构造措施的规定中。但耐久性设计已经成为一个非常重要而又迫切需要解决的问题。

一、耐久性的概念和主要影响因素

混凝土的耐久性是指在正常维护的条件下，在设计使用期间，在指定的工作环境中保证结构满足规定的功能要求。结构因为耐久性不足而失效，或为继续正常使用而付出高昂的维护代价。影响混凝土结构耐久性的因素主要有内部和外部两个方面。内部因素主要是指混凝土的强度、渗透性、保护层厚度、水泥品种、标号和用量以及外加剂用量等，外部因素则指环境温度、湿度、二氧化碳含量等。下面是一些影响耐久性的因素：

1. 混凝土冻融破坏

混凝土水化结硬后内部有很多毛细孔。在浇筑混凝土时，为了得到必要的和易性，往往会比水泥水化所需要的水多一些。处于饱和水状态的混凝土受冻时，毛细孔中同时受到膨胀压力和渗透压力，使混凝土结构产生内部裂缝和损伤，经多次反复冻结、融化，损伤积累到一定程度就引起结构破坏。

2. 混凝土的碳化

混凝土碳化是指大气中的二氧化碳与混凝土中的碱性物质发生反应使混凝土的碱性下降。其它物质如二氧化硫，硫化氢等也能与混凝土中的碱性物质发生类似反应，使混凝土中性化，即 pH 值下降。混凝土碳化对混凝土的主要危害表现在使混凝土中的钢筋保护膜破坏，使钢筋具备了发生锈蚀的必要条件。混凝土的碳化是混凝土结构耐久性的重要影响因素之一。

3. 侵蚀性介质的腐蚀：硫酸盐腐蚀、酸腐蚀、海水腐蚀以及盐类结晶型腐蚀等

化学介质对混凝土的侵蚀，表现在有些化学物质侵入造成混凝土中一些成分被溶解，流失，引起裂缝，孔隙，松散破碎；有些化学物质与侵入混凝土中的一些成分反应生成体积膨胀的物质，引起混凝土结构破坏。

4. 混凝土的碱集料反应

混凝土的集料中某些活性矿物与混凝土微孔中的碱性溶液发生化学反应称为碱集料反应。碱集料反应产生碱—硅酸盐凝胶，并吸水膨胀，体积可增大 3~4 倍，从而引起混凝土剥落、开裂强度降低，甚至导致破坏。碱集料反应进展缓慢，需要多年才会造成结构破坏，所以是影响混凝土耐久性的因素之一。

5. 钢筋锈蚀

钢筋锈蚀是由于钢筋中碳和其它的合金元素分布不匀，当混凝土碳化后钢筋表面的氧化膜被破坏后，在水分和氧气存在的条件下，发生电化学反应，随着时间的推移，最终在钢筋的表面生成含水的四氧化三铁，即在钢筋的表面形成疏松的锈层，其体积膨胀为铁的原体积的 2~6 倍，使混凝土保护层被挤坏脱落，使空气中的水分和氧气更容易进入，加快锈蚀。同时，钢筋有效面积减小，导致承载力下降甚至引起结构破坏。因此，钢筋锈蚀是影响钢筋混凝土结构耐久性的关键因素。

6．其它影响因素：

如高温作用，生物腐蚀，混凝土徐变等，其中徐变因加大构件的长期变形而影响其正常使用。

二、加强耐久性的规定和措施

要提高结构耐久性，就要控制影响耐久性的因素。为此，提出了一系列提高耐久性的措施；同时，《规范》也给出了相关的规定。

1．提高耐久性的措施

为提高结构的耐久性，其一般措施有：

（1）钢筋要有足够的保护层厚度

在一般情况下，混凝土碳化达到钢筋表面需要一定的时间，即脱钝时间。显然，保护层厚度愈大，脱钝时间越长。如果脱钝时间超过建筑的设计使用年限，即可满足要求。因此《规范》对钢筋的保护层厚度作了下面的规定：纵向受力钢筋及预应力钢筋、钢丝、钢绞线的混凝土保护层厚度（从钢筋外边缘到混凝土外边缘的距离）不应小于钢筋的公称直径或并筋的等效直径，且应符合附表有关混凝土保护层最小厚度的规定。

（2）合理设计混凝土的配合比

首先，要有足够的水泥用量，一般不宜少于 $225kg/mm^2$，见附表 19 的规定，以保持混凝土的碱性；同时，尽量降低水灰比，以减少游离水的量，对此可以采用减水剂，在满足施工要求的前途下，降低用水量；用优质掺和料，严格控制原材料的含盐量。

（3）尽量提高混凝土的密实性，增强抗渗性

对一般混凝土而言，设计、施工中要保证混凝土的密实性，保证振捣充分、密实，按规程要求仔细养护，经常保持新浇混凝土表面湿润，可采用养护液，覆盖养护材料等措施，以减少水分蒸发，避免出现表面裂缝。

（4）控制混凝土掺和料的量

混凝土中采用掺和料时，在满足强度条件的情况下，采用超量替代法设计配合比。

（5）采用覆盖面层

覆盖面层可以隔离混凝土表面与大气环境的直接接触，这对减小混凝土碳化十分有利，尤其是在不利甚至恶劣的环境条件下，效果明显；同时防止水、二氧化碳、氯离子和氧气的侵入，减少钢筋锈蚀。

（6）采用钢筋阻锈剂，以防止氯盐的腐蚀；采用防腐蚀钢筋，其种类有：环氧涂层钢筋、镀锌钢筋、不锈钢钢筋等；对钢筋采用阴极保护法，包括牺牲阳极法和输入电流法等。

2．混凝土结构耐久性设计的一般规定

（1）混凝土结构的耐久性应根据附表的使用环境类别（见表 9-1）和规范规定的设计

使用年限进行设计。一类、二类和三类环境中，设计使用年限为50年的结构混凝土应符合附表19的规定。

表 9-1 混凝土结构的使用环境类别

环境类别		说　明
一		室内正常环境；无侵蚀性介质、无高温高湿影响、不与土壤直接接触的环境
二	a	室内潮湿环境、非严寒和寒冷地区露天环境与无侵蚀性的水或土壤直接接触的环境
	b	严寒和寒冷地区的露天环境与无侵蚀性的水或土壤直接接触的环境
三		使用除冰盐的环境、严寒及寒冷地区冬季的水位变动环境、滨海室外环境
四		海水环境
五		受人为或自然的侵蚀性物质影响的环境

注：1) 表中第四类和第五类环境的具体说明及相应的混凝土结构的耐久性要求应符合有关标准的规定；
　　2) 严寒和寒冷地区的划分应符合现行国家标准《民用建筑热工设计规范》的规定。

(2) 对于设计使用年限为100年且处于一类环境中的混凝土结构应符合下列规定：钢筋混凝土结构混凝土强度等级不应低于C30，预应力混凝土结构的混凝土强度等级不应低于C40；混凝土中氯离子含量不应超过水泥重量的0.06%；宜使用非碱活性骨料，当使用碱活性骨料时，混凝土中的碱含量不应超过3.0kg/m³；混凝土保护层厚度应按附表规定的增加40%，采取有效的表面防护措施后，混凝土保护层厚度可适当减少；在使用过程中应有定期维护等有效措施；对于处于二类和三类环境中设计使用年限为100年的混凝土结构应采取专门的有效措施。

(3) 严寒及寒冷地区潮湿环境中的结构混凝土应满足抗冻要求，混凝土抗冻等级应符合有关标准的要求；有抗渗要求的混凝土结构，混凝土的抗渗等级应符合有关标准的要求；对于处于使用除冰盐、滨海室外环境中的结构或构件，其受力钢筋宜采用环氧涂层带肋钢筋，预应力钢筋锚具连接应采取专门防护措施。

(4) 对临时性建筑，可不考虑混凝土的耐久性要求。

第二节　裂缝宽度、挠度要求

钢筋混凝土结构构件除了可能由于发生破坏而达到承载力极限状态以外，还可能由于裂缝和变形过大，超过了允许限值，使结构不能正常使用，达到正常使用极限状态。对于所有结构构件，都应进行承载力计算。此外，对某些构件，还应根据使用条件，进行裂缝宽度和变形验算。例如：楼盖梁、板变形过大会影响支承在其上的仪器，尤其是精密仪器的正常使用和引起非结构构件（如粉刷、吊顶和隔墙）的破坏；吊车梁的挠度过大会妨碍吊车正常运行；承重大梁的过大变形（如梁端的过大转角）会对结构的受力产生不利影响。裂缝宽度过大会影响结构物的外观，引起使用者的不安，还可能使钢筋锈蚀，影响结构的耐久性。对裂缝宽度和变形的控制和验算按下列规定进行：

一、裂缝宽度验算要求

1. 裂缝形成机理及控制原因

目前来讲，混凝土是抗压性能大大优于抗拉性能的材料，由于其极限拉伸变形很小，当钢筋混凝土构件受到弯矩、剪力、拉力和扭矩等荷载效应作用，或由于地基不均匀沉降、混凝土收缩和温度变化而产生的外加变形受到钢筋或其它构件约束，以及钢筋锈蚀体积膨胀时，混凝土中便产生拉应力，该拉应力超过其极限抗拉强度时即开裂。同时，混凝土材料来源广泛，成分多样，施工工序繁多，养护硬化需要较长时间，受环境影响较大，混凝土自身构成机理，以及冻融和化学作用等也往往是混凝土开裂的原因。所以，钢筋混凝土构件截面在施工中和正常使用阶段难免出现因为荷载和非荷载因素的裂缝。

要求普通钢筋混凝土构件不出现裂缝是不经济的和没有必要的，对于一般的工业与民用建筑结构允许其带裂缝工作，但是要根据裂缝对结构功能的影响予以控制。在工程结构中，素混凝土应用很少，而钢筋则是配置在受拉区或易出现裂缝的地方，因而在通常情况下，裂缝出现对承载力影响不显著，基于以下几方面的原因对裂缝宽度进行控制：

(1) 使用功能的要求

有些使用上要求不出现渗漏的贮液（气）容器或输送管道，裂缝的存在会直接影响其使用功能，因此要控制裂缝的出现。最有效的控制方法是采用预应力混凝土结构。

(2) 建筑外观要求

外观是评价混凝土质量的重要因素之一，裂缝过宽会影响建筑的外观，引起人们的不安全感。满足外观要求的裂缝宽度限值应取多大，取决于多种原因。调查表明，控制裂缝宽度在 0.3mm 以内，对外观没有显著影响，一般不会引起人们的特别注意。

(3) 耐久性要求

这是控制裂缝最主要的原因。混凝土未开裂以前，可以保护钢筋以避免其锈蚀。而混凝土的抗拉强度远比其抗压强度低，构件在水平较低的拉力作用下就会出现垂直钢筋裂缝。裂缝存在时，大气中的二氧化碳很容易经裂缝渗透到混凝土中，加快裂缝处混凝土的碳化速度，从而缩短了构件从制作到钢筋开始锈蚀（即碳化历程）所经历的时间。同时，化学介质、气体和水分侵入裂缝，破坏钢筋钝化膜，在钢筋表面发生电化学反应，引起钢筋锈蚀，发生如前面所述的构件破坏，影响结构的使用寿命。纵向裂缝的出现表明钢筋锈蚀的严重发展，结构的安全度随之迅速降低，相当于使用寿命的终结。从钢筋锈蚀的过程和条件看，垂直钢筋的裂缝的开展宽度不是影响钢筋锈蚀速度进而影响结构耐久性的主要因素，因为从钢筋开始锈蚀到混凝土出现沿钢筋的纵向裂缝（即锈蚀阶段）所经历的时间，取决于结构所处的环境条件（湿度、温度、氧和氯的可用量等条件）和混凝土的渗透性（钢筋的混凝土保护层厚度和混凝土密实度），而与裂缝开展宽度关系不大。因此长期以来，一直把防止钢筋锈蚀，避免出现沿钢筋的纵向裂缝，保证结构的耐久性作为控制裂缝宽度的重要理由，而且对裂缝的控制往往偏严。

2. 裂缝控制标准

针对上述要求，裂缝控制是必要的，但要根据不同情况定出不同的标准。《规范》根据使用要求，以过去的工程使用经验和耐久性专题研究组的科研成果为基础，考虑了环境条件对钢筋锈蚀的影响、钢筋的种类对锈蚀的敏感性及构件的工作条件等，将混凝土构件的裂缝控制统一划分成三级，分别用应力及裂缝宽度进行控制。

一级：严格要求不出现裂缝的构件，按荷载效应标准组合计算时，构件受拉边缘混凝土不应产生拉应力；

二级：一般要求不出现裂缝的构件，按荷载效应标准组合进行计算时，构件受拉边缘混凝土的拉应力不应超过混凝土的抗拉强度标准值 f_{tk}，按荷载效应准永久组合下进行计算时，构件受拉边缘混凝土不应产生拉应力；

三级：允许出现裂缝的构件，最大裂缝宽度按荷载效应标准组合并考虑长期作用组合影响计算，并符合下列规定

$$w_{\max} \leqslant w_{\lim} \tag{9-1}$$

式中 $w_{\max}$——在荷载效应的标准组合并考虑长期作用影响计算得到的最大裂缝宽度；

$w_{\lim}$——最大裂缝宽度限值，设计时应根据结构构件的具体情况按附表 17 选用。

对普通钢筋混凝土构件一般按三级控制裂缝宽度。

关于最大裂缝宽度限值，除了考虑结构的外观，主要是根据防止钢筋锈蚀，结构耐久性的要求确定的。处于室内正常环境条件下的钢筋混凝土构件（使用了 12～70 年）的调查结果表明，不论裂缝宽度的大小，使用时间的长短，地区湿度差异，只要构件下没出现结露或水膜，裂缝处钢筋基本上未发现明显锈蚀。所以从耐久性方面考虑，对处于此类环境中的钢筋混凝土一般构件，其裂缝宽度可以适当放宽。而对处于露天或室内高湿度环境中的钢筋混凝土构件，因其剖面观测表明裂缝处钢筋有不同程度的表内锈蚀；当裂缝宽度不大于 0.2mm 时，裂缝处钢筋只有轻微的表皮锈蚀。出于慎重和稳妥考虑，对处于此类环境条件的钢筋混凝土构件，最大裂缝宽度从严控制，取为 0.2mm。此外，规定裂缝限值时，尚应考虑钢材对锈蚀的敏感性。热处理钢筋对锈蚀敏感，光圆钢丝、刻痕钢丝及钢绞线由于直径较小（≤5mm），锈蚀后截面损失较大，在高应力时容易脆断。因此，对上述钢筋配置的构件，裂缝应从严控制。另外，还应从构件的工作条件对裂缝进行控制。

最后，还需要指出，无论从使用功能、外观还是从耐久性考虑，限制裂缝的长期开展比较合理，故应考虑荷载长期作用对最大裂缝宽度的影响，并且予以限制。

二、挠度验算要求

对挠度的控制主要基于以下的原因：

(1) 结构构件挠度过大，会损坏其使用功能。如工业厂房中，吊车梁挠度过大则增加轨道与扣件间的磨损，甚至影响吊车正常运行，无法作业；屋面梁、板挠度过大会导致屋面积水，引起渗漏和附加挠度；楼面梁、板挠度过大，且随可变荷载的变化而变化，被其支承的仪器、设备难以维持水平和稳定而影响正常使用。

(2) 梁、板挠度过大会使与之相连的脆性非承重墙（如用石膏板、灰砂砖等建造的隔断墙、填充墙）严重脱离、开裂、压碎。

(3) 根据经验，日常生活人们心理上能够承受的最大挠度大致为 $l/250$（l 为构件的计算跨度），超过此限值就有可能引起用户的不安。

(4) 梁端转角过大将使梁底的应力分布曲线变化，改变其支承面积和支承反力的作用点，并可能危及砌体墙（或柱）的稳定，墙体产生沿楼板的水平裂缝。构件挠度过大，在可变荷载作用下发生振动，出现动力效应，使结构内力增大，甚至发生共振。使构件的受力特征与原假定不符。

关于导致挠度过大的荷载条件，考虑到目前对正常使用极限状态的各种限值及结构可靠度分析方法尚不完善，根据过去的工程设计、使用经验，采用正常使用极限状态，按荷载效应标准组合计算，其中包括了整个使用期内出现时间很短的荷载值，并考虑长期作用的影响，其中只包括在整个使用期内出现时间很长的荷载值，所求得的最大挠度 f 不应

超过允许值 $[f]$，即

$$f \leq [f] \tag{9-2}$$

受弯构件挠度限值见附表 15。在验算正常使用极限状态时，材料的强度值应取其标准值。

第三节 裂缝宽度计算

对于使用上不要求出现裂缝的构件，应进行混凝土拉应力验算；对使用上允许出现裂缝的构件，应进行裂缝宽度的验算。

一、裂缝宽度的计算理论

钢筋混凝土构件的裂缝宽度计算理论研究已有六、七十年的的历史，但至今对于影响裂缝的主要因素和裂缝宽度的计算理论并没有取得一致的看法。目前的裂缝计算理论主要集中在三类：一类是粘结滑移理论；第二类是无滑移理论；第三类是综合理论和基于实验的统计公式模式。

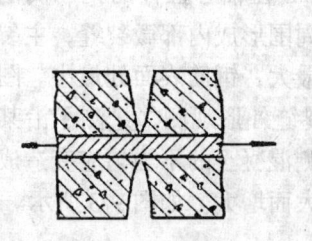

图 9-1 裂缝形状示意图　　图 9-2 裂缝外形与内部微裂图　　图 9-3 裂缝截面不同部位处相对宽度与钢筋应力的关系图

1. 粘结滑移理论

这是由 D.Wastein、D.E.Parsons、B.N.Mypame、B.E.Hognestad 等人在 40 年代以后建立和发展起来的，即所谓的裂缝计算理论。这一理论认为，裂缝间距是由通过粘结力从钢筋传递到混凝土上的力所决定的，裂缝宽度则是构件开裂后钢筋和混凝土之间的相对滑移造成的。其平均裂缝宽度 w_m 可按下式计算：

$$w_m = l_m(\varepsilon_{sm} - \varepsilon_{cm}) = l_m \varepsilon_{sm}\left(1 - \frac{\varepsilon_{cm}}{\varepsilon_{sm}}\right)$$
$$= l_m \varepsilon_{sm} \alpha_3 \approx 0.85 l_m \varepsilon_{sm} \tag{9-3}$$

式中：l_m——平均裂缝间距；

ε_{sm}、ε_{cm}——分别为裂缝间的钢筋和混凝土的平均应变；$\varepsilon_{sm} = \psi \sigma_s / E_s$，$\psi$ 为混凝土参与受拉工作的程度，即裂缝间距内受拉钢筋应变不均匀系数，$\psi \leq 1.0$。ε_{cm} 通常远小于 ε_{sm}，故可在分析时用折减系数 α_3 反映。

2. 无滑移理论

1966 年英国水泥混凝土学会 G.D.Base，A.W.BEEBY，H.P.J.Tayler 提出的裂缝计算理论，简称无滑移理论。该理论认为，在通常允许的裂缝宽度范围内，钢筋与混凝土之间的相对滑移量几乎可以忽略不计，裂缝宽度主要是钢筋周围混凝土受力时变形不均匀造成的，如图9-1。因此，可用弹性理论方法计算钢筋附近和离钢筋某部位处的应变差的方法来确定构件裂缝宽度。G.D.Base 等学者通过理论与实验导出钢筋侧面的裂缝最大宽度 w_{max} 为：

$$w_{max} = Kc\frac{\sigma_{ss}}{E_s} \tag{9-4}$$

式中　c——为裂缝观测点离最近一根钢筋表面的距离；

　　　K——为最大裂缝宽度与平均裂缝宽度的扩大倍数。

无滑移理论与粘结滑移理论不同，它强调裂缝两侧的混凝土截面不是相互平行的两个平面，而是两个曲面，且裂缝宽度随远离钢筋的距离增大而增大。因此，保护层厚度对裂缝宽度有重要的影响。试验还表明，粘结性好的钢筋对裂缝宽度的影响，并不象粘结滑移理论所提出的那样重要，即钢筋与混凝土之间有可靠的粘结，相对滑移对裂缝形成影响小。

3．综合理论

由粘结滑移和无滑移两种理论的综合。1971年日本Y．Goto 在轴心拉杆的钢筋周围预埋导管并用墨水注入，试验后发现在主裂缝附近变形钢筋的周围形成内部微裂缝，主裂缝附近区段粘结力遭到破坏，同时证明裂缝宽度在构件外表处最大，钢筋表面处最小。图9-2所示。中国建筑科学研究院也曾对轴心受拉杆件试验进行裂缝外形观测，量测了沿某裂缝截面离钢筋不同距离处裂缝宽度的变化，证明裂缝截面两侧混凝土的不均匀应变造成了喇叭形裂缝外形，且这种内裂缝宽度的差异随钢筋应力的增大而增大。如图9-3所示。

二、受弯构件裂缝宽度的计算

计算在使用荷载作用下的最大裂缝宽度，有几种方法，第一种先确定平均裂缝间距和平均裂缝宽度，而后乘以根据试验统计求得的"扩大系数"来确定最大裂缝宽度；第二种是直接给出最大裂缝间距来计算最大裂缝宽度；第三种是确定主要影响参数，根据数理统计，在一定的保证率条件下，给出最大裂缝宽度的计算公式。

1．裂缝的发生及其分布

在钢筋混凝土受弯构件的纯弯区段内，在未出现裂缝以前，各截面受拉区混凝土应力 σ_{ct} 大致相同。因此，第一条（或第一批）裂缝将首先出现在混凝土抗拉强度最弱的截面，如图9-4中的 a-a 截面。在开裂的瞬间，裂缝截面处混凝土拉应力降低至零，受拉混凝土分别向 a-a 截面两边回缩，混凝土和钢筋表面将产生变形差。由于混凝土和钢筋的粘结，混凝土回缩受到钢筋的约束。因此，随着离 a-a 截面的距离增大，混凝土的回缩减小，即混凝土和钢筋的变形差减小，也就是说，混凝土仍处在一定程度的张紧状态。当达到离 a-a 截面某一距离 $l_{m,min}$ 处，混凝土和钢筋不再有变形差，σ_{ct} 又恢复到未开裂前状态。当荷载继续增大时，σ_{ct} 亦增大，当 σ_{ct} 达到混凝土的实际抗拉强度时，在该截面（图9-4中的 b-b 截面）又将产生第二条（批）裂缝。

假设第一批裂缝截面间（如图9-4的 a-a 和 c-c 截面间）的距离为 l，如果 $l \geq 2l_{m,min}$，则在 a-a 和 c-c 截面间有可能形成新的裂缝。如果，$l < 2l_{m,min}$ 则在 a-a 和 c-c 截面间将不可能形成新的裂缝。这意味着裂缝的间距将介于 $l_{m,min}$ 和 $2l_{m,min}$ 之间，其平均值 l_m 将为 $1.5l_{m,min}$。由此可见，裂缝间距的离散性是比较大的。理论上，它可能在平均裂缝间距

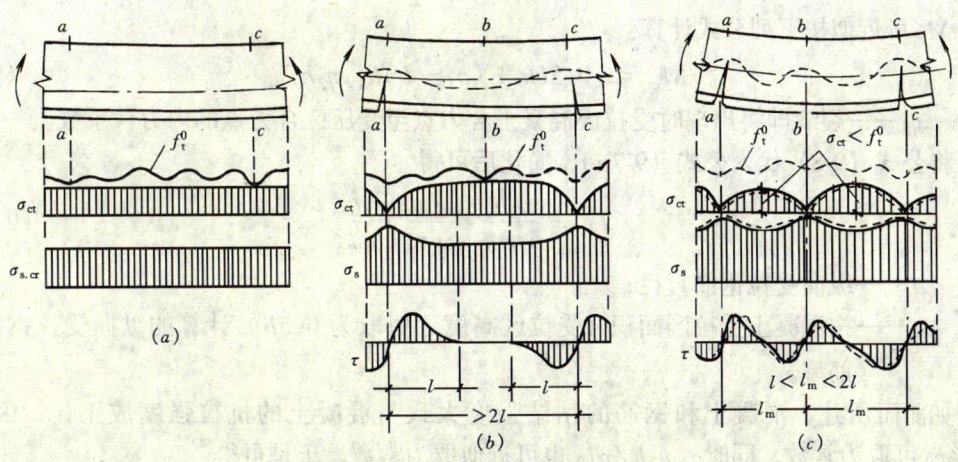

图 9-4 纯弯构件受弯区段裂缝发展和应力分布

l_m 的 0.67~1.33 倍范围内变化。

从上述可见,即使在钢筋混凝土受弯构件的纯弯段内,裂缝也是不断发生的,分布是不均匀的。然而,试验表明,对于具有中等配筋率的受弯构件,在使用荷载下出现的裂缝一般已稳定或基本稳定。

2. 平均裂缝间距

裂缝分布规律与混凝土和钢筋之间粘结应力的变化规律有密切关系。显然,在某一荷载下出现的第二条裂缝离开第一条裂缝应有足够的距离,以便通过粘结力将混凝土拉应力从第一条裂缝处为零提高到第二条裂缝处为 f_t^a(f_t^a 为该截面处混凝土的实际抗拉强度),如图 9-4。于是可得

$$\frac{M}{W_s}A_s - \frac{M - M_{cr}}{W_{sl}}A_s = \omega' \tau_\omega u l_m \tag{9-5}$$

式中 M——荷载作用下的弯矩;

W_s——裂缝截面处纵向受拉钢筋截面弹塑性抵抗矩,$W_s = A_s \eta h_0$,此处,η 为裂缝截面处的内力臂系数;

W_{sl}——裂缝即将出现时纵向受拉钢筋截面弹塑性抵抗矩,$W_{sl} = A_s \eta_1 h_0$,此处,η_1 为即将出现裂缝截面处纵向受拉钢筋截面重心至受压区合力点的内力臂系数;

A_s——纵向受拉钢筋截面面积;

M_{cr}——混凝土截面的抗裂弯矩;

u——纵向受拉钢筋截面总周长;

ω'——钢筋和混凝土之间粘结应力图形的丰满度系数;

τ_ω——钢筋和混凝土之间粘结应力的最大值。

因 $\eta = \eta_1$,故可近似假定 $W_s = W_{sl}$,则得

$$A_s M_{cr}/W_s = \omega' \tau_\omega u l_m \tag{9-6}$$

则

$$l_m = \frac{M_{cr}}{W_s} \cdot \frac{A_s}{u} \cdot \frac{1}{\omega' \tau_\omega} \tag{9-7a}$$

M_{cr} 可近似按下列公式计算：

$$M_{cr} = [0.5bh + (b_f - b)h_f]\eta_2 h f_{tk} \tag{9-8}$$

式中 η_2——裂缝即将出现时受拉区混凝土合力点至受压区合力点的内力臂系数。

将公式（9-8）代入公式（9-7a），简化后可得

$$l_m = \frac{\eta_2 h}{4\eta h_0} \cdot \frac{f_{tk}}{\omega'\tau_\omega} \cdot \frac{d}{\rho_{te}} \tag{9-7b}$$

式中 d——纵向受拉钢筋直径；

ρ_{te}——按混凝土受拉区面积（受拉区高度近似取为 $0.5h$）计算的纵向受拉钢筋配筋率。

如前面所述，混凝土和钢筋的粘结强度大致与混凝土的抗拉强度成正比，因此，$\omega'\gamma/f_{tk}$ 可取为常数。同时，$\eta_2 h/\eta h_0$ 也可近似取为常数，于是可得

$$l_m = k_1 d/\rho_{te} \tag{9-7c}$$

式中 k_1——经验系数（常数）。

公式（9-7c）表明，平均裂缝间距与 d/ρ_{te} 成正比，这与试验结果不能很好地符合。因此，对公式（9-7c）必须予以修正。

在推导上述公式时，没有考虑混凝土保护层厚度对受拉区混凝土应力分布的影响。然而，由于混凝土和钢筋的粘结，钢筋对受拉张紧的混凝土的回缩起着约束作用，而这种约束作用是有一定的影响范围的，离钢筋愈远，混凝土所受约束作用将愈小。因此，随着混凝土保护层厚度增大，外表混凝土较靠近钢筋的内芯混凝土所受的约束作用将愈小。所以，当出现第一条裂缝后，只有离开该裂缝较远的外表混凝土拉应力才可能增大到混凝土的抗拉强度，亦即只有离开该裂缝一定距离的截面才会出现第二条裂缝。这表明，裂缝间距与混凝土保护层厚度有一定的关系。试验研究也已证明了这一现象。因此，在确定平均裂缝间距时，适当考虑混凝土保护厚度的影响，对式（9-7c）进行修正是必要的、合理的。

综上所述，可在公式（9-7c）中引入 $k_2 c$ 以考虑混凝土保护层厚度的影响，即得

$$l_m = k_2 c + k_1 d/\rho_{te} \tag{9-7d}$$

式中 c——混凝土保护层厚度；

k_2——经验系数（常数）。

根据试验资料的分析并参考以往的工程经验，取 $k_1 = 0.08$，$k_2 = 1.9$。同时，考虑钢筋表面特征影响系数 ν_i，则得

$$l_m = (1.9c + 0.08 d_{eq}/\rho_{te}) \tag{9-7e}$$

式中 c——外层纵向受拉钢筋外边缘至受拉边缘的距离（mm）：当 $c<20$ 时，取 $c=20$；当 $c>65$，取 $c=65$；

d_{eq}——受拉区纵向受拉钢筋的等效直径（mm），$d_{eq} = \Sigma n_i d_i / \Sigma \nu_i n_i d_i$；

d_i——受拉区第 i 种纵向受拉钢筋的直径（mm）；

n_i——受拉区第 i 种纵向受拉钢筋的根数；

ν_i——受拉区第 i 种纵向受拉钢筋表面特征系数，如表9-2所示。

ρ_{te}——按有效受拉混凝土截面面积计算的纵向受拉钢筋配筋率；按下式计算：即 ρ_{te}

$= A_s/A_{te}$；在最大裂缝宽度计算中，当$\rho_{te}<0.01$时，取$\rho_{te}=0.01$；

A_s——受拉区非预应力纵向受拉钢筋的截面面积；

A_{te}——有效受拉混凝土截面面积，按下列规定采用：对受弯、偏心受压和偏心受拉构件，取$A_{te}=0.5bh+(b_f-b)h_f$，此处，b_f、h_f为受拉翼缘宽度、高度；对轴心受拉构件，A_{te}取构件截面面积。

表 9-2 钢筋的相对粘结特性系数 ν_i

钢筋类别	非预应力钢筋		先张法预应力钢筋			后先张法预应力钢筋		
	光圆钢筋	带肋钢筋	带肋钢筋	带肋钢筋	钢绞线	带肋钢筋	钢绞线	光圆钢丝
ν_i	0.7	1.0	1.0	0.8	0.6	0.8	0.5	0.4

3. 平均裂缝宽度

（1）裂缝的开展是由于混凝土的回缩造成的，亦即在裂缝出现后受拉钢筋与相同水平处的受拉混凝土的伸长差异所造成的。因此，平均裂缝宽度即为在裂缝间的一段范围内钢筋平均伸长和混凝土平均伸长之差（见图9-4），即

$$w_m = \varepsilon_{sm} l_m - \varepsilon_{ctm} l_m \tag{9-9a}$$

或

$$w_m = \varepsilon_{sm} l_m (1 - \varepsilon_{ctm}/\varepsilon_{sm}) \tag{9-9b}$$

式中 w_m——平均裂缝宽度；

ε_{sm}——纵向受拉钢筋的平均拉应变；

ε_{ctm}——与纵向受拉钢筋相同水平处表面混凝土的平均拉应变。

由图9-4可见，裂缝截面处受拉钢筋应变（或应力）最大。由于受拉区混凝土参加工作，裂缝间受拉钢筋应变（或应力）将减小。因此，受拉钢筋的平均应变可由裂缝截面处钢筋应变乘以裂缝间纵向受拉钢筋应变不均匀系数 ψ 求得（ψ 也可称为考虑裂缝间受拉混凝土工作影响系数）。由此可得

$$\varepsilon_{sm} = \psi \sigma_s / E_s \tag{9-10}$$

式中 σ_s——裂缝截面处纵向受拉钢筋应力；

E_s——钢筋弹性模量。

将 ε_{sm} 代入公式（9-9b），由于裂缝间受拉混凝土的回缩程度不同，混凝土受拉平均应变 ε_{ctm} 为变量（与配筋率、截面形状和混凝土保护层等有关），一般情况下其数值变化不大，可令 $a=(1-\varepsilon_{ctm}/\varepsilon_{sm})=0.85$（$a$ 称为考虑裂缝间混凝自身伸长对裂缝开展宽度影响系数），则得

$$w_m = a\psi \frac{\sigma_s}{E_s} l_m \tag{9-9c}$$

（2）钢筋应力

由图9-4可见，裂缝截面处受拉钢筋的应力 σ_s 可根据使用荷载下裂缝截面处的平衡条件求得（对受弯构件，《规范》规定，截面所承受的弯矩应按荷载效应标准组合计算）：

$$\sigma_s = \sigma_{sk} = M_k/\eta h_0 A_s \tag{9-11a}$$

为了简化计算，近似取 $\eta=0.87$，则

$$\sigma_{sk} = M_k/(0.87h_0 A_s) \tag{9-11b}$$

式中 M_k——按荷载效应标准组合计算的弯矩；

σ_{sk}——按荷载效应标准组合计算的裂缝截面处纵向受拉钢筋应力。

η——裂缝截面处内力臂系数。

根据理论分析结果，当考虑配筋率和截面形状的影响时，η 可按下列公式计算：

$$\eta = 1 - 0.4\sqrt{\alpha_E \rho}/(1 + 2\gamma'_f) \tag{9-12}$$

式中 γ'_f——受压翼缘加强系数（相对于腹板有效截面），即 $\gamma'_f = (b'_f - b)h'_f/bh_0$；

ρ——纵向受拉钢筋配筋率。

(3) 裂缝间钢筋应力不均匀系数系数 ψ 和裂缝间混凝土自身伸长对裂缝开展宽度的影响系数 a

1) 系数 ψ

受弯构件中钢筋的实测应力分布图，见图 9-5。由图可见即使在纯弯区段内，钢筋应力也是不均匀的，钢筋应力在裂缝之间最小，而在裂缝截面处最大，这与按受拉区混凝土完全脱离工作时的的计算应力图形有很大差别。因此，应考虑裂缝间受拉混凝土参加工作的影响，该影响可通过对裂缝截面处钢筋应变 ε_s 乘以应变不均匀系数 ψ 予以反映，（ψ 又称为考虑裂缝间受拉混凝土参加受拉工作的影响程度系数，即降低钢筋应变或应力）。$\psi = \varepsilon_{sm}/\varepsilon_{sk} = \sigma_{sm}/\sigma_{sk}$，$\varepsilon_{sm}$ 和 σ_{sm} 为钢筋的平均应变和应力。

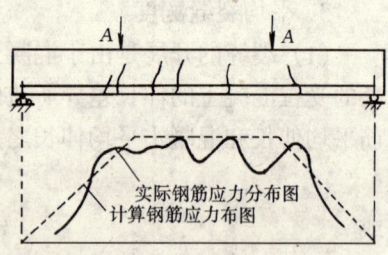

图 9-5 实际与计算钢筋应力分布图

不均匀系数 ψ 可按下列公式计算：

$$\psi = 1.1(1 - M_{cr}/M_k) \tag{9-13a}$$

式中 M_k——作用于构件截面上的弯矩，$M_k = \sigma_{sk}\eta h_0 A_s$；

M_{cr}——混凝土截面的抗裂弯矩。按式 (9-8) 计算。

式中 η_2——裂缝即将出现时受拉区混凝土合力点至受压区合力点的内力臂系数。

考虑混凝土收缩等因素的影响，式 (9-8) 乘以系数 0.8，代入式 (9-13a) 可得

$$\psi = 1.1\{1 - 0.8[0.5bh + (b_f - b)h_f]\eta_2 h f_{tk}/(\sigma_{sk}A_s \eta h_0)\} \tag{9-13b}$$

将参数整理后可得

$$\psi = 1.1[1 - 0.8\eta_2 h f_{tk}/(\eta h_0 \rho_{te} \sigma_{sk})] \tag{9-13c}$$

近似取 $\eta_2/\eta = 0.67$，$h/h_0 = 1.1$，则

$$\psi = 1.1 - \frac{0.65 f_{tk}}{\rho_{te}\sigma_{sk}} \tag{9-14}$$

当 $\psi < 0.2$ 时，取 $\psi = 0.2$，当 $\psi > 1.0$ 时，取 $\psi = 1.0$。直接承受重复荷载的构件（如吊车梁），取 $\psi = 1.0$。

2) 系数 a

系数 a 与配筋率、截面形状和混凝土保护层厚度等因素有关，但在一般情况下，其数值变化不大，对裂缝开展宽度的影响也不大。根据试验资料分析表明，可取 $a = 0.85$，则

$$w_{\mathrm{m}} = 0.85\psi l_{\mathrm{cr}}\sigma_{\mathrm{sk}}/E_{\mathrm{s}} \tag{9-15}$$

4. 最大裂缝宽度 $w_{\max}$

如前所述，由于材料质量的不均匀性，裂缝的出现是随机的，裂缝间距和裂缝宽度的离散性是比较大的。因此，必须考虑裂缝分布和开展的不均匀性。

(1) 荷载效应标准组合作用下的最大裂缝宽度 $w_{\mathrm{s,max}}$

荷载效应标准组合下的最大裂缝宽度 $w_{\mathrm{s,max}}$ 可根据平均裂缝宽度乘以扩大系数 τ_{s} 求得：

$$w_{\mathrm{s,max}} = \tau_{\mathrm{s}} w_{\mathrm{m}} \tag{9-16a}$$

扩大系数 τ_{s} 可按裂缝宽度的概率分布规律确定。根据东南大学试验的 40 根梁，1400 多条裂缝量测资料，求得各试件纯弯段上各条裂缝的宽度 w_i 与同一试件纯弯段的平均裂缝宽度 w_{cr} 的比值 τ_i，并以 τ_i 为横坐标，绘制直方图，如图 9-6，其分布规律为正态分布，离散系数 $\sigma=0.398$，若按 95% 的保证率考虑，可求得 $\tau_{\mathrm{s}}=1.66$。对轴心受拉和偏心受拉构件，因为 $\Delta\sigma_{\mathrm{sr}}$ 较大，早期粘结破坏较严重，其裂缝宽度呈偏态分布，宽度较大的裂缝出现频数较大，图 9-7 所示，所以取 $\tau_{\mathrm{s}}=1.9$。对受弯构件和偏心受压构件，取 $\tau_{\mathrm{s}}=1.66$。由平均裂缝宽度计算值乘以上述的"扩大系数" τ_{s}，可得荷载效应标准组合作用下最大裂缝宽度为

$$w_{\mathrm{s,max}} = 1.615\psi \frac{\sigma_{\mathrm{sk}}}{E_{\mathrm{s}}} l_{\mathrm{m}} (\text{轴心受拉}) \tag{9-16b}$$

或

$$w_{\mathrm{s,max}} = 1.41\psi \frac{\sigma_{\mathrm{sk}}}{E_{\mathrm{s}}} l_{\mathrm{m}} (\text{偏心受拉}) \tag{9-16c}$$

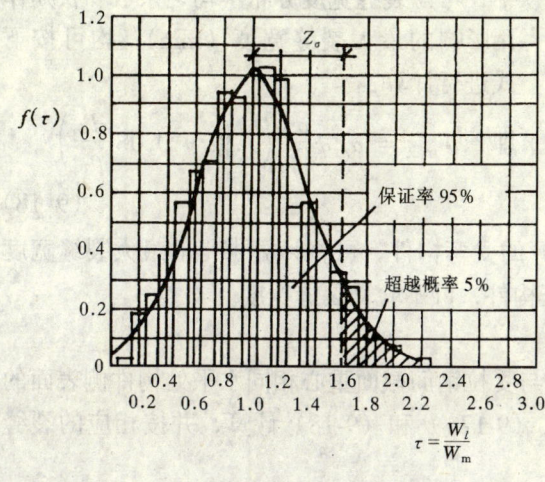

图 9-6 受弯构件裂缝扩大系数概率分布图

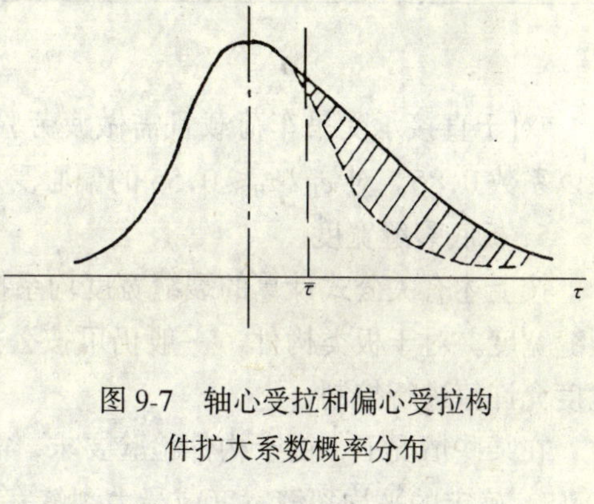

图 9-7 轴心受拉和偏心受拉构件扩大系数概率分布

这时的裂缝最大宽度的超越概率为 5%。

(2) 长期荷载作用下的最大裂缝宽度

在长期荷载作用下，钢筋混凝土受弯构件的裂缝宽度随时间增长而增大。加荷初期，裂缝宽度增长较快，以后逐渐减缓。大约 3 年后，裂缝宽度趋于稳定。在长期荷载作用下，钢筋混凝土受弯构件的裂缝宽度不断增大的原因有如下几方面：

1) 混凝土的收缩，尤其是受拉混凝土的收缩。

2)受拉混凝土和受拉钢筋的粘结滑移徐变,使受拉混凝土不断退出工作,从而使受拉钢筋平均应变随时间增大。受压混凝土徐变,使受压区高度不断增大,内力臂逐渐减小,从而引起受拉钢筋应力不断增大。

在上述因素中,受拉混凝土的收缩是最主要的因素。

在长期荷载作用下的最大裂缝宽度 $w_{l,\max}$ 可由短期荷载作用下的最大裂缝宽度 $w_{s,\max}$ 乘以长期荷载作用下的裂缝宽度扩大系数 τ_l 求得,即

$$w_{l,\max} = \tau_l w_{s,\max} \tag{9-17a}$$

根据试验结果,τ_l 的平均值为 1.66。试验表明,在加荷初期宽度最大的裂缝,在荷载长期作用下不一定仍然是宽度最大裂缝。所以,在确定 τ_l 时可考虑折减系数 0.9,即取 1.5。

综上所述,当考虑裂缝分布和开展的不均匀性以及长期荷载作用影响时,受弯构件最大裂缝宽度 $w_{l,\max}$(为简化起见,将 $w_{l,\max}$ 简写为 $w_{\max}$)可按下列公式计算:

$$w_{\max} = \alpha_{cr} \psi \frac{\sigma_{sk}}{E_s} l_m \tag{9-17b}$$

式中 α_{cr}——构件受力特征系数,可按表 9-3 采用。

σ_{sk}——按荷载标准组合计算的钢筋混凝土构件纵向受拉钢筋的应力,按(9-11)计算;

表 9-3 构件受力特征系数 α_{cr}

类型	α_{cr}	
	钢筋混凝土构件	预应力混凝土构件
受弯、偏心受压	2.1	1.7
偏心受拉	2.4	2.0
轴心受拉	2.7	2.2

对于矩形、T 形、倒 T 形和工字形截面的钢筋混凝土受拉、受弯和偏心受压构件中,考虑裂缝宽度分布不均匀系数和长期作用影响的最大裂缝宽度(mm),均可按下式进行计算:

即

$$w_{\max} = \alpha_{cr} \psi \frac{\sigma_{sk}}{E_s} \left(1.9c + 0.08 \frac{d_{eq}}{\rho_{te}} \right) \tag{9-18}$$

对于直接承受吊车荷载且需做疲劳验算的受弯构件,可将计算求得的最大裂缝宽度乘以系数 0.85。对 $e_0/h_0 \leqslant 0.55$ 的偏心受压构件,可不验算裂缝宽度。

5. 板底裂缝宽度

按上述有关公式计算的裂缝宽度均系指与受拉钢筋截面重心相同水平处构件侧表面的裂缝宽度。对于板类构件,一般仍可按公式(9-17b)和(9-18)计算,并按相应的裂缝宽度允许值进行控制。

在某些情况下,由于构件检验要求,需计算板底裂缝宽度时,可将按公式(9-15)~(9-18)确定的平均裂缝宽度或最大裂缝宽度,再乘以下述的修正系数 τ_b 求得。

有关试验已经证明,受弯构件侧表面不同水平处的裂缝宽度基本上与其所在位置至中和轴的距离成正比。因此,τ_b 可近似按下述求得:

$$\tau_b = 1 + 1.5 a_s / h_0 \tag{9-19}$$

$$w_{\max} = \tau_b \alpha_{cr} \psi \frac{\sigma_{sk}}{E_s} \left(1.9c + 0.08 \frac{d_{eq}}{\rho_{te}} \right) \tag{9-20}$$

式中 a_s——受拉钢筋截面重心至构件截面底边的距离。

三、轴心受拉和偏心受力构件裂缝宽度的计算

钢筋混凝土轴心受拉和偏心受力构件裂缝宽度可采用与受弯构件相同的方法计算，现就有关问题作些补充说明。

1. 基本计算公式

与受弯构件一样，对于轴心受拉和偏心受力构件在荷载效应标准组合下的平均裂缝宽度 w_{cr} 和最大裂缝宽度 $w_{s,max}$ 以及长期荷载作用下的最大裂缝宽度 $w_{l,max}$ 可按下列公式计算：

$$w_{cr} = \alpha_{cr} \psi l_{cr} \sigma_{sk}/E_s \tag{9-21}$$

$$w_{s,max} = \tau_s w_{cr} = \tau_s \alpha_{cr} \psi l_m \sigma_{sk}/E_s \tag{9-22a}$$

$$w_{l,max} = \tau_l \tau_s w_{cr} = \tau_l \tau_s \alpha_{cr} \psi l_m \sigma_{sk}/E_s \tag{9-22b}$$

2. 平均裂缝间距

试验结果表明，轴心受拉构件平均裂缝间距比受弯构件大些。根据试验资料统计分析，l_{cr} 可按下列公式计算：

$$l_m = 1.1(1.9c + 0.08d_{eq}/\rho_{te}) \tag{9-23}$$

偏心受拉构件的平均裂缝间距虽然也略大于受弯构件，但相差不大。为简化起见，采用与受弯构件相同的公式进行计算。偏心受压构件的平均裂缝间距也采用与受弯构件相同的公式进行计算。

3. 钢筋应力计算

当按荷载效应的标准组合计算时，公式（9-13）、（9-18）以及公式（9-21）~（9-22b）中的纵向受拉钢筋应力 σ_{sk} 可别按下列公式计算。

（1）轴心受拉构件

$$\sigma_{sk} = N_k/A_s \tag{9-24}$$

式中 N_k——按荷载效应标准组合计算的轴向拉力标准值；
    A_s——全部纵向受拉钢筋截面面积。

（2）偏心受拉构件

无论当轴向力作用在钢筋 A_s 合力点和 A'_s 合力点之间，见图 9-8（a），或是当轴向拉力作用在受拉较大边钢筋 A_s 合力点之外，假定有受压区存在时，其应力图形如图 9-8（b）所示。假定受压区合力点位于受压钢筋合力点处，这样，对偏心受拉构件不论是否有受压区存在，不论轴向偏心距大小，均可由平衡条件得到：

$$\sigma_{sk} = \frac{N_k e'}{A_s(h_0 - a'_s)} \tag{9-25a}$$

式中 N_k——按荷载效应标准组合计算的轴向拉力值；
    e'——轴向拉力 N_s 的作用点至受压区或受拉较小边纵向钢筋合力点的距离；
    y_e——截面重心轴至受拉较小边缘的距离；
    a'_s——钢筋 A'_s 合力点至截面近边的距离。

也可表示为：
$$\sigma_{sk} = \frac{N_k(e_0 + y_e - a'_s)}{A_s(h_0 - a'_s)} \tag{9-25b}$$

式中：e_0——轴向拉力 N_k 的到截面重心的偏心距；

　　　y_c——截面重心轴至受拉较小边缘的距离；

或近似简化为：
$$\sigma_{sk} = \frac{N_k}{A_s}\left(0.5 + \frac{e_0}{h_0 - a'_s}\right) \quad (9\text{-}25c)$$

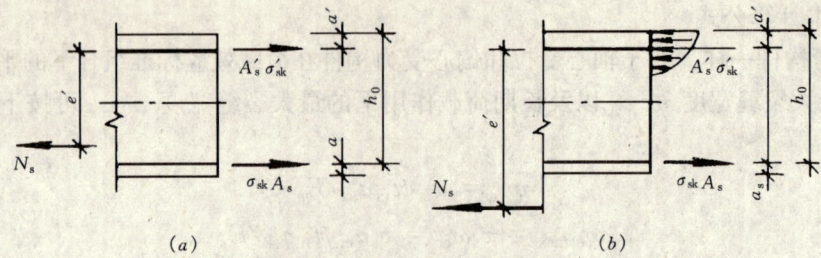

图 9-8　偏拉构件截面计算简图

(3) 偏心受压构件

偏心受压构件裂缝截面处的应力图形如图 9-9 所示。对受压区合力点取矩可得

$$\sigma_{sk} = \frac{N_{sk}(e-z)}{zA_s} \quad (9\text{-}26)$$

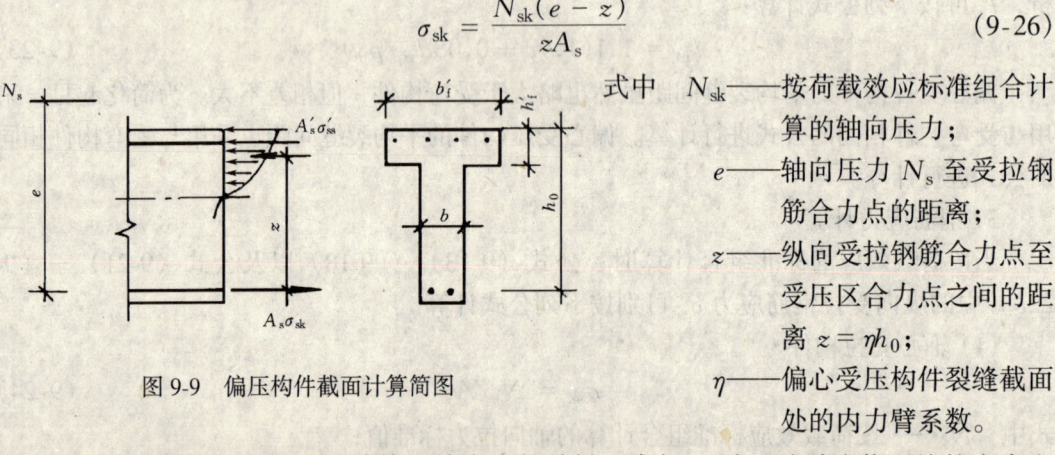

图 9-9　偏压构件截面计算简图

式中　N_{sk}——按荷载效应标准组合计算的轴向压力；

　　　e——轴向压力 N_s 至受拉钢筋合力点的距离；

　　　z——纵向受拉钢筋合力点至受压区合力点之间的距离 $z = \eta h_0$；

　　　η——偏心受压构件裂缝截面处的内力臂系数。

在上述公式中，求解 η 是计算钢筋应力的关键。求解 η 时，对裂缝截面处的应力和应变关系可作如下假定：

1) 裂缝截面处应变符合平截面假定；

2) 受压混凝土的应力图形为线性分布，受拉区混凝土的拉应力可以忽略；

3) 钢筋应力-应变曲线在使用阶段，只涉及线弹性段。

按照上述假定，计算 η 是十分复杂的。通过电算分析表明，η 可按下列公式计算：

$$\eta = 1 - \frac{0.4\sqrt{\alpha_E \rho}}{1 + 2\gamma'_f} - 0.12(1 - \gamma'_f)\left(\frac{h_0}{e}\right)^2 \quad (9\text{-}27a)$$

式中　e——轴向拉力作用点至纵向受拉钢筋合力点的距离 $e = \eta_s e_0 + y_s$，y_s 截面重心至纵向受拉钢筋合力点的距离；

　　　ρ——纵向受拉钢筋配筋率；

　　　γ'_f——受压翼缘加强系数，是受压翼缘截面面积与腹板有效截面面积的比值：$\gamma'_f = (b'_f - b)h'_f/bh_0$，当 h'_f 大于 $0.2h_0$ 时，取 h'_f 等于 $0.2h_0$，其中为 b'_f、h'_f 受压区翼缘的宽度和高度。

公式（9-27a）可进一步简化为：
$$\eta = 0.87 - 0.12(1-\gamma'_f)(h_0/e)^2 \tag{9-27b}$$

试验表明，在使用荷载阶段，当 $\eta_s \leqslant 14$ 时，偏心受压构件的侧向挠度不大，故计算裂缝宽度时，可不考虑侧向挠度的影响。当 $\eta_s > 14$ 时，则应考虑侧向挠度的影响，亦即应将轴向力偏心距 e_0 乘以偏心距增大系数 η_s。这时，为了简化计算，可近似按下列公式计算：

$$\eta_s = 1 + \frac{1}{4000 e_0/h_0}\left(\frac{l_0}{h}\right)^2 \tag{9-28}$$

式中 l_0——构件计算长度。

于是，轴心受拉和偏心受力构件在长期荷载作用下最大裂缝宽度仍可按（9-17c）计算。

例题 9-1 矩形截面轴心受拉构件的截面尺寸 $b \times h = 160\text{mm} \times 400\text{mm}$，配置 4 $\underline{\Phi}$ 16 钢筋（$A_s = 804\text{mm}^2$），混凝土强度等级 C25（$f_{tk} = 1.78\text{N/mm}^2$），混凝土保护层厚度 $c = 25\text{mm}$，按荷载效应标准组合计算的轴心拉力 $N_s = 145\text{kN}$，最大裂缝宽度限值 $w_{\lim} = 0.2\text{mm}$，试验算其最大裂缝宽度是否符合要求。

解： $\rho_{te} = A_s/bh = 804/(160 \times 200) = 0.0251$

$$\sigma_{sk} = N_k/A_s = 145000/804 = 180.35\text{N/mm}^2$$

$$\psi = 1.1 - \frac{0.65 f_{tk}}{\rho_{te} \sigma_{sk}} = 1.1 - \frac{0.65 \times 1.78}{0.0251 \times 180.35} = 0.844$$

$$w_{\max} = 2.7\psi \frac{\sigma_{sk}}{E_s}\left(1.9c + 0.08\frac{d_{eq}}{\rho_{te}}\right) = 2.7 \times 0.844 \times \frac{180.35}{200 \times 10^3}$$
$$\times \left(1.9 \times 2.5 + 0.08 \times \frac{16}{0.0251}\right) = 0.115\text{mm} < 0.2\text{mm}（符合要求）$$

例题 9-2 矩形截面偏心受拉构件的截面尺寸、配筋和混凝土强度等级均与例题 9-1 相同。按荷载效应标准组合计算的轴心拉力 $N_s = 145\text{kN}$，偏心距 $e_0 = 30\text{mm}$，$w_{\lim} = 0.3\text{mm}$。试验算其最大裂缝宽度是否符合要求。

解： $a_s = a'_s = c + \frac{d}{2} = 25 + \frac{16}{2} = 33\text{mm}$ $h_0 = h - a_s = 200 - 33 = 167\text{mm}$

$$A_s = A'_s = 402\text{mm}^2 \qquad \rho_{te} = \frac{A_s}{0.5bh} = \frac{402}{0.5 \times 160 \times 200} = 0.0251$$

$$\sigma_{sk} = \frac{N_s}{A_s} \cdot \frac{e_0 + y_e - a'_s}{h_0 - a'_s} = \frac{145000}{402} \times \frac{30 + 0.5 \times 200 - 33}{167 - 33} = 261\text{N/mm}^2$$

$$\psi = 1.1 - \frac{0.65 f_{tk}}{\rho_{te}\sigma_{sk}} = 1.1 - \frac{0.65 \times 1.78}{0.0251 \times 261} = 0.923 \qquad \nu = 0.7$$

$$w_{\max} = 2.4\psi\frac{\sigma_{sk}}{E_s}\left(1.9c + 0.08\frac{d_{eq}}{\rho_{te}}\right) = 2.4 \times 0.923 \times \frac{261}{200 \times 10^3}$$
$$\times \left(1.9 \times 2.5 + 0.08 \times \frac{16}{0.0251}\right) = 0.286\text{mm} < 0.3\text{mm}（符合要求）$$

例题 9-3 矩形截面偏心受压柱的截面尺寸 $b \times h = 400\text{mm} \times 600\text{mm}$，受压钢筋和受拉钢筋均为 4 $\underline{\Phi}$ 20（$A_s = A'_s = 1256\text{mm}^2$），混凝土强度等级 C30（$f_{tk} = 2.01\text{N/mm}^2$），混凝土保护层厚度 $c = 35\text{mm}$，按荷载效应标准组合计算的轴心拉力 $N_k = 360\text{kN}$，弯矩 M_k

$=180\text{kN}\cdot\text{m}$。柱的计算长度 $l_0=4\text{m}$。最大裂缝宽度限值 $w_{\text{lim}}=0.2\text{mm}$,试验算其最大裂缝宽度是否符合要求。

解:$\dfrac{l_0}{h}=\dfrac{4000}{600}=6.67<14$ 取 $\eta_s=1.0$

$$a_s = c + d/2 = 35 + 20/2 = 45\text{mm} \qquad h_0 = h - a_s = 600 - 45 = 555\text{mm}$$

$$e_0 = \frac{M_k}{N_k} = \frac{180\times10^6}{360\times10^3} = 500\text{mm} \qquad e = e_0 + \frac{h}{2} - a_s = 500 + \frac{600}{2} - 45 = 755\text{mm}$$

$$z = \eta h = \left[0.87 - 0.12\left(\frac{h_0}{e}\right)^2\right]h_0 = \left[0.87 - 0.12\left(\frac{555}{755}\right)^2\right]\times555$$

$$= 0.805 \times 555 = 447\text{mm}$$

$$\sigma_{sk} = \frac{N_s(e-z)}{A_s z} = \frac{360000\times(755-447)}{1256\times447} = 197\text{N/mm}^2$$

$$\rho_{te} = \frac{A_s}{0.5bh} = \frac{1256}{0.5\times400\times600} = 0.0105$$

$$\psi = 1.1 - \frac{0.65 f_{tk}}{\rho_{te}\sigma_{sk}} = 1.1 - \frac{0.65\times2.01}{0.0105\times197} = 0.472$$

$$w_{\max} = 2.1\psi\frac{\sigma_{sk}}{E_s}\left(1.9c + 0.08\frac{d_{eq}}{\rho_{te}}\right) = 2.1\times0.472\times\frac{197}{200\times10^3}$$

$$\times\left(1.9\times35 + 0.08\times\frac{20}{0.0105}\right) = 0.214\text{mm} > 0.2\text{mm}(\text{不符合要求})$$

第四节 受弯构件的刚度和挠度计算

构件的变形验算,实际上是确定构件的刚度,当刚度确定后即可用结构力学的方法验算其变形。钢筋混凝土受弯构件带裂缝工作,构件截面的抗弯刚度,与开裂前用材料力学方法所表达的刚度 EI 大不相同。开裂后随着弯矩的增大,裂缝扩展,引起刚度不断降低。另外,截面配筋率大的,刚度下降要比配筋率小的低许多,开裂后配筋率成为构件刚度的重要参数。

一、构件的截面抗弯刚度和受力变形特点

由材料力学知,对于匀质线弹性材料梁的跨中挠度可以用下式表示:

$$f = S(M/EI)l_0^2 \text{ 或 } f = S\phi l_0^2 \tag{9-29}$$

式中:$\phi = M/EI$ 是截面曲率,即单位长度上的转角;S 是与荷载形式、支承条件有关的系数;l_0 是梁的计算跨度;EI 是梁的截面抗弯刚度。由 $EI = M/\phi$ 可知,截面抗弯刚度的物理意义就是使截面产生单位转角所需施加的弯矩,它体现了截面抵抗弯曲变形的能力。

当梁的截面尺寸和材料已知时,梁的截面抗弯刚度 EI 是一个常数。因此弯矩与挠度或者弯矩与曲率之间都是始终不变的正比例关系,如图 9-10 中的虚线 OA 所示。

对混凝土受弯构件,上述关于匀质弹性材料梁的力学概念仍然适用,但钢筋混凝土是不匀质的非弹性材料,因此混凝土受弯构件的截面抗弯刚度不为常数而是变化的,其主要特点如下:

(1)随着荷载的增大而减小

若把前面讲过的适筋梁从开始加载到破坏的 M-f 曲线改为 M-ϕ 曲线，则如图 9-10 所示。由截面抗弯刚度定义知，M-ϕ 曲线上任一点与原点 0 的连线倾斜角的 $tg\alpha$ 就是相应的截面抗弯刚度。由图 9-10，在裂缝出现以前，M-ϕ 曲线与 $0A$ 几乎重合，因而截面抗弯刚度仍可以视为常数，并近似取为 $0.85E_cI_0$，此处 I_0 为换算截面惯性矩。当裂缝即将出现时，即进入第 I 阶段末时，M-ϕ 曲线已偏离直线，逐渐弯曲，说明截面抗弯刚度有所降低。出现裂缝后，即进入第二阶段，M-ϕ 曲线发生转折，ϕ 增加较快，截面抗弯刚度明显降低。钢

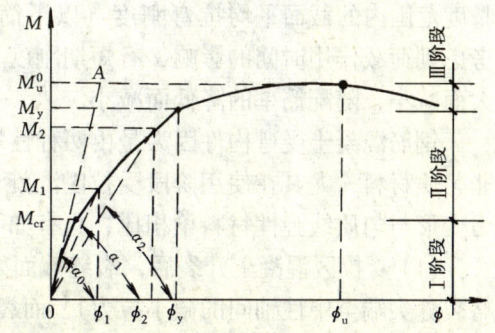

图 9-10 适筋梁 M-ϕ 关系曲线

筋屈服后进入第三阶段，此阶段 M 增加很少，而 ϕ 增大很多，截面抗弯刚度急剧降低。但应注意，即使在第 II 阶段的 M-ϕ 曲线接近直线，但截面的抗弯刚度也不是常数，而是不断地减小，如图中 $tg\alpha_1 > tg\alpha_2$ 所示。

按正常使用极限状态验算构件变形时，所采用的截面抗弯刚度，通常取在 M-ϕ 曲线第 II 阶段当弯矩为 $0.5M_u^0 \sim 0.7M_u^0$ 的区段内，在此，M_u^0 是破坏弯矩试验值。在该区段内的截面抗弯刚度仍然随弯矩的增大而变小。

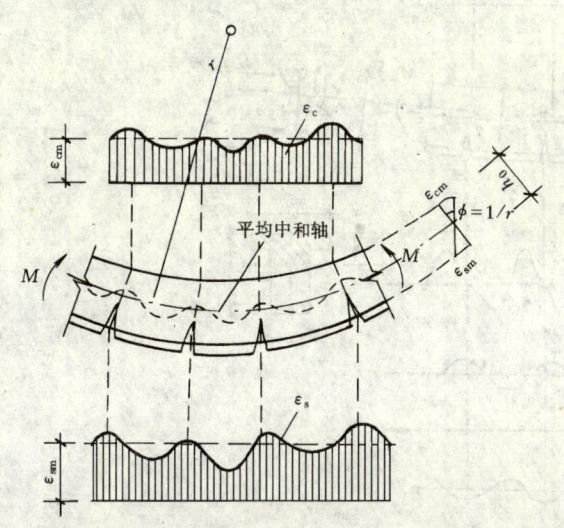

图 9-11 梁纯弯段内截面应变及裂缝分布

(2) 随着配筋率 ρ 的降低而减小

试验表明，截面尺寸和材料都相同的适筋梁，配筋率 ρ 大的 M-ϕ 曲线陡一些，变形小一些，相应的截面抗弯刚度大一些；反之，配筋率 ρ 小的 M-ϕ 曲线平缓一些，变形大一些，截面抗弯刚度就小一些。因此钢筋在构件开裂后成为影响构件变形的主要参数。

(3) 沿构件跨度，截面抗弯刚度是变化的

如图 9-11 所示，是在纯弯区段，由于混凝土的材料性能的变异性很大，即使各个截面承受的弯矩相同，曲率（或截面抗弯刚度）也不相同，裂缝截面处的小一些，裂缝间截面的大一些，这是

由于裂缝的存在使构件的几何参数发生变化引起的。所以，验算变形时采用的截面抗弯刚度是指纯弯区段内平均的截面抗弯刚度而言的。

(4) 随加载时间的增长而减小

试验表明，对一个构件保持不变的荷载值，则随时间的增长，混凝土徐变等原因将会使截面抗弯刚度减小，对一般尺寸的构件，三年以后逐渐趋于稳定。变形验算时，除要考虑荷载效应的标准组合外，还应考虑荷载长期作用影响，对前者采用短期刚度 B_s，对后者则采用长期刚度 B_l。

综上所述，在混凝土受弯构件的变形验算中所用到的截面抗弯刚度，是指构件上一段长度范围内的截面平均抗弯刚度（以下简称刚度），相应的弯矩值为 $0.5M_u^0 \sim 0.7M_u^0$；考虑到荷载作用时间的影响，有短期刚度 B_s 和长期刚度 B_l 的区别，且两者都随弯矩的增大而减小，随配筋率的降低而减小。

钢筋混凝土受弯构件因为是由两种性质截然不同的材料组成，且混凝土又是非弹性、非匀质材料，尤其在使用阶段受拉区混凝土一般都开裂，因此结合其刚度变化特点，其受力变形与匀质线弹性材料梁相比，具有如下特点：

(1) 受拉区混凝土开裂后，裂缝截面处全部拉力均由钢筋承担，混凝土退出工作（忽略裂缝尖端至中性轴间的微小拉力），而裂缝之间的混凝土仍参加工作。其拉力是由钢筋通过其与混凝土交界面上的粘结剪应力 τ 传来，距裂缝截面越远，通过 τ 的累积传给混凝土的拉力越大，钢筋应力就越小，故即使在"纯弯段"（忽略自重）范围内，受拉钢筋的应变 $\varepsilon_s(z)$、受压区边缘混凝土应变 $\varepsilon_c(z)$，中性轴位置 $x(z)$、曲率 $1/\phi(z)$ 和刚度 $B(z)$ 仍然沿梁轴方向呈波浪形分布，其波峰分别位于裂缝截面或两裂缝之中间截面处（见图 9-12）。

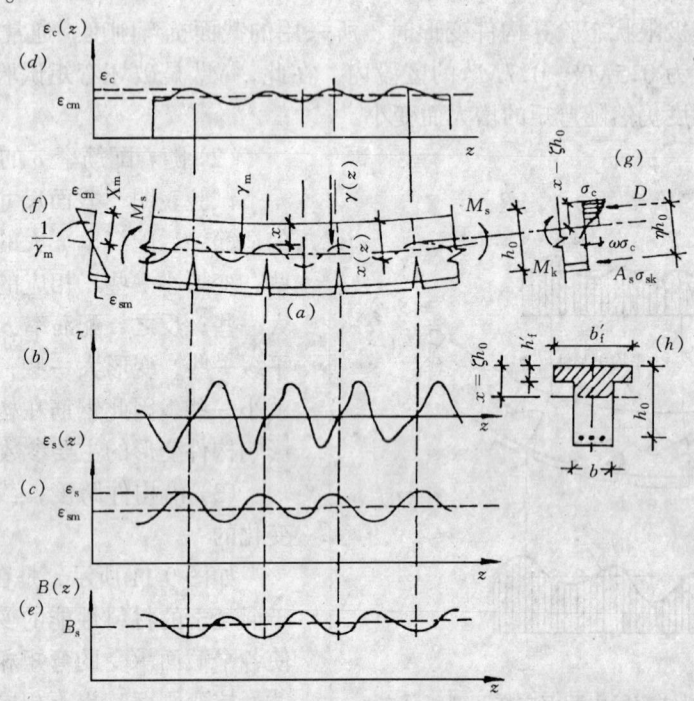

图 9-12 受弯构件应变、中和轴及刚度沿轴向分布图

(2) 由于混凝土的抗拉强度较低，构件受拉区多有裂缝存在，并且开展到一定宽度，开裂前原为同一平面而开裂后部分混凝土受拉截面已劈裂为二，表明在裂缝附近钢筋和混凝土之间已经产生相对位移，且原来受拉张紧的混凝土开裂后回缩，材料应变发生突变，单就裂缝附近局部范围来说，这种现象是不符合材料力学中的平截面假定的。但大量试验结果表明，直到钢筋屈服前，在"纯弯段"内截面应变若采用跨越几条裂缝的长标距量测时，就其平均应变来说，大体上还是符合平截面假定的。

(3) 两种配筋截面的弯矩-曲率（M-ϕ）关系如图 9-13 所示，如前所述，M-ϕ 关系呈曲线形。在混凝土开裂前，截面基本上处于弹性工作阶段，M 与 ϕ 大致为直线关系（$0T$）。一经开裂受拉区混凝土就基本退出工作，因而与开裂前相比，曲率随着 M 的增大而增长速度明显加快，刚度显著降低，在 M-ϕ 曲线上出现一个鲜明的转折点。其转折角的大小主要取决于配筋率 ρ，ρ 越低，转折角越大，这从前面的刚度特点中同样可知，也就是刚度的降低越多。开裂后，随着 M 的增加，由于受压区混凝土应变不断增大，受压区混凝

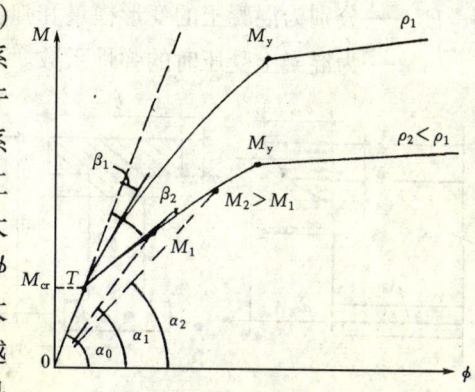

图 9-13 不同配筋率的 M-ϕ 关系图

土塑性性质表现地越来越明显，应力增长速度较应变增长速度要慢，故受压区应力图形将呈曲线变化，应力-应变关系已不符合虎克定律。并且在开裂截面附近的局部区域内，截面应变分布不符合平截面假定。这也说明了，开裂后，截面的中和轴位置不仅与截面的几何特征有关，而且与截面的应力分布和 M 大小有关。

(4) 钢筋混凝土受弯构件在长期荷载作用下，变形随时间增长。

因此，钢筋混凝土受弯构件的刚度计算和变形计算比匀质弹性梁要复杂很多。

二、荷载效应标准组合作用下的短期刚度和挠度

在使用荷载下，钢筋混凝土受弯构件是带裂缝工作的。即使在纯弯区内，钢筋和混凝土沿构件轴向的应变（或应力）分布也不均匀。显然，由于钢筋和混凝土应变分布不均匀性，给构件挠度计算带来一定的复杂性。但是，由于构件挠度是反映沿构件跨长变形的综合效应，因此，可通过沿构件长度的平均曲率和平均刚度来表示截面曲率和截面刚度。

1. 截面的平均曲率和平均刚度

现在首先讨论构件纯弯曲区段的情况。如上所述，在钢筋屈服前，沿构件截面高度量测的平均应变基本上呈直线分布。因此，可以认为，沿构件截面高度，平均应变符合平截面假定。于是，可采用与材料力学类似的方法来计算截面的平均曲率和平均刚度。

根据平均应变平截面假定，可求得平均曲率 ϕ 为

$$\phi = 1/r_m = M_k/B_s = (\varepsilon_{sm} + \varepsilon_{cm})/h_0 \tag{9-30}$$

式中 r_m——平均曲率半径；

M_k——荷载效应标准组合下的弯矩；

B_s——荷载效应标准组合下的截面刚度；

ε_{sm}——受拉钢筋平均应变，计算用式（9-10）；

ε_{cm}——受压区边缘混凝土平均应变。

受压区边缘混凝土平均应变可按下列公式计算：

$$\varepsilon_{cm} = \frac{\sigma_{cs}}{E'_c} = \frac{\sigma_{cs}}{\nu E_c} \tag{9-31a}$$

式中 σ_{cs}——为受压区边缘混凝土的压应力；

E'_c、E_c——分别为混凝土的变形模量和弹性模量,$E'_c = \nu E_c$;

ν——为混凝土受压时的弹性系数。

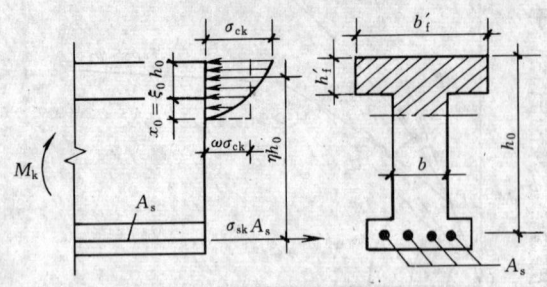

图 9-14 裂缝截面处的计算应力图形

σ_{cs} 可按裂缝截面处的计算应力图形如图 9-14 所示求得。对 I 形(或 T 形)截面,受压区面积为 $(b'_f - b)h'_f + bx_0 = (\gamma'_f + \xi_0)bh_0$,将曲线分布的压应力换算成平均压应力 $\omega\sigma_{cs}$,再对纵向受拉钢筋取矩,则得

$$\sigma_{cs} = \frac{M_k}{\omega(\gamma'_f + \xi_0)\eta b h_0^2} \quad (9-32)$$

式中 ω——应力图形丰满度系数;

γ'_f——受压翼缘加强系数(相对于腹板有效面积)即 $\gamma'_f = (b'_f - b)h'_f / bh_0$;

ξ_0——裂缝截面处受压区高度系数,即 $\xi_0 = x_0 / h_0$。

η——裂缝截面处内力臂长度系数。

引入受压区边缘混凝土压应变不均匀系数 ψ_c,则

$$\varepsilon_{cm} = \psi_c \frac{M_k}{\omega(\gamma'_f + \xi_0)\eta b h_0^2 \nu E_c} \quad (9-31b)$$

令

$$\zeta = \omega\nu(\tau'_f + \xi_0)\eta / \psi_c \quad (9-33a)$$

则

$$\varepsilon_{cm} = \frac{M_k}{\zeta b h_0^2 E_c} \quad (9-31c)$$

ζ 可称为受压区边缘混凝土平均应变综合系数,也可称为截面的弹塑性抵抗矩系数。采用一个综合的系数 ζ 以代替多个分离系数,有着明显的优点,一方面其表达简练清楚,可以减轻计算工作量和避免误差的积累;另一方面,便于通过试验直接验证。由公式(9-31c)可得

$$\zeta = \frac{M_k}{\varepsilon_{cm} b h_0^2 E_c} \quad (9-33b)$$

在公式(9-33b)中,M_k、b、h_0 为已知值,E_c 可通过混凝土棱柱体试验确定,ε_{cm} 可根据变形量测求得。因此,ζ 的试验值即可算出。

将公式(9-10)、(9-12)和公式(9-32c)代入公式(9-30),可得

$$\frac{M_k}{B_s} = \frac{\psi \dfrac{M_k}{\eta h_0 A_s E_s} + \dfrac{M_k}{\zeta b h_0^2 E_c}}{h_0} \quad (9-34a)$$

简化后可得

$$B_s = \frac{E_s A_s h_0^2}{\dfrac{\psi}{\eta} + \dfrac{\alpha_E \rho}{\zeta}} \quad (9-34b)$$

试验表明,受压区边缘混凝土平均应变综合系数 ζ 随荷载增大而减小,在裂缝出现后降低很快,而后逐渐减缓,在使用荷载范围内则基本稳定。因此,对 ζ 的取值可不考

虑荷载影响。根据试验资料统计分析可得

$$\frac{\alpha_E \rho}{\zeta} = 0.2 + \frac{6\alpha_E \rho}{1 + 3.5\gamma'_f} \tag{9-35}$$

式中 ρ——纵向受拉钢筋配筋率，$\rho = A_s/bh_0$。

将公式（9-35）代入公式（9-34b），并取 $\eta = 0.87$，可得

$$B_s = \frac{E_s A_s h_0^2}{1.15\psi + 0.2 + \dfrac{6\alpha_E \rho}{1 + 3.5\gamma'_f}} \tag{9-36}$$

式中计算 γ'_f 时，当 $h'_f > 0.2h_0$ 时，取 $h'_f = 0.2h_0$。

在荷载效应标准组合作用下，受压钢筋对截面刚度的影响是不大的，计算时可不考虑。如需考虑其影响时，可将公式（9-36）中的 γ'_f 改按下列公式计算：

$$\gamma'_f = \frac{(b'_f - b)h'_f}{bh_0} + \alpha_E \rho' \tag{9-37}$$

式中 ρ'——纵向受压钢筋配筋率，即 $\rho' = A'_s/bh_0$。

2. 挠度

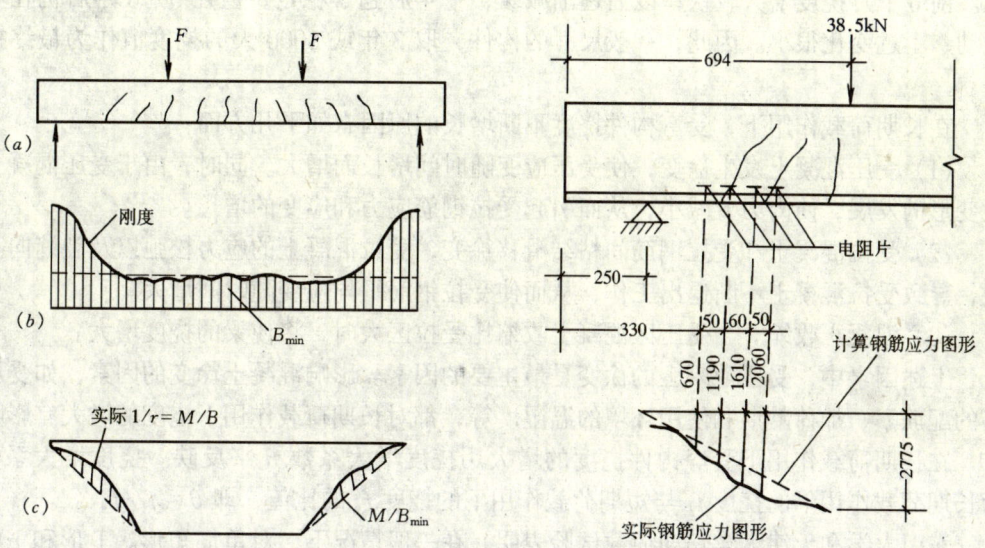

图 9-15 沿梁长的刚度和曲率分布　　　图 9-16 梁剪跨段内钢筋应力分布

在求得截面刚度后，构件的挠度可按结构力学方法进行计算。但须指出，即使在承受对称集中荷载的简支梁内，除两集中荷载间的纯弯曲区段外，剪跨内各截面弯矩是不相等的。越靠近支座，弯矩越小，因而，其刚度越大。在支座附近的截面将不出现裂缝，其刚度将较已出现裂缝区段大很多（图 9-15）。由此可见，沿梁长各截面的刚度是变值，这就给挠度计算带来了一定的复杂性。为了简化计算，在实用上，同一符号弯矩区段内，各截面的刚度均可按该区段的最小刚度（用 B_{min} 表示）计算，亦即按最大弯矩处截面刚度计算（如图 9-15b 中虚线所示）。换句话说，也就是曲率 ϕ 按 M/B_{min} 计算（图 9-15c 中虚线所示）。这一计算原则通常称为最小刚度原则。

采用最小刚度原则计算挠度，虽然会产生一些误差，但在一般情况下，其误差是不大的。一方面，采用最小刚度原则计算挠度，相当于在计算曲率 ϕ 时，多算了图 9-12c 中阴

影线表示的面积。从材料力学中已知，支座附近的曲率对简支梁的挠度影响是很小的，由此可见，计算误差是不大的，且曲率计算值偏大，构件偏于安全。另一方面，按上述方法计算挠度时，只考虑弯曲变形的影响，而未考虑剪切变形的影响。在匀质材料梁中，剪切变形一般很小，可以忽略。但在剪跨已出现斜裂缝的钢筋混凝土梁中，剪切变形将较大。同时，沿斜截面受弯也将使剪跨内钢筋应力较按垂直截面受弯增大（图 9-16 所示为一试验梁实侧钢筋应力与计算钢筋应力的比较）。也就是说，在计算中未考虑斜裂缝出现的影响，将使挠度计算值小。在一般情况下，使上述计算值偏大和偏小的因素大致相互抵消，因此，在计算中采用最小刚度原则是可行的，计算结果与试验结果符合较好。

但是必须指出，在斜裂缝出现较早、较多，且延伸较长的薄腹梁中，斜裂缝的不利影响将较大，按上述方法计算的挠度值可能偏低较多。目前，由于试验资料不足，尚不能提出具体修正方法，设计计算时应酌情予以增大。

三、长期荷载作用下的刚度和挠度

实际工程中，总有部分荷载长期作用在构件上，因此计算挠度时必须采用长期刚度。在长期荷载作用下，钢筋混凝土受弯构件的刚度随时间增长而降低，挠度随时间增长而增大。前 6 个月挠度增大较快，以后逐渐减缓，一年后趋于稳定，但在 5~6 年后仍在不断变动，不过变化很小。因此，一般尺寸的构件，取 3 年或 1000 天的挠度值作为最终挠度值。

在长期荷载作用下，受弯构件挠度不断增长的原因有如下几方面：

(1) 受压混凝土发生徐变，使受压应变随时间增长而增大。同时，由于受压混凝土塑性变形的发展，使内力臂减小，从而引起受拉钢筋应力和应变的增长。

(2) 受拉混凝土和受拉钢筋间粘结滑移徐变，受拉混凝土的应力松弛以及裂缝向上发展，导致受拉混凝土不断退出工作，从而使受拉钢筋平均应变随时间增大。

(3) 混凝土收缩。当受压区混凝土收缩比受拉区大时，将使梁的挠度增大。

上述因素中，受压混凝土的徐变是最主要的因素。影响混凝土徐变的因素，如受压钢筋的配筋率、加荷龄期和使用环境的温湿度等，都对长期荷载作用下挠度的增大有影响。

在长期荷载作用下受弯构件挠度的增大用挠度增大系数 θ 来反映。挠度增大系数 θ 为长期荷载作用下的挠度 f_l 与短期荷载作用下的挠度 f_s 的比值，即 $\theta = f_l/f_s$。

东南大学和天津大学长期荷载试验表明，在一般情况下，对单筋矩形、T 形和 I 形截面梁，可取 $\theta = 2.0$。对于双筋梁，由于受压钢筋对混凝土的徐变起着约束作用，因此，将减少长期荷载作用下挠度的增大。减少的程度与受压钢筋和受拉钢筋的相对数量有关。根据试验结果，《混凝土结构设计规范》建议对混凝土受弯构件，当 $\rho'_s = 0$ 时，取 $\theta = 2.0$，$\rho'_s = \rho_s$ 时，取 $\theta = 1.6$，其它中间情况，θ 可按下列线性插值公式计算：

$$\theta = 2 - 0.4 \rho'_s / \rho_s \tag{9-38}$$

式中 ρ'_s 和 ρ_s 为纵向受压钢筋和纵向受拉钢筋配筋率，$\rho'_s = A'_s/bh_0, \rho_s = A_s/bh_0$。

截面形式对长期荷载作用下的挠度也有影响。翼缘在受拉区的倒 T 形截面，由于在荷载效应标准组合作用下受拉混凝土参加工作较多，在长期荷载作用下退出工作的影响就较大，从而使挠度增加较多。对翼缘在受拉区的倒 T 形截面，θ 应增大 20%。需要注意的是，当按这样计算的长期挠度大于按相应矩形截面（即不考虑受拉翼缘）计算的长期挠度时，长期挠度值应按后者采用。

当荷载仅部分长期作用时,可近似认为,构件的总挠度 f_l 为荷载效应标准组合作用下的短期挠度与长期荷载作用下的长期挠度(考虑挠度增大系数 θ)之和。全部使用荷载应取按荷载效应标准组合计算的荷载值,长期荷载应取按荷载长期作用计算的荷载值。于是荷载标准组合即取前者与后者的差值,长期荷载取后者之值。若荷载标准组合和长期荷载的分布形式相同,则有

$$f_l = \beta_f \frac{(M_k - M_q)l_0^2}{B_s} + \theta \beta_f \frac{M_q l_0^2}{B_s} \qquad (9\text{-}39a)$$

为了简化计算,将公式(9-39a)用等效长期刚度 B_l 表示时,则有

$$f_l = \beta_f M_k l_0^2 / B_l \qquad (9\text{-}39b)$$

由公式(9-39a)和(9-39b)可得

$$B_l = \frac{M_k}{M_q(\theta - 1) + M_k} B_s \qquad (9\text{-}40)$$

式中 M_k——按荷载效应标准组合计算时的弯矩值;

M_q——按荷载长期作用计算时的弯矩值;

β_f——挠度系数;

B_l——按荷载效应标准组合计算,并考虑荷载长期效应组合影响的长期刚度;

B_s——荷载效应标准组合作用下的短期刚度;

θ——考虑荷载长期作用对挠度增大的影响系数。

例题 9-4 简支矩形截面梁的截面尺寸 $b \cdot h = 250\text{mm} \times 600\text{mm}$,混凝土强度等级 C20,配置 4 ⏀ 18 钢筋,混凝土保护层厚度 $c=25\text{mm}$,承受均布荷载,按荷载短期效应组合计算的跨中弯距 $M_k=120\text{kN} \cdot \text{m}$,按荷载长期效应组合计算跨中弯矩 $M_q=60\text{kN} \cdot \text{m}$,梁的计算跨度 $l_0=6.5\text{m}$,挠度允许值为 $l_0/250$。试验算挠度是否符合要求。

解: $f_{tk} = 1.54\text{N/mm}^2, E_s = 200 \times 10^3 \text{N/mm}^2, E_c = 25.5 \times 10^3 \text{N/mm}^2, \alpha_E = \dfrac{E_s}{E_c} = \dfrac{200 \times 10^3}{25.5 \times 10^3} = 7.84$

$h_0 = 600 - (25 + 18/2) = 566\text{mm} \qquad A_s = 1017\text{mm}^2$

$\rho = \dfrac{A_s}{bh_0} = \dfrac{1017}{250 \times 566} = 0.00719$

$\rho_{te} = \dfrac{A_s}{0.5bh} = \dfrac{1017}{0.5 \times 250 \times 600} = 0.0136$

$\sigma_{ss} = \dfrac{M_k}{0.87h_0 A_s} = \dfrac{120 \times 10^6}{0.87 \times 566 \times 1017} = 240\text{N/mm}^2$

$\psi = 1.1 - \dfrac{0.65 f_{tk}}{\rho_{te} \sigma_{sk}} = 1.1 - \dfrac{0.65 \times 1.54}{0.0136 \times 240} = 0.793$

$B_s = \dfrac{E_s A_s h_0^2}{1.15\psi + 0.2 + 6\alpha_E \rho/\zeta} = \dfrac{200 \times 10^3 \times 1017 \times 566^2}{1.15 \times 0.793 + 0.2 + 6 \times 7.84 \times 0.00719}$

$= 4.493 \times 10^{13} \text{N} \cdot \text{mm}^2$

$$B_l = \frac{M_k}{(\theta-1)M_q + M_k}B_s = \frac{120}{60\times(2-1)+120}\times 4.493\times 10^{13} = 3.00\times 10^{13} \text{N·mm}^2$$

$$f_l = \frac{5}{48}\cdot\frac{M_k l_0^2}{B_l} = \frac{5}{48}\times\frac{120\times 10^6\times 6500^2}{3.00\times 10^{13}} = 17.6\text{mm} < \frac{l_0}{250} = 26\text{mm}(符合要求)$$

例题 9-5 如图9-17所示8孔空心板，配置9Φ6钢筋，混凝土强度等级为C20，混凝土保护层厚度$c=10$mm，按荷载效应标准组合计算的跨中弯距$M_k=5.0$kN·m，按荷载长期作用计算跨中弯矩$M_q=3.5$kN·m，梁的计算跨度$l_0=3.04$m，挠度限值为$l_0/200$。试验算挠度是否符合要求。

解：(1) 截面特征：按截面形心位置、面积和对形心轴惯性矩不变的原则，将圆孔（圆孔直径为d_h）换算成$b_e\times h_e$的矩形孔，即 $b_e\cdot h_e = \pi d_h^2/4$ $b_e h_e^3/12 = \pi d^4/64$

则 $h_e = \frac{\sqrt{3}}{2}d_h = \frac{\sqrt{3}}{2}\times 80 = 69.3$mm $b_e = \frac{\pi}{2\sqrt{3}}d_h = \frac{3.14}{2\sqrt{3}}\times 80 = 72.5$mm

于是，可将圆孔板截面换算成I形截面尺寸为（图9-17b）

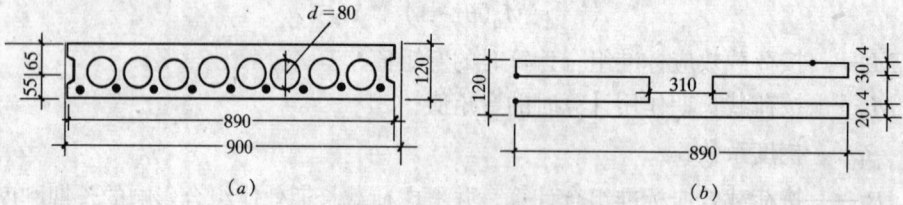

图9-17 多孔板及其换算截面

$b = 890 - 8\times 72.5 = 310$mm, $h = 120$mm

$h_0 = 120 - (10+6/2) = 107$mm, $h'_f = 65 - 69.3/2 = 30.4$mm, $h_f = 55 - 69.3/2 = 20.4$mm, $b'_f = b_f = 890$mm, $h'_f/h_0 = 30.4/107 = 0.284 > 0.2$ 取 $h'_f = 0.2h_0 = 0.2\times 107 = 21.4$mm

(2) 计算截面高度 B_s、B_l

$\alpha_E = E_s/E_c = 200\times 10^3/25.5\times 10.3 = 7.84$, $A_s = 9\times 28.3 = 254.7$mm^2,

$$\rho = \frac{A_s}{bh_0} = \frac{254.7}{310\times 107} = 0.00768$$

$$\rho_{te} = \frac{A_s}{0.5bh+(b_f-b)h_f} = \frac{254.7}{0.5\times 310\times 120+(890-310)\times 20.4} = 0.00837$$

$$\sigma_{sk} = \frac{M_s}{0.87h_0 A_s} = \frac{5\times 10^6}{0.87\times 107\times 254.7} = 211\text{N/mm}^2$$

$$\psi = 1.1 - \frac{0.65 f_{tk}}{\rho_{te}\sigma_{sk}} = 1.1 - \frac{0.65\times 1.5}{0.00837\times 211} = 0.548$$

$$\gamma'_f = (b'_f-b)h'_f/bh_0 = (890-310)\times 21.4/310\times 107 = 0.374$$

$$B_s = \frac{E_s A_s h_0^2}{1.15\psi + 0.2 + \frac{6\alpha_E\rho}{1+3.5\gamma'_f}} = \frac{200\times 10^3\times 254.7\times 107^2}{1.15\times 0.548 + 0.2 + \frac{6\times 7.84\times 0.00768}{1+3.5\times 0.374}}$$

$= 5.91\times 10^{11}$N·mm^2

$$B_l = \frac{M_k}{M_q(\theta-1)+M_k}B_s = \frac{5}{3.5\times(2-1)+5}\times 5.91\times 10^{11} = 3.48\times 10^{11}\text{N·mm}^2$$

(3) 验算挠度

$$f_l = \frac{5}{48} \cdot \frac{M_k l_0^2}{B_l} = \frac{5}{48} \times \frac{5 \times 10^6 \times 3040^2}{3.48 \times 10^{11}} = 13.83\text{mm} < \frac{l_0}{200} = 15.2\text{mm}(符合要求)$$

第五节 钢筋混凝土构件的截面延性

一、延性的概念和作用

结构、构件或截面的延性是指它们进入破坏阶段以后，在承载力没有显著下降的情况下承受变形的能力，即结构、构件或截面的延性是反映它们后期变形的能力。"后期"则是指钢筋开始屈服进入破坏阶段直到最大承载力（或下降到最大承载力的85%）时的整个过程，如图9-10适筋梁 M-φ 曲线所示的从 ϕ_y 到 ϕ_u 的过程。延性差的结构、构件或截面，其后期变形能力小，在到达其最大承载力后会突然脆性破坏，这是要避免的。因此，对结构、构件或截面除了要达到其最大承载力的要求外，还要求它具有一定的延性。

结构、构件或截面具有一定的延性，具有非常重要的作用：

(1) 防止发生诸如超筋梁那样的脆性破坏，通过预警来保证生命和财产的安全；

(2) 在超静定结构中，能更好地适应地基不均匀沉陷以及温度变化等非荷载作用的情况；

(3) 使超静定结构实现充分的内力重分配，避免各部位配筋差异过大，为施工提供方便，材料分配得当，使设计的结构与实际受力情况接近；

(4) 有利于吸收和耗散地震能量，满足抗震方面的要求，提高抗震可靠性。

二、受弯构件截面曲率延性系数

在研究截面曲率延性系数时，仍然采用平截面假定。

1. 截面曲率延性系数的表达式

图9-18给出了表示适筋梁截面受拉钢筋开始屈服和达到截面最大承载力时的截面应变及应力图形。由截面应变图知：

$$\phi_y = \frac{\varepsilon_y}{(1-\xi)h_0} \tag{9-41}$$

$$\phi_u = \varepsilon_{cu}/x_a \tag{9-42}$$

则截面的曲率延性系数

$$\mu_u = \frac{\phi_u}{\phi_y} = \frac{\varepsilon_{cu}}{x_a} \times \frac{(1-\xi)h_0}{\varepsilon_y} = \frac{\varepsilon_{cu}}{x_a} \times \frac{(1-\xi)h_0 E_s}{f_y} \tag{9-43a}$$

式中 ε_{cu}——受压区边缘混凝土极限压应变；

ε_y——钢筋开始屈服时的钢筋应变，$\varepsilon_y = f_y/E_s$；

x_a——达到截面最大承载力时混凝土受压区的压应变高度；

ξ——钢筋开始屈服时的受压区高度系数。

式 (9-45) 中，钢筋开始屈服时的混凝土受压区高度系数可以按图9-18 (a) 虚线所示的混凝土受压区压应力三角形图形，由平衡条件求得：

对单筋截面：

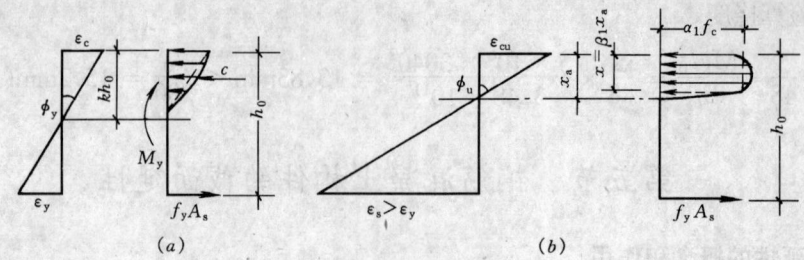

图 9-18 适筋梁截面开始屈服及最大承载力时应变、应力图
(a) 开始屈服时；(b) 最大承载力时

$$\zeta = \sqrt{(\rho\alpha_E)^2 + 2\rho\alpha_E} - \rho\alpha_E \tag{9-44a}$$

对双筋截面：

$$\zeta = \sqrt{(\rho+\rho')^2\alpha_E^2 + 2(\rho+\rho'a'_s/h_0)\alpha_E} - (\rho+\rho')\alpha_E \tag{9-44b}$$

式中 ρ、ρ'——分别为受拉和受压钢筋的配筋率，$\rho = A_s/bh_0$，$\rho' = A'_s/bh_0$；

α_E——钢筋与混凝土弹性模量之比。

达到截面最大承载力时的混凝土受压区压应变高度 x_a，可用承载力计算中采用的混凝土受压区高度 x 来表示：

$$x_a = \frac{x}{\beta_1} = \frac{(\rho-\rho')f_y h_0}{\alpha_1\beta_1 f_c} \tag{9-45}$$

其中 α_1——为矩形应力图形中混凝土轴心抗压强度 f_c 的调整系数，混凝土强度等级不超过 C50 时取为 1.0，混凝土强度等级为 C80 时取为 0.94，中间值按线性插值法计算；

β_1——受压区混凝土的应力图形简化为等效的矩形应力图时，受压区高度按截面应变保持平面假定所确定的中和轴高度调整系数，混凝土强度等级不超过 C50 时取为 0.80，混凝土强度等级为 C80 时取为 0.74，中间值按线性插值法计算。

将式 (9-45) 代入 (9-42) 得

$$\phi_u = \frac{\alpha_1\beta_1\varepsilon_{cu}f_c}{(\rho-\rho')f_y h_0} \tag{9-46}$$

将 (9-44b) 和 (9-46) 代入 (9-43a) 可得截面曲率延性系数

$$\mu_u = \frac{\phi_u}{\phi_y} = \frac{1-\sqrt{(\rho+\rho')^2\alpha_E^2 + 2(\rho+\rho'a'_s/h_0)\alpha_E} + (\rho+\rho')\alpha_E}{(\rho-\rho')} \times \frac{\alpha_1\beta_1\varepsilon_{cu}E_s f_c}{f_y^2} \tag{9-43b}$$

2. 截面的曲率延性系数的影响因素和提高延性系数的措施

由式 (9-43a) 和 (9-43b) 知，影响受弯构件的截面曲率延性系数的主要因素是纵向配筋率、混凝土极限压应变、钢筋屈服强度及混凝土强度等。各影响因素有如下规律：

(1) 纵向受拉钢筋配筋率 ρ 增大，由于配筋率高时，x_a 和 ξ 均增大，导致 ϕ_y 增大而 ϕ_u 减小，从而延性系数减小，如图 9-19 所示。

(2) 受压钢筋配筋率 ρ' 增大，因为 x_a 和 ξ 均减小，导致 ϕ_y 减小而 ϕ_u 增大，因此延性系数增大。

(3) 混凝土极限压应变 ε_{cu} 增大，则延性系数提高。大量试验表明，采用密排箍筋能增加对受压混凝土的约束，使极限压应变得到提高从而提高延性系数。

(4) 混凝土强度等级提高，而钢筋屈服强度适当降低，因为相应的 x_a 和 ξ 均略有减小，使 $E_s f_c / f_y^2$ 比值略有增高，ϕ_u 增大，ϕ_y 减小，从而使 μ_u 增大，也可使延性系数有所提高。

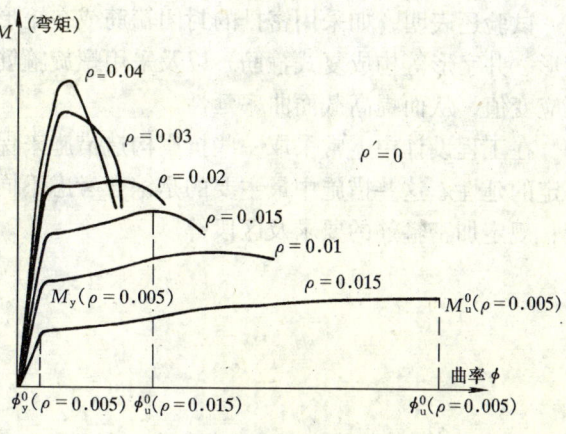

图 9-19 不同配筋率的矩形截面 M-φ 关系曲线

上述各影响因素可以归纳为两个综合因素，即极限压应变 ε_{cu} 以及受压区高度 ξh_0 和 x_a。在实际应用时，还应作出具体分析。例如，把单筋矩形截面梁改为双筋梁，除了 x_a 减小外，ε_{cu} 也略有增大，故截面曲率延性系数提高较多。所以有时在受压区配置受压钢筋比加密箍筋的作用还有效一些。当 x_a 相同时，双筋矩形截面梁的截面曲率延性系数比单筋 T 形截面梁大，因为 T 性截面梁挑出的翼缘脆性大些。

提高截面曲率延性系数的措施主要有：

(1) 限制纵向受拉钢筋的配筋率，一般应不大于 2.5%；
(2) 规定受压钢筋和受拉钢筋的最小比例，根据抗震设计要求，一般使 A'_s/A_s 保持 0.25~0.5；
(3) 受压区高度 $x \leqslant (0.25 \sim 0.35) h_0$，提高构件截面的极限曲率；
(4) 在弯矩较大的区段适当加密箍筋，提高混凝土的极限抗压强度。

三、偏心受压构件截面曲率延性分析

影响偏心受压构件截面曲率延性系数的两个综合因素是和受弯构件相同的，其差别主要是偏心受压构件存在轴向压力，致使受压区的高度增大，截面曲率延性系数降低较多。

实验研究表明，轴压比 $n = N/f_c A$ 是影响偏心受压构件截面曲率延性系数的主要因素之一。在相同的混凝土极限压应变值的情况下，轴压比越大，截面受压区高度越大，则截面曲率延性系数越小。为了防止出现小偏心受压破坏形态，保证偏心受压构件截面具有一定的延性，应该限制轴压比。考虑地震作用组合的框架柱，根据不同的抗震等级，轴压比限值为 0.7~0.9。

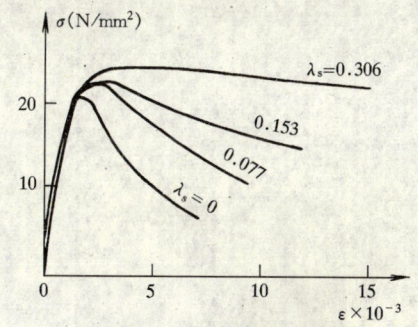

图 9-20 配箍率对棱柱体试件 σ-ε 曲线的影响

偏心受压构件配箍率的大小，对截面的曲率延性系数的影响较大。图 9-20 为一组配箍率不同的混凝土棱柱体的应力-应变关系曲线。在图中，配箍率以含箍特征值 $\lambda_s = \rho_s f_y / f_c$ 表示，可见 λ_s 对 f_c 的提高作用不十分显著，但对破坏阶段的应变影响较大。当 λ_s 较高时，下降段平缓，混凝土极限压应变值增大，使截面曲率延性系数提高。

试验还表明，如采用密排的封闭箍筋或在矩形、方形箍内附加其它形式的箍筋（如螺旋形、井字形等构成复式箍筋）以及采用螺旋箍筋，都能有效地提高受压区混凝土的极限压应变值，从而提高截面曲率延性。

在工程设计中，常采取一些抗震构造措施来保证抗震区的框架柱、铰接排架柱等具有一定的延性。这些措施中最主要的是综合考虑不同抗震烈度对延性的要求，确定轴压比限值；规定加密箍筋的要求及区段等。

第十章 预应力混凝土构件的计算

第一节 概 述

钢筋混凝土构件由于混凝土的抗拉强度低,而采用钢筋来代替混凝土承受拉力,但是,混凝土的极限拉应变也很小,每米仅能伸长 0.10~0.15mm,再伸长就要出现裂缝,如果要求构件在使用时混凝土不开裂,则钢筋的拉应力只能达到 20~30MPa;即使允许开裂,为了保证构件的耐久性,常需将裂缝宽度限制在 0.2~0.3mm 以内,此时钢筋拉应力也只能达到 150~250MPa,可见高强度钢筋将无法在钢筋混凝土结构中充分发挥其强度作用。

由上分析可知,钢筋混凝土结构在使用中存在如下两个问题:一是需要带裂缝工作,裂缝的存在,不仅使构件刚度下降,而且不适用于有抗渗漏要求的结构和有侵蚀性介质环境的结构;二是无法充分利用高强度材料的强度。这样,只有靠增大钢筋混凝土构件的截面尺寸,或者靠增加钢筋用量的方法来控制构件的裂缝和变形,这样做既不经济,又不适用于大跨结构和高层建筑结构等现代化工程建设。因而使钢筋混凝土结构的使用范围受到很大限制。要使钢筋混凝土结构得到进一步的发展,就必须克服混凝土抗拉强度低这一缺点,于是人们在长期的生产实践中,创造出了预应力混凝土结构。

一、预应力混凝土的基本原理

预应力混凝土的基本原理是:在构件承受荷载以前,预先对受拉区的混凝土施加压力,使其产生预压应力。当构件承受使用荷载而产生拉应力时,首先要抵消混凝土的预压应力,然后随着荷载的增加,受拉区混凝土产生拉应力。因此,可推迟混凝土裂缝的出现和延缓裂缝的开展,以满足使用要求。预应力混凝土的实质是采用预先加压的方法间接提高混凝土的抗拉强度即极限拉应变,从本质上改善了混凝土容易开裂的特性。

现以一根预应力混凝土简支梁为例,进一步说明预应力作用。在构件承受荷载以前,我们采取张拉预应力钢筋的办法,使钢筋产生预应力 σ_p,设钢筋截面面积为 A_p,则钢筋中的总拉力为 $N_p = \sigma_p A_p$。然后把张拉的钢筋再设法固定在构件的端部,由构件混凝土来平衡总拉力 N_p。这样,在构件端部就相当施加一对偏心力 N_p,它将在梁的受拉区建立起预压应力,梁跨中截面的弯曲应力如图 10-1 (a) 所示。然后,在这根梁上再施加外荷载 P,在 P 作用下该截面的弯曲应力图形如图 10-1 (b) 所示。梁在预应力和外荷载共同作用下,最后的应力分布应为以上两种情况的叠加,如图 10-1 (c) 所示:由于两种应力图形符号相反,叠加后截面下边缘纤维的应力或为拉应力 ($\sigma_c - \sigma_l \leq 0$) 或为压应力 ($\sigma_c - \sigma_l > 0$),即预压应力全部或部分抵消了外荷载作用下产生的拉应力,因而使梁不开裂或延迟裂缝的出现并抑制裂缝的开展,同时提高了截面刚度。由此可见,预应力混凝土构件可延缓混凝土构件的开裂,提高构件的抗裂性和刚度,并取得节约钢材、减轻自重的效果,克服了普通钢筋混凝土的主要缺点,也为采用高强度钢筋和高强混凝土创造了条件。

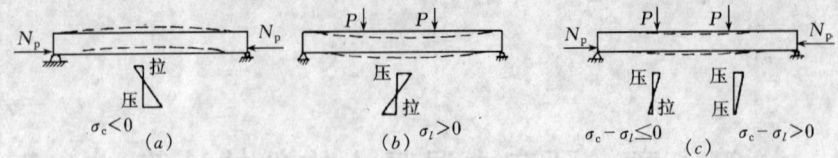

图 10-1 预应力混凝土简支梁的截面应力
(a) 在预应力作用下；(b) 在外荷载作用下；(c) 在预应力和外荷载共同作用下

预应力就是预加应力的简称，这一名词虽是随着预应力混凝土的诞生而出现的，但预应力原理在人们日常生活和工作中的应用却由来已久，且应用广泛。几千年以前使用的竹箍木桶和木盆，现在在施工现场每次装卸五块红砖用的砖夹子，就是用预加压应力以抵抗拉应力的典型例子。而木锯、自行车车轮的辐条及稳定桅杆用的拉索等，是利用预加拉应力以抵抗压应力的另一类典型例子。可见，运用预应力原理和技术，既可用预压应力来抵抗结构承受的拉应力，又可用预拉应力来抵抗结构承受的压应力。

二、预应力混凝土的定义及分类

1. 预应力混凝土

由于预应力技术与应用的不断发展，国际上对预应力混凝土迄今还没有一个统一的定义。通过对预应力作用的分析，可以发现预应力钢筋对结构所起的作用，既可理解为产生与使用荷载应力方向相反的预加应力，也可以理解为产生与使用荷载相反的预加荷载（反向力）。如果从荷载的概念出发，预应力混凝土可定义为：

"预应力混凝土是根据需要人为地引入某一数值的反向荷载（反向力），用以部分或全部抵消使用荷载的一种加筋混凝土。"

美国混凝土协会（ACI）则从内应力的角度作出的广义定义是：

"预应力混凝土是根据需要人为地引入某一数值与分布的内应力，用以部分或全部抵消外荷载应力的一种加筋混凝土。"

前者比较直观、通俗易懂。后者的科学性、专业性很强，但通俗性不足，不宜为一般专业人员所理解。

2. 预应力混凝土的分类

根据结构物对预应力值要求大小程度的不同，预应力混凝土可分成以下三类：

(1)"全"预应力——在施加预应力或全部荷载作用下，都不容许混凝土出现拉应力。

(2)"限值"预应力——在施加预应力或全部荷载作用下，容许混凝土承受某一规定拉应力值，但在长期荷载组合作用下，混凝土不得受拉。

(3)"部分"预应力——根据结构种类和暴露环境条件，在全部使用荷载作用下，容许混凝土出现规定的裂缝宽度。

我国铁路与公路桥梁设计规范，把"限值"预应力和部分预应力都归并为"部分"预应力，则预应力混凝土仅分为"全"预应力和"部分"预应力混凝土两类。

对预应力混凝土进行上述分类的目的是为了方便设计，但须注意，不可认为"全"预应力混凝土一定优于"部分"预应力混凝土。实际上他们各有利弊，各有合理应用范围。"全"预应力混凝土具有抗裂性能好、构件刚度大、抗疲劳性能好等优点。常用于抗裂或抗腐蚀性能要求较高的结构，如水池、油罐、核电站安全壳等圆形压力容器。其缺点是延性较差,由于"全"预应力混凝土结构的开裂荷载与极限荷载较为接近,致使构件延性较差,对结构抗震不利。此外,"全"预应力混凝土由于预加应力较高,引起结构的反拱过大,导致混凝土产生垂直于张拉方向裂缝,且会影响上部结构的正常使用。"部分"预应力混凝土的主要优点是:可以合理控制裂缝节约钢材,控制反拱值不致过大,延性较好,与"全"预应力混凝土相比,可简化张拉、锚固工艺,其综合经济效益较好。可见,对于抗裂要求不高的结构构件,"部分"预应力混凝土是很有应用前途的,如应用于公路、铁路、市政桥梁与房屋建筑楼面等结构。其缺点是计算较复杂。所以应根据结构使用要求来选择预应力混凝土的类型。

第二节 预加应力的方法

目前,对混凝土施加预应力,一般是通过张拉钢筋(称为预应力钢筋),利用钢筋的回弹来挤压混凝土,使混凝土受到压应力。根据张拉钢筋与浇筑混凝土的先后次序,可分为先张法和后张法。

一、先张法

先张法是指首先在台座上或钢模内张拉钢筋,然后浇筑混凝土的一种方法。其主要工序是:①将预应力钢筋一端通过夹具临时固定在台座的钢梁上,另一端则通过张拉夹具、测力器与张拉机械相连。当张拉机将预应力钢筋张拉到规定的应力(控制应力)和应变后,用张拉端夹具将预应力钢筋锚固在钢梁上,再卸去张拉机具,如图10-2(a)、(b)所示;②支模、绑扎非预应力钢筋(如局部加强锚固区的非预应力钢筋、抗剪需要的非预应力钢筋等)、浇筑混凝土,并进行养护,如图10-2(c)所示;③待混凝土达到一定强度(达到强度设计值的70%以上)后,切断或放松预应力钢筋,让预应力钢筋的回缩力,通过预应力钢筋与混凝土间的粘结作用,传递给混凝土,使混凝土获得预压应力。如图10-2(d)所示。

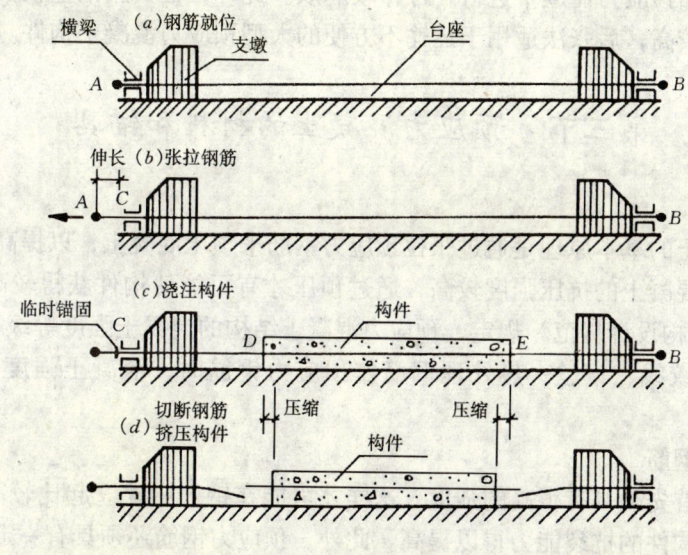

图10-2 先张法施工工序

先张法的特点：生产工序少、工艺简单、施工质量容易保证。在构件上不需设永久性锚具，生产成本较低，台座愈长，一次生产的构件数量也愈多。先张法适合工厂生产中、小型预应力构件。

二、后张法

后张法是指先浇筑混凝土构件，然后直接在构件上张拉预应力钢筋的一种施工方式。主要工序是：①浇筑混凝土构件，并预先在构件中留出供穿预应力钢筋的孔道如图10-3(a)所示；②当构件混凝土达到规定强度（强度设计值的75%以上）后，将预应力钢筋穿入孔道，并在锚固端用锚具将预应力钢筋锚固在构件的端部，然后在构件另一端用张拉机具张拉预应力钢筋，在张拉的同时，钢筋对构件施加预压应力如图10-3(b)所示；③当预应力钢筋达到规定的控制应力值时，将张拉端的预应力钢筋用锚具锚固在构件上，并拆除张拉机具，④最后用高压泵将水泥浆灌入构件孔道中，使预应力钢筋与构件形成整体。

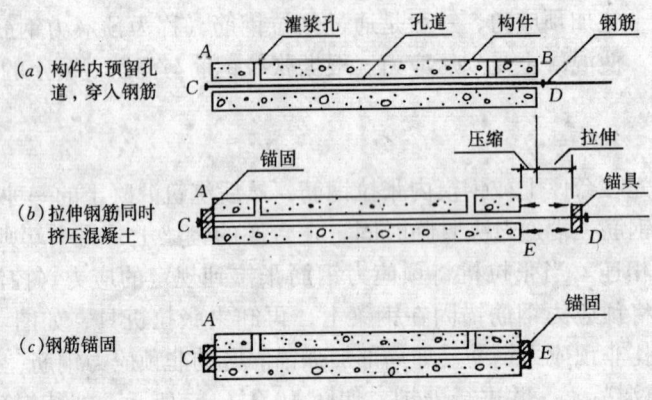

图 10-3 后张法施工工序

后张法的特点：不需要台座，构件可在工厂预制，也可以现场施工，所以应用比较灵活，但对构件施加预应力需逐个进行，操作较麻烦。此外，锚具用钢量较多，又不能重复使用，因此成本较高，后张法适用于运输不方便的大型预应力混凝土构件。

第三节 预应力混凝土的材料和锚具

一、混凝土

预应力混凝土的基本原理是通过张拉预应力钢筋来预压混凝土，以提高构件的抗裂性能。显然，只有混凝土的抗压强度较高，通过预压才有可能使构件获得较高的抗裂性能。因此，《混凝土结构设计规范》规定，预应力混凝土结构的混凝土强度等级不宜低于C30；当采用预应力钢绞线、钢丝、热处理钢筋作预应力钢筋时，混凝土强度等级不宜低于C40。

二、预应力钢筋

预应力钢筋首先须具有很高的强度，这样才可能在钢筋中建立起比较高的张拉应力，使预应力混凝土构件的抗裂能力得以提高。此外，预应力钢筋还须具有一定的塑性，以保证在低温或冲击荷载下的可靠工作。以及良好的可焊性、墩头等加工性能。用作先张法构件的预应力钢筋，还要求与混凝土之间具有足够的粘结强度。《混凝土结构设计规范》规定：非预应力钢筋宜采用HRB400级和HRB335级钢筋，也可采用HPB235级钢筋和RRB400级钢筋；预应力钢筋宜采用预应力钢绞线、钢丝，也可采用热处理钢筋，如图10-4所示。

1．热处理钢筋

热处理钢筋有40Si2Mn、48Si2Mn及45Si2Cr。它们的抗拉强度设计值可达1000N/mm^2。他们以盘条形式供应，故可省去焊接、冷拉等工序，便于施工，所以应用比较广泛。

2．预应力钢丝

预应力钢丝是用高碳钢轧制成盘圆后经过多道冷拔而成的，三面刻痕钢丝、螺旋肋钢丝和光面并经消除应力的高强度圆形钢丝。因其含碳量较高，故极限伸长率较小，约为2%～6%。其抗拉强度设计值可达1130N/mm^2。多用于大型构件中。

3．钢绞线

钢绞线是把多根高强钢丝绞织在一起而成（图10-4(d)）。它的优点是施工方便，多用于后张法大型构件中。

钢筋、钢丝和钢绞线各有特点。预应力钢丝的强度最高，钢绞线的强度接近于钢丝，但价格最贵。钢筋的强度最低，但价格也最低。钢筋和钢绞线的直径大，使用根数相对较少，便于施工，但钢绞线的锚具最贵。由于钢筋束或钢绞线的长度越长，锚具价格在整个构件造价中所占比例越小。因此，应根据实际情况，综合考虑各种因素，合理地选用材料。

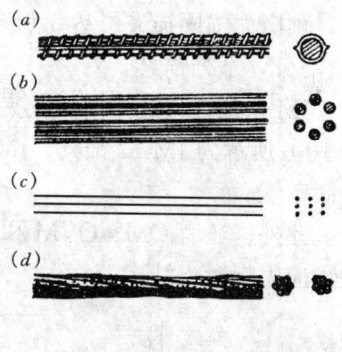

图10-4 预应力钢筋
(a) 单根钢筋；(b) 钢筋束；
(c) 平行钢丝；(d) 钢绞线

三、孔道灌浆材料

后张有粘结预应力混凝土结构，通常采用波纹管留孔法预留预应力钢筋束孔。选用波纹管的原则：波纹管的内径宜比钢绞线或钢丝束的外径大5～10mm，孔道面积应不小于预应力钢材净面积的2倍。

孔道灌浆材料的纯水泥浆，有时也加细砂，可采用普通硅酸盐水泥或矿渣硅酸盐水泥，水泥标号不宜低于425，但在寒冷地区不宜采用矿渣硅酸盐水泥。水泥浆的水灰比为0.40～0.45，搅拌后的泌水率不大于2%。

四、锚具

1．锚具的分类

（1）按预应力束类型可分为：锚固粗钢筋的螺丝端杆锚具、锚固钢丝束的锚具、锚固钢绞线或钢筋束的锚具。

（2）按锚具使用的位置可分为：固定端锚具和张拉端锚具两种。

不同的锚具需配套采用不同形式的张拉千斤顶及液压设备，并有特定的张拉工序和细节要求。

2．螺丝端杆锚具

螺丝端杆锚具是指在单根预应力粗钢筋的两端各焊上一根短的螺丝端杆，并套一螺帽及垫板。预应力螺杆通过螺纹将力传给螺帽，螺帽再通过垫板将力传给混凝土。该锚具

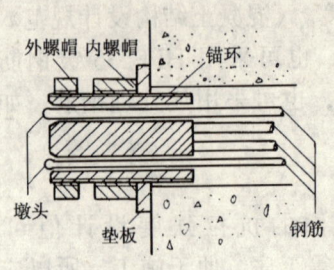

图 10-5 镦头锚具

适用于较短的预应力构件及直线预应力束。优点是操作简单、受力可靠、滑移量小。缺点是预应力束下料长度的精度要求高,且只能锚固单根钢筋。

3. 镦头锚具

钢丝束镦头锚具是利用钢丝的粗镦头来锚固预应力钢丝的,如图 10-5 所示。适用于单跨结构及直线型构件。其特点是加工简单、张拉方便、锚固可靠、成本低廉。但张拉端一般要扩孔,施工麻烦且对钢丝的下料长度要求严格。

4. 锥形锚具

锥形锚具又称弗式锚具,是由锚环及锚塞组成,主要用于锚固平行钢丝束。该种锚具既可用于张拉端,也可用于固定端。锥形锚具的缺点是滑移量大,每根钢丝的应力有差异,预应力锚固损失可达 $0.056\sigma_{con}$ 以上。

5. JM 系列锚具

JM 系列锚具是由锚环及夹片组成,夹片呈楔形,其数量与预应力钢筋的数量相同,图 10-6 所示为 JM-12 锚具,JM 系列锚具可锚固粗钢筋和钢绞线,可用于张拉端,也可用于固定端。

此外,还有 QM、OVM 和 XM 等群锚锚具,具有锚固可靠,群锚能力强,可用于大型预应力混凝土结构。

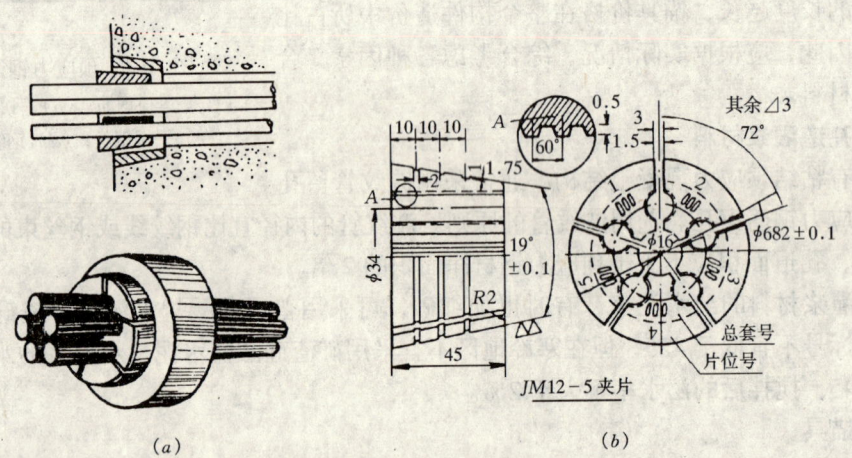

图 10-6 JM-12 锚具

第四节 张拉控制应力

一、张拉控制应力的定义和影响因素

张拉控制应力是指张拉预应力钢筋时,千斤顶油泵上的压力表所控制的总张拉力除以预应力钢筋截面面积所得出的应力值,用 σ_{con} 表示。张拉控制应力的数值应根据设计与施工经验确定。为了充分发挥预应力的优点,张拉控制应力值 σ_{con} 宜尽量定得高些,使构件

截面上的混凝土获得较大的预压应力值，以提高构件的抗裂度和减小挠度，而且可以节约钢材。但张拉控制应力值 σ_{con} 并不是越大越好，为此《混凝土结构设计规范》中规定了张拉控制应力的上限值。张拉控制应力的上限值取决于下列因素：

（1）不使构件出现开裂时的承载力与破坏时的承载力接近，即意味着构件开裂不久就破坏，而无破坏预兆。

（2）不使因构件施工时超张拉而致使个别预应力钢筋达到或超过它的实际屈服强度，甚至发生拉断事故（对高强度钢）。

（3）不使构件张拉时预拉区开裂或端头混凝土局部受压破坏（后张法构件）。

二、张拉控制应力的取值

根据设计与施工经验，《混凝土结构设计规范》规定，预应力钢筋的张拉控制应力 σ_{con} 不宜超过表 10-1 规定的张拉控制预应力限值。符合下列情况之一时，表 10-1 中的张拉控制预应力限值可提高 $0.05f_{ptk}$。

（1）要求提高构件在施工阶段的抗裂性能，而在使用阶段受压区内设置有预应力钢筋；

（2）要求部分抵消由于应力松弛、摩擦、钢筋分批张拉以及预应力钢筋与张拉台座之间的温差因素产生的预应力损失。

表 10-1　张拉控制应力限值

钢 筋 种 类	张 拉 方 法	
	先张法	后张法
预应力钢丝	$0.75f_{ptk}$	$0.75f_{ptk}$
热处理钢筋	$0.70f_{ptk}$	$0.65f_{ptk}$

注：① f_{ptk} 为预应力钢筋的强度标准值，按混凝土结构设计规范采用。
　　② 预应力钢丝、钢绞线、热处理钢筋的张拉控制应力不应小于 $0.4f_{ptk}$。

对于热处理钢筋，先张法构件的张拉控制应力要比其相应的后张法构件高，这是因为先张法构件放张后混凝土产生弹性压缩，使预应力钢筋建立的预应力进一步降低，对后张法构件则不同，千斤顶所示的张拉控制应力是在扣除混凝土弹性压缩后所建立的钢筋应力。当先张法与后张法构件的张拉控制应力 σ_{con} 相同时，则后张法构件中钢筋的实际应力值要比先张法构件中相应者高。对于预应力钢丝，考虑到钢丝钢材材质比较稳定，张拉过程中的高应力在固定后降低很快，一般不会在张拉过程中产生拉断事故。故不考虑张拉方法的差别，且其张拉控制应力取值系数高于热处理钢筋的取值系数。

第五节　预应力损失及其组合

一、预应力损失分类

由于张拉工艺和材料特性等原因，从张拉钢筋开始直至构件使用的整个过程中，预应力钢筋的预应力将慢慢降低。与此同时，混凝土的预压应力逐渐下降，即产生预应力损失。正确认识和计算预应力损失十分重要。在预应力混凝土结构发展的初期，许多研究遭到失败，就是由于对预应力损失认识不足而造成的。

产生预应力损失的因素很多,要对它进行精确地计算是十分复杂的。它的复杂性在于预应力损失的随机性和诸多因素的相互影响。在实际工程设计中为简化起见,一般认为预应力混凝土构件的总预应力损失可以采用将各种因素产生的预应力损失相叠加的办法求得。就引起预应力损失的主要原因,可将预应力损失分为以下六种:

1. 锚固损失 σ_{l1}:张拉端锚固时锚具变形和预应力钢筋内缩滑动引起的预应力损失 σ_{l1}
2. 摩擦损失 σ_{l2}:预应力钢筋与孔道壁之间的摩擦引起的预应力损失 σ_{l2}
3. 温差损失 σ_{l3}:混凝土加热养护时,受张拉钢筋与承受拉力的设备之间温差引起的预应力损失 σ_{l3}
4. 松弛损失 σ_{l4}:预应力钢筋的应力松弛损失 σ_{l4}
5. 收缩、徐变损失 σ_{l5}:混凝土的收缩和徐变引起的预应力应力损失 σ_{l5}
6. 钢筋挤压混凝土损失 σ_{l6}:采用螺旋式预应力钢筋作配筋的环形构件,因混凝土局部挤压而引起的预应力损失 σ_{l6}

二、损失值的计算及减小预应力损失的措施

1. 锚固损失 σ_{l1}

在张拉预应力钢筋达到控制应力 σ_{con} 后,便把预应力钢筋锚固在台座或构件上。由于锚具、垫板与构件之间的缝隙被压紧,以及预应力钢筋在锚具中的滑动,造成预应力钢筋回缩而产生预应力损失。

(1) 直线预应力钢筋

锚固损失 σ_{l1} 可按下式计算:

$$\sigma_{l1} = \frac{a}{l} E_s \tag{10-1}$$

式中 l——张拉端至锚固端之间的距离(mm);
a——张拉端锚具变形和钢筋内缩值,按表 10-2 取用。

在计算该项预应力损失时,锚具损失只考虑张拉端,因为锚固端的锚具在张拉过程中已被挤紧;σ_{l1} 与 l 成反比,若用先张法生产构件,当台座长度为 100m 以上时,σ_{l1} 可以忽略不计。为减少该项预应力损失值,应尽量少用垫板,因为每增加一块垫板,a 值就将增加 1mm。

块体拼成的结构,其预应力损失尚应考虑块体间填缝的预压变形。当采用混凝土或砂浆为填缝材料时,每条填缝的预压变形值应取 1mm。

表 10-2 锚具变形和钢筋内缩值 a (mm)

锚具类别		a
支承式锚具(钢丝束镦头锚具等):		
螺帽缝隙		1
每块后加垫板的缝隙		1
锥塞式锚具(钢丝束的钢质锥形锚具等)		5
夹片式锚具	有顶压时	5
	无顶压时	6~8

注:① 表中的锚具变形和钢筋内缩值也可以根据实测数据确定;
② 其它类型的锚具变形和钢筋内缩值应根据实测数据确定。

(2) 曲线预应力钢筋

对于后张法曲线预应力钢筋或折线预应力钢筋，当将曲线预应力钢筋张拉到σ_{con}并锚固在构件端头时，预应力钢筋的回缩，由于受到钢筋与孔道壁间反向摩擦力的影响，只能在一定的影响长度l_f内发生，锚固损失在张拉端处最大，沿预应力筋逐步减小，直至为零。这时，可根据变形协调原理，在曲线预应力钢筋或折线预应力钢筋与孔道壁之间反向摩擦影响长度l_f范围内，使端头锚具变形和预应力筋回缩值等于反向摩擦力引起的预应力钢筋变形值，求得预应力损失值σ_{l1}。《混凝土结构设计规范》给出了考虑曲线孔道上反向摩擦力的阻力影响的锚固损失σ_{l1}的计算公式。

对圆弧形预应力钢筋，当其对应的圆心角不大于30°时（图10-7）其预应力损失值可按下列公式计算：

$$\sigma_{l1} = 2\sigma_{con} l_f \left(\frac{\mu}{r_c} + \kappa \right) \left(1 - \frac{x}{l_f} \right) \tag{10-2}$$

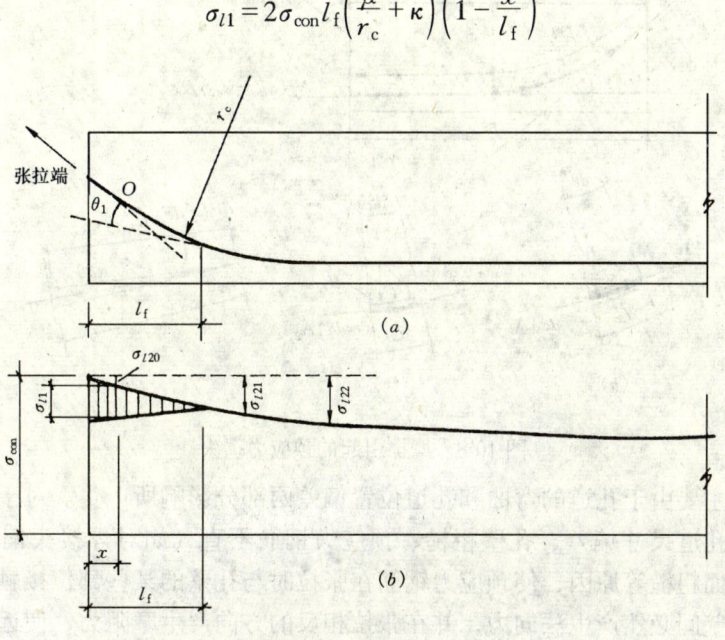

图10-7 圆弧形曲线预应力钢筋因锚具变形和钢筋内缩引起的预应力损失

反向摩擦影响长度（m）按下式计算：

$$l_f = \sqrt{\frac{aE_s}{1000\sigma_{con}(\mu/r_c + k)}} \tag{10-3}$$

式中 r_c——圆弧形曲线预应力钢筋的曲率半径（m）；

μ——预应力钢筋与孔道壁之间的摩擦系数，按表10-3取用。

κ——考虑孔道每米长度局部偏差的摩擦系数，按表10-3取用；

x——张拉端至计算截面的距离（m）

表10-3 钢丝束、钢绞线摩擦系数

孔道成型方式	κ	μ
预埋金属波纹管	0.0015	0.25
预埋钢管	0.0010	0.25
抽芯成型	0.0014	0.55

注：① 当有可靠试验数据时，表中系数值可根据实测数据确定；
② 当采用钢丝束的钢质锥形锚具及类似形式锚具时，尚应考虑锚环口处的附加摩擦损失，其值可根据实测数据确定。

且应符合 $x \leqslant l_f$ 的规定；

a——张拉端锚具变形和钢筋内缩值，按表10-2取用。

E_s——预应力钢筋弹性模量（N/mm²）。

2. 摩擦损失 σ_{l2}

后张法张拉预应力钢筋，一般由直线和曲线两部分组成。张拉时，预应力钢筋将沿孔道壁滑移而产生摩擦，使钢筋中的预应力形成在张拉端高，向跨中方向逐渐减小的情况。钢筋在任两截面间的应力差值，就是此两截面间由摩擦所引起的预应力损失值。从张拉端至计算截面的摩擦预应力损失值（图10-8（a）），以 σ_{l2} 表示。

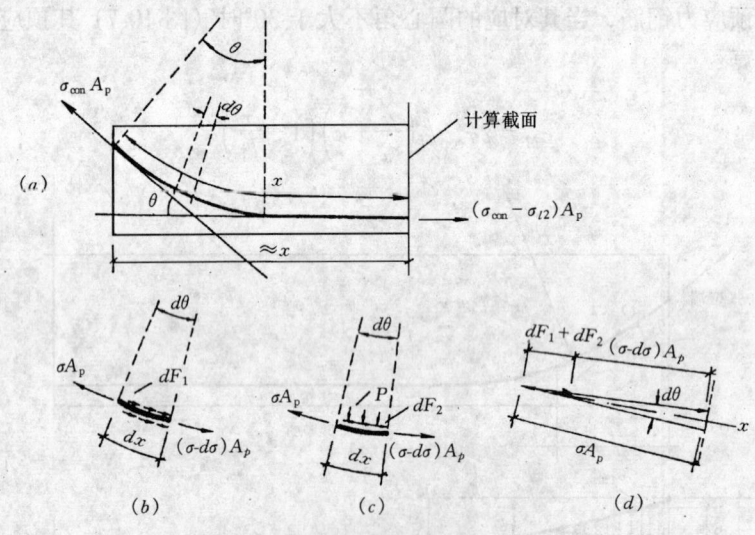

图10-8 摩擦引起的预应力损失

摩擦损失主要由于孔道的弯曲和孔道位置偏差两部分影响所产生。对于直线孔道，由于孔道不直、孔道尺寸偏差、孔壁粗糙、预应力钢筋不直（如对焊接头偏心、弯折等）、预应力钢筋表面粗糙等原因，使预应力钢筋在张拉时与孔壁的某些部位接触，在接触处预应力钢筋与孔壁间必然产生法向力，并在张拉相反的方向产生摩阻力，使远离张拉端预应力钢筋的预拉应力减小。此为孔道偏差影响（或长度影响）摩擦损失，其数值较小。对于弯曲部分的孔道，除存在上述孔道偏差影响之外，还存在因孔道弯转，预应力钢筋对弯道内壁的径向压力所引起的摩擦损失，此为曲线孔道影响（或曲率影响）摩擦损失，其数值较大，并随钢筋弯曲角度之和的增加而增加。曲线部分的摩擦损失是由以上两部分影响所组成，故要比直线部分摩擦损失大得多。

为计算摩擦预应力损失值 σ_{l2}，首先应计算摩擦阻力，摩擦阻力由两部分组成，一部分是由孔道偏差等因素引起的，它与预拉力和孔道长度成正比（图10-8（b）），即

$$dF_1 = k\sigma A_p dx$$

另一部分由曲线孔道壁对预应力钢筋产生的附加法向力引起，它与摩擦系数和附加法向力 p 成正比（图10-8（c）），即

$$dF_2 = \mu p dx,$$

再由图10-8（d），

$$\Sigma x = 0, \mathrm{d}\sigma A_\mathrm{p} \cos\frac{\mathrm{d}\theta}{2} = -(\kappa\sigma A_\mathrm{x}\mathrm{d}x + \mu p\mathrm{d}x) \tag{10-4}$$

$$\Sigma y = 0, 2\sigma A_\mathrm{p}\sin\frac{\mathrm{d}\theta}{2} = p\mathrm{d}x \tag{10-5}$$

因为 $\cos\frac{\mathrm{d}\theta}{2}\approx 1$，$\sin\frac{\mathrm{d}\theta}{2}\approx\frac{\mathrm{d}\theta}{2}$，并令 $R=\frac{\mathrm{d}x}{\mathrm{d}\theta}$，$\mathrm{d}x = R\mathrm{d}\theta$

将（10-5）代入（10-4），整理后得：

$$\frac{\mathrm{d}\sigma}{\sigma} = -(\kappa R + \mu)\mathrm{d}\theta \tag{10-6}$$

计算截面的预应力钢筋 A_p 的应力 σ 与端截面处 σ_con 的关系为：

$$\int_{\sigma_\mathrm{con}}^{\sigma}\frac{\mathrm{d}\sigma}{\sigma} = \int_0^\theta -(\kappa R + \mu)\mathrm{d}\theta$$

$$\ln\sigma - \ln\sigma_\mathrm{con} = -(\kappa R + \mu)\mathrm{d}\theta$$

即

$$\frac{\sigma}{\sigma_\mathrm{con}} = e^{-(\kappa x + \mu\theta)}$$

考虑长度效应（κx）和曲率效应（$\mu\theta$）的摩擦损失 σ_{l2} 的计算公式为：

$$\sigma_{l2} = \sigma_\mathrm{con} - \sigma = \sigma_\mathrm{con}\left(1 - \frac{1}{e^{(\kappa x + \mu\theta)}}\right) \tag{10-7}$$

当 $\kappa x + \mu\theta \leqslant 0.2$ 时，σ_{l2} 可按下列近似公式计算：

$$\sigma_{l2} = \sigma_\mathrm{con}(\kappa x + \mu\theta) \tag{10-8}$$

式中 x——从张拉端至计算截面的孔道长度（mm），亦可近似取该段孔道在纵轴上的投影长度（图10-7（a））；

θ——从张拉端至计算截面曲线孔道部分切线的夹角（rad）；

κ——考虑孔道每米长度局部偏差的摩擦系数，按表10-3取用；

μ——预应力钢筋与孔道壁之间的摩擦系数，按表10-3取用。

对多种曲率的曲线孔道或直线段组成的孔道，应分段计算摩擦损失。为减少摩擦损失，可采用两端张拉。虽采用两端张拉，可以减少摩擦损失，但锚具损失也相应增加，而且增加了张拉工作量。故究竟采用一端，还是两端张拉，还得视构件长度和张拉设备而定。

3. 温差损失 σ_{l3}

为了缩短先张法构件的生产周期，浇筑混凝土后常采用蒸汽养护的办法加速混凝土的硬化。升温时，混凝土尚未结硬，钢筋受热自由伸长，产生温度变形。但由于两端的台座固定不动，其之间的距离保持不变，引起预应力损失 σ_{l3}。降温时，混凝土已结硬且与钢筋之间产生了粘结作用，又由于二者具有相同的温度膨胀系数，随温度降低而产生相同的收缩，所损失的 σ_{l3} 无法恢复。

设混凝土加热养护时，张拉钢筋与承受拉力的设备之间的温度差为 Δt（℃），钢筋的线膨胀系数为 $\alpha=0.00001/℃$，则 σ_{l3} 可按下式计算：

$$\sigma_{l3}=2\Delta_t \tag{10-9}$$

可采用以下措施减少该项损失：

1) 采用两次升温养护。先在常温下养护，待混凝土强度达到一定强度等级（如达到C7.5～C10）时，再逐渐升温至规定的养护温度，此时可认为钢筋与混凝土已粘结成整体，能够一起胀缩而不引起应力损失。

2) 在钢模上张拉预应力钢筋。由于预应力钢筋是固定在钢模上的，升温时两者温度相同，可以不考虑此项损失。

4. 松弛损失 σ_{l4}

钢筋或钢筋束在一定拉应力下，长度保持不变，则其应力将随时间的增长而逐渐降低，这种现象称为钢筋的应力松弛。钢筋的松弛将引起预应力钢筋中的应力损失，这种损失称为钢筋应力松弛损失 σ_{l4}。σ_{l4} 的计算方法如下：

1) 预应力钢丝、钢绞线

Ⅰ级松弛
$$\sigma_{l4}=0.4\Psi\left(\frac{\sigma_{con}}{f_{ptk}}-0.5\right)\sigma_{con} \tag{10-10}$$

此处，一次张拉 $\Psi=1.0$；超张拉 $\Psi=0.9$

Ⅱ级松弛

当 $0.5f_{ptk}>\sigma_{con}\leqslant 0.7f_{ptk}$ 时，$\sigma_{l4}=0.125\left(\dfrac{\sigma_{con}}{f_{ptk}}-0.5\right)\sigma_{con}$ (10-11)

当 $0.7f_{ptk}<\sigma_{con}\leqslant 0.8f_{ptk}$ 时，$\sigma_{l4}=0.2\left(\dfrac{\sigma_{con}}{f_{ptk}}-0.575\right)\sigma_{con}$ (10-12)

当 $\sigma_{con}\leqslant 0.5f_{ptk}$ 时，预应力钢筋的应力松弛损失值应取等于零。

2) 热处理钢筋

一次张拉
$$\sigma_{l4}=0.05\sigma_{con} \tag{10-13}$$

超张拉
$$\sigma_{l4}=0.035\sigma_{con} \tag{10-14}$$

所谓超张拉即为先张拉钢筋使其应力达到 $(1.05～1.10)\sigma_{con}$，持荷2～5分钟，然后卸荷，再施加张拉应力至 σ_{con}，因为在高应力短时间所产生的应力松弛可达到在低应力下需要较长时间才能完成的松弛数值，所以，经过超张拉部分松弛业已完成，这样可以减少松弛引起的预应力损失。

5. 收缩、徐变损失 σ_{l5}

混凝土在一般温度条件下结硬时会发生体积收缩，而在预应力作用下，沿压力作用方向会发生徐变。二者均使构件的长度缩短，预应力钢筋也随之内缩，造成预应力损失。《混凝土结构设计规范》规定：混凝土收缩、徐变引起受拉区和受压区预应力钢筋的预应力损失 σ_{l5} 和 σ'_{l5}（N/mm²）可按下列方法计算。

1) 在一般情况下，对先张法、后张法构件的预应力损失 σ_{l5} 和 σ'_{l5} 可按下列公式计算：

先张法构件

$$\sigma_{l5} = \frac{45 + 280\dfrac{\sigma_{pc}}{f'_{cu}}}{1 + 15\rho} \tag{10-15}$$

$$\sigma'_{l5} = \frac{45 + 280\dfrac{\sigma'_{pc}}{f'_{cu}}}{1 + 15\rho'} \tag{10-16}$$

后张法构件

$$\sigma_{l5} = \frac{35 + 280\dfrac{\sigma_{pc}}{f'_{cu}}}{1 + 15\rho} \tag{10-17}$$

$$\sigma'_{l5} = \frac{35 + 280\dfrac{\sigma'_{pc}}{f'_{cu}}}{1 + 15\rho'} \tag{10-18}$$

式中　σ_{pc}、σ'_{pc}——受拉区、受压区预应力钢筋在各自合力点处混凝土法向压应力；此时，预应力损失值仅考虑混凝土预压前（第一批）的损失，其非预应力钢筋中的应力 σ_{l5} 和 σ'_{l5} 值应取等于零；σ_{pc} 和 σ'_{pc} 值不得大于 $0.5f'_{cu}$；当 σ'_{pc} 为拉应力时，则公式（10-16）、（10-18）中的 σ'_{pc} 应取等于零。计算混凝土法向应力 σ_{pc} 和 σ'_{pc} 时可根据构件制作情况考虑自重的影响。

f'_{cu}——施加预应力时的混凝土立方体抗压强度；

ρ、ρ'——受拉区、受压区预应力钢筋和非预应力钢筋的配筋率；对先张法构件，$\rho = \dfrac{A_p + A_s}{A_0}$，$\rho' = \dfrac{A'_p + A'_s}{A_0}$；对后张法构件，$\rho = \dfrac{A_p + A_s}{A_n}$，$\rho' = \dfrac{A'_p + A'_s}{A_n}$；对于对称配置预应力钢筋和非预应力钢筋的构件，配筋率 ρ、ρ' 应分别按钢筋总截面面积的一半进行计算。

在年平均相对湿度低于 40% 的条件下使用的结构，σ_{l5} 及 σ'_{l5} 值应增加 30%。

当能预先确定构件承受外荷载的时间时，可考虑时间对混凝土收缩和徐变损失值的影响，将 σ_{l5} 和 σ'_{l5} 乘以不大于 1 的系数 β。系数 β 可按下列公式计算：

$$\beta = \frac{4j}{120 + 3j} \tag{10-19}$$

式中　j——结构构件从预加应力时起至承受外荷载的天数。

2) 当需要考虑施加预应力时混凝土龄期的影响，以及需要松弛、收缩、徐变损失随时间变化及较精确方法计算时，可按《混凝土结构设计规范》附录 D 进行计算。

3) 后张法构件的预应力钢筋采用分批张拉时，应考虑后批张拉钢筋所产生的混凝土弹性压缩（或伸长）对先批张拉钢筋的影响，将先批张拉钢筋的张拉应力值 σ_{con} 增加（或减小）$\alpha_E \sigma_{pci}$。此处，σ_{pci} 为后批张拉钢筋在先批张拉钢筋重心处产生的混凝土法向应力。

为减少此项损失可采用以下措施：
1) 采用高标号水泥，减少水泥用量，降低水灰比，采用干硬性混凝土；
2) 采用级配较好的骨料，加强振捣，提高混凝土的密实性；
3) 加强养护，以减少混凝土的收缩。

6. 钢筋挤压混凝土损失 σ_{l6}

采用螺旋式预应力钢筋作配筋的环形构件，由于预应力钢筋对混凝土的挤压，使环形构件的直径有所减小，预应力钢筋中的拉应力就会降低，从而引起预应力钢筋的预应力损失 σ_{l6}。

σ_{l6} 的大小与环形构件的直径 d 成反比，直径越小，损失越大，故《混凝土结构设计规范》规定：

当 $d \leqslant 3m$ 时 $\qquad \sigma_{l6} = 30N/mm^2 \qquad$ (10-20)

当 $d > 3m$ 时 $\qquad \sigma_{l6} = 0 \qquad$ (10-21)

二、预应力损失值的组合

上述的六项预应力损失，他们有的只发生在先张法构件中，有的只发生在后张法构件中，有的两种构件均有，而且是分批产生的。为了便于分析和计算，《混凝土结构设计规范》规定，预应力混凝土构件在各阶段的预应力损失值宜按表10-4的规定进行组合。

表10-4 各阶段预应力损失值的组合

预应力损失值的组合	先张法构件	后张法构件
混凝土预压前（第一批）的损失	$\sigma_{l1} + \sigma_{l2} + \sigma_{l3} + \sigma_{l4}$	$\sigma_{l1} + \sigma_{l2}$
混凝土预压后（第二批）的损失	σ_{l5}	$\sigma_{l4} + \sigma_{l5} + \sigma_{l6}$

注：① 电热后张法构件可不考虑摩擦损失 σ_{l2}；② 先张法构件由于钢筋应力松弛引起的损失值 σ_{l4} 在第一批和第二批损失中所占的比例如需区分，可根据实际情况确定；③ 先张法构件当采用折线型预应力钢筋时，由于转向装置处的摩擦，故在混凝土预压前（第一批）的损失中计入 σ_{l2}，其值按实际情况确定。

《混凝土结构设计规范》考虑到各项预应力损失的离散性，实际损失值有可能比按《混凝土结构设计规范》计算值高，所以如果求得的预应力总损失值 σ_l 小于下列数值，则按下列数值取用：

先张法构件：$100N/mm^2$

后张法构件：$80N/mm^2$

第六节 预应力混凝土轴心受拉构件的计算

一、轴心受拉构件各阶段的应力分析

预应力混凝土轴心受拉构件中，钢筋和混凝土的应力，在张拉、放张、发生预应力损失、构件运输安装、承受荷载、破坏等各阶段是不同的。从张拉钢筋开始直到构件破坏，截面中混凝土和钢筋应力的变化可以分为两个阶段：施工阶段和使用阶段。每个阶段又包括若干个特征受力过程。因此，在设计预应力混凝土构件时，除应进行荷载作用下的承载力、抗裂度或裂缝宽度计算外，还要对其在施工阶段的承载力和抗裂度进行验算。表

10-5、10-6 分别为先张法和后张法预应力混凝土轴心受拉构件各阶段的截面应力。

1. 先张法构件

(1) 施工阶段

1) 张拉预应力钢筋。这时预应力钢筋（截面面积为 A_p）的拉应力等于控制应力 σ_{con}，张拉力为 $\sigma_{con}A_p$。如果构件中布置有非预应力钢筋 A_s，则在此阶段它不负担任何应力。

2) 完成第一批损失（混凝土受到预压应力之前）。张拉完毕，将预应力钢筋锚固在台座上，浇灌混凝土，蒸养构件，直到放张预应力钢筋挤压混凝土以前，将产生锚具变形损失 σ_{l1}、温差损失 σ_{l3} 和部分钢筋松弛损失 $0.5\sigma_{l4}$。这时，完成第一批预应力损失 $\sigma_{lI} = \sigma_{l1} + \sigma_{l3} + 0.5\sigma_{l4}$。预应力钢筋的拉应力由 σ_{con} 降低到 $\sigma_{pe} = \sigma_{con} - \sigma_{lI}$；但由于尚未放松预应力钢筋，混凝土尚未受力，故 $\sigma_{pc} = 0$。

3) 放松预应力钢筋（这时混凝土已达到设计强度的 70%）。预应力钢筋回缩，依靠钢筋与混凝土之间的粘结力挤压混凝土，使混凝土受压而缩短，在这过程中，钢筋亦将随之而缩短，其拉应力也随之减小。设放张时混凝土所获得的预压应力为 σ_{pcI}。由变形协调条件可知，预应力钢筋的预拉应力相应减少了 $\alpha_E\sigma_{pcI}$，即 $\sigma_{peI} = \sigma_{con} - \sigma_{lI} - \alpha_E\sigma_{pcI}$，同时，非预应力钢筋也得到预压应力 σ_{sI}，$\sigma_{sI} = \alpha_E\sigma_{pcI}$。而 σ_{pcI} 值可以从内力平衡条件求得：$\sigma_{peI}A_p = \sigma_{pcI}A_c + \sigma_{sI}A_s$

所以
$$\sigma_{pcI} = \frac{(\sigma_{con} - \sigma_{lI})A_p}{A_c + \alpha_E A_s + \alpha_E A_p} = \frac{N_{pI}}{A_n + \alpha_E A_p} = \frac{N_{pI}}{A_0}$$

式中　α_E——预应力钢筋或非预应力钢筋的弹性模量与混凝土弹性模量之比，即 $\alpha_E = E_s/E_c$；

A_c——扣除预应力钢筋和非预应力钢筋截面面积的混凝土截面面积；

A_0——换算截面面积（混凝土截面面积以及全部纵向预应力钢筋和非预应力钢筋截面面积换算成混凝土的截面面积），即 $A_0 = A_c + \alpha_E A_s + \alpha_E A_p$；对由不同混凝土强度等级组成的截面，应根据混凝土弹性模量比值换算成同一混凝土强度等级的截面面积；

A_n——净截面面积（换算截面面积减去全部纵向预应力钢筋截面面积换算成混凝土的截面面积，即 $A_n = A_0 - \alpha_E A_p$；

N_{pI}——完成第一批损失后，预应力钢筋的总预拉力，$N_{pI} = (\sigma_{con} - \sigma_{lI})A_p$。

4) 完成第二批损失（混凝土受到预压应力之后）。随着时间的增长，预应力钢筋进一步松弛，混凝土发生收缩徐变损失 σ_{l5}，完成第二批损失 σ_{lII}。这时，$\sigma_{lII} = 0.5\sigma_{l4} + \sigma_{l5}$；混凝土的预压应力由 σ_{pcI} 降为 σ_{pcII}；预应力钢筋的预应力由 σ_{peI} 降为 σ_{peII}，非预应力钢筋的压应力降至 $\sigma_{sII} = \alpha_E\sigma_{pcII} + \sigma_{l5}$，则：

$$\sigma_{peII} = (\sigma_{con} - \sigma_{lI} - \alpha_E\sigma_{pcI}) - \sigma_{lII} + \alpha_E(\sigma_{pcI} - \sigma_{pcII}) = \sigma_{con} - \sigma_l - \alpha_E\sigma_{pcII}$$

式中　$\alpha_E(\sigma_{pcI} - \sigma_{pcII})$——由于混凝土压应力减小，构件的弹性压缩有所恢复，其差值所引起的预应力钢筋中拉应力的增加值。而 σ_{pcII} 值也可从内力平衡条件求得：

表 10-5 先张法预应力混凝土轴心受拉构件各阶段的应力分析

受力阶段		简 图	预应力筋应力	非预应力筋应力	混凝土应力	说 明
施工阶段	1. 张拉预应力钢筋	$\sigma_p = \sigma_{con}$; L	σ_{con}	……	……	预应力筋被拉长，预应力筋应力等于张拉控制应力
	2. 完成第一批损失	$\sigma_p = \sigma_{con} - \sigma_l$; $\sigma_{pc} = 0$; l	$\sigma_{con} - \sigma_{lI}$	0	0	预应力筋应力降低，减小 σ_{lI}，非预应力钢筋和混凝土尚未受力
	3. 放松预应力筋	σ_{pcI} ; $\sigma_{peI} = \sigma_{con} - \sigma_{lI} - \alpha_E \sigma_{pc}$	$\sigma_{peI} = \sigma_{con} - \sigma_{lI}$ $- \alpha_E \sigma_{pcI}$	$\sigma_{sI} = \alpha_E \sigma_{pcI}$ （压应力）	$\sigma_{pcI} = \dfrac{(\sigma_{con} - \sigma_{lI}) A_p}{A_0}$	混凝土受压缩短，预应力筋和非预应力筋也缩短，混凝土受到压应力减小 σ_{lI}；预应力筋拉应力减小 $\alpha_E \sigma_{pcI}$；非预应力筋压应力为 $\alpha_E \sigma_{pcI}$；σ_{pcI} 由平衡条件求得
	4. 完成第二批损失	σ_{pcII} ; $\sigma_{peII} = \sigma_{con} - \sigma_{lI} - \alpha_E \sigma_{pc}$	$\sigma_{peII} = \sigma_{con} - \sigma_l$ $- \alpha_E \sigma_{pcII}$	$\sigma_{sII} = \alpha_E \sigma_{pcII} + \sigma_{l5}$ （压应力）	$\sigma_{pcII} = \dfrac{(\sigma_{con} - \sigma_l) A_p - \sigma_{l5} A_s}{A_0}$	混凝土和钢筋再缩短，非预应力筋压应力为 $\alpha_E \sigma_{pcII} + \sigma_{l5}$；预应力筋应力降低，压应力减小到 $\alpha_E \sigma_{pcII}$；混凝土压应力降到 σ_{pcII}，σ_{pcII} 可由平衡条件求得

续表

受力阶段	简 图	预应力筋应力	非预应力筋应力	混凝土应力	说 明
5. 加荷至 $\sigma_c=0$	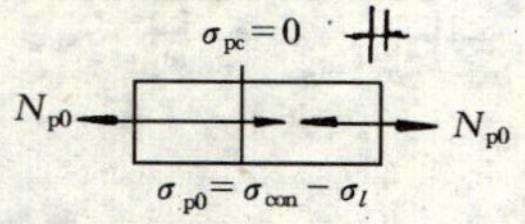 $\sigma_{pc}=0$；$\sigma_{p0}=\sigma_{con}-\sigma_l$	$\sigma_{p0}=\sigma_{con}-\sigma_l$	σ_{l5}	0	混凝土和钢筋被拉长，混凝土压应力减小为零，减小了 σ_{pcII}；预应力筋应力增加了 $\alpha_E\sigma_{pcII}$；非预应力筋压应力降为 σ_{l5}；$N_{p0}=\sigma_{pcII}A_0$
6. 加荷至裂缝即将出现	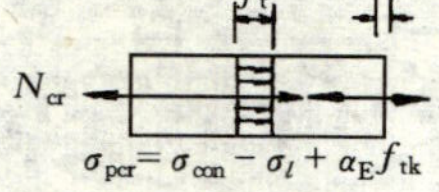 $\sigma_{pcr}=\sigma_{con}-\sigma_l+\alpha_Ef_{tk}$	$\sigma_{pcr}=\sigma_{con}-\sigma_l+\alpha_Ef_{tk}$	$\sigma_{scr}=\alpha_Ef_{tk}-\sigma_{l5}$（拉应力）	f_{tk}	混凝土和钢筋再拉长，混凝土受拉，拉应力为 f_{tk}；预应力筋应力增加为 α_Ef_{tk}；非预应力筋应力增加为 $\alpha_Ef_{tk}+\sigma_{l5}$；$N_{cr}=(\sigma_{pcII}+f_{tk})A_0$
7. 加荷至破坏	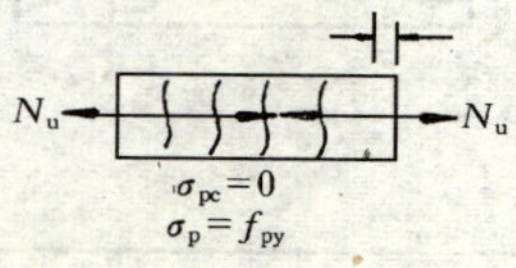 $\sigma_{pc}=0$；$\sigma_p=f_{py}$	f_{py}	f_y	0	混凝土拉裂，钢筋应力长预应力钢筋应力增加至 f_{py}；非预应力钢筋应力增加到 f_y；$N_u=f_{py}A_p+f_yA_s$

使 用 阶 段

表 10-6 后张法预应力混凝土轴心受拉构件各阶段的应力分析

受力阶段		简 图	预应力筋应力	非预应力筋应力	混凝土应力	说 明
施工阶段	1. 张拉预应力钢筋		$\sigma_{con} - \sigma_{l2}$	$\sigma_{sI} = \alpha_E \sigma_{pc}$ (压应力)	$\sigma_{pc} = \dfrac{(\sigma_{con} - \sigma_{l2}) A_p}{A_n}$	预应力钢筋被拉长，同时混凝土受压缩短，非预应力钢筋受压缩短，并产生摩擦损失 σ_{l2}，σ_{pc} 平衡条件求得
	2. 钢筋锚固，完成第一批损失		$\sigma_{peI} = \sigma_{con} - \sigma_{lI}$	$\sigma_{sI} = \alpha_E \sigma_{pcI}$ (压应力)	$\sigma_{pcI} = \dfrac{(\sigma_{con} - \sigma_{lI}) A_p}{A_n}$	产生锚固损失 σ_{l1}，预应力钢筋应力减小了 σ_{l1}，非预应力钢筋应力为 $\alpha_E \sigma_{pcI}$；混凝土应力降低到 σ_{pcI}
	3. 混凝土收缩徐变完成第二批损失		$\sigma_{peII} = \sigma_{con} - \sigma_l$	$\sigma_{sII} = \alpha_E \sigma_{pcI} + \sigma_{l5}$ (压应力)	$\sigma_{pcII} = \dfrac{(\sigma_{con} - \sigma_l) A_p - \sigma_{l5} A_s}{A_n}$	随时间的增长混凝土和钢筋缩短，将产生松弛及徐变损失，完成第二批损失 σ_{lII}，混凝土应力降低到 σ_{pcII}

续表

受力阶段		简　图	预应力筋应力	非预应力筋应力	混凝土应力	说　明
使用阶段	4. 加荷至 $\sigma_c=0$	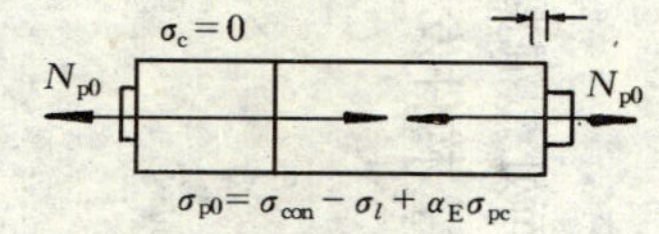	$\sigma_{pe0}=\sigma_{con}-\sigma_l+\alpha_E\sigma_{pcII}$	$\sigma_{s0}=\sigma_{l5}$ (压应力)	0	混凝土和钢筋被拉长，混凝土压应力减小为零，预应力筋拉应力增加了 $\alpha_E\sigma_{pcII}$；非预应力筋压应力减小 $\alpha_E\sigma_{pcII}$；$N_{p0}=\sigma_{pcII}A_0$
使用阶段	5. 加荷至裂缝即将出现	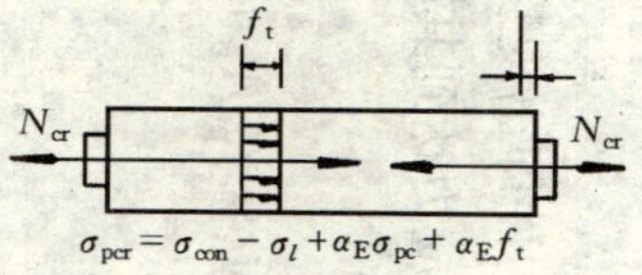	$\sigma_{pcr}=\sigma_{con}-\sigma_l+\alpha_E\sigma_{pcII}+\alpha_E f_{tk}$	$\sigma_{scr}=\alpha_E f_{tk}-\sigma_{l5}$ (拉应力)	f_{tk}	混凝土和钢筋再拉长，混凝土受拉，拉应力为 f_t；预应力筋拉应力增加 $\alpha_E f_t$；非预应力筋应力减小 $\alpha_E f_t$；$N_{cr}=(\sigma_{pcII}+f_{tk})A_0$
使用阶段	6. 加荷至破坏	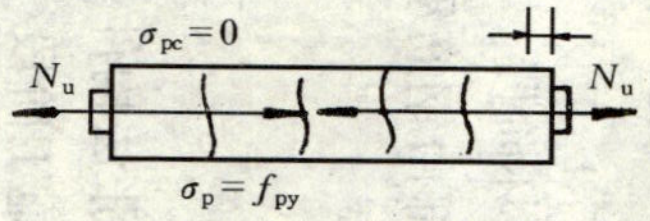	f_{py}	f_y	0	混凝土拉裂，钢筋再拉长，预应力钢筋应力增加到 f_{py}；非预应力钢筋应力增加到 f_y；$N_u=f_{py}A_p+f_yA_s$

$$\sigma_{pcII} = \frac{(\sigma_{con} - \sigma_l) A_p - \sigma_{l5} A_s}{A_0}$$

式中 N_{pII}——完成全部预应力损失后，预应力钢筋的总预拉力，

$$N_{pII} = (\sigma_{con} - \sigma_l) A_p - \sigma_{l5} A_s;$$

σ_{pcII}——称为预应力混凝土中所建立的"有效预压应力"。

上述计算公式中，考虑了由于非预应力钢筋对混凝土收缩徐变变形的约束作用，使混凝土的预压应力减小的影响。

(2) 使用阶段

1) 加荷至混凝土预应力为零（即截面处于消压状态），在轴心拉力 N_0 作用下，其引起的截面拉应力大小恰好与混凝土的有效预压应力 σ_{pcII} 全部抵消，即 $\sigma_{pc}=0$；预应力钢筋的拉应力由 σ_{peII} 增至 $\sigma_{pe0}=\sigma_{peII}+\alpha_E\sigma_{pcII}=\sigma_{con}-\sigma_l$；非预应力钢筋中的压应力由 $\sigma_{sII}=\alpha_E\sigma_{pcII}+\sigma_{l5}$ 减至 $\sigma_s=\sigma_{l5}$。

轴向拉力 N_{p0} 可由截面上内外力平衡条件求得：

$$N_{p0} = \sigma_{pe0} A_p - \sigma_{s0} A_s = (\sigma_{con} - \sigma_l) A_p - \sigma_{l5} A_s = \sigma_{pcII} A_0 \tag{10-22}$$

2) 加荷至混凝土即将出现裂缝。在轴心拉力 N_{cr} 作用下，即混凝土拉应力达到混凝土抗拉强度标准值 f_{tk} 时，混凝土即将出现裂缝，此时，钢筋的应力增加了 $\alpha_E f_{tk}$（若考虑混凝土的塑性，此值应为 $2\alpha_E f_{tk}$，由于其在 σ_p 中占的比重较小，为简化起见，采用 $\alpha_E f_{tk}$），预应力钢筋的预拉应力由 σ_{pe0} 增至为 σ_{pcr}，$\sigma_{pcr}=\sigma_{pe0}+\alpha_E f_{tk}=\sigma_{con}-\sigma_l+\alpha_E f_{tk}$；非预应力钢筋中的压应力由 σ_{l5} 增至为 $\sigma_{scr}=\sigma_{l5}+\alpha_E f_{tk}$（拉应力）；外荷载由 N_{p0} 增至 N_{cr}，整个换算截面 A_0 的应力增加了 f_{tk}，故

$$N_{cr} = N_{p0} + f_{tk} A_0 = (\sigma_{pcII} + f_{tk}) A_0 \tag{10-23}$$

裂缝即将出现时的应力状态，是建立构件抗裂度验算公式的依据。由上式可知，预压应力 σ_{pc}（σ_{pcII} 比 f_{tk} 大得多）的作用，使预应力混凝土轴心受拉构件的抗裂承载能力大大提高。

3) 破坏阶段。外荷继续增加，构件即出现裂缝，裂缝截面处，混凝土不再承受拉力，拉力将全部由钢筋承受。当全部钢筋应力达到其强度设计值时，构件发生破坏。由平衡条件可得：

$$N_u = f_{py} A_p + f_y A_s \tag{10-24}$$

2. 后张法构件

(1) 施工阶段

1) 张拉预应力钢筋的同时混凝土、非预应力钢筋受压缩短，并产生摩擦损失 σ_{l2}，此时预应力钢筋的应力为 $\sigma_p=\sigma_{con}-\sigma_{l2}$，相应的混凝土的预压应力为 $\sigma_{pc}=(\sigma_{con}-\sigma_{l2})A_p/A_n$，非预应力钢筋的压应力为 $\sigma_s=\alpha_E\sigma_{pc}$。

2) 张拉终止将预应力筋锚固在构件上，随即产生锚具损失 σ_{l1}，完成了第一批损失 σ_{lI}，预应力钢筋的拉应力为 $\sigma_{peI}=\sigma_{con}-\sigma_{l2}-\sigma_{l1}=\sigma_{con}-\sigma_{lI}$；相应的非预应力钢筋的压应力 $\sigma_{sI}=\alpha_E\sigma_{pcI}$；混凝土预压应力为 $\sigma_{pcI}=(\sigma_{con}-\sigma_{lI})A_p/A_n$。

3) 随着时间增长，将产生松弛及收缩徐变损失（σ_{l4}、σ_{l5}），即完成第二批损失 $\sigma_{l\text{II}}$。这时，预应力筋的拉应力 $\sigma_{pe\text{II}} = (\sigma_{con} - \sigma_{l\text{I}}) - (\sigma_{l4} + \sigma_{l5}) = \sigma_{con} - \sigma_{l\text{I}} - \sigma_{l\text{II}} = \sigma_{con} - \sigma_l$；相应的非预应力钢筋的压应力为 $\sigma_{l5} = \alpha_E \sigma_{pc\text{II}} + \sigma_{l5}$，混凝土预压应力为 $\sigma_{pc\text{II}} = ((\sigma_{con} - \sigma_l)A_p - \sigma_{l5}A_s)/A_n$，$\sigma_{pc\text{II}}$ 为扣除各种预应力损失后，后张法构件混凝土所建立的有效预压应力值。

(2) 使用阶段

1) 加荷至混凝土预压应力为零时，截面处于消压状态。在轴拉荷载作用下，混凝土中预压应力逐渐减小。当荷载产生的拉应力与预压应力 $\sigma_{pc\text{II}}$ 互相抵消，即拉区混凝土应力为零时，轴力为 N_{p0}，在荷载作用下，混凝土、非预应力钢筋和预应力钢筋产生相同的拉伸变形，预应力和非预应力钢筋增加的拉应力为 $\alpha_E \sigma_{pc\text{II}}$，故 $\sigma_{pe0} = \sigma_{pe\text{II}} + \alpha_E \sigma_{pc\text{II}} = \sigma_{con} - \sigma_l + \alpha_E \sigma_{pc\text{II}}$；$\sigma_{s0} = \sigma_{l5}$。根据截面内力平衡条件可得到：

$$N_{p0} = \sigma_{pe0}A_p - \sigma_{s0}A_s = (\sigma_{con} - \sigma_l + \alpha_E \sigma_{pc\text{II}})A_p - \sigma_{s0}A_s$$
$$= \sigma_{pc\text{II}}A_n + \alpha_E \sigma_{pc\text{II}}A_p = \sigma_{pc\text{II}}A_0 \qquad (10\text{-}25)$$

2) 加荷至混凝土裂缝即将出现时，在轴拉力 N_{cr} 作用下，混凝土的拉应力达到其抗拉强度标准值 f_{tk}。这时，预应力钢筋和非预应力钢筋的应力增加 $\alpha_E f_{tk}$，这时非预应力钢筋的应力为 $\sigma_{scr} = \sigma_{l5} + \alpha_E f_t$；预应力筋的拉应力为 $\sigma_{pcr} = (\sigma_{con} - \sigma_l + \alpha_E \sigma_{pc\text{II}}) + \alpha_E f_t$；外荷载由 N_{p0} 增至 N_{cr}，整个换算截面 A_0 的应力增加了 f_{tk}，故

$$N_{cr} = N_{p0} + f_{tk}A_0 = (\sigma_{pc\text{II}} + f_{tk})A_0 \qquad (10\text{-}26)$$

6) 破坏阶段，裂缝截面混凝土早已退出工作，全部钢筋应力达到屈服，构件的轴心抗拉承载力为

$$N_u = f_{py}A_p + f_y A_s \qquad (10\text{-}27)$$

3. 先张法与后张法轴拉构件计算公式对比

先张法与后张法轴拉构件计算公式如表 10-7 所示，由表 10-7 可以看出：

表 10-7 先张法与后张法轴拉构件计算公式比较

受力阶段		预应力钢筋的预拉应力		混凝土的预压应力	
		先张法	后张法	先张法	后张法
施工阶段	出现第一批预应力损失	$\sigma_{pe\text{I}} = \sigma_{con} - \sigma_{l\text{I}}$	$\sigma_{pe\text{I}} = \sigma_{con} - \sigma_{l\text{I}}$	0	$\sigma_{pc\text{I}} = \dfrac{(\sigma_{con} - \sigma_{l\text{I}})A_p}{A_n}$
	出现第二批预应力损失	$\sigma_{pe\text{II}} = \sigma_{con} - \sigma_{l\text{I}} - \alpha_E \sigma_{pc\text{II}}$	$\sigma_{pe\text{II}} = \sigma_{con} - \sigma_{l\text{I}}$	$\sigma_{pc\text{II}} = \dfrac{(\sigma_{con} - \sigma_l)A_p - \sigma_{l5}A_s}{A_0}$	$\sigma_{pc\text{II}} = \dfrac{(\sigma_{con} - \sigma_l)A_p - \sigma_{l5}A_s}{A_n}$
使用阶段	N_{p0} 作用下	$\sigma_{pe0} = \sigma_{con} - \sigma_l$	$\sigma_{pe0} = \sigma_{con} - \sigma_l + \alpha_E \sigma_{pc\text{II}}$	0	0
	N_{cr} 作用下	$\sigma_{pcr} = \sigma_{con} - \sigma_l + \alpha_E f_{tk}$	$\sigma_{pcr} = \sigma_{con} - \sigma_l + \alpha_E \sigma_{pc\text{II}} + \alpha_E f_{tk}$	f_{tk}	f_{tk}
	N_u 作用下	f_{py}	f_{py}	0	0

续表

受力阶段	预应力钢筋的预拉应力		混凝土的预压应力	
	先张法	后张法	先张法	后张法

注：
先张法构件
$N_{p0} = \sigma_{p0}A_p - \sigma_{s0}A_s = (\sigma_{con} - \sigma_l)A_p - \sigma_{l5}A_s = \sigma_{pcII}A_0$
$N_{cr} = N_{p0} + f_tA_0 = (\sigma_{pcII} + f_{tk})A_0$
$N_u = f_{py}A_p + f_yA_s$
后张法构件
$N_{p0} = (\sigma_{pcII}A_n)A_p/A_p + \alpha_E\sigma_{pcII}A_p = \sigma_{pcII}A_0$
$N_{cr} = N_0 + f_{tk}A_n + \alpha_E f_{tk}A_p = (\sigma_{pcII} + f_{tk})A_0$
$N_u = f_{py}A_p + f_yA_s$

1) 在施工阶段，先张法构件预应力筋的拉应力比后张法构件少 $\alpha_E\sigma_{pcII}$；在 N_{p0}、N_{cr} 作用下先张法构件预应力筋的拉应力比后张法构件少 $\alpha_E\sigma_{pcII}$、$\alpha_E f_{tk}$；后张法构件的 σ_{con} 相当于先张法构件的 $(\sigma_{con} - \alpha_E\sigma_{pcII})$。

2) 先张法和后张法构件 σ_{pcI}、σ_{pcII} 计算公式的差异：先张法构件用换算截面面积 A_0，而后张法构件用净截面面积 A_n。

3) 先张法和后张法构件，使用阶段 N_{p0}、N_{cr}、N_u 的计算公式相同，但先张法和后张法构件 σ_{pcII} 的值并不相同。

从预应力混凝土轴拉构件的各阶段的受力分析可以看出预应力混凝土的特点：

1) 预应力钢筋始终处于高应力状态，σ_{con} 为预应力钢筋在构件受荷前经受的最大应力；

2) 混凝土在荷载达到 N_{p0} 以前一直承受着压应力，发挥了它的特长；

3) 预应力混凝土构件的开裂荷载比普通混凝土构件的开裂荷载大的多，且与破坏荷载比较接近；

4) 预应力混凝土轴拉构件和钢筋混凝土轴拉构件的承载能力相同。

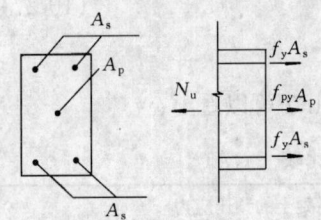

图 10-9 轴拉构件的承载力计算

二、轴心受拉构件使用阶段的计算

1. 承载力计算

在构件承载力极限状态下，全部荷载由预应力钢筋和普通钢筋承担，计算简图如图 10-9 所示。其正截面受拉承载力按下式计算。

$$N \leqslant N_u = f_yA_s + f_{py}A_p \tag{10-28}$$

式中　　N——轴向拉力设计值；

N_u——极限轴向拉力设计值；

f_y、A_s、f_{py}、A_p——普通钢筋和预应力钢筋抗拉强度设计值和面积。

2. 抗裂度验算

预应力轴心受拉构件的抗裂度验算可分为两个控制等级进行验算，计算公式如下：

(1) 严格要求不出现裂缝的构件

在荷载效应的标准组合下应符合下列要求：

$$\sigma_{ck} - \sigma_{pc} \leqslant 0 \qquad (10\text{-}29)$$

（2）一般要求不出现裂缝的构件

1）在荷载效应的标准组合下应符合下列要求：

$$\sigma_{ck} - \sigma_{pc} \leqslant f_{tk} \qquad (10\text{-}30)$$

2）在荷载效应的准永久组合下应符合下列要求

$$\sigma_{cq} - \sigma_{pc} \leqslant 0 \qquad (10\text{-}31)$$

式中　f_{tk}——混凝土的抗拉强度标准值；

σ_{ck}、σ_{cq}——荷载效应的标准组合、准永久组合下抗裂验算边缘的混凝土法向应力；

σ_{pc}——扣除全部预应力损失后，抗裂验算边缘混凝土的预压应力。

3．裂缝宽度验算

预应力混凝土轴心受拉构件最大裂缝宽度 W_{max} 的计算公式与普通钢筋混凝土构件的类似，不同之处在于：

（1）$\rho_{te} = (A_s + A_p)/A_{te}$

（2）$\sigma_{sk} = (N_k - N_{p0})/(A_s + A_p)$，

式中　N_k——按荷载的标准组合计算的轴力值；

N_{p0}——当混凝土法向应力等于 0 时，全部纵向预应力钢筋和普通钢筋的合力；

σ_{sk}——按荷载效应的标准组合计算的纵向受拉钢筋应力。

三、轴心受拉构件施工阶段的验算

1．张拉或放张预应力筋时截面应力验算

预应力混凝土轴心受拉构件，施工阶段，截面边缘的混凝土法向应力应符合下列条件：

$$\sigma_{cc} \leqslant 0.8 f'_{ck} \qquad (10\text{-}32)$$

式中　f'_{ck}——预应力筋张拉完毕或放张时混凝土的轴心抗压强度标准值；

σ_{cc}——预应力筋张拉完毕或放张时混凝土承受的预压应力；

先张法构件按第一批损失出现后计算 σ_{cc}，即 $\sigma_{cc} = (\sigma_{con} - \sigma_{lI}) A_p/A_0$

后张法构件按不考虑预应力损失计算 σ_{cc}，即 $\sigma_{cc} = \sigma_{con} A_p/A_0$

2．后张法构件锚具下局部承压验算

对后张法构件张拉端局部受压区，要满足局部受压状态下的抗裂度和承载力要求。后张法构件锚具下垫板的面积很小，锚具下将出现很大的局部压应力，这种压应力要经过一段距离才能扩散到整个截面上（图 10-10）。局部受压区混

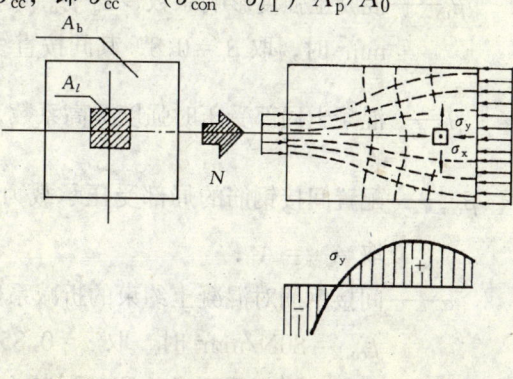

图 10-10

凝土实际上处于三向应力状态，即纵向压应力 σ_x 和与其相垂直的横向应力 σ_y、σ_z。近垫板处 σ_y 为压应力，距端部较远处为拉应力。当横向拉应力超过混凝土抗拉强度时，构件端部将出现纵向裂缝，导致局部受压破坏。

为解决局部受压问题，可在局部受压区内配置横向钢筋，以提高局部受压区的承载力，防止局部受压破坏。横向钢筋可作成几片方格形钢筋网或作成螺旋式钢筋。如图 10-11 所示。

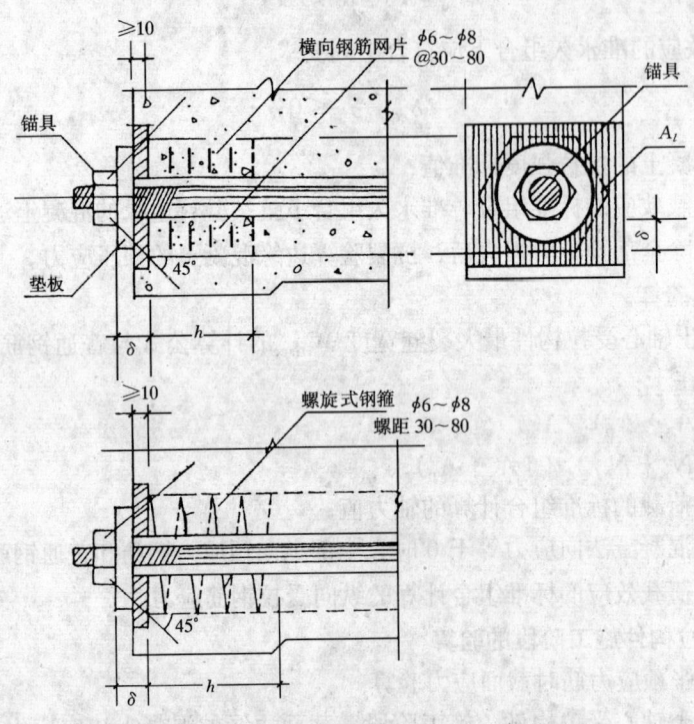

图 10-11 后张构件锚具垫板处的横向配筋

配置横向钢筋的混凝土局部受压承载力按下列公式计算：

$$F_l \leqslant 0.9 \left(\beta_c \beta_l f_c + 2\alpha \rho_v \beta_{cor} f_y \right) A_{ln} \tag{10-33}$$

式中 F_l——锚具下混凝土承受的轴力，$F_l = 1.2\sigma_{con} A_p$；

β_c——混凝土强度影响系数，当 $f_{cu,k} \leqslant 50 \text{N/mm}^2$ 时，取 $\beta_c = 1.0$；当 $f_{cu,k} = 80 \text{N/mm}^2$ 时，取 $\beta_c = 0.8$，其间按直线内插法确定；

β_l——混凝土局部受压时强度提高系数，$\beta_l = \sqrt{\dfrac{A_b}{A_l}}$；

β_{cor}——配置间接钢筋的局部受压承载力提高系数，$\beta_{cor} = \sqrt{\dfrac{A_{cor}}{A_l}}$，当 $A_{cor} > A_b$ 时，取 $A_{cor} = A_b$；

α——间接钢筋对混凝土约束的折减系数，当 $f_{cu,k} \leqslant 50 \text{N/mm}^2$ 时，取 $\alpha = 1.0$；当 $f_{cu,k} = 80 \text{N/mm}^2$ 时，取 $\alpha = 0.85$，其间按直线内插法确定；

A_{ln}——混凝土局部受压净面积，混凝土局部受压面积中扣除孔道、凹槽部分的面积；

A_b——局部受压时的计算底面积，可根据局部受压面积与计算底面积同心、对称的原则确定，一般情况可按图 10-12 取用；

A_l——混凝土局部受压面积；

A_{cor}——间接钢筋范围以内的混凝土核心面积，但不应大于 A_b，且其重心应与 A_l 的重心相重合；

ρ_v——间接钢筋的体积配筋率（核心面积 A_{cor} 范围内单位混凝土体积所配间接钢筋的体积），当为方格网配筋时（图 10-13（a）），ρ_v 应按下列公式计算：

$$\rho_v = \frac{n_1 A_{s1} l_1 + n_2 A_{s2} l_2}{A_{cor} s}$$

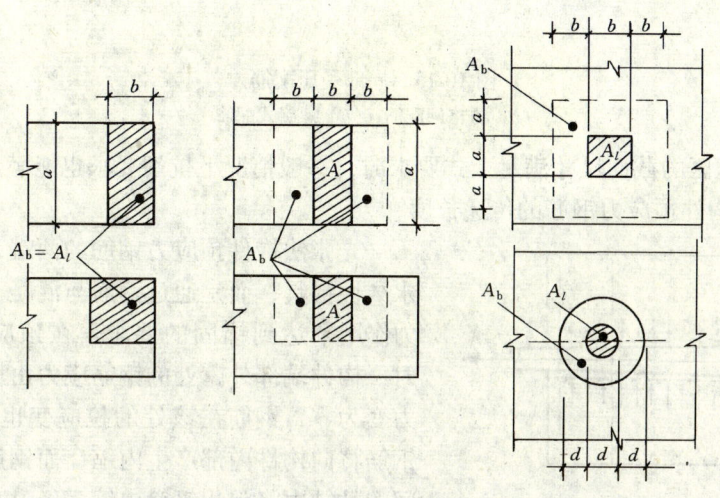

图 10-12 确定局部受压的计算底面积 A_b

当为螺旋配筋时（图 10-13（b）），其体积配筋率应按下列公式计算：

$$\rho_v = \frac{4 A_{ss1}}{d_{cor} s}$$

此时，在钢筋网两个方向的单位长度内，其钢筋截面面积相差不应大于 1.5 倍。

n_1、A_{s1}——方格沿 l_1 方向的钢筋根数、单根钢筋的截面面积；

n_2、A_{s2}——方格沿 l_2 方向的钢筋根数、单根钢筋的截面面积；

A_{ss1}——螺旋式单根间接钢筋的截面面积；

d_{cor}——螺旋式间接钢筋范围以内的混凝土直径；

s——方格网或螺旋式间接钢筋的间距，宜取 30mm～80mm。

试验表明，当间接钢筋配置过多时，局部受压的垫板会产生过大的下陷。为防止这种情况的出现，《规范》规定配置间接钢筋的构件，其局部受压区的截面尺寸应符合下列要求：

$$F_l \leqslant 1.35 \beta_c \beta_l f_c A_{ln} \tag{10-34}$$

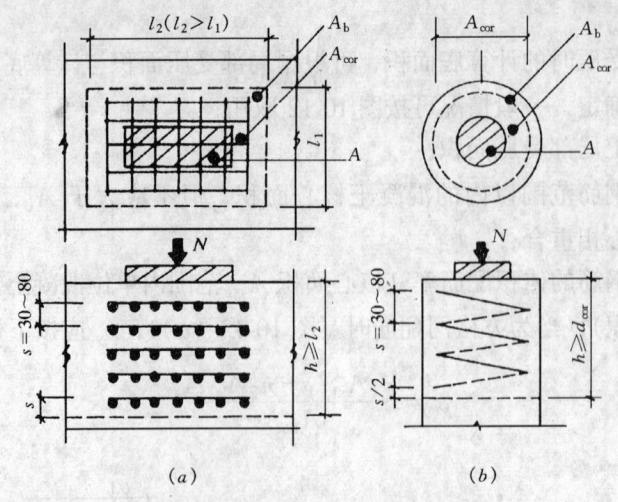

图 10-13 局部受压配筋
(a) 方格网配筋；(b) 螺旋式配筋

当局部受压区的截面尺寸满足上式要求时，一般情况下抗裂要求也能满足。

3. 先张法构件预应力钢筋的传递长度

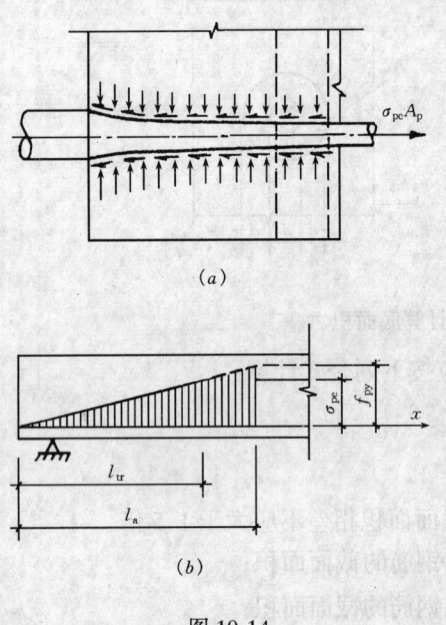

图 10-14

先张法构件预应力钢筋的两端，一般不设置永久性锚具，而是通过钢筋与混凝土之间的粘结力作用来达到锚固的要求。在预应力钢筋放张时，构件端部外露处的钢筋应力由原有的预拉应力变为零，钢筋在该处的拉应变也相应变为零，钢筋将向构件内部产生内缩，而钢筋与混凝土之间的粘结力将阻止钢筋内缩。经过自端部起至某一截面的 l_{tr} 长度后，钢筋内缩将被完全阻止，说明 l_{tr} 长度范围内的粘结力之和，正好等于钢筋中的有效预拉力 $\sigma_{pe}A_p$，且钢筋在 l_{tr} 以后的各截面将保持有效预应力 σ_{pe}。从钢筋应力为零的端截面到钢筋应力为 σ_{pe} 的截面之间的长度 l_{tr}（如图 10-14(b) 所示），称为预应力钢筋的传递长度。同理，当构件达到承载能力极限状态时，预应力钢筋应力将达到其抗拉强度设计值 f_{py}，此时钢筋将继续内缩（因为 $f_{py} > \sigma_{pe}$），直到内缩长度达到 l_a 时才会完全停止。于是把从钢筋应力为零的端截面到钢筋应力为 f_{py} 的截面之间的长度 l_a，如图 10-13(b) 所示，称为预应力钢筋的锚固长度。这一长度保证预应力钢筋在应力达到 f_{py} 时不被拔除。

钢筋在回缩过程中，传递长度范围内的胶结力部分会遭到破坏。但钢筋内缩也使其直径变粗，且愈靠近端部愈粗，便形成锚楔作用。又由于周围混凝土限制其直径变粗而引起较大的径向压力，如图 10-14(a) 所示，因此将产生较大的摩擦力，这对预应力钢筋应力传递非常有利。可见，先张法构件端部整个应力传递长度范围内受力情况比较复杂。《混凝土结构设计规范》考虑上述因素，并根据试验结果，给出了预应力钢筋传递长度 l_{tr} 的计算公式：

$$l_{tr} = \beta \frac{\sigma_{pe}}{f'_{tk}} d$$

式中：σ_{pe}——放张时预应力钢筋的有效预应力值；

d——预应力钢丝、钢绞线的公称直径，按附表21、附表22取用；

β——预应力钢筋外形系数，按表10-8取用；

表 10-8 预应力钢筋外形系数

预应力钢筋种类	刻痕钢丝	螺旋肋钢丝	钢绞线	
			三股	七股
β	0.18	0.14	0.15	0.16

注：①当采用骤然放松预应力钢筋的施工工艺时，l_{tr} 的起点应从距构件末断 $0.25 l_{tr}$ 处开始计算；

②对热处理钢筋，可不考虑预应力传递长度 l_{tr}。

第七节 预应力混凝土受弯构件的计算

一、受弯构件使用阶段的计算

1. 正截面受弯承载力计算

预应力混凝土受弯构件正截面破坏时的受力状态和普通钢筋混凝土受弯构件基本相同，当 $\xi \leqslant \xi_b$ 时，破坏时截面上的受拉区预应力钢筋和非预应力钢筋先达到屈服点，然后受压区边缘混凝土达到极限压应变而压碎，受压区的非预应力钢筋也达到屈服。所不同的是：如果截面上还有位于受压区的预应力钢筋 A'_p，则其应力可按平截面假定确定，一般达不到抗压强度设计值。

（1）界限破坏时截面相对受压区高度 ξ_b 的计算

界限破坏时截面上受拉区预应力钢筋的应力增量为 $f_{py} - \sigma_{p0}$，同钢筋混凝土受弯构件，取混凝土极限压应变 ε_{cu}，等效矩形应力图形相对受压区高度与中和轴高度的比值 β_1 同钢筋混凝土受弯构件，根据平截面假定，可得界限破坏相对受压区高度 ξ_b 的计算公式如下：

1）对有屈服点钢筋

$$\xi_b = \frac{\beta_1}{1 + \dfrac{f_{py} - \sigma_{p0}}{E_s \varepsilon_{cu}}} \quad (10\text{-}35)$$

2）对无屈服点钢筋

$$\xi_b = \frac{\beta_1}{1 + \dfrac{0.002}{\varepsilon_{cu}} + \dfrac{f_{py} - \sigma_{p0}}{E_s \varepsilon_{cu}}} \quad (10\text{-}36)$$

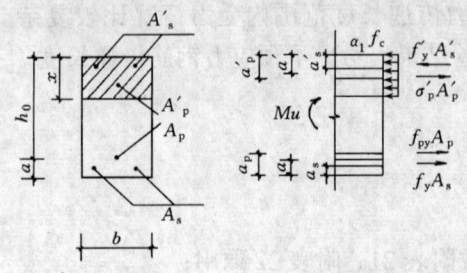

图 10-15 受弯构件的承载力计算

式中 σ_{p0}——受拉区预应力钢筋合力点处混凝土的法向应力为零时的预应力钢筋的应力;式中其他符号的意义参见第 4 章。

(2) 正截面受弯承载力计算公式

矩形截面受弯构件正截面承载力基本计算图式如图 10-15 所示。基本公式为

$$\alpha_1 f_c b x = f_y A_s - f'_y A'_s + f_{py} A_p + \sigma'_p A'_p \tag{10-37}$$

$$M \leqslant M_u = \alpha_1 f_c b x (h_0 - 0.5x) + f'_y A'_s (h_0 - a'_s) - \sigma'_p A'_p (h_0 - a'_p) \tag{10-38}$$

σ'_p——破坏阶段位于受压区的预应力钢筋 A'_p 的应力,

对先张法构件受压区纵向预应力筋的应力

$$\sigma'_p = (\sigma'_{con} - \sigma'_l) - f'_{py} = \sigma'_{p0} - f'_{py}$$

对后张法构件受压区纵向预应力筋的应力

$$\sigma'_p = (\sigma'_{con} - \sigma'_l) + \alpha_E \sigma'_{pc} - f'_{py} = \sigma'_{p0} - f'_{py}$$

混凝土受压区高度应符合下列适用条件

$$2a' \leqslant x \leqslant \xi_b h_0 \tag{10-39}$$

式中 M、M_u——弯矩设计值、极限弯矩设计值;

σ'_{p0}——截面受压区预应力钢筋合力点处混凝土的应力为零时的预应力钢筋应力;

a'——纵向受压钢筋合力点至受压区边缘的距离,当受压区纵向预应力筋的应力 σ'_{p0} 为拉应力时,a' 取为 a'_s;

a'_s、a'_p——受压区纵向普通钢筋合力点、纵向预应力筋合力点至受压区边缘的距离;

a_s、a_p——受拉区纵向普通钢筋合力点、纵向预应力钢筋合力点至受拉区边缘的距离。

其他截面形式(如 T 形和工字形截面)的受弯构件,正截面承载力计算可参见第 4 章中的有关公式进行。

2. 正截面抗裂度验算

正截面抗裂度验算可参照预应力轴心受拉构件的抗裂验算方法进行。

3. 正截面裂缝宽度验算

预应力混凝土受弯构件最大裂缝宽度 W_{max} 的计算公式与普通钢筋混凝土构件的类似,不同之处在于:

(1) $\rho_{te} = (A_s + A_p) / A_{te}$

(2) $\sigma_{sk} = (M_k - N_{p0}(z - e_p))/(A_s + A_p)z$,

式中 M_k——按荷载的标准组合计算的弯矩值；

N_{p0}——为当混凝土法向应力等于 0 时，全部纵向预应力钢筋和普通钢筋的合力；

σ_{sk}——按荷载的标准组合计算的纵向受拉钢筋应力或等效应力。

z——受拉区纵向普通钢筋和预应力钢筋合力点至受压区合力点的距离，

$$z = (0.87 - 0.12(1 - \gamma'_f)(h_0 - e')^2)h_0, \quad e' = M_k/N_{p0} + e_p$$

e_p——混凝土法向应力为零时，全部纵向预应力筋和普通钢筋的合力 N_{p0} 的作用点至受拉区纵向预应力钢筋和普通钢筋合力点的距离。

4. 斜截面受剪承载力计算

与普通钢筋混凝土梁相比，预应力混凝土梁具有较高的抗剪能力，原因在于预应力筋的预压作用阻滞了斜裂缝的出现和发展，增加了混凝土剪压区高度，从而提高了混凝土剪压区所承担的剪力。仅配置箍筋时，预应力混凝土梁斜截面受剪承载力应按下列公式计算：

$$V \leqslant V_u = V_{cs} + V_p = V_{cs} + 0.05 N_{p0} \tag{10-40}$$

式中 V_{cs} 的计算参见第 6 章中的有关内容。

需要说明：对于当混凝土法向应力为零时，引起的截面弯矩与外弯矩方向相同的情况，以及对于预应力混凝土连续梁和允许出现裂缝的预应力混凝土简支梁，均取 $V_p = 0$。另外，当 $N_{p0} > 0.3 f_c A_0$ 时，取 $N_{p0} = 0.3 f_c A_0$。

5. 斜截面抗裂度验算

预应力混凝土受弯构件斜截面的抗裂度验算，主要是验算截面上主拉应力 σ_{tp} 和主压应力 σ_{cp} 不超过一定的限值。验算公式如下。

(1) 混凝土主拉应力验算

对严格要求不出现裂缝的构件，应符合下列条件

$$\sigma_{tp} \leqslant 0.85 f_{tk} \tag{10-41}$$

对一般要求不出现裂缝的构件，应符合下列条件

$$\sigma_{tp} \leqslant 0.95 f_{tk} \tag{10-42}$$

(2) 混凝土主压应力验算

对严格要求和一般要求不出现裂缝的构件，应符合下列条件

$$\sigma_{cp} \leqslant 0.60 f_{ck} \tag{10-43}$$

式中 f_{tk}、f_{ck}——混凝土的抗拉强度标准值、轴心抗压强度标准值；

0.85、0.95——考虑张拉力的不准确性和构件质量变异影响的经验系数；

0.60——考虑防止梁截面在预应力和外荷载作用下压坏的经验系数。

二、施工阶段验算

(1) 对制作、运输及安装等施工阶段不允许出现裂缝的构件，或预压时全截面受压的构件，在预加应力、自重及施工荷载下截面边缘的混凝土法向应力应满足下列条件：

$$\sigma_{ct} \leq 1.0 f'_{tk} \tag{10-44}$$

$$\sigma_{cc} \leq 0.8 f'_{ck} \tag{10-45}$$

(2) 对制作、运输及安装等施工阶段预拉区允许出现裂缝的构件，当预拉区不配置预应力时，截面边缘的混凝土法向应力应符合下列条件：

$$\sigma_{ct} \leq 2.0 f'_{tk} \tag{10-46}$$

$$\sigma_{cc} \leq 0.8 f'_{ck} \tag{10-47}$$

式中　σ_{ct}、σ_{cc}——相应于施工阶段的计算截面边缘纤维的混凝土拉应力、压应力；

f'_{tk}、f'_{ck}——与各施工阶段混凝土立方体抗压强度 f'_{cu} 相对应的抗拉强度标准值、抗压强度标准值。

7. 变形验算

预应力受弯构件的挠度由两部分叠加而得：一部分是由外荷载产生的挠度 f_1，另一部分是预应力产生的反拱 f_2。外荷载产生的挠度 f_1 的计算可按一般材料力学的方法进行，但截面刚度需要按开裂截面和未开裂截面分别计算。预应力产生的反拱 f_2 的计算则按弹性未开裂截面计算。荷载长期效应组合下的变形计算需考虑预压区混凝土徐变变形的影响。

例题 10-1　预应力混凝土简支梁，跨度 18m，截面尺寸 $b \times h = 400\text{mm} \times 1200\text{mm}$。简支梁上作用有恒载标准值 $g_k = 30\text{kN/m}$，设计值 $g = 36\text{kN/m}$，活载标准值 $q_k = 20\text{kN/m}$，设计值 $q = 28\text{kN/m}$，如例 10-1 附图所示。梁上配置有粘结低松弛高强钢丝束 90—$\Phi 5$，墩头锚具，两端张拉，孔道采用预埋波纹管成型，预应力筋的曲线布置如例 10-1 附图 (b) 所示。梁混凝土强度等级为 C40，钢绞线 $f_{ptk} = 1860\text{MPa}$，$E_p = 195000\text{MPa}$，普通钢筋采用 HRB335 热轧钢筋，裂缝控制要求为一般要求不出现裂缝。试进行该简支梁跨中截面的预应力损失计算、荷载标准组合下抗裂验算以及正截面设计（按单筋截面）。

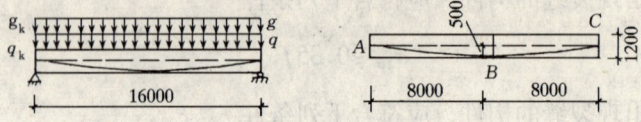

例题 10-1 附图
(a) 简支梁上的荷载；(b) 简支梁的预应力筋曲线

解：

(1) 材料特性计算

混凝土 C40，$f_c = 19.1\text{MPa}$，$f_{tk} = 2.4\text{MPa}$，$\alpha_1 = 1.0$

钢绞线 1860 级，$f_{ptk} = 1860\text{MPa}$，$f_{py} = 1320\text{MPa}$，$\sigma_{con} = 0.75$，$f_{ptk} = 1395\text{MPa}$

普通钢筋，$f_y = 300\text{MPa}$

(2) 截面几何特性计算

梁截面，$A = 400 \times 1200 = 4.8 \times 10^5 \text{mm}^2$

$I = 400 \times 1200^3 / 12 = 5.76 \times 10^{10} \text{mm}^4$

$W = 400 \times 1200^2 / 6 = 9.6 \times 10^7 \text{mm}^3$

预应力钢筋，$A_p = 1764\text{mm}^2$，预应力钢筋曲线端点处的切线斜角 $\theta = 0.11\text{rad}$ (6.3°)，$r_c = 81\text{m}$。

(3) 跨中截面弯矩计算

恒载产生的弯矩标准值，$M_{gk} = 30 \times 16^2/8 = 960\text{kN·m}$

活载产生的弯矩标准值，$M_{qk} = 20 \times 16^2/8 = 640\text{kN·m}$

恒载产生的弯矩设计值，$M_g = 36 \times 16^2/8 = 1152\text{kN·m}$

活载产生的弯矩设计值，$M_q = 28 \times 16^2/8 = 896\text{kN·m}$

荷载标准组合下的弯矩标准值，$M_{sk} = 1600\text{kN·m}$

弯矩设计值，$M = 2048\text{kN·m}$

(4) 预应力损失计算（$\kappa = 0.0015$，$\mu = 0.25$，$a = 1\text{mm}$）

1) 锚固损失 σ_{l1}

$$l_f = \sqrt{\frac{aE_s}{1000\sigma_{con}(\mu/r_c + \kappa)}} = \sqrt{\frac{1 \times 1.95 \times 10^5}{1000 \times 1395 (0.25/81 + 0.0015)}} = 5.52\text{m}$$

A 点和 C 点：$\sigma_{l2} = 2\sigma_{con} l_f \left(\dfrac{\mu}{r_c} + \kappa\right)\left(1 - \dfrac{x}{l_f}\right) = 2 \times 1395 \times 5.52 \times \left(\dfrac{0.25}{81} + 0.0015\right) \approx 71\text{MPa}$

B 点：$\sigma_{l1} = 0$

2) 摩擦损失 σ_{l2}

B 点：$\sigma_{l2} = \sigma_{con}(\kappa x + \mu\theta) = 1395 \times (0.0015 \times 9.0 + 0.25 \times 0.11) = 57\text{MPa}$

3) 松弛损失 σ_{l4}（Ⅱ级松弛）

$\sigma_{l4} = 0.2 \times 1395 (0.75 - 0.575) = 49\text{MPa}$

4) 徐变损失 σ_{l5}（这里取 $f'_{cu} = f_{cu}$，$\rho = 0.004$）

B 点：预应力钢筋有效预应力 $N_p = 1764 \times (1395 - 57) = 2360232\text{N} \approx 2360\text{kN}$

$\sigma_{pc} = 2360 \times 10^3 / (4.8 \times 10^5) + (2360 \times 10^3 \times 500 - 960 \times 10^6)/(9.6 \times 10^7)$

$= 4.92 + 2.29 = 7.21\text{MPa}$

$\sigma_{l5} = (35 + 280 \times 7.21/40)/(1 + 15 \times 0.004) = 81\text{MPa}$

(5) B 点的总预应力损失 σ_l 和有效预应力 N_{pe}

$\sigma_l = 57 + 49 + 81 = 187\text{MPa}$

$N_{pe} = 1764 \times (1395 - 187) = 2130912\text{N} \approx 2131\text{kN}$

(6) 荷载标准组合下抗裂验算

验算公式为：$\sigma_{ck} - \sigma_{pc} \leq f_{tk}$

$\sigma_{ck} = M_{sk}/W = 1600 \times 10^6/(9.6 \times 10^7) = 16.7\text{MPa}$

$\sigma_{pc} = N_{pe} \times (1/A + 500/W) = 2131 \times 10^3/(1/480000 + 500/96000000) = 15.5\text{MPa}$

$\sigma_{ck} - \sigma_{pc} = 16.7 - 15.5 = 1.2 < f_{tk} = 2.4\text{MPa}$ 满足要求

(7) 正截面设计

取 $h_0 = h - 100 = 1100\text{mm}$

设计公式为：$M = \alpha_1 f_c bx (h_0 - 0.5x)$
$$\alpha_1 f_c b_x = f_y A_s + f_{py} A_p$$

计算可得：$x = 279$mm，$\xi = 0.254 < \xi_b$

$A_s = (19.1 \times 400 \times 279 - 1764 \times 1320) / 300 = -656mm^2 < 0$

按构造配筋，因为 $45 f_t / f_y = 45 \times 2.4 / 300 = 0.36 > 0.2$

所以：$A_s = 0.0036 bh = 0.0036 \times 400 \times 1200 = 1728$m^2；

实配 $6\Phi20$，$A_s = 1882$mm^2

第八节 预应力混凝土构件的构造规定

构造问题是构件设计能否实现的重要问题，必须认真的加以处理，而预应力混凝土构件的构造要求与张拉工艺、锚固措施、预应力筋的种类等因素密切相关，其中张拉工艺起着决定作用，不同的张拉工艺，有不同的构造要求。

一、先张法构件

1. 钢筋（丝）的净间距

预应力钢筋、钢丝、钢绞线之间的净间距应根据混凝土的浇灌状态、预应力施工工艺、预应力钢筋的锚固及传递要求，按下列规定确定。

预应力钢筋的净间距不应小于其直径，且不应小于20mm；预应力钢丝的净间距不应小于其直径的1.5倍，且不应小于15mm；预应力钢丝束的净间距不应小于其等效直径的1.5倍，且不应小于20mm；预应力钢绞线的净间距不应小于其直径的1.5倍，且对三股钢绞线不应小于20mm；对七股钢绞线不应小于25mm。

2. 钢筋保护层

为了保证钢筋与外围混凝土的粘结锚固，防止放松预应力钢筋时出现沿钢筋的纵向劈裂裂缝，必须有一定的混凝土保护层厚度。预应力钢筋、钢丝、钢绞线的混凝土保护层厚度（从钢筋外边缘到混凝土外边缘的距离）不应小于钢筋的直径或并筋的等效直径；不应小于骨料最大粒径的1.5倍；对预应力筋其最小厚度的要求同钢筋混凝土构件，详见第四章。

3. 钢丝的锚固

钢丝与混凝土的粘结强度低。当采用光圆钢丝作为预应力筋时，应根据钢丝的强度、直径，采取适当的措施，保证钢丝在支座处具有足够的锚固长度，防止因钢丝与混凝土粘结力不足造成钢丝滑移。高强碳素钢丝宜采取压波、刻痕、扭结及其它附加锚固措施，以加强钢丝的锚固性能。

4. 端部附加钢筋

为控制放松预应力筋时外围混凝土劈裂裂缝的开展，端部预应力筋周围应设置附加钢筋。加强措施如下：

（1）单根预应力钢筋（如板肋的配筋）端部宜设置长度不小于150mm的螺旋筋。对直径不大于16mm的单根钢筋，也可利用支座垫板上的插筋代替螺旋筋，但插筋数量不应少于4根，其长度不宜小于120mm。

（2）对多根预应力钢筋，在构件端部10d（d为预应力钢筋的直径）范围内，应设置3~5片与预应力筋垂直的钢筋网。

（3）对采用预应力钢丝配筋的薄板，在板端100mm范围内应适当加密横向钢筋。当采取预应力缓慢放张的工艺时，上述加强措施可适当放宽。

二、后张法构件

1. 预留孔道布置

后张法构件要在预留孔道中穿入预应力筋。孔道的布置应考虑到张拉设备的尺寸、锚具的尺寸及端部混凝土局部承压的强度要求等因素。预留孔道的布置应符合下列规定：

（1）对预制预应力构件孔道之间的净距不应小于25mm；孔道至构件边缘的净距不应小于25mm，不宜小于孔道直径的一半；

（2）在框架梁中，曲线预应力钢筋束在竖直方向的净距不应小于1倍钢筋束的直径，水平方向的净距不小于1.5倍钢筋束直径；从孔壁算起的预应力钢筋保护层厚度，梁底不宜小于50mm，梁侧不宜小于40mm。

（3）孔道的直径应比预应力钢筋束外径及需穿过孔道的锚具外径大10~15mm；

（4）在构件两端及跨中应设置灌浆孔或排气孔，其孔距不宜大于12m；

（5）凡制作时需要预先起拱的构件，预留孔道宜随构件同时起拱。

2. 曲线预应力筋的曲率半径

后张法预应力混凝土构件的曲线预应力钢筋、钢丝束、钢绞线的曲率半径，不宜小于4m。

3. 端部附加钢筋及端部截面尺寸

为防止施加预应力时在构件端部产生沿截面中部的纵向水平裂缝，宜将一部分预应力钢筋靠近支座区段弯起，并使预应力钢筋尽可能沿构件端部均匀布置。如预应力钢筋在构件端部不能均匀布置而需集中布置在端部截面的下部或集中布置在上部和下部时，应在构件端部0.2h（h为构件端部截面高度）范围内设置附加竖向焊接钢筋网、封闭式箍筋或其它形式的构造钢筋，其中，附加竖向钢筋的截面面积应符合下列规定：

当 $e \leqslant 0.1h$ 时

$$A_{sv} \geqslant 0.2 \frac{N_p}{f_{yv}}$$

当 $0.1h \leqslant e \leqslant 0.2h$ 时

$$A_{sv} \geqslant 0.1 \frac{N_p}{f_{yv}}$$

当 $e \geqslant 0.2h$ 时，可根据实际情况适当配置构造钢筋。

式中 N_p——作用在构件端部截面重心线上部或下部预应力钢筋的合力；

e——截面重心线上部或下部预应力钢筋的合力点至邻近边缘的距离；

f_{yv}——竖向附加钢筋的抗拉强度设计值。

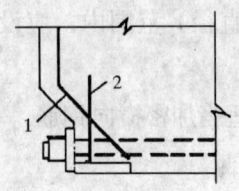

图 10-16
1—折线构造钢筋；
2—竖向构造钢筋

当端部截面上部和下部均有预应力钢筋时，竖向附加钢筋的总截面面积按上部和下部的 N_p 分别计算的数值叠加采用。

对后张法预应力混凝土构件的端部锚固区，应进行局部承压承载能力计算（参阅本章第六节），并配置间接钢筋，其体积配筋率 ρ_v 不应小于 0.5%。

为防止沿孔道产生劈裂，在构件端部 $3e$ 且不大于 $1.2h$ 的长度范围内与间接钢筋配置区以外，应在高度 $2e$ 范围内均匀布置附加箍筋或网片，其体积配筋率不应小于 0.5%。

当构件在端部有局部凹进时，为防止在施加预应力过程中端部转折处产生裂缝，应增设折线构造钢筋，如图 10-16 所示。

构件端部尺寸，应考虑锚夹具的布置、张拉设备的尺寸和局部承压的要求，在必要时应适当放大。

在预应力筋锚具下及张拉设备支承处，应设置预埋垫板及附加横向钢筋网片或螺旋钢筋，对混凝土进行局部加强（参阅本章第六节）。外露金属锚具应采用涂刷油漆、砂浆封闭等防锈措施。

4．非预应力构造筋

在后张法构件的预拉区和预压区中，应适当设置纵向非预应力的构造钢筋；在预应力钢筋弯折处，应加密箍筋或沿弯折处内侧设置钢筋网片。

第十一章 深受弯构件

根据试验结果，国内外一般将跨高比 $l_0/h \leqslant 2.0$ 的钢筋混凝土单跨简支梁和 $l_0/h \leqslant 2.5$ 的多跨连续梁称为深梁，将 $l_0/h \geqslant 5.0$ 的梁称为浅梁（一般梁）。由于深梁和浅梁的受力特征显著不同，所以截面设计和配筋构造也有很大差异。国内习惯将比深梁的跨高比大但比浅梁跨高比小的梁称为短梁。近年来的试验研究表明，短梁的受力特征与浅梁有一定区别，它相当于浅梁与深梁之间的过渡状态。《混凝土结构设计规范》（GB50010—2002）（以下简称新《规范》）将 $l_0/h < 5.0$ 的钢筋混凝土梁（包括深梁和短梁）统称为"深受弯构件"。

第一节 深受弯构件的受力性能

一、深梁的试验分析

钢筋混凝土深梁在工业与民用建筑及特种结构中应用较广，例如高层建筑的转换层梁、双肢柱肩梁、框支剪力墙结构的底层大梁、地下室墙壁和墙式基础梁、各类储仓或水池的侧壁等基本上都具有深梁的特点。

通常深梁的荷载沿顶面施加，反力作用在底面，如图 11-1（a）所示；但有时如贮仓的侧壁，荷载可能沿底边施加，如图 11-1（b）所示；当其它深梁与其垂直相接时，荷载也可能沿梁高近乎均匀施加，如图 11-1（c）所示。深梁可以是简支的也可以是连续的。

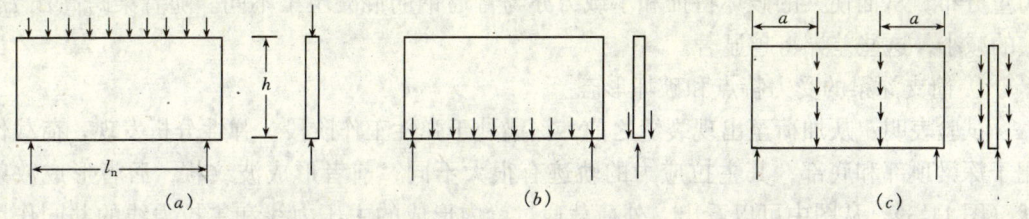

图 11-1 深梁上的荷载布置
(a) 沿受压边作用的荷载；(b) 沿受拉边悬挂的荷载；(c) 沿梁高分布的荷载

深梁为承重构件，其作用如梁，但高厚比较大，跨高比则不超过 2～2.5，所以在外荷载作用下，其受力性能将与普通钢筋混凝土梁有较大的差异。图 11-2 是用有限元分析确定的具有不同跨高比的匀质弹性简支梁（开裂前）在承受均布荷载 w 时，其跨中水平弯曲应力的分布情况。从图 11-2（b）、(c)、(d) 中不难看出，深梁的正截面应变分布不再符合平截面假定，而且跨高比越小，这种现象就越明显。这是由于深梁的尺寸比例与普通钢筋混凝土浅梁不同，故其性能与其说属于一维构件，不如说是二维构件，且为双向受力。因此，受弯前为平面的截面，受弯后不再保持平面，应力分布亦不能再看作是线性

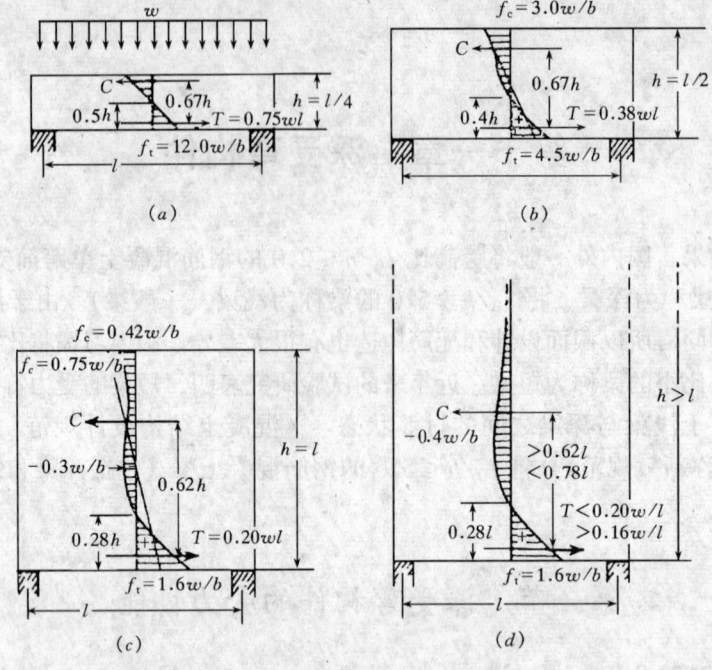

图 11-2　在匀质材料简支梁中弯曲应力的分布
(a) $l/h=4$；(b) $l/h=2$；(c) $l/h=1$；(d) $l/h<1$

的。而普通梁中被略去不计的剪切变形，现在要比纯弯所产生的变形大得多。因此受压区的应力分布，即使还在弹性阶段，已属非线性性质；在极限荷载阶段，混凝土中的压应力分布不像普通梁那样成抛物形曲线分布，应力值也不相同。此外，这种梁开裂后将引起内力重分布，从而使梁的破坏特征和承载力亦与普通钢筋混凝土梁不同。随着梁跨高比 l_0/h 的减小，这些差异将越显著。

1. 简支深梁的受力特点和破坏形态

试验表明：从加荷至出现裂缝之前，深梁处于弹性工作阶段。弹性分析发现，荷载作用于深梁顶部和底部，其主拉应力的轨迹有很大不同，前者形成波纹状，后者形成放射状（图 11-3）。从图中可以看出，外荷载通过梁内形成的主压力线和主拉力线的共同作用而传至支座，主压力线的作用一般称为拱作用，主拉力线的作用称为梁作用。这一阶段的特点是拱作用和梁作用并存，各自根据自己的刚度分担外荷载。

随着荷载的增加，梁先后出现竖向裂缝（垂直于梁底面，通常称为弯曲裂缝）和斜裂缝（由于斜向主拉应力超过混凝土的抗拉强度）。斜裂缝的出现与发展，标志着深梁的工作特性发生了重大转折：腹斜裂缝两侧混凝土的主压应力由于主拉力线的卸荷作用而显著增大，梁内产生明显的应力重分布。这时由拱作用和梁作用并存转化为以拱作用为主，使深梁的中下部形成低应力区；同时，支座附近的纵向受拉钢筋应力迅速增大，很快与跨中处的钢筋应力趋于一致，从而形成以纵向受拉钢筋为拉杆，以加荷点至支座之间的混凝土为拱腹的"拉杆拱"受力体系（图 11-4）。这时，深梁承受的荷载远小于破坏荷载，这是深梁与一般梁显著不同的地方。

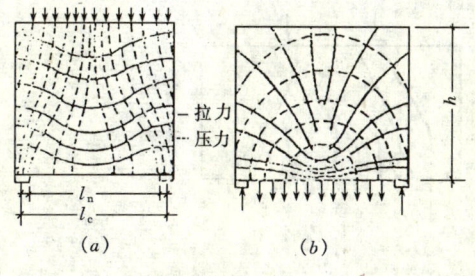

图 11-3 简支深梁（$l_n = h$）的主应力轨迹
(a) 荷载作用于梁顶部；(b) 荷载作用于梁底部

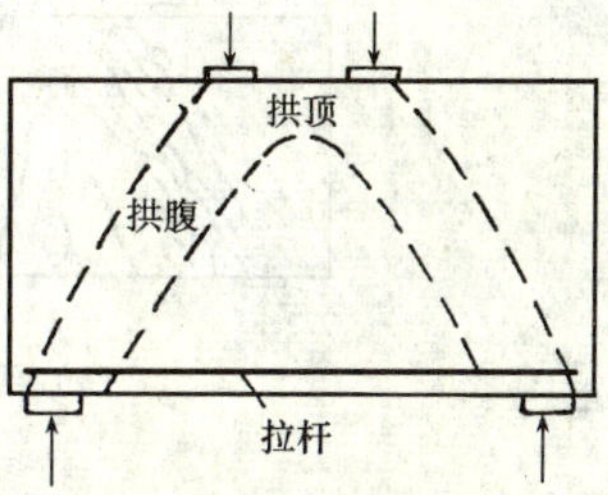

图 11-4

当荷载继续增加至破坏荷载时，深梁将发生破坏，其破坏形态有以下几种：

(1) 弯曲破坏

当纵向钢筋配筋率 ρ 较低时，随着荷载的增加，跨中出现垂直裂缝并逐渐发展成临界裂缝，由受拉钢筋首先达到屈服强度而破坏，称为正截面弯曲破坏。受拉钢筋屈服时深梁承受的荷载称为屈服荷载。随后，钢筋进入强化阶段，这时深梁可继续承受荷载，竖向裂缝继续发展，混凝土受压区不断减小，直至梁顶混凝土被压碎，深梁丧失承载力。此时的荷载即为极限荷载（约为屈服荷载的 1.1～1.3 倍）。其破坏特征类似于一般梁的弯曲破坏，具有较好的延性。梁弯曲破坏的情况如图 11-5 (a) 所示。

当纵向受力钢筋配筋率 ρ 稍大，跨中的竖向裂缝发展缓慢，而在弯剪区受拉边缘的裂缝向上发展为斜裂缝。这时，梁内产生明显的应力重分布，形成"拉杆拱"受力体系。在此拱式受力体系中，若"拉杆"（即深梁的主筋）首先达到屈服强度而破坏则称为斜截面弯曲破坏（图 11-5b）。

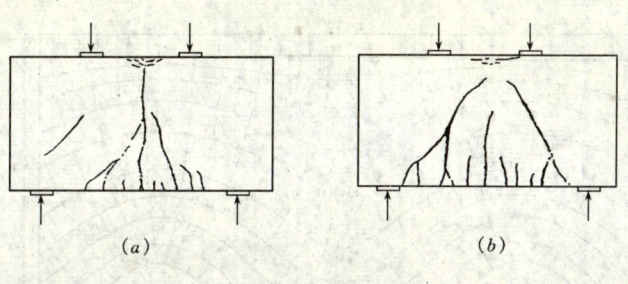

图 11-5 简支深梁的弯曲破坏
(a) 正截面弯曲破坏；(b) 斜截面弯曲破坏

(2) 剪切破坏

当纵向钢筋配筋率 ρ 较高，深梁的受弯能力将大于受剪能力。在弯剪区产生斜裂缝而形成"拉杆拱"后，随着荷载的增加，"拱腹"混凝土首先被压碎或劈裂，即为剪切破坏。

根据斜裂缝发展的特征，深梁的剪切破坏可分为斜压破坏（图 11-6 (a)）和劈裂破坏（图 11-6 (b)）两种形态。前者在拱式受力体系形成后，随着荷载的增加，拱肋（梁腹）和拱顶（梁顶受压区）混凝土的压应力亦随之增加，从而在梁腹出现许多大致平行于支座中心与加荷中心连线的斜裂缝，最后混凝土被压碎；后者在产生斜裂缝后，随着荷载

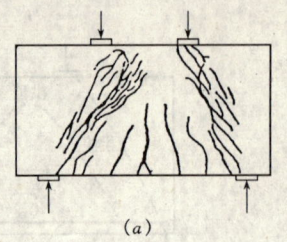 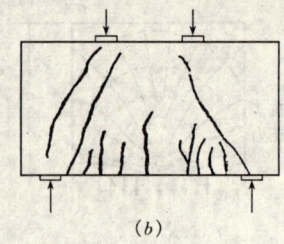

图 11-6 简支深梁的剪切破坏
(a) 斜压破坏；(b) 劈裂破坏

的增加，主要的一条斜裂缝继续沿斜向延伸，临近破坏时，在主要斜裂缝的外侧突然出现一条与它大致平行的通长劈裂裂缝，将深梁外侧部分推出或在支座附近斜向压坏，导致深梁破坏。

可见，随着纵向钢筋配筋率 ρ 的增大，深梁将由弯曲破坏转化为剪切破坏，不存在一般梁的超筋破坏现象。

(3) 局部受压或锚固破坏

试验表明，在达到受弯和受剪承载力之前，深梁发生局压破坏的情况比一般浅梁要大得多。这是由于深梁支座的支承面和集中荷载加荷点处的局部应力很大，如果支承垫板和加荷垫板的面积过小，则将会在这些部位发生局部受压破坏。

另外，如前所述，在斜裂缝发展时，支座附近的纵向受拉钢筋应力迅速增加，很快达到跨中的钢筋应力，从而容易被拔出而发生锚固破坏。

2．连续深梁的受力特点和破坏形态

(1) 受力特点

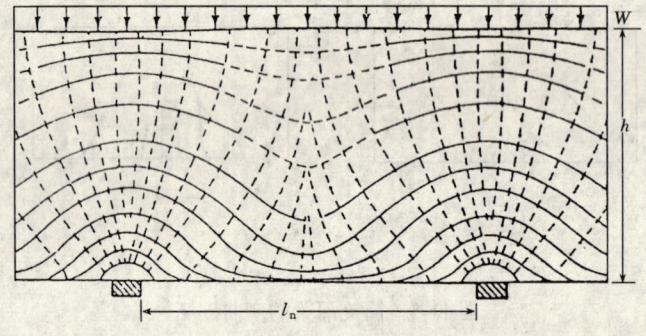

图 11-7 连续深梁内的拉、压应力迹线
(实线：拉应力迹线；虚线：压应力迹线)

1) 图 11-7 表示连续深梁的主拉和主压应力迹线。将该图与图 11-3a 的简支深梁相比，可见其跨中主拉应力迹线的倾斜程度相似。在连续深梁支座处，则全截面受拉。

2) 弹性分析表明，连续深梁中间支座截面正应力 σ_x 的分布，随着深梁跨高比 l_0/h 的减小，其最大拉应力逐步由深梁上部向下部移动（图 11-8）。当 $l_0/h=2$ 时，最大拉应力位于受拉区上边缘；当 $l_0/h=1$ 时，最大拉应力位于截面形心以下。

3) 既有裂缝出现跨的内力重分布，又会产生支座反力调整的反力重分布。

(2) 破坏形态

连续深梁的破坏形态与简支深梁类似。

与简支深梁不同的是，当连续深梁发生弯曲破坏时，某一受弯截面纵筋屈服，并不等于该截面屈服。这是由于深梁的截面刚度较大，约束了纵筋屈服截面的转动，使中和轴高度上升减慢，从而提高该截面的承载力。

其剪切破坏的两种形态如图11-9所示。

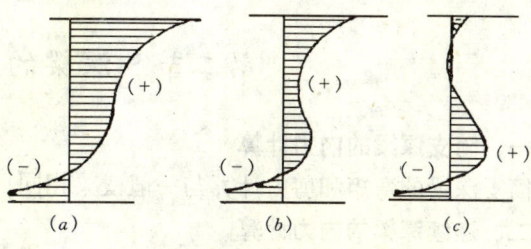

图11-8 连续深梁中间支座截面正应力 σ_x 的分布
(a) $l_0/h=2$；(b) $l_0/h=1.5$；(c) $l_0/h=1$

二、短梁的受力性能

钢筋混凝土框架结构的走道梁、剪力墙结构或者是框架—剪力墙结构的连系梁、框筒结构中的窗裙梁，以及一些特殊结构中的梁，其跨高比常在2~4之间，两端都有正或负的最大弯矩及剪力共同作用，这些梁属于短梁的范畴。

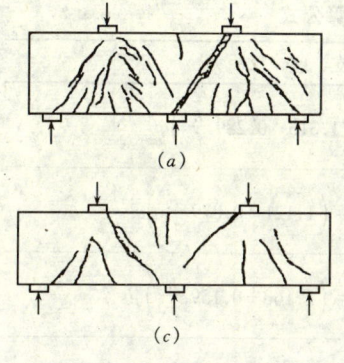

图11-9 连续深梁的剪切破坏
(a) 斜压破坏；(b) 劈裂破坏

由于短梁相当于是一般梁与深梁之间的过渡状态，因此在弹性阶段，随 l_0/h 增大，水平应变沿截面高度愈来愈接近线性分布（图11-2(a)），但在带裂缝工作阶段，其平均应变基本上符合平截面假定。

试验结果表明，和浅梁类似，短梁从开始加载到发生破坏也经历了弹性阶段、带裂缝工作阶段和破坏阶段。其破坏形态有以下几种：

1. 弯曲破坏

根据纵筋配筋率 ρ 的不同，短梁的弯曲破坏分为三类：ρ 较小时，竖向裂缝很少，裂缝一旦出现即迅速上升至梁顶附近，纵筋屈服并可能进入强化阶段，但受压区混凝土并未压碎，这属于少筋短梁破坏；当 ρ 适中，破坏从纵筋的屈服开始，以受压区混凝土压碎告终，破坏特征类似于浅梁，是适筋破坏；当 l_0/h 较大、ρ 较高时，短梁将发生超筋破坏，即纵筋未屈服而压区混凝土压坏。

2. 剪切破坏

当纵筋配筋率 ρ 较高时，短梁在逐渐加载的过程中，首先在弯矩较大区段出现竖向裂缝，宽度较小，发展缓慢；随后在剪弯段出现弯剪裂缝和腹剪裂缝；并在此基础上形成一条临界斜裂缝，梁发生剪切破坏，此时纵筋没有屈服。

集中荷载作用下短梁的临界斜裂缝大致由支座向集中荷载作用点发展，随着剪跨比的不同，有斜压、剪压和斜拉三种破坏形态；而均布荷载作用下的短梁的临界斜裂缝大致由支座向梁顶四分之一跨度处发展，跨高比较小时发生斜压破坏，跨高比较大时可发生剪压破坏。

3. 局部受压或锚固破坏

试验表明，短梁在达到受弯和受剪承载力之前，在反力较大的中支座部位多发生局部受压破坏；而在纵筋以高应力进入的边支座锚固区则容易发生锚固破坏。

第二节 深梁的内力计算

一、简支深梁的内力计算

简支深梁的弯矩和剪力计算与一般浅梁相同，可按一般方法计算。

二、连续深梁的内力计算

连续深梁的内力值及其分布规律与一般连续梁不同：其跨中正弯矩比一般连续梁偏大，而支座负弯矩则偏小，且随跨高比及跨数的不同而变化。在工程设计中，对连续深梁应按二维弹性分析方法计算其内力。

具体计算时也可采用二维弹性有限元法或利用根据弹性理论建立的图表。如《钢筋混凝土深梁设计规程》(CECS39：92)（以下简称《深梁设计规程》）通过弹性有限元分析求得了连续深梁支座反力的计算公式，表11-1中仅列出了各跨都有均布荷载 q 时，等跨等截面连续深梁的支座反力计算公式，对于其它荷载形式的支座反力可查阅《深梁设计规程》。

表11-1 等跨等截面连续深梁的支座反力计算公式

计 算 简 图	支 座 反 力
两跨 A-B-C	$R_B = \left(1.313 - 0.289 \dfrac{h}{l}\right)ql$
三跨 A-B-C-D	$R_B = R_C = \left(1.121 - 0.079 \dfrac{h}{l}\right)ql$
四跨 A-B-C-D-E	$R_B = R_D = \left(1.168 - 0.159 \dfrac{h}{l}\right)ql$
	$R_C = \left(0.914 - 0.153 \dfrac{h}{l}\right)ql$
五跨 A-B-C-D-E-F	$R_B = R_E = \left(1.162 - 0.154 \dfrac{h}{l}\right)ql$
	$R_C = R_D = \left(0.960 - 0.077 \dfrac{h}{l}\right)ql$

第三节 深受弯构件的承载力计算

一、正截面受弯承载力计算

试验表明，影响深受弯构件受弯承载力的主要因素有纵向受拉钢筋强度、分布钢筋强度、跨高比以及混凝土强度等级等。为了与浅梁的正截面受弯承载力计算公式相衔接，同时为了简化计算，新《规范》以已有的试验数据为基础，采用内力臂 Z 来综合反映各影响因素，并且规定：

钢筋混凝土深受弯构件的正截面受弯承载力应按下列公式计算：

$$M \leqslant f_y A_s z \tag{11-1}$$

由于深梁顶部混凝土处于双向受压状态，且跨中截面应变不符合平截面假定，故一般梁的应力图形是不适用的。根据试验资料分析，内力臂 z 可按下列公式计算：

$$z = \alpha_d(h_0 - 0.5x) \tag{11-2}$$

$$\alpha_d = 0.80 + 0.04 \frac{l_0}{h} \tag{11-3}$$

当 $l_0 < h$ 时，取内力臂 $z = 0.6 l_0$。

式中 h——截面高度；

h_0——截面有效高度，$h_0 = h - a_s$。当 $l_0/h \leqslant 2.0$ 时，跨中截面 a_s 取 $0.1h$，支座截面 a_s 取 $0.2h$；当 $l_0/h > 2.0$ 时，a_s 按受拉区纵向钢筋截面重心至受拉边缘的实际距离取用。

x——截面受压区高度，按新《规范》公式（7.2.1-2）计算；当 $x < 0.2h_0$ 时取 $x = 0.2h_0$；

l_0——梁的计算跨度，可取 l_c 和 $1.15 l_n$ 两者中的较小值。其中，l_c 为支座中心线之间的距离，l_n 为梁的净跨。

需要说明的是：试验发现，水平分布筋对受弯承载力的作用约占 10%～30%。但是为了简化计算，在正截面受弯承载力计算公式中并未考虑这部分有利作用，这样处理是偏于安全的。

二、斜截面受剪承载力计算

1. 截面限制条件

为了在 $l_0/h = 5$ 时与一般受弯构件受剪截面控制条件相衔接，新《规范》根据深受弯构件的试验结果同时参考薄腹梁的截面限制条件，要求钢筋混凝土深受弯构件受剪截面应符合下列条件：

当 $h_w/b \leqslant 4$ 时：

$$V \leqslant \frac{1}{60}(10 + l_0/h) f_c \beta_c b h_0 \tag{11-4}$$

当 $h_w/b \geqslant 6$ 时：

$$V \leqslant \frac{1}{60}(7 + l_0/h) f_c \beta_c b h_0 \tag{11-5}$$

当 $4 < h_w/b < 6$ 时，按线性内插法取用。

当 $l_0/h < 2$ 时，取 $l_0/h = 2.0$

式中 V——构件斜截面上的最大剪力设计值；

l_0——计算跨度；

b——矩形截面宽度以及T形、I形截面的腹板厚度；

h、h_0——截面高度和截面有效高度；

h_w——截面的腹板高度，矩形截面取有效高度 h_0；T形截面取有效高度减去翼缘高度；I形截面取腹板净高；

β_c——混凝土强度影响系数，当混凝土强度等级不超过C50时，取 $\beta_c = 1.0$；当混凝土强度等级为C80时，取 $\beta_c = 0.8$；其间按线性内插法取用。

2. 斜截面受剪承载力

(1) 深受弯构件受剪承载力计算公式

试验结果表明，影响受剪承载力的主要因素为截面尺寸、混凝土强度等级、剪跨比、荷载形式、腹筋配筋率以及纵向受拉钢筋配筋率等。所以，在深受弯构件受剪承载力计算公式中应考虑水平腹筋和垂直腹筋二者的作用，同时还要考虑这两种腹筋的作用随跨高比和剪跨比而变化以及与一般受弯构件（浅梁）计算公式的衔接。按照这个原则，公式采用混凝土项、竖向分布钢筋和水平分布钢筋项三项相加的表达形式。

$$V_{cs} \leqslant V_c + V_{sv} + V_{sh} \quad (11\text{-}6)$$

其中混凝土项反映了随着 l_0/h 减小，剪切破坏模式由剪压型向斜压型过渡过程中混凝土在受剪能力中所占份额的增大；而两个分布钢筋项则反映了从 $l_0/h = 5.0$ 时只有竖向分布钢筋（箍筋）参与受剪，水平分布钢筋不参与受剪，过渡到 l_0/h 较小时只有水平分布钢筋能起有限程度的受剪作用，而竖向分布钢筋基本上已不再起受剪作用这样一个变化规律。当 $l_0/h = 5.0$ 时，（11-6）式与一般受弯构件受剪承载力计算公式相衔接。式中，V_{sv} 项的意义与一般受弯构件（浅梁）相同，可以视作由桁架作用抵抗的剪力，V_c 和 V_{sh} 项可视作拱身作用抵抗的剪力。

新《规范》在深受弯构件试验资料的基础上，经过理论分析，得矩形、T形和I形截面深受弯构件当配有竖向分布钢筋和水平分布钢筋时，其斜截面受剪承载力计算公式为：

在均布荷载作用下，

$$V = 0.7 \frac{(8 - l_0/h)}{3} f_t b h_0 + 1.25 \frac{(l_0/h - 2)}{3} f_{yv} \frac{A_{sv}}{s_h} h_0 + \frac{(5 - l_0/h)}{6} f_{yh} \frac{A_{sh}}{s_v} h_0 \quad (11\text{-}7)$$

集中荷载作用下（包括作用有多种荷载，且其中集中荷载对支座截面所产生的剪力值占总剪力值的75%以上的情况）

$$V_c = \frac{1.75}{(\lambda + 1)} f_t b h_0 + \frac{(l_0/h - 2)}{3} f_{yv} \frac{A_{sv}}{s_h} h_0 + \frac{(5 - l_0/h)}{6} f_{yh} \frac{A_{sh}}{s_v} h_0 \quad (11\text{-}8)$$

当 $l_0/h < 2.0$ 时，取 $l_0/h = 2.0$。

式中 l_0/h——跨高比；

s_v、s_h——分别为水平和竖向分布钢筋的间距；

λ——计算剪跨比：当 l_0/h 不大于 2.0 时，取 $\lambda = 0.25$；当 $2.0 < l_0/h < 5.0$ 时，取 $\lambda = a/h_0$，其中，a 为集中荷载到深受弯构件支座的水平距离。

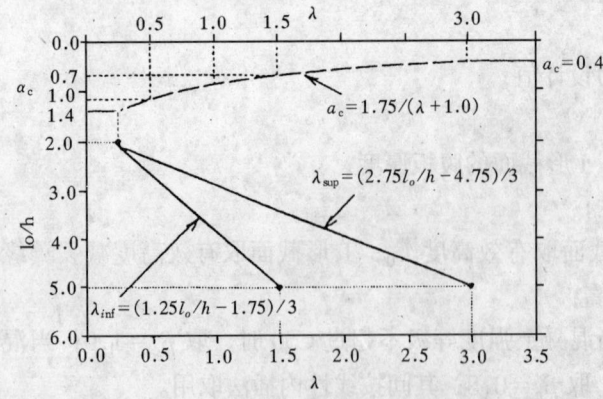

图 11-10 与 l_0/h 相关的 λ 值的适用范围

对集中荷载作用下的浅梁，剪跨比 λ 的适用范围是 $1.5 \leqslant \lambda \leqslant 3.0$，即 $l_0/h \geqslant 5$ 时，λ 的上限值 $\lambda_{sup} = 3$、下限值 $\lambda_{inf} = 1.5$。类似地，对集中荷载作用为主的深受弯构件，公式（11-8）的第一项在不同 l_0/h 时，λ 的适用范围（上限和下限）如图 11-10 所示。也就是说，$2.0 < l_0/h < 5.0$ 时，λ 的适用范围与跨高比 l_0/h 有关：在某个跨高比时，λ 的上限

值按 $\lambda_u = 0.92\, l_0/h - 1.58$ 计算，λ 的下限值按 $\lambda_l = 0.42\, l_0/h - 0.58$ 计算。

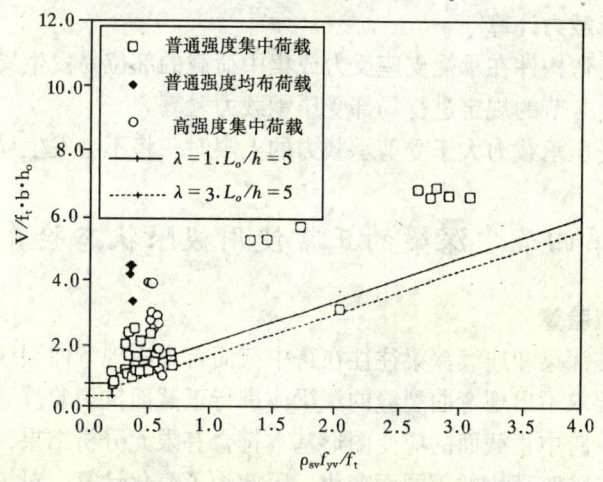

图 11-11 有腹筋短梁的试验值和计算值

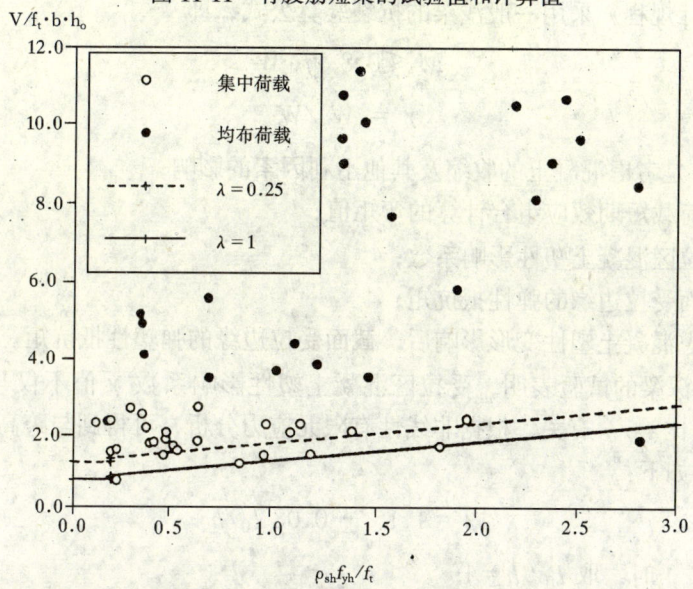

图 11-12 有腹筋深梁的试验值和计算值

深受弯构件受剪承载力计算值与有腹筋短梁试验值（试验值均已扣除按公式计算的 V_{sh} 项）的关系如图 11-11，与有腹筋深梁试验值的关系如图 11-12 所示。由图中可以看到，计算公式是偏安全的。

（2）深梁计算说明：

1）对于深梁，公式 (11-7)、(11-8) 只计入水平分布钢筋作用 V_{sh} 项，竖向分布钢筋仅作为构造钢筋。这是由于深梁的剪跨比 λ 较小，斜裂缝倾角一般大于 45°，水平腹筋的作用比竖向腹筋要大。为简化计算，表达式不考虑竖向腹筋的作用，但设计时仍须按构造配置适量的竖向腹筋，以抑制斜裂缝的宽度和避免劈裂破坏。

2）因为深梁中水平及竖向分布钢筋的受剪能力有限，故当深梁受剪能力不足时，应主要通过调整截面尺寸或提高混凝土强度等级来满足受剪承载力要求。

三、局部受压承载力计算

钢筋混凝土深受弯构件在承受支座反力或集中荷载的部位易发生局部受压破坏，因此应按新《规范》第7.8节的规定进行局部受压承载力验算。

显然，当局部受压承载力大于受剪承载力的上限时，将不会发生局部受压破坏。

第四节 深梁的正常使用极限状态验算

一、正截面抗裂验算

试验发现，简支深梁和连续深梁往往在跨中截面首先出现弯曲裂缝。因此，对于水利和港口工程中一般要求不出现弯曲裂缝的深梁应进行正截面抗裂验算。

深梁开裂之前，跨中正截面的应变图形基本符合有限元分析结果，但其应变分布不符合平截面假定，而是随跨高比的不同而变化。因此为了简化计算，对于深梁的正截面抗裂验算，《深梁设计规程》采用一般浅梁的抗裂验算公式，即

$$M_s \leqslant 0.8\, \gamma f_{tk} W \tag{11-9}$$

$$\gamma = W_s / W \tag{11-10}$$

式中　系数0.8是考虑混凝土的收缩及其他不利因素的影响；

M_s——按荷载短期效应组合计算的弯矩值；

γ——受拉区混凝土塑性影响系数；

W——截面受拉边缘的弹性抵抗矩；

W_s——考虑混凝土塑性变形影响后，截面受拉边缘的弹塑性抵抗矩。

230根简支深梁的试验表明，受拉区混凝土塑性影响系数 γ 值不仅与截面的形状有关，而且与跨高比 l_0/h 有关。根据非线性有限元应力分析，可得到与跨高比 l_0/h 相关的 γ 值的计算公式如下：

$$\gamma = 1.15 + 0.08\, l_0/h \tag{11-11}$$

当 $l_0/h < 1$ 时，取 $l_0/h = 1$

二、斜截面抗裂验算

钢筋混凝土深梁一旦出现斜裂缝，其长度和宽度均较大。所以，新《规范》规定对工程中一般要求不出现斜裂缝的深梁应进行斜截面抗裂验算。

试验表明，深梁斜截面开裂剪力 V_{cr} 随混凝土抗拉强度 f_t 及截面尺寸的增加而增加，随剪跨比 λ 的减小而增大。为了简化表达式，新《规范》依据试验结果的偏下限确定了一般要求不出现斜裂缝的钢筋混凝土深梁应满足下列条件：

$$V_k \leqslant 0.5\, f_{tk}\, bh_0 \tag{11-12}$$

式中　V_k——按荷载效应的标准组合计算的剪力值。

新《规范》指出，如能满足式（11-12）的要求，也就同时能满足斜截面受剪承载力的要求，因而可不进行斜截面受剪承载力计算，但应按后述构造要求配置水平和竖向分布钢筋。

三、裂缝宽度验算

根据钢筋混凝土受弯构件裂缝宽度计算公式,通过44根简支深梁的试验分析,α_{cr}值需改为1.5。考虑到连续深梁的跨中截面正弯矩一般比支座截面的负弯矩大。因此,《深梁设计规程》仅提出考虑裂缝宽度分布的不均匀性和荷载长期效应组合影响的跨中正截面最大裂缝宽度计算公式:

$$\omega_{\max} = 1.5\psi \frac{\sigma_{ss}}{E_s}\left(2.7c + 0.1\frac{d}{\rho_{te}}\right)v \quad (11\text{-}13)$$

$$\psi = 1.1 - \frac{0.65 f_{tk}}{\rho_{te}\sigma_{ss}} \quad (11\text{-}14)$$

$$\sigma_{ss} = \frac{M_s}{zA_s} \quad (11\text{-}15)$$

式中 ψ——裂缝间纵向受拉钢筋应变不均匀系数:当ψ<0.4时取ψ=0.4;当ψ>1.0时取ψ=1.0。

σ_{ss}——按荷载短期效应组合计算的弯矩M_s作用下深梁跨中下部纵向受拉钢筋的应力;

z——纵向受拉钢筋合力点至受压区合力点之间的距离,可按公式(11-2)计算,

c——最外层纵向受拉钢筋外边缘至受拉区底边的距离(mm),当c<20时取c=20;

d——钢筋直径(mm),当用不同直径的钢筋时d取用换算直径$4A_s/u$;此处,u为纵向受拉钢筋截面总周长;

ρ_{te}——以有效受拉混凝土截面面积计算的纵向受拉钢筋配筋率,$\rho_{te}=A_s/0.5bh$;

v——纵向受拉钢筋表面特征系数:变形钢筋取v=0.7;光面钢筋取v=1.0。

四、变形验算

深梁的竖向刚度很大,挠度很小,一般均能满足正常使用极限状态的要求。因此,《深梁设计规程》阐明深梁可不进行变形验算。新《规范》对此也未作要求。

第五节 深受弯构件的构造要求

设计深受弯构件时,除应满足前面计算要求外,尚应符合下列构造要求:

一、深梁的构造要求

1. 截面尺寸及锚固要求

(1) 考虑施工要求,深梁的截面宽度或腹板厚度b不应小于140mm;

(2) 为避免深梁出平面失稳,新《规范》对其高宽比(h/b)或跨宽比(l_0/b)提出了下列要求:当l_0/h≥1.0时,h/b≤25;当l_0/h<1时,l_0/b≤25,同时深梁梁顶应与楼板等水平构件可靠连接,以进一步加强其出平面稳定性。

(3) 当深梁下部支承在钢筋混凝土柱上时,宜将柱伸至深梁顶(图11-13),形成梁端加劲肋,以增强深梁的稳定性。同时可将梁上荷载

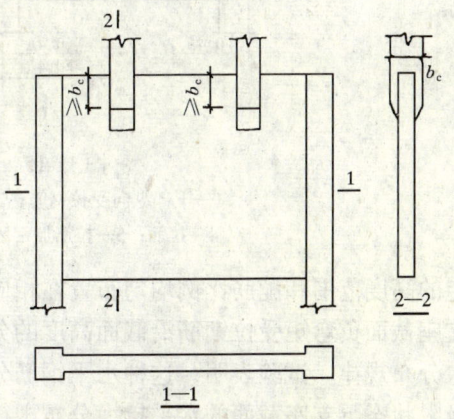

图11-13 下部支承柱伸入深梁高度范围的构造

通过梁柱交接面的剪切作用传到柱上，改善深梁的受剪和局部受压性能。

2. 纵向受拉钢筋

（1）钢筋混凝土深梁的纵向受拉钢筋宜采用较小直径，并应按下列规定布置：

1）单跨深梁和连续深梁的下部纵向钢筋宜均匀布置在梁下边缘以上 $0.2h$ 的范围内（图 11-14 及图 11-15）。

2）在弹性阶段，连续深梁中间支座截面的应力分布如图 11-8 所示，由图 11-8 可知，连续深梁支座截面中 σ_x 的分布规律随跨高比 l_0/h 的不同而改变，受压区约在梁底以上 $0.2h$ 的高度范围内，在此以上为拉应力区。当 $l_0/h > 1.5$ 时，最大拉应力位于梁顶；随着 l_0/h 的减小，最大拉应力下移；当到 $l_0/h = 1.0$ 时，最大拉应力位于从梁底算起

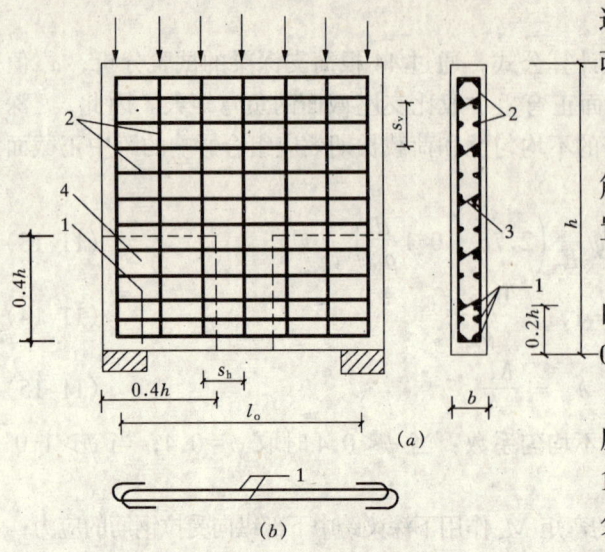

图 11-14 单跨深梁的钢筋配置
（a）纵向受拉钢筋及水平和竖向分布钢筋的配置；
（b）同一水平层纵向受拉钢筋的弯折锚固
1—下部纵向受拉钢筋；2—水平及竖向分布钢筋；3—拉筋；4—拉筋加密区

$0.2h$ 到 $0.6h$ 的范围内，梁顶拉应力则相对偏小。当深梁达到承载能力极限状态时，由于支座截面开裂导致的应力重分布，梁顶部钢筋承受的拉力将进一步增大。考虑这两个阶段的受力情况，新《规范》规定：连续深梁中间支座截面的纵向受拉钢筋宜按图 11-16 规

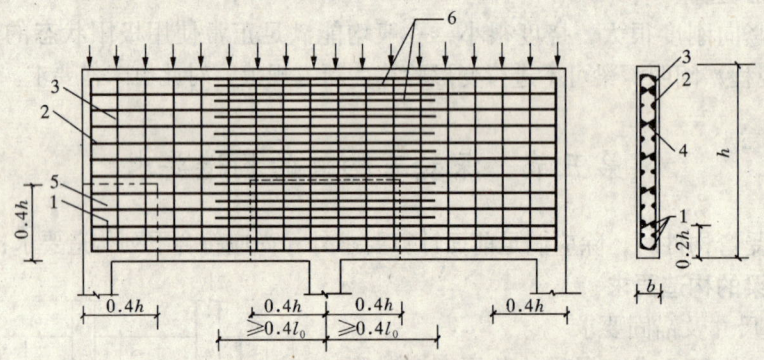

图 11-15 连续深梁的钢筋配置
1—下部纵向受拉钢筋；2—水平分布钢筋；3—竖向分布钢筋；
4—拉筋；5—拉筋加密区；6—支座截面上部的附加水平钢筋

定的高度范围和配筋比例均匀布置在相应高度范围内。图 11-16 （a）、（b）、（c）给出的支座截面负弯矩受拉钢筋沿截面高度的分布规定较符合到正常使用极限状态为止的截面拉力分布规律。试验表明，这种水平钢筋分配方案虽未充分反映 $l_0/h \leqslant 1.0$ 的深梁在承载力极限状态下支座截面的水平拉力分布规律，但有利于正常使用极限状态的支座截面的裂缝控制，同时也不影响承载力极限状态的安全性。

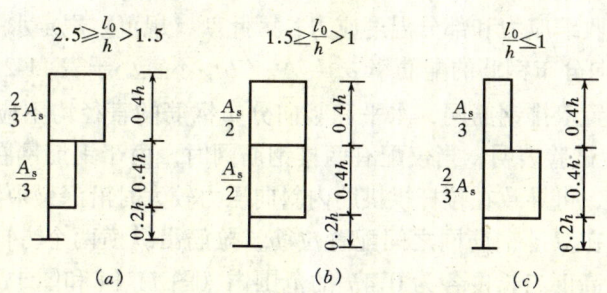

图 11-16 连续深梁中间支座截面纵向
受拉钢筋在不同高度范围内的分配比例

3) 对于 $l_0/h \leq 1.0$ 的连续深梁,在中间支座底面以上 $0.2l_0$ 到 $0.6l_0$ 高度范围内的纵向受拉钢筋配筋率尚不宜小于 0.5%,以减小支座截面在这一高度范围内过早开裂的可能性。

4) 水平分布钢筋可用作支座部位的上部纵向受拉钢筋。不足部分可由附加水平钢筋补足。附加水平钢筋自支座向跨中延伸的长度不宜小于 $0.4 l_0$(图 11-15)。

(2) 锚固构造

简支深梁在斜裂缝出现后将形成拉杆拱传力机制,此时纵向受拉钢筋靠近支座处的拉应力将与跨中拉应力渐趋一致。因此深梁的下部纵向受拉钢筋应全部伸入支座,不应在跨中弯起或截断,并应在支座处采取可靠的锚固措施。

试验发现,若深梁端部纵筋弯钩竖向放置将形成竖向劈裂以及在深梁出平面方向的附加拉应力。该附加拉应力与拉杆拱拱肋斜压力产生的出平面拉应力方向一致,从而加大锚固区劈裂的可能性。因此在简支单跨深梁支座及连续深梁梁端的简支支座处,纵向受拉钢筋应沿水平方向弯折锚固(图 11-14),其锚固长度应按新《规范》第 9.3.1 条规定的受拉钢筋锚固长度 l_a 乘系数 1.1 采用;当不能满足上述锚固长度要求时,应采取在钢筋上加焊锚固钢板或将钢筋末端焊成封闭式等有效的锚固措施。

连续深梁的下部纵向受拉钢筋应全部伸过中间支座的中心线,其自支座边缘算起的锚固长度不应小于 l_a。

(3) 纵向受拉钢筋的最小配筋率

纵向受拉钢筋的最小配筋率是根据其在弯曲破坏时的弯矩不小于相同截面的混凝土深梁的初裂弯矩,并通过试验分析后确定的。新《规范》规定:纵向受拉钢筋的配筋率 ρ($\rho = A_s/bh$)不宜小于表 11-2 中相应的数值。

表 11-2 深梁中钢筋的最小配筋百分率(%)

钢筋种类	纵向受拉钢筋	水平分布钢筋	竖向分布钢筋
HPB235	0.25	0.25	0.20
HRB335、HRB400、RRB400	0.20	0.20	0.15

3. 水平分布钢筋和竖向分布钢筋

(1) 根据腹筋对深梁受剪承载力作用的分析可知:水平及竖向分布钢筋对受剪承载力的作用一般不超过 25%,但能限制斜裂缝的开展。当采用较小直径的分布钢筋且间距较密时,这种作用就越大,并可使梁在发生剪切破坏时具有一定的延性。同时考虑到分布钢筋还能承受混凝土收缩应力和部分温度应力，因此新《规范》规定水平分布钢筋的配筋率 $\rho_{sh}=A_{sh}/bs_v$ 和竖向分布钢筋的配筋率 $\rho_{sv}=A_{sv}/bs_h$ 不宜小于表 11-2 中的数值。

(2) 深梁应配置双排钢筋网，水平和竖向分布钢筋的直径均不应小于 8mm，其间距不应大于 200mm。试验表明，当仅配有两排钢筋网时，由于钢筋网在深梁出平面方向的变形未受专门约束，可导致在拉杆拱拱肋内斜向压力较大时沿深梁中面劈开的侧向劈裂型斜压破坏。因此应在双排钢筋网之间配置拉筋，拉筋沿纵横两个方向的间距均不宜大于 600mm，在支座区高度与长度各为 $0.4h$ 的范围内（图 11-14 和图 11-15 中的虚线部分），尚应适当增加拉筋的数量。

(3) 当深梁端部竖向边缘处设有柱时，水平分布钢筋应锚入柱内。在深梁上、下边缘处，竖向分布钢筋宜做成封闭式。

4. 间接受荷深梁的配筋构造

根据试验研究及非线性有限元分析可知，下部受荷的深梁只要配置足够的竖向分布钢筋和吊筋，即可有效地把荷载传递到上部混凝土拱腹，再传向支座，深梁仍为斜压破坏，其受剪承载力与上部受荷深梁相同。若竖向腹筋配置不足，与临界斜裂缝相交的竖向腹筋首先屈服，裂缝宽度骤增，使临界斜裂缝面的骨料咬合作用迅速减小，从而导致沿斜裂缝拉开破坏。此时，纵筋未曾屈服，拱腹混凝土抗压强度未能充分利用，承载力明显降低。针对上述情况，新《规范》作了如下规定：

(1) 当深梁全跨沿下边缘作用有均布荷载时，应沿梁全跨均匀布置附加竖向吊筋，吊筋间距不宜大于 200mm。

(2) 当有集中荷载作用于深梁下部 3/4 高度范围内时，该集中荷载亦应全部由附加吊筋承担，吊筋应采用竖向吊筋或斜向吊筋。竖向吊筋的水平分布长度 s 应按下列公式确定（图 11-17 (a)）：

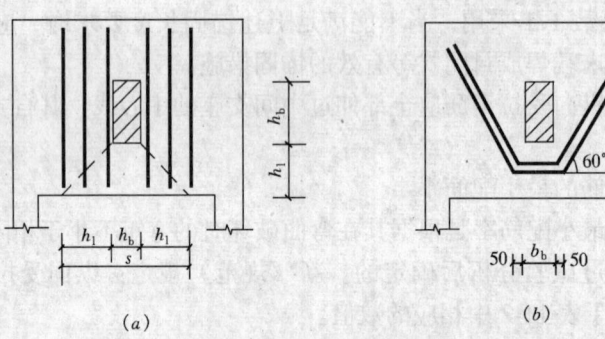

图 11-17 深梁承受集中荷载作用时的附加吊筋
(a) 附加竖向吊筋；(b) 附加斜向吊筋
注：图中尺寸按 mm 计

当 $h_1 \leqslant h_b/2$ 时：
$$s = b_b + h_b \tag{11-16}$$

当 $h_1 > h_b/2$ 时：
$$s = b_b + 2h_1 \tag{11-17}$$

式中　b_b——传递集中荷载构件的截面宽度；

h_b——传递集中荷载构件的截面高度；

h_1——从深梁下边缘到传递集中荷载构件底边的高度。

(3) 竖向吊筋应沿梁两侧布置，并从梁底伸到梁顶，在梁顶和梁底应做成封闭式。

附加吊筋总截面面积 A_{sv} 应按新《规范》公式（10.2.13）进行计算，但吊筋的设计强度 f_{yv} 应乘以承载力计算附加系数 0.8。

二、短梁的构造要求

短梁的纵向受力钢筋、箍筋及纵向构造钢筋的构造规定与一般梁相同，但截面下部 1/2 高度范围内和中间支座上部 1/2 高度范围内布置的纵向构造钢筋应适当加强。

例 11-1 如图 11-18 所示简支深梁，每一集中荷载的恒荷载标准值为 $G_k = 450$kN，活荷载标准值为 $Q_k = 320$ kN，恒荷载和活荷载的分项系数分别为 $\gamma_G = 1.2$、$\gamma_Q = 1.4$，混凝土强度等级为 C25（$f_{tk} = 1.78$N/mm^2，$f_c = 11.9$ N/mm^2），热轧钢筋 HRB 335（$f_y = 300$ N/mm^2），要求在使用荷载不出现裂缝，试设计该梁。

解：

1. 确定计算跨度 l_0

$1.15 l_n = 1.15 \times 5400 = 6210$mm，$l_c = 6000$mm，取两者较小值，$l_0 = 6000$mm。

2. 确定截面宽度：

$\dfrac{l_0}{h} = \dfrac{6000}{4200} = 1.43 < 2$，要求 $\dfrac{h}{b} \leq 25$，即 $b \geq \dfrac{h}{25} = \dfrac{4200}{25} = 168$mm，取 $b = 300$mm

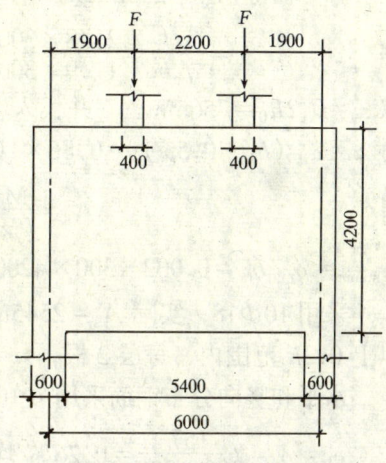

图 11-18

3. 内力分析：

深梁自重标准值为：

$$g = bh\gamma = 0.3 \times 4.2 \times 25 = 31.5 \text{kN/m}$$

作用于梁顶集中荷载标准值和设计值分别为：

$$Fk = 450 + 320 = 770 \text{kN}$$

$$F = \gamma_G G_k + \gamma_G Q_k = 1.2 \times 450 + 1.4 \times 320 = 988 \text{kN}$$

支座剪力标准值和设计值分别为：

$$V_k = F_k + \frac{1}{2} g_k l_0 = 770 + \frac{1}{2} \times 31.5 \times 6 = 864.5 \text{kN}$$

$$V = F + \frac{1}{2} \gamma_G g_k l_0 = 988 + \frac{1}{2} \times 1.2 \times 31.5 \times 6 = 1101.4 \text{kN}$$

跨中弯矩设计值为：

$$M = 1.2 \times \left(450 \times 1.9 + \frac{1}{8} \times 31.5 \times 6^2\right) + 1.4 \times 320 \times 1.9 = 2047.3 \text{kN·m}$$

4. 跨中纵向受拉钢筋计算：

$$\frac{l_0}{h} = 1.43 < 2, \therefore a_s = 0.1h = 0.1 \times 4200 = 420\text{mm},$$

$$h_0 = h - a_s = 4200 - 420 = 3780\text{mm}$$

$$\alpha_d = 0.80 + 0.04\frac{l_0}{h} = 0.80 + 0.04 \times 1.43 = 0.86$$

$$M \leqslant A_s f_y z \tag{1}$$

$$z = \alpha_d (h_0 - 0.5x) \tag{2}$$

由新《规范》(7.2.1-2) 得
$$x = \frac{A_s f_y}{f_c b} \tag{3}$$

将 (1)、(2)、(3) 式联立并代入数字，整理可得

$$10.32 A_s^2 - 975240 A_s + 2047.3 \times 10^6 = 0$$

解方程得 $A_s = 92352\text{mm}^2$（舍）或 2148mm^2

则 $$x = \frac{A_s f_y}{f_c b} = \frac{2148 \times 300}{11.9 \times 300} = 180.5\text{mm} < 0.2h_0 = 0.2 \times 3780 = 756\text{mm}$$

取 $x = 0.2h_0 = 756\text{mm}$ 并代入 (2) 式

得 $z = \alpha_d (h_0 - 0.5x) = 0.86 \times (3780 - 0.5 \times 756) = 2925.72\text{mm}$ 代入 (1) 式

得 $$A_s = \frac{M}{f_y z} = \frac{2047.3 \times 10^6}{300 \times 756} = 2332.5\text{mm}^2$$

$A_{s,\min} = \rho_{\min} bh = 0.002 \times 300 \times 4200 = 2520\text{mm}^2 > 2332.5\text{mm}^2$，取 $A_s = 2520\text{mm}^2$

采用 $10\Phi18$，实际 $A_s = 2545\text{mm}^2 > 2520\text{mm}^2$，可以。10 根钢筋分 5 层分布在下边缘以上 $0.2h$ 范围内，每层 2 根，$s_v = 160\text{mm}$。

水平和竖向分布钢筋采用 $\Phi10@200$ 双层钢筋网，则配筋率为

$$\rho_h = \rho_v = \frac{157}{300 \times 200} = 0.26\% \text{ 均满足最小配筋率要求。}$$

5. 抗裂验算

一般不出现（斜）裂缝时，要求满足 $V_k \leqslant 0.5 f_{tk} bh_0$
要求截面宽度

$$b \geqslant \frac{V_k}{0.5 f_{tk} h_0} = \frac{864.5 \times 10^3}{0.5 \times 1.78 \times 3780} = 256.97\text{mm} < 300\text{mm}$$

故满足抗裂要求，可不再进行斜截面受剪承载力计算。

6. 局部受压承载力验算

1) 支座处

由于局部受压时的计算底面积 A_b 与局部受压面积 A_l 相等，故局部受压强度提高系数 $\beta_l = 1.0$。则 $\beta_c \beta_l f_c A_l = 1 \times 1 \times 11.9 \times (300 \times 600) = 2142 \times 10^3 \text{N} > V = 1101.4\text{kN}$，满足。

2) 集中荷载加荷点处

此处 $F_l = F = 988\text{kN}$，$A_b = 3A_l$，则 $\beta_l = \sqrt{\frac{A_b}{A_l}} = \sqrt{3} = 1.732$

$\beta_c \beta_l f_c A_l = 1 \times 1.732 \times 11.9 \times (300 \times 400) = 2473.3 \times 10^3 \text{N} > V = 988\text{kN}$，满足。

附 录

附表 1　混凝土强度标准值（N/mm²）

强度种类	混凝土强度等级													
	C15	C20	C25	C30	C35	C40	C45	C50	C55	C60	C65	C70	C75	C80
轴心抗压 f_{ck}	10.0	13.4	16.7	20.1	23.4	26.8	29.6	32.4	35.5	38.5	41.5	44.5	47.4	50.2
轴心抗拉 f_{tk}	1.27	1.54	1.78	2.01	2.20	2.40	2.51	2.65	2.74	2.85	2.93	3.00	3.05	3.10

附表 2　混凝土强度设计值（N/mm²）

强度种类	混凝土强度等级													
	C15	C20	C25	C30	C35	C40	C45	C50	C55	C60	C65	C70	C75	C80
轴心抗压 f_c	7.5	9.6	11.9	14.3	16.7	19.1	21.2	23.1	25.3	27.5	29.7	31.8	33.8	35.9
轴心抗压 f_t	0.91	1.10	1.27	1.43	1.57	1.71	1.80	1.89	1.96	2.04	2.09	2.14	2.18	2.22

注：1　计算现浇钢筋混凝土轴心受压及偏心受压构件时，如截面的长边或直径小于300mm，则表中混凝土的强度设计值应乘以系数0.8；当构件质量（如混凝土成型、截面和轴线尺寸等）确有保证时，可不受此限制；
　　2　离心混凝土的强度设计值应按有关专门标准取用。

附表 3　混凝土弹性模量 E_c（$\times 10^4$N/mm²）

强度等级	C15	C20	C25	C30	C35	C40	C45	C50	C55	C60	C65	C70	C75	C80
E_c	2.20	2.55	2.80	3.00	3.15	3.25	3.35	3.45	3.55	3.60	3.65	3.70	3.75	3.80

附表 4　不同疲劳应力比值时混凝土的疲劳强度修正系数 γ_ρ

ρ_c^f	$\rho_c^f<0.2$	$0.2\leqslant\rho_c^f<0.3$	$0.3\leqslant\rho_c^f<0.4$	$0.4\leqslant\rho_c^f<0.5$	$\rho_c^f\geqslant0.5$
γ_ρ	0.74	0.80	0.86	0.93	1.0

注：如采用蒸气养护时，养护温度不宜超过60℃，如超过时，应按计算需要的混凝土强度设计值提高20%。

附表 5　混凝土疲劳变形模量 E_c^f（$\times 10^4$N/mm²）

混凝土强度等级	C20	C25	C30	C35	C40	C45	C50	C55	C60	C65	C70	C75	C80
E_c^f	1.1	1.2	1.3	1.4	1.5	1.55	1.6	1.65	1.7	1.75	1.8	1.85	1.9

附表 6　普通钢筋强度标准值（N/mm²）

	种　　类	符号	d (mm)	f_{yk}
热轧钢筋	HPB235（Q235）	φ	8-20	235
	HRB335（20MnSi）	⊉	6-50	335
	HRB400（20MnSiV、20MnSiNb、20MnTi）	⊉	6-50	400
	RRB400（20MnSi）	⊉^{R}	8-40	400

附表 7　普通钢筋强度设计值（N/mm²）

	种　　类	符号	f_y	f_y'
热轧钢筋	HPB235（Q235）	φ	210	210
	HRB335（20MnSi）	⊉	300	300
	HRB400（20MnSiV、20MnSiNb、20MnTi）	⊉	360	360
	RRB400（20MnSi）	⊉^{R}	360	360

注：1.在钢筋混凝土结构中，轴心受拉和小偏心受拉的钢筋抗拉强度设计值大于300N/mm²时，仍应按300N/mm²取用；

附表8 预应力钢筋强度标准值（N/mm²）

种类		符号	d (mm)	f_{ptk}
钢绞线	1×3	ϕ^S	8.6、10.8	1860、1720、1570
			12.9	1720、1570
	1×7		9.5、11.1、12.7	1860
			15.2	1860、1720
消除应力钢丝	光面	ϕ^P	4-9	1770、1670、1570
				1670、1570
	螺旋肋	ϕ^H		1570
	刻痕	ϕ^I	5、7	1570
热处理钢筋	40Si2Mn	ϕ^{HT}	6	1470
	48Si2Mn		8.2	
	45Si2Cr		10	

附表9 预应力钢筋强度设计值（N/mm²）

种类		符号	d (mm)	f_{ptk}	f_{py}	f'_{py}
钢绞线	1×3	ϕ^S	8.6~12.9	1860	1320	390
				1720	1220	
				1570	1110	
	1×7		9.5~15.2	1860	1320	390
				1720	1220	
消除应力钢丝	光面	ϕ^P	4~9	1770	1250	410
				1670	1180	
	螺旋肋	ϕ^H		1570	1110	
	刻痕	ϕ^I	5、7	1570	1110	410
热处理钢筋	40Si2Mn	ϕ^{HT}	6~10	1470	1040	400
	48Si2Mn					
	45Si2Cr					

附表10 钢筋弹性模量（N/mm²）

种类	E_S
HPB235级钢筋	2.1×10^5
HRB335级钢筋、HRB400级钢筋、RRB400级钢筋、热处理钢筋	2.0×10^5
消除应力光面钢丝、螺旋肋钢丝、刻痕钢丝	2.05×10^5
钢绞线	1.95×10^5

附表11 钢筋混凝土结构中钢筋疲劳应力幅限值（N/mm²）

疲劳应力比值	Δf_y^f		疲劳应力比值	Δf_y^f	
	HRB335级钢筋	HRB400级钢筋		HRB335级钢筋	HRB400级钢筋
$-1.0\leq\rho_s^f<-0.6$	—	—	$0.3\leq\rho_s^f<0.4$	135	145
$-0.6\leq\rho_s^f<-0.4$	—	—	$0.4\leq\rho_s^f<0.5$	125	130
$-0.4\leq\rho_s^f<0$	—	—	$0.5\leq\rho_s^f<0.6$	105	115
$0\leq\rho_s^f<0.1$	165	165	$0.6\leq\rho_s^f<0.7$	85	95
$0.1\leq\rho_s^f<0.2$	155	155	$0.7\leq\rho_s^f<0.8$	65	70
$0.2\leq\rho_s^f<0.3$	150	150	$0.8\leq\rho_s^f<0.9$	40	45

附表 12　预应力钢筋疲劳应力幅限值（N/mm²）

种　　　类			Δf_{py}^f	
			$0.7 \leqslant \rho_P^f < 0.8$	$0.8 \leqslant \rho_P^f < 0.9$
消除应力钢丝	光面	$f_{ptk}=1770、1670$	210	140
		$f_{ptk}=1570$	200	130
	刻痕	$f_{ptk}=1570$	180	120
钢绞线			120	105

附表 13　矩形截面受弯构件正截面受弯承载力计算系数表

ξ	β_s	γ_s	α_s	ξ	β_s	γ_s	α_s
0.01	10.00	0.995	0.010	0.32	1.93	0.840	0.269
0.02	7.12	0.990	0.020	0.33	1.90	0.835	0.275
0.03	5.82	0.985	0.030	0.34	1.88	0.830	0.282
0.04	5.05	0.980	0.039	0.35	1.86	0.825	0.289
0.05	4.53	0.975	0.048	0.36	1.84	0.820	0.295
0.06	4.15	0.970	0.058	0.37	1.82	0.815	0.301
0.07	3.85	0.965	0.067	0.38	1.80	0.810	0.309
0.08	3.61	0.960	0.077	0.39	1.78	0.805	0.314
0.09	3.41	0.955	0.085	0.40	1.77	0.800	0.320
0.10	3.24	0.950	0.095	0.41	1.75	0.795	0.326
0.11	3.11	0.945	0.104	0.42	1.74	0.790	0.332
0.12	2.98	0.940	0.113	0.43	1.72	0.785	0.337
0.13	2.88	0.935	0.121	0.44	1.71	0.780	0.343
0.14	2.77	0.930	0.130	0.45	1.69	0.775	0.349
0.15	2.68	0.925	0.139	0.46	1.68	0.770	0.354
0.16	2.61	0.920	0.147	0.47	1.67	0.765	0.359
0.17	2.53	0.915	0.155	0.48	1.66	0.760	0.365
0.18	2.47	0.910	0.164	0.49	1.64	0.755	0.370
0.19	2.41	0.905	0.172	0.50	1.63	0.750	0.375
0.20	2.36	0.900	0.180	0.51	1.62	0.745	0.380
0.21	2.31	0.895	0.188	0.52	1.61	0.740	0.385
0.22	2.26	0.890	0.196	0.53	1.60	0.735	0.390
0.23	2.22	0.885	0.203	0.54	1.59	0.730	0.394
0.24	2.17	0.880	0.211	0.55	1.58	0.725	0.400
0.25	2.14	0.875	0.219	0.56	1.58	0.720	0.403
0.26	2.10	0.870	0.226	0.57	1.57	0.715	0.408
0.27	2.07	0.865	0.234	0.58	1.56	0.710	0.412
0.28	2.04	0.860	0.241	0.59	1.55	0.705	0.416
0.29	2.01	0.855	0.248	0.60	1.54	0.700	0.420
0.30	1.98	0.850	0.255	0.61	1.54	0.695	0.424
0.31	1.95	0.845	0.262	0.62	1.53	0.690	0.428

注：表中各系数的关系：$M=\alpha_s \alpha_1 f_c b h_0^2$，$\xi=\dfrac{x}{h_0}=\dfrac{f_y A_s}{\alpha_1 f_c b h_0}$，$h_0=\beta_s \sqrt{\dfrac{M}{\alpha_1 f_c b}}$，$A_s=\dfrac{M}{\gamma_s f_y h_0}$ 或 $A_s=\xi \dfrac{\alpha_1 f_c}{f_y} b h_0$。

附表 14　混凝土结构构件中纵向受力钢筋的最小配筋百分率 ρ_{min}（％）

受 力 类 型		最小配筋百分率 ρ_{min}
受压构件	全部纵向钢筋	0.6
	一侧纵向钢筋	0.2
受弯构件　偏心受拉　轴心受拉构件一侧的受拉钢筋		0.2 和 $45f_t/f_y$ 中较大者

注：1. 受压构件全部纵向配筋最小配筋百分率
　　　当混凝土强度等级为 C60 及以上时，应增大 0.1，当采用 HRB400、RRB400 可减小 0.1。
　　2. 轴心受压构件、偏心受压构件全部纵向钢筋的配筋率，以及一侧受压钢筋的配筋率应按构件的全截面面积计算；轴心受拉构件及小偏心受拉构件一侧受拉钢筋的配筋率应按构件的全截面面积计算；受弯构件、大偏心受拉构件一侧受拉钢筋的配筋率应按全截面面积扣除受压翼缘面积 $(b'_f-b)h'_f$ 后的截面面积计算。当钢筋沿构件截面周边布置时，"一侧的受压钢筋"或"一侧的受拉钢筋"系指沿受力方向两个对边中的一边布置的纵向钢筋。

附表 15　受弯构件的挠度限值

构 件 类 型	挠度限值（以计算跨度 l_0 计算）
吊车梁：手动吊车 　　　　电动吊车	$l_0/500$ $l_0/600$
屋盖、楼盖及楼梯构件： 　　当 $l_0<7$m 时 　　当 7m$\leqslant l_0 \leqslant 9$m 时 　　当 $l_0>9$m 时	 $l_0/200$（$l_0/250$） $l_0/250$（$l_0/300$） $l_0/300$（$l_0/400$）

注：1. 如果构件制作时预先起拱，且使用上也允许，则在验算挠度时，可将计算所得的挠度值减去起拱值，预应力混凝土构件尚可减去预加应力所产生的反拱值；
　　2. 表中括号内的数值适用于使用上对挠度有较高要求的构件；
　　3. 计算悬臂构件的挠度限值时，其计算跨度 l_0 按实际悬臂长度的 2 倍取用。

附表 16　截面抵抗矩塑性影响系数基本值 γ_m

项次	1	2	3		4		5
截面形状	矩形截面	翼缘位于受压区的T形截面	对称I形截面 或箱形截面		翼缘位于受拉区的T形截面		圆形和环形截面
			$b_f/b \leqslant 2$ h_f/h 为任意值	$b_f/b>2$ $h_f/h<0.2$	$b_f/b \leqslant 2$ h_f/h 为任意值	$b_f/b>2$ $h_f/h<0.2$	
γ	1.55	1.50	1.45	1.35	1.50	1.40	$1.6\sim0.24r_1/r$

注：1. r 为圆形、环形截面的外环半径，r_1 为环形截面的内环半径，对圆形截面取 $r_1=0$。
　　2. 对 b'_f 大于 b_f 的I形截面，可按项次 2 与项次 3 之间的数值采用；对 b'_f 小于 b_f 的I形截面，可按项次 3 与项次 4 之间的数值采用。
　　3. 对于箱形截面，表中 b 值系指各肋宽度的总和。

附表17　结构构件的裂缝控制等级和最大裂缝宽度限值 W_{lim} （mm）

环境类别	钢筋混凝土结构		预应力混凝土结构	
	裂缝控制等级	最大裂缝宽度限值	裂缝控制等级	最大裂缝宽度限值
一	三	0.3（0.4）	三	0.2
二	三	0.2	二	—
三	三	0.2	一	—

注：1　表中规定适用于采用热轧钢筋的钢筋混凝土构件和采用预应力钢丝、钢绞线及热处理钢筋的预应力混凝土构件。当采用其他类别的钢丝或钢筋时，其裂缝控制要求可按专门标准确定；
2　对处于年平均相对湿度小于60%的地区的受弯构件，其最大裂缝宽度限值可采用括号内的数值。
3　在一类环境类别下，对于钢筋混凝土屋架、托架及需作疲劳验算的吊车梁，其最大裂缝度限值应取为0.2mm；对于钢筋混凝土屋面梁和托梁，其最大裂缝宽度限值应取为0.3mm；
4　在一类环境类别下，对于预应力混凝土屋面梁、托梁、屋架、托架和楼板，应按二级裂缝控制等级进行验算；对于需作疲劳验算的预应力混凝土吊车梁，应按一级裂缝控制等级进行验算；
5　表中规定的预应力混凝土构件的裂缝控制等级和最大裂缝宽度限值仅适用于正截面的验算。预应力混凝土构件的斜截面裂缝控制验算应符合本规范第8章的要求；
6　烟囱、筒仓和处于液体压力下的结构构件，其裂缝控制要求应符合专门规范或规程的有关规定；
7　对处于四、五类环境类别的结构构件，其裂缝控制要求应符合专门标准的有关规定；
8　表中的最大裂缝宽度限值系指用于验算荷载作用引起的最大裂缝宽度。

附表18　纵向受力钢筋的混凝土保护层最小厚度（mm）

环境类别		板　墙　壳			梁			柱		
		≤C20	C25~C45	≥C50	≤C20	C25~C45	≥C50	≤C20	C25~C45	≥C50
一		20	15	15	30	25	25	30	30	30
二	a	—	20	20	—	30	30	—	30	30
	b	—	25	20	—	35	30	—	35	30
三		—	30	25	—	40	35	—	40	35

注：1　基础的保护层厚度不应小于40mm；当无垫层时不应小于70mm；
2　处于一类环境且由工厂生产的预制构件，当混凝土强度等级不低于C20时，其保护层厚度可按表中规定减少5mm，但预制构件中的预应力钢筋的保护层厚度不应小于15mm；处于二类环境且由工厂生产的预制构件，当有质量保证措施时，保护层厚度可按表中一类环境数值取用；表中环境类别的划分见本规范第3.4.1条的有关规定；
3　预制钢筋混凝土受弯构件钢筋端头的保护层厚度不宜小于10mm；预制肋形板主肋钢筋的保护层厚度应按梁的数值采用；
4　处于同一类环境中的板、墙、壳中分布钢筋的保护层厚度不应小于10mm；梁、柱中箍筋和构造钢筋的保护层厚度不应小于15mm；
5　当梁、柱的纵向钢筋混凝土保护层厚度大于40mm时，应对混凝土保护层采取有效的防裂构造措施；处于二类环境中的悬臂板，其上表面应另作水泥砂浆保护层或采取其它保护措施；
6　有防火要求的建筑物，其保护层厚度尚应符合国家现行有关标准的规定。

附表 19 结构混凝土耐久性的基本要求

环境类别		水灰比不大于	最小水泥用量（kg/m³）钢筋混凝土	混凝土强度等级不低于	氯离子与水泥用量最大百分率含量	最大碱含量（kg/m³）
一		0.65	225	C20	1.00%	不限制
二	a	0.60	250	C25	0.30%	3.0
	b	0.55	275	C30	0.20%	3.0
三		0.50	300	C30	0.10%	3.0

注：1. 预应力构件混凝土中的氯离子含量不得超过 0.06%，水泥用量不应少于 300kg/m³；混凝土强度等级应按表中规定提高两个等级。
    2. 素混凝土结构的水泥用量不应少于表中规定的数值减 25kg/m³；
    3. 当混凝土中加入活性掺合料或能提高耐久性的外加剂时可适当降低水泥用量；
    4. 当有可靠的工程经验时，处于一类和二类环境中的混凝土强度等级可降低一级；
    5. 当使用非碱活性骨料时，对混凝土中的碱含量可不作限制。

附表 20 钢筋的计算截面面积及理论重量表

公称直径 (mm)	不同根数钢筋的计算截面面积（mm²）									单根钢筋理论重量（kg/m）
	1	2	3	4	5	6	7	8	9	
6	28.3	57	85	113	142	170	198	226	255	0.222
6.5	33.2	66	100	133	166	199	232	265	299	0.260
8	50.3	101	151	201	252	302	352	402	453	0.395
8.2	52.8	106	158	211	264	317	370	423	475	0.432
10	78.5	157	236	314	393	471	550	628	707	0.617
12	113.1	226	339	452	565	678	791	904	1017	0.888
14	153.9	308	461	615	769	923	1077	1232	1385	1.21
16	201.1	402	603	804	1005	1206	1407	1608	1809	1.58
18	254.5	509	763	1017	1272	1526	1780	2036	2290	2.00
20	314.2	628	941	1256	1570	1884	2200	2513	2827	2.47
22	380.1	760	1140	1520	1900	2281	2661	3041	3421	2.98
25	490.9	982	1473	1964	2454	2945	3436	3927	4418	3.85
28	615.8	1232	1847	2463	3079	3695	4310	4926	5542	4.83
32	804.3	1609	2413	3217	4021	4826	5630	6434	7238	6.31
36	1017.9	2036	3054	4072	5089	6107	7125	8143	9161	7.99
40	1256.6	2513	3770	5027	6283	7540	8796	10053	11310	9.87

注：表中直径 $d=8.2$mm 的计算截面面积及理论重量仅适用于有纵肋的热处理钢筋。

附表 21 钢绞线公称直径、截面面积及理论重量

种类	公称直径 (mm)	公称截面面积 (mm²)	理论重量 (kg/m)
1×3	8.6	37.4	0.298
	10.8	59.3	0.465
	12.9	85.4	0.671
1×7 标准型	9.5	54.8	0.432
	11.1	74.2	0.580
	12.7	98.7	0.774
	15.2	139	1.101

附表 22 钢丝公称直径、截面面积及理论重量

公称直径 (mm)	公称截面面积 (mm²)	理论重量 (kg/m)
4.0	12.57	0.099
5.0	19.63	0.154
6.0	28.27	0.222
7.0	38.48	0.302
8.0	50.26	0.394
9.0	63.32	0.499

附表 23　每米板宽各种钢筋间距的钢筋截面面积（mm^2）

钢筋间距(mm)	钢筋直径（mm）												
	3	4	5	6	6/8	8	8/10	10	10/12	12	12/14	14	14/16	16
70	101	180	280	404	561	719	920	1121	1369	1616	1907	2199	2536	2872
75	94.2	168	262	377	524	671	859	1047	1277	1508	1780	2052	2367	2681
80	88.4	157	245	354	491	629	805	981	1198	1414	1669	1924	2218	2513
85	83.2	148	231	333	462	592	758	924	1127	1331	1571	1811	2088	2365
90	78.5	140	218	314	437	559	716	872	1064	1257	1483	1710	1972	2234
95	74.5	132	207	298	414	529	678	826	1008	1190	1405	1620	1868	2116
100	70.6	126	196	283	393	503	644	785	958	1131	1335	1539	1775	2011
110	64.2	114	178	257	357	457	585	714	871	1028	1214	1399	1614	1828
120	58.9	105	163	236	327	419	537	654	798	942	1113	1283	1480	1676
125	56.5	101	157	226	314	402	515	628	766	905	1068	1231	1420	1608
130	54.4	96.6	151	218	302	387	495	604	737	870	1027	1184	1366	1547
140	50.5	89.8	140	202	281	359	460	561	684	808	954	1099	1268	1436
150	47.1	83.8	131	189	262	335	429	523	639	754	890	1026	1183	1340
160	44.1	78.5	123	177	246	314	403	491	599	707	834	962	1110	1257
170	41.5	73.9	115	166	231	296	379	462	564	665	785	905	1044	1183
180	39.2	69.8	109	157	218	279	358	436	532	628	742	855	985	1117
190	37.2	66.1	103	149	207	265	339	413	504	595	703	810	934	1058
200	35.3	62.8	98.2	141	196	251	322	393	479	565	668	770	888	1005
220	32.1	57.1	89.2	129	179	229	293	357	436	514	607	700	807	914
240	29.4	52.4	81.8	118	164	210	268	327	399	471	556	641	740	838
250	28.3	50.3	78.5	113	157	201	258	314	383	452	534	616	710	804
260	27.2	48.3	75.5	109	151	193	248	302	369	435	513	592	682	773
280	25.2	44.9	70.1	101	140	180	230	280	342	404	477	550	634	718
300	23.6	41.9	65.5	94.2	131	168	215	262	319	377	445	513	592	670
320	22.1	39.3	61.4	88.4	123	157	201	245	299	353	417	481	554	628

注：表中 6/8，8/10，…等系指该两种直径的钢筋交替放置。

参 考 文 献

[1] 丁大钧主编. 混凝土结构发展. 北京：中国建筑工业出版社，1994
[2] 车宏亚主编. 混凝土结构（第二版）. 天津：天津大学出版社，1999
[3] 江见鲸主编. 混凝土结构工程学. 北京：中国建筑工业出版社，1998
[4] 欧洲混凝土委员会编. 1990 CEB-FIP 模式规范（混凝土结构）. 北京：中国建筑科学研究院结构所规范室译，1991
[5] 丁大钧主编. 混凝土结构学. 北京：中国铁道工业出版社，1991
[6] 滕智明，朱金铨编著. 混凝土结构及砌体结构. 北京：中国建筑工业出版社，1992
[7] 中华人民共和国国家标准. 混凝土结构设计规范（GB50010—2001）. 北京：中国建筑工业出版社，2001
[8] 天津大学，同济大学，东南大学主编. 混凝土结构（上册），第二版. 北京：中国建筑工业出版社，1994
[9] 郭继武主编. 钢筋混凝土结构与砌体结构（第一版）. 北京：高等教育出版社，1990
[10] 庄崖屏，江见鲸等编著. 钢筋混凝土基本构件设计（第二版）. 北京：地震出版社，1993
[11] 滕智明主编. 钢筋混凝土基本构件（第二版）. 北京：清华大学出版社，1987
[12] R，帕克，T. 波利著. 钢筋混凝土结构. 秦文钺等译. 重庆：重庆大学出版社，1986
[13] 叶见曙主编. 结构设计原理，（第一版）. 北京：人民交通出版社，1997
[14] 张誉主编. 混凝土结构基本原理（第一版）. 北京：中国建筑工业出版社，2000
[15] 陈裕周，朱伯龙，喻永言. 斜向水平荷载作用下钢筋混凝土柱抗剪强度的试验研究，同济大学工程结构研究所，1986
[16] 康谷贻等. 弯剪扭共同作用下钢筋混凝土构件的强度. 建筑结构学报（5），1989
[17] L. Elfgren. Reinforced Concrete Beams Loaded in Combined Torsion, Bending and Shear. Chalmers University of Technology. 1972
[18] 丁大钧主编. 钢筋混凝土构件抗裂度、裂缝和刚度. 南京：南京工学院出版社，1986
[19] 黄兴棣. 钢筋混凝土房屋结构设计与实例. 上海：上海科学技术出版社，1994
[20] 汪一骏等主编. 混凝土结构（一）基本构件. 北京：中国建筑工业出版社，1993
[21] 中国工程建设标准化协会标准（CECS39：92）. 钢筋混凝土深梁设计规程，1992